绿色丝绸之路资源环境承载力国别评价与适应策略

绿色丝绸之路：生态承载力评价

甄 霖 封志明 闫慧敏 等 著

科 学 出 版 社
北 京

内 容 简 介

本书从介绍生态资源入手，明确了绿色丝绸之路共建国家当前的生态资源状况和生态消耗结构与强度变化，并在对生态供给和生态消耗研究基础上，建立了一整套包含生态供给、生态消耗、生态承载力及其未来情景变化的评价技术体系，通过预测生态供给能力和消耗强度，评估生态系统所处的可持续发展状态，为区域可持续发展提供谐适策略，同时也为实现区域生态承载力评价的流程化与数字化提供重要支撑和依据。

本书可供从事生态资源保护、区域可持续发展与世界地理研究等主题的科研人员、管理人员和研究生等查阅参考。

审图号：GS 京（2024）2486 号

图书在版编目（CIP）数据

绿色丝绸之路 ：生态承载力评价 / 甄霖等著. --北京 ：科学出版社，2025. 1

ISBN 978-7-03-075252-9

Ⅰ.①绿… Ⅱ.①甄… Ⅲ.①丝绸之路–环境承载力–研究 Ⅳ.①X321.2

中国国家版本馆 CIP 数据核字（2023）第 047521 号

责任编辑：石 珺 祁惠惠 / 责任校对：郝甜甜

责任印制：徐晓晨 / 封面设计：蓝正设计

科学出版社出版

北京东黄城根北街 16 号

邮政编码：100717

http://www.sciencep.com

北京建宏印刷有限公司印刷

科学出版社发行 各地新华书店经销

*

2025 年 1 月第 一 版 开本：787×1092 1/16

2025 年 1 月第一次印刷 印张：19 1/4

字数：452 000

定价：228.00 元

（如有印装质量问题，我社负责调换）

"绿色丝绸之路资源环境承载力国别评价与适应策略"

编辑委员会

总 序 一

“一带一路”是中国国家主席习近平提出的新型国际合作倡议，为全球治理体系的完善和发展提供了新思维与新选择，成为共建国家携手打造人类命运共同体的重要实践平台。气候和环境贯穿人类与人类文明的整个发展历程，是“一带一路”倡议重点关注的主题之一。由于共建地区具有复杂多样的地理、地质、气候条件、差异巨大的社会经济发展格局、丰富的生物多样性，以及独特但较为脆弱的生态系统，“一带一路”建设必须贯彻新发展理念，走生态文明之路。

当今气候变暖影响下的环境变化是人类普遍关注和共同应对的全球性挑战之一。以青藏高原为核心的“第三极”和以“第三极”及向西扩展的整个欧亚高地为核心的“泛第三极”正在由于气候变暖而发生重大环境变化，成为更具挑战性的气候环境问题。首先，这个地区的气候变化幅度远大于周边其他地区；其次，这个地区的环境脆弱，生态系统处于脆弱的平衡状态，气候变化引起的任何微小环境变化都可能引起区域性生态系统的崩溃；最后，也是最重要的，这个地区是连接亚欧大陆东西方文明的交汇之路，是2000多年来人类命运共同体的连接纽带，与“一带一路”建设范围高度重合。因此，“第三极”和“泛第三极”气候环境变化同“一带一路”建设密切相关，深入研究“泛第三极”地区气候环境变化，解决重点地区、重点国家和重点工程相关的气候环境问题，将为打造绿色、健康、智力、和平的“一带一路”提供坚实的科技支持。

中国政府高度重视“一带一路”建设中的气候与环境问题，提出要将生态环境保护理念融入绿色丝绸之路的建设中。2015年3月，中国政府发布的《推动共建丝绸之路经济带和21世纪海上丝绸之路的愿景与行动》明确提出，“在投资贸易中突出生态文明理念，加强生态环境、生物多样性和应对气候变化合作，共建绿色丝绸之路”。2016年8月，在推进“一带一路”建设的工作座谈会上，习近平总书记强调，“要建设绿色丝绸之路”。2017年5月，《“一带一路”国际合作高峰论坛圆桌峰会联合公报》提出，“加强环境、生物多样性、自然资源保护、应对气候变化、抗灾、减灾、提高灾害风险管理能力、促进可再生能源和能效等领域合作”，实现经济、社会、环境三大领域的综合、平衡、可持续发展。2017年8月，习近平总书记在致第二次青藏高原综合科学考察研究队的贺信中，特别强调了聚焦水、生态、人类活动研究和全球生态环境保护的重要性与紧迫性。2009年以来，中国科学院组织开展了“第三极环境”（Third Pole Environment，TPE）国际计划，联合相关国际组织和国际计划，揭示“第三极”地区气候环境变化及其影响，提出适应气候环境变化的政策和发展战略建议，为各级政府制定长期发展规划提供科技支撑。中国科学院深入开展了“一带一路”建设及相关规划的科技支撑研究，同时在丝绸之路共建国家建设了 15 个海外研究中心和海外科教中心，成为与丝绸之路共建国家开展深度科技合作的重要平台。2018 年 11 月，中国科学院牵头成立了“一带一路”国际科学组织联盟（ANSO），首批成员包括近 40 个国家的国立科学机构和大学。2018 年 9 月中国科学院正式启动了 A 类战略性先导科技专项“泛第三极环境变化与绿色丝绸之路建设”（简称“丝路环境”专项）。“丝路环境”专项将聚焦水、生态和人类活动，揭示“泛第三极”地区气候环境变化规律和变化影响，阐明绿色丝绸之路建设的气候环境背景和挑战，提出绿色丝绸之路建设的科学支撑方案，为推动“第三极”地区和“泛第三极”地区可持续发展、推进国家和区域生态文明建设、促进全球生态环境保护做出贡献，为“一带一路”共建国家生态文明建设提供有力支撑。

“绿色丝绸之路资源环境承载力国别评价与适应策略”系列是“丝路环境”专项重要成果的表现形式之一，将系统地展示“第三极”和“泛第三极”气候环境变化与绿色丝绸之路建设的研究成果，为绿色丝绸之路建设提供科技支撑。

白春礼

中国科学院原院长、原党组书记

2019 年 3 月

总　序　二

"绿色丝绸之路资源环境承载力国别评价与适应策略"是中国科学院 A 类战略性先导科技专项"泛第三极环境变化与绿色丝绸之路建设"之项目"绿色丝绸之路建设的科学评估与决策支持方案"的第二研究课题（课题编号 XDA20010200）。该课题旨在面向绿色丝绸之路建设的国家需求，科学认识共建"一带一路"国家资源环境承载力承载阈值与超载风险，定量揭示共建绿色丝绸之路国家水资源承载力、土地资源承载力和生态承载力及其国别差异，研究提出重要地区和重点国家的资源环境承载力适应策略与技术路径，为国家更好地落实"一带一路"倡议提供科学依据和决策支持。

"绿色丝绸之路资源环境承载力国别评价与适应策略"研究课题面向共建绿色丝绸之路国家需求，以资源环境承载力基础调查与数据集为基础，由人居环境自然适宜性评价与适宜性分区，到资源环境承载力分类评价与限制性分类，再到社会经济发展适宜性评价与适应性分等，最后集成到资源环境承载力综合评价与警示性分级，由系统集成到国别应用，递次完成共建绿色丝绸之路国家资源环境承载力国别评价与对比研究，以期为绿色丝绸之路建设提供科技支撑与决策支持。课题主要包括以下研究内容。

（1）子课题 1，水土资源承载力国别评价与适应策略。科学认识水土资源承载阈值与超载风险，定量揭示共建绿色丝绸之路国家水土资源承载力及其国别差异，研究提出重要地区和重点国家的水土资源承载力适应策略与增强路径。

（2）子课题 2，生态承载力国别评价与适应策略。科学认识生态承载阈值与超载风险，定量揭示共建绿色丝绸之路国家生态承载力及其国别差异，研究提出重要地区和重点国家的生态承载力谐适策略与提升路径。

（3）子课题 3，资源环境承载力综合评价与系统集成。科学认识资源环境承载力综合水平与超载风险，完成共建绿色丝绸之路国家资源环境承载力综合评价与国别报告；建立资源环境承载力评价系统集成平台，实现资源环境承载力评价的流程化和标准化。

课题主要创新点体现在以下 3 个方面。

（1）发展资源环境承载力评价的理论与方法：突破资源环境承载力从分类到综合的阈值界定与参数率定技术，科学认识共建绿色丝绸之路国家的资源环境承载力阈值及其超载风险，发展资源环境承载力分类评价与综合评价的技术方法。

（2）揭示资源环境承载力国别差异与适应策略：系统评价共建绿色丝绸之路国家资源环境承载力的适宜性和限制性，完成绿色丝绸之路资源环境承载力综合评价与国别报告，提出资源环境承载力重要廊道和重点国家资源环境承载力适应策略与政策建议。

（3）研发资源环境承载力综合评价与集成平台：突破资源环境承载力评价的数字化、空间化和可视化等关键技术，研发资源环境承载力分类评价与综合评价系统以及国别报告编制与更新系统，建立资源环境承载力综合评价与系统集成平台，实现资源环境承载力评价的规范化、数字化和系统化。

“绿色丝绸之路资源环境承载力国别评价与适应策略”课题研究成果集中反映在“绿色丝绸之路资源环境承载力国别评价与适应策略”系列专著中。专著主要包括《绿色丝绸之路：人居环境适宜性评价》《绿色丝绸之路：水资源承载力评价》《绿色丝绸之路：生态承载力评价》《绿色丝绸之路：土地资源承载力评价》《绿色丝绸之路：资源环境承载力综合评价与系统集成》等理论方法和《老挝资源环境承载力评价与适应策略》《孟加拉国资源环境承载力评价与适应策略》《尼泊尔资源环境承载力评价与适应策略》《哈萨克斯坦资源环境承载力评价与适应策略》《乌兹别克斯坦资源环境承载力评价与适应策略》《越南资源环境承载力评价与适应策略》等国别报告。基于课题研究成果，专著从资源环境承载力分类评价到综合评价，从水土资源到生态环境，从资源环境承载力评价理论到技术方法，从技术集成到系统研发，比较全面地阐释了资源环境承载力评价的理论与方法论，定量揭示了共建绿色丝绸之路国家的资源环境承载力及其国别差异。

希望“绿色丝绸之路资源环境承载力国别评价与适应策略”系列专著的出版能够对资源环境承载力研究的理论与方法论有所裨益，能够为国家和地区推动绿色丝绸之路建设提供科学依据和决策支持。

封志明
中国科学院地理科学与资源研究所
2020 年 10 月 31 日

前　言

本书是中国科学院 A 类战略性先导科技专项“泛第三极环境变化与绿色丝绸之路建设”（简称“丝路环境”专项）课题“绿色丝绸之路资源环境承载力国别评价与适应策略”的主要研究成果之一。绿色丝绸之路共建国家和地区的生态承载力评价（Evaluation of Ecological Carrying Capacity，EECC）是从生态供给的脆弱性和限制性、生态消耗的结构和强度出发，旨在从全域到重点国别定量揭示区域生态资源的承载状态与水平变化。

本书从区域生态系统状况着手，基于生态供给和生态消耗研究基础，建立了一套包含生态供给、生态消耗、生态承载力及其未来情景的技术体系和评价方法，定量揭示了绿色丝绸之路共建国家和地区生态承载状态及压力，并提出具有针对性的发展策略，以期为区域生态系统的可持续发展提供科学支撑和决策依据。

本书共 8 章。第 1 章“绪论”，简要说明研究背景、研究目标与内容、研究思路与技术方法以及主要结论。第 2 章“区域生态系统状况”，从时空角度分别介绍了绿色丝绸之路全域及重点区域中蒙俄、南亚、东南亚、中东欧、中亚、西亚及中东的农田、森林和草地生态系统分布格局与特征。第 3 章“国内外研究进展”，主要采用文献分析法，从生态供给、生态消耗、生态承载力和生态承载力情景分析四个方面介绍相关概念、研究理论与方法、案例分析和研究展望。第 4 章“生态承载力评价方法”，主要围绕生态供给、生态消耗、生态承载力及其未来情景下生态承载水平与状态构建评价方法，并通过搭建生态承载力评价系统，实现区域生态承载力评价流程化和数字化。第 5 章“生态供给时空变化及脆弱性与限制性研究”，本章以生态系统净初级生产力为指标参量，从全域和分区尺度分析绿色丝绸之路共建国家生态供给空间分布和时序变化。第 6 章“生态消耗时空演变分析”，基于物质守恒定律，从绿色丝绸之路全域和分区尺度动态分析不同区域生态消耗特征及其主要影响因素。第 7 章“生态承载力、承载指数和承载状态变化研究”，从生态资源供给与消耗动态平衡角度出发，以植被净初级生产力为统一度量指标，从全域、分区和国家多尺度开展绿色丝绸之路共建区域的生态承载力、生态承载指数和生态承载状态评价。第 8 章“生态承载力情景分析与谐适策略”，基于 2030 年、2040 年和 2050 年的三种情景（基准情景、绿色发展情景和区域竞争情景）开展森林、农田和草地的生态供给变化，基于人口变化分析生态变化趋势，并在此基础上，开展重要国别、重点地区和典型案例区生态承载力分析，并提出缓解生态承载压力的有效发展路径和对策。

本书由子课题负责人甄霖拟定大纲、组织撰写，全书统稿、审定由甄霖负责完成。各章执笔人如下：第1章，甄霖、封志明、闫慧敏、贾蒙蒙；第2章，胡云锋、闫慧敏、杜文鹏、牛晓宇；第3章，胡云锋、黄麟、贾蒙蒙；第4章，封志明、甄霖、贾蒙蒙；第5章，胡云锋、牛晓宇；第6章，张昌顺、贾蒙蒙、甄霖；第7章，封志明、闫慧敏、杜文鹏；第8章，黄麟、李佳慧。读者有任何问题、意见和建议欢迎写邮件反馈到zhenl@igsnrr.ac.cn或jiamm. 19b@igsnrr. ac.cn，作者会认真考虑、及时修正。

本书的撰写和出版，得到了课题承担单位中国科学院地理科学与资源研究所的全额资助和大力支持，在此表示衷心感谢。要特别感谢课题组的诸位同仁，没有大家的支持和帮助，就不可能出色地完成任务；也要感谢科学出版社的编辑，没有他们的大力支持和认真负责，就不可能及时出版这一科学专著。

最后，希望本书的出版，能为绿色丝绸之路建设做出贡献，为区域生态资源的可持续利用与发展提供决策支撑和政策参考。

作　者

2023年1月30日

摘　要

绿色丝绸之路大部分共建国家和地区处于气候及地质变化的敏感地带，自然环境十分复杂，生态环境多样而脆弱。因此，基于生态资源供给与消耗之间的动态平衡关系，开展绿色丝绸之路共建国家生态承载力研究，目的是阐明生态系统能够承载的人口上限以及当前所处的承载状态，为评价绿色丝绸之路共建国家生态系统可持续发展提供重要的科学支撑。本书主要围绕生态供给、生态消耗、生态承载力和生态情景分析，采用实地考察、卫星遥感、国别统计等数据搜集方法，对绿色丝绸之路共建地区生态承载状态和能力开展综合研究，得出以下主要结论。

（1）2000 年以来，绿色丝绸之路共建国家单位面积陆地生态系统生态供给水平在空间分布上存在明显差异。从不同生态系统来看，农田和草地生态系统生态供给水平总体呈现由沿海向内陆递减的规律，森林生态系统生态供给水平总体呈现出自南向北递减的规律。在生态敏感性方面，绿色丝绸之路大部分地区属于敏感区，极敏感区主要分布在亚洲部分国家；同时，共建国家农田生态系统较为敏感，森林和草地生态系统敏感性一般。生态暴露度方面，强烈暴露区在绿色丝绸之路各个共建国家均有分布；同时，大部分地区的农田、森林和草地生态系统呈中等以上暴露。生态脆弱性方面，高度脆弱区主要分布在俄罗斯西北部、哈萨克斯坦、印度等；同时，共建国家农田、森林和草地生态系统大部分地区属于脆弱区。另外，绿色丝绸之路共建国家生态供给限制性较高，限制性较高区中，森林、草地、农田三大生态系统生态供给限制性较高。

（2）农田、森林和草地消耗水平、结构与演变规律因研究尺度的不同而不同。全域尺度，农田、森林和草地消耗总量和人均消耗量均显著增长，分别以谷物、薪材与木炭和奶类占主导。分区尺度，除蒙俄和中东欧外，其余分区农田消耗总量均显著或极显著增长；除中东欧外，其余分区草地消耗总量均显著或极显著增长；所有分区森林消耗总量均呈显著或极显著增长。国家尺度，农田、森林和草地消耗总量以中国、印度等人口大国最高，以东帝汶、马尔代夫等人口小国最低。消耗结构变化一般表现为，区域愈发达，蔬果、奶类等消耗占比愈高；反之，谷物、薯类等消耗占比愈高。年人均消耗量以中东欧最高，变化仅在中亚和中国显著增加。消耗总量受国家人口规模的制约，人均生态消耗量受经济发展水平、人均资源量等因素影响，呈现东南亚和中东欧两大高中心。

（3）绿色丝绸之路共建地区生态承载力总量丰富，尚存在较大剩余生态承载空间，生态承载力处于富富有余状态，但生态保护的约束性强。2019 年，绿色丝绸之路全域生态承载力处于富富有余状态。若考虑生态保护的限制作用，全域生态承载力仅为生态承载力上限量的 56.41%，生态承载力处于盈余状态。在居民消费水平提高与人口持续增长的双重驱动下，绿色丝绸之路共建地区剩余生态承载空间呈快速下降态势。2000～2019 年，绿色丝绸之路全域经济发展水平整体提高使得居民生态资源需求水平提高，进而导致生态承载力（考虑生态保护）从 76.24 亿人下降到 64.89 亿人。绿色丝绸之路共建地区生态承载力空间分布差异明显且生态承载力与人口空间分布不匹配，生态承载力表现出“总体盈余、局部超载”的现象。2019 年，绿色丝绸之路全域生态承载力处于富富有余状态（不考虑生态保护），但有 20 个国家生态承载力处于临界超载、超载或严重超载状态。

（4）至 2050 年，绿色发展情景下，28 个国家的林农草生态系统呈超载状态；12 个国家生态承载力受到农田限制，15 个国家生态承载力受到森林限制，37 个国家生态承载力受到草地限制。基准情景下，30 个国家的林农草生态系统呈超载状态；12 个国家生态承载力受到农田限制，16 个国家生态承载力受到森林限制，36 个国家生态承载力受到草地限制。区域竞争情景下，31 个国家的林农草生态系统呈超载状态，36 个国家的林农草生态系统呈盈余状态；10 个国家生态承载力受到农田限制，15 个国家生态承载力受到森林限制，39 个国家生态承载力受到草地限制。依据分类施策原则提出共建国家国别的生态承载力谐适策略，①以农田为主要限制类型，处于生态超载状态的国家，包括哈萨克斯坦等国家，宜加强农业基础设施建设，提升农业生产效率，减少加工、运输过程中的粮食损失以及食物浪费率；处于生态盈余状态的国家，宜加强农业投资，强化农业水利基础设施以应对气候变化，进一步提升农业产量与效率。②以森林为主要限制类型，处于生态超载状态的国家，包括缅甸等国家，宜加强森林保护与修护；处于生态盈余状态的国家，宜加强森林保护与管理措施，保护优质天然林并进一步提升森林质量。③以草地为主要限制类型，处于生态超载状态的国家包括巴基斯坦等国，宜采取退牧还草、休牧、轮牧与禁牧等措施促使草地自然恢复；处于生态盈余状态的国家，主要包括东欧、东南亚等国家，宜调控载畜规模，减轻草地载畜压力，发展保护型草牧业模式。

目　　录

总序一
总序二
前言
摘要
第 1 章　绪论 1
1.1　研究背景与研究目标 3
1.1.1　研究背景 3
1.1.2　研究目标与内容 4
1.2　研究思路与技术方法 6
1.2.1　研究思路 6
1.2.2　技术方法 6
1.3　研究内容与技术框架 7
1.3.1　生态供给研究内容与技术框架 7
1.3.2　生态消耗研究内容与技术框架 7
1.3.3　生态承载力评价内容与技术框架 8
1.3.4　未来情景分析与技术框架 9
1.4　基本认识与主要结论 11
1.4.1　生态供给 11
1.4.2　生态消耗 12
1.4.3　生态承载力 13
1.4.4　未来情景与谐适策略 13
参考文献 14
第 2 章　区域生态系统状况 17
2.1　农田生态系统空间分布格局与特征 19
2.1.1　空间分布格局与特征 19
2.1.2　生产力空间分布 21

2.1.3 主要变化情况……24
2.2 森林生态系统空间分布格局与特征……25
2.2.1 空间分布格局与特征……25
2.2.2 生产力空间分布……28
2.2.3 主要变化情况……31
2.3 草地生态系统空间分布格局与特征……32
2.3.1 空间分布格局与特征……33
2.3.2 生产力空间分布……34
2.3.3 主要变化情况……35
参考文献……36
第3章 国内外研究进展……39
3.1 生态供给研究进展……41
3.1.1 生态供给概念……41
3.1.2 生态系统供需关系研究……44
3.2 生态消耗研究进展……46
3.2.1 生态消耗概念……46
3.2.2 理论与方法……47
3.2.3 案例分析……50
3.3 生态承载力研究进展……54
3.3.1 概念提出与内涵演变……54
3.3.2 理论与方法……56
3.3.3 研究展望……59
3.4 未来情景研究进展……61
参考文献……65
第4章 生态承载力评价方法……77
4.1 生态供给评价方法……79
4.1.1 生态供给评价……79
4.1.2 脆弱性评价……80
4.1.3 限制性评价……82
4.2 生态消耗评价方法……82
4.2.1 评价指标……82
4.2.2 跨区域消耗评价……87
4.2.3 消耗机理分析……88
4.3 生态承载力评价方法……91
4.3.1 基本思路……91

4.3.2 承载力评价 …… 92
4.3.3 承载指数评价 …… 95
4.3.4 承载状态评价 …… 95
4.4 生态承载力情景分析方法 …… 95
4.4.1 基本思路 …… 95
4.4.2 情景设计 …… 97
4.4.3 趋势判断 …… 101
4.5 生态承载力评价系统设计与实现 …… 103
4.5.1 系统基本架构 …… 103
4.5.2 系统功能 …… 104
4.5.3 系统关键技术 …… 105
参考文献 …… 105
第5章 生态供给时空变化及脆弱性与限制性研究 …… 109
5.1 生态供给时空变化 …… 111
5.1.1 全域尺度 …… 111
5.1.2 农田生态供给 …… 114
5.1.3 森林生态供给 …… 115
5.1.4 草地生态供给 …… 116
5.2 生态供给脆弱性分析 …… 117
5.2.1 敏感度分析 …… 117
5.2.2 暴露度分析 …… 119
5.2.3 脆弱性分析 …… 123
5.3 生态供给限制性分析 …… 125
5.3.1 要素特征 …… 125
5.3.2 供给水平与脆弱性阈值 …… 126
5.3.3 限制性分区 …… 126
参考文献 …… 130
第6章 生态消耗时空演变分析 …… 133
6.1 农田生态消耗 …… 135
6.1.1 全域尺度 …… 135
6.1.2 分区尺度 …… 136
6.1.3 国家尺度 …… 138
6.2 森林生态消耗 …… 142
6.2.1 全域尺度 …… 142
6.2.2 分区尺度 …… 143

6.2.3 国家尺度 …… 146
6.3 草地生态消耗 …… 149
6.3.1 全域尺度 …… 149
6.3.2 分区尺度 …… 151
6.3.3 国家尺度 …… 153
6.4 综合生态消耗 …… 156
6.4.1 全域尺度 …… 156
6.4.2 分区尺度 …… 158
6.4.3 国家尺度 …… 160
参考文献 …… 164
第 7 章 生态承载力、承载指数和承载状态变化研究 …… 165
7.1 生态承载力 …… 167
7.1.1 全域尺度 …… 167
7.1.2 分区尺度 …… 169
7.1.3 国家尺度 …… 173
7.2 生态承载指数 …… 183
7.2.1 全域尺度 …… 183
7.2.2 分区尺度 …… 183
7.2.3 国家尺度 …… 186
7.3 生态承载状态 …… 189
7.3.1 全域尺度 …… 189
7.3.2 分区尺度 …… 190
7.3.3 国家尺度 …… 191
7.4 生态承载力存在问题 …… 196
7.4.1 承载力与常住人口空间不匹配 …… 196
7.4.2 未来超载风险大 …… 197
参考文献 …… 198
第 8 章 生态承载力情景分析与谐适策略 …… 199
8.1 生态供给变化情景 …… 201
8.1.1 绿色发展情景 …… 201
8.1.2 基准情景 …… 211
8.1.3 区域竞争情景 …… 222
8.2 生态消耗变化情景 …… 233
8.2.1 绿色发展情景 …… 233
8.2.2 基准情景 …… 242
8.2.3 区域竞争情景 …… 250

8.3 生态承载力变化情景 …… 258
8.3.1 绿色发展情景 …… 258
8.3.2 基准情景 …… 266
8.3.3 区域竞争情景 …… 274
8.4 谐适策略与提升路径 …… 282
8.4.1 谐适策略 …… 282
8.4.2 提升路径 …… 287

第1章 绪 论

绿色丝绸之路共建国家和地区生态承载力评价（Evaluation of Ecological Carrying Capacity，EECC）隶属于“绿色丝绸之路资源环境承载力国别评价与适应策略”（XDA20010200）研究课题，是中国科学院战略性先导科技专项（A类）“泛第三极环境变化与绿色丝绸之路建设”（简称“丝路环境”专项）下设课题的重要研究内容之一。绿色丝绸之路共建国家和地区的生态承载力评价是一项基础性、应用性的研究工作。本书是绿色丝绸之路共建国家和地区生态承载力评价研究成果的综合反映和集成表达。本章将扼要阐明研究背景、研究内容和主要结论。

1.1 研究背景与研究目标

1.1.1 研究背景

1. 绿色丝绸之路共建国家和地区具有生态环境脆弱与对生态资源依赖性强的双重特征

2015年，中国发布《推动共建丝绸之路经济带和21世纪海上丝绸之路的愿景与行动》，正式提出“一带一路”倡议来推动共建国家之间区域经济合作。从2017年联合国秘书长安东尼奥·古特雷斯在“一带一路”国际合作高峰论坛上的发言可以看出：绿色丝绸之路建设植根于全球发展的共同愿景，与可持续发展目标存在着潜在的共生关系（Guterres，2017）。2017年，环境保护部发布《“一带一路”生态环境保护合作规划》，加强共建国家生态环境保护领域的合作，将推动实现可持续发展和共同繁荣作为构建绿色丝绸之路的根本要求。

绿色丝绸之路建设是共建国家实现可持续发展目标的重要保障（Ascensão et al.，2018），其原因在于：一方面，绿色丝绸之路共建国家位于气候变化敏感地带、生态环境脆弱区与生物多样性热点地区（Newbold et al.，2016；Wu et al.，2019）；另一方面，绿色丝绸之路共建国家多为发展中国家，居民生活与经济发展对生态资源依赖性强（Chen et al.，2018；Guo，2018），作为未来人口经济增长的热点区域，其也将成为生态资源需求增长的热点区域（Hillman，2018；Liu et al.，2018）。从近20年来中国经济高速增长与生态环境同步改善的经验来看（Chen et al.，2019），充分发挥生态保护在经济发展中的支撑与保障作用，可以实现经济增长与生态保护“双赢”。因此，开展绿色丝绸之路共建国家生态系统可持续性评估，揭示共建国家人类活动对生态系统的影响，可以为实现绿色丝绸之路建设中经济发展与生态保护的“双赢”目标提供科学依据。

2. 生态承载力评价是反映区域生态系统可持续发展的重要手段与核心内容

生态承载力研究通过阐明“自然-经济-社会”复合生态系统整体与部分间的耦合作用，来反映人与生态系统互动、共生与和谐的关系（Brown and Kane，1995；王开运等，2007；沈渭寿等，2010）。在人类对自然资源过度利用、废弃物排放量快速增加等资源环境背景下，科学家们呼吁：保持生态系统的完整性、控制人类活动在生态系统生态承载力的范围之内，是实现可持续发展的基础和首要条件（Scoones，1993；Wackernagel and Rees，1995）。联合国环境与发展会议倡导的“未来地球”研究计划明确提出：精确计算地球的承载能力和地球对人类社会经济的恢复能力是可持续发展战略的基本问题（Brandt et al.，2013），而地理学、生态学、环境与可持续发展等多学科交叉的生态承载力研究被视为可持续发展的重要评价方法（Xue et al.，2017）。

生态承载力作为一个区域可持续发展能力评价的重要指标成为可持续发展研究的核心内容（Rudolph and Figge，2017；McBain et al.，2017），区域生态承载力不仅可以作为衡量区域经济、社会和生态可持续发展的重要标志，而且对区域生态环境管理、可持续发展决策和生态文明建设具有导向作用（熊建新等，2014；封志明等，2017；赵东升等，2019）。因此，面向绿色丝绸之路建设愿景，基于生态资源供给与消耗之间的动态平衡关系，开展绿色丝绸之路共建国家生态承载力研究，阐明生态系统能够承载的人口上限以及当前所处的承载状态，是评价绿色丝绸之路共建国家生态系统可持续发展能力与水平的重要组成部分。

1.1.2 研究目标与内容

开展绿色丝绸之路共建国家的生态承载力评价研究，主要是为了刻画绿色丝绸之路共建国家生态系统供给和消耗状况，发展生态承载力评价的理论与方法，定量揭示共建国家生态承载力及其国别差异；厘定共建国家生态承载力阈值并评估其超载风险，提出重点国家和廊道建设中生态承载力的谐适策略与提升路径，为绿色丝绸之路建设提供前瞻性建议。

生态承载力主要基于生态供给与生态消耗之间的关系，因此生态承载力评价的主要内容包括开展生态供给及其脆弱性分析，揭示绿色丝绸之路建设胁迫下生态供给可持续性的地域差异；开展生态消耗的多源、多尺度计量，揭示生态消耗跨区流动性特征和消耗模式；建立空间化、定量化的区域生态承载力评价与预测模型，开展重点国家、地区和绿色丝绸之路全域生态承载力评价，提出限制性分类/分区方案；围绕绿色丝绸之路建设愿景，提出重点国家和廊道生态承载力谐适策略，总结良好的生态承载模式和生态承载力提升路径。

生态承载力评价主要开展以下 4 个方面的研究。

1. 生态供给脆弱性和可持续性评价

分析生态供给的空间分布格局与时间演变，判别其规模、强度和稳定性及其对区域经济社会发展变化的响应，辨识生态系统的脆弱性与恢复力的区域特征，揭示绿色丝绸之路建设胁迫下生态供给的可持续性及区域分异规律。研究要点如下：

（1）生态供给的时空演变特征及其对经济社会发展变化的响应；

（2）生态脆弱性和恢复力的区域特征和形成机制；

（3）绿色丝绸之路建设胁迫下的生态供给可持续性分析。

2. 生态消耗多尺度计量和消耗模式分析

提出生态消耗的多源、多尺度计量方法，揭示生态消耗的空间分布特征与时间演变规律；分析跨区域生态消耗行为，揭示开放系统中生态消耗的形成机制和输运规律；厘清生态供给的原位性消耗和异位性消耗，辨识不同生态消耗模式，揭示重点国家和地区生态消耗趋势与格局。研究要点如下：

（1）生态消耗的多源、多尺度计量及其时空演变特征；

（2）生态消耗的跨区域流动计量及消耗模式的形成机制；

（3）绿色丝绸之路建设愿景下的生态消耗趋势分析。

3. 生态承载力评价及其分类分区

构建生态承载力评价模型，基于生态供给与生态消耗之间的时空匹配关系，分析生态平衡状态及其地域差异；基于生态消耗需求，结合生态脆弱性与恢复力特征，模拟计算生态承载潜力与状态，刻画绿色丝绸之路共建国家人地平衡态势及其地域差异；率定生态承载力关键阈值，划定生态系统保护与合理利用类型区。研究要点如下：

（1）基于生态供给–生态消耗关系的生态承载力评价模型构建；

（2）生态承载力国别评价与区域人地平衡态势分析；

（3）生态承载力限制性分类/分区。

4. 重点国家和廊道生态承载力演变及谐适策略

根据绿色丝绸之路建设愿景、建设布局规划和社会经济发展，构建未来生态供给胁迫与生态消耗需求情景；分析重点国家和廊道生态承载力演变态势，研究为实现生态可持续发展需进行干预的时间、地点和方式，提出生态承载力安全预警方案；根据国际协议和国家规划，深入剖析典型案例，总结优良生态承载模式及生态承载力提升路径，为绿色丝绸之路建设提供重点国家和廊道生态承载力的谐适策略。研究要点如下：

（1）绿色丝绸之路建设愿景下未来生态承载力变化情景构建；

（2）绿色丝绸之路建设胁迫下生态承载力演变态势；

（3）重点国家和廊道生态承载力谐适策略和优良模式。

1.2 研究思路与技术方法

1.2.1 研究思路

基于绿色丝绸之路不同空间尺度与时间序列的遥感、统计、调研等多源数据，从生态系统供给与消耗的形成机理及其动态平衡关系出发，遵循由生态系统供给到生态产品消费、从生态承载力评价到生态承载力适应性策略的递进式研究思路，递次完成生态供给脆弱性和可持续性评价、生态消耗模式变化与跨区流动特征评价、生态承载力国别评价以及重点国家和廊道生态承载力谐适策略的战略设计。具体研究思路如下：

首先，获取共建国家生态承载力评价数据。综合运用遥感、统计和调研等多源数据，以遥感反演、天地校验、移动终端野外信息及问卷调研、网络热点分析、参与式影响评估等为主要数据获取手段，形成多空间尺度的生态承载力评价信息获取技术。

其次，开展生态承载力评价理论与方法研究。基于不同空间尺度与时间序列的遥感、统计、调研等多源数据，分析生态供给的脆弱性与恢复力，研究生态消耗模式与时空格局的形成机理；依据生态供给与生态消耗之间的动态平衡关系，界定生态承载力评价关键参数及阈值，形成生态承载潜力及承载状态的算法，研发模拟开放系统下生态供给、生态消耗动态变化和跨区域流动的生态承载力评价与预测模型，构建标准化、模式化的绿色丝绸之路生态承载力评价技术方法体系。

再次，开展生态承载力评价与限制性分类/分区研究。基于构建的模型方法，计算过去和现在绿色丝绸之路全域、重点国家或重要廊道的生态承载力，以公里格网为基本单元，分区域、分国家刻画生态供给与生态消耗的时空演变规律，判断生态供给与生态消耗的平衡关系，评估生态承载状态与生态承载潜力，提出生态承载力限制性分类/分区方案。

最后，开展生态承载力的未来情景与谐适策略研究。根据生态承载力的影响因素及绿色丝绸之路建设愿景，构建未来生态承载力变化情景，模拟预测重点国家和廊道生态承载力未来演变态势，挖掘全局协同的生态承载力优良模式，提出绿色丝绸之路生态承载力的谐适策略与提升路径。

1.2.2 技术方法

基于生态系统供给与消耗的动态平衡关系，从生态供给与生态消耗两端开展生态承载力研究，基于生态供给与生态消耗研究结果开展生态承载力综合研究。在生态供给端揭示生态系统服务与生产力之间的关系，结合生态系统脆弱性理论确定保障生态系统可持续情景下可利用生态系统供给量；在生态消耗端基于生态系统服务理论，从生产消耗、生活消耗两个方面研究人类活动对生态系统供给量的消耗；生态承载力综合研究是通过建立生态系统供给量与消耗量之间的联系，探究生态消耗水平下区域生态系统可以承载的人口数量、人类生产生活活动给区域生态系统带来的压力、区域生态系统现在所处的状态。根据生态承载力评价的主要研究内容，构建如下技术框架（图 1-1）。

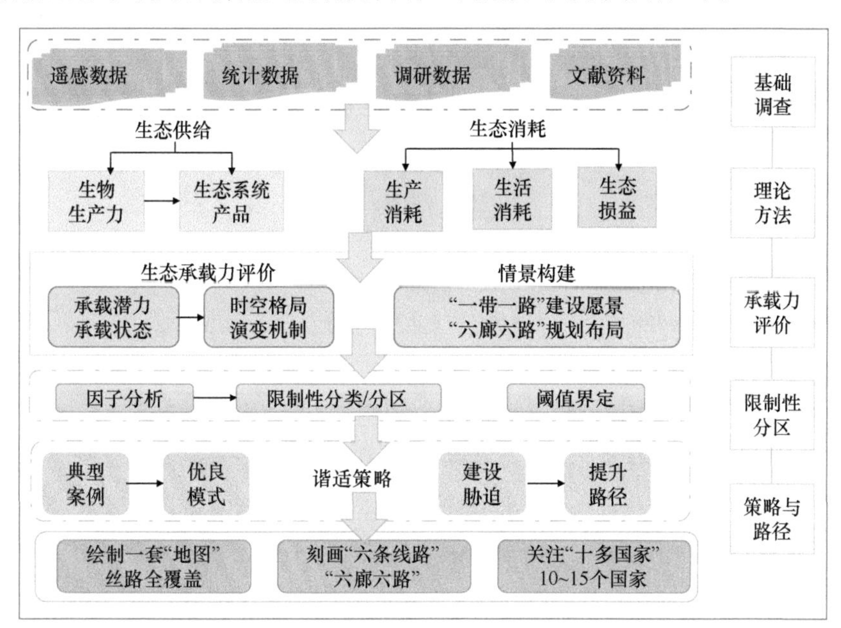

图 1-1 生态承载力评价总技术框架

1.3 研究内容与技术框架

1.3.1 生态供给研究内容与技术框架

对生态供给的评价主要包括脆弱性和可持续性评价，具体是基于遥感产品、模型产品、统计年鉴和实地调研数据，提取能够反映生态供给能力的关键指标参量，建立长时间序列、多空间尺度的生态供给数据集；以此为基础，分析生态供给的空间分布格局与时间演变，判别其规模、强度和稳定性及其对区域经济社会发展变化的响应；基于生态系统脆弱性与恢复力理论，辨识生态系统的脆弱性与恢复力的区域特征，界定可持续生态供给阈值，揭示绿色丝绸之路建设胁迫下可持续生态供给的区域分异规律。根据生态供给评价的主要内容，构建技术框架（图 1-2）。

1.3.2 生态消耗研究内容与技术框架

收集并整理长时间序列、多空间尺度的统计数据与调研数据，进行深度数据挖掘，发展多尺度生态消耗计量方法并构建多尺度生态消耗计量模型；基于资源流动性，厘清区域本地消耗与跨区域消耗之间的数量关系，多角度分析区域生态消耗结构、数量与来源特征；归纳总结出生态消耗模式，分析生态消耗模式的空间格局与时间演变规律及结构与数量特征。针对生态消耗评价的主要内容，构建技术框架（图 1-3）。

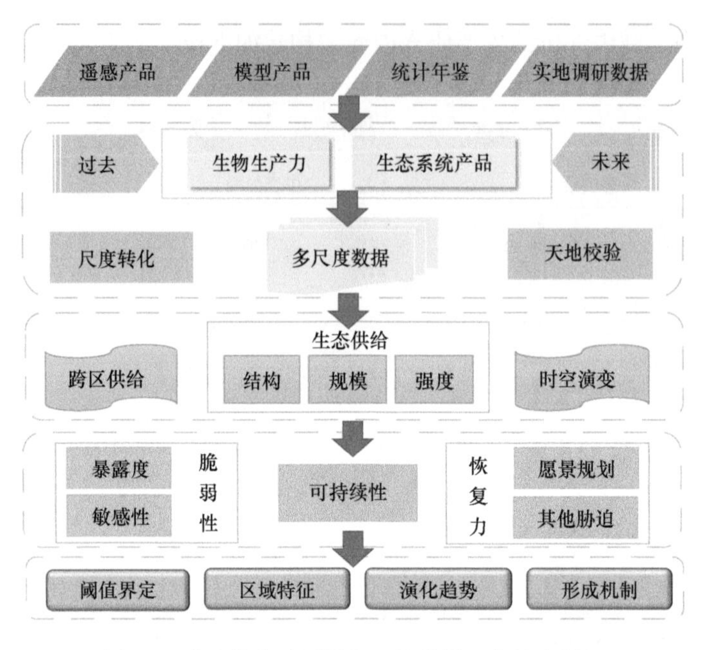

图 1-2　生态供给脆弱性与可持续性评价技术框架

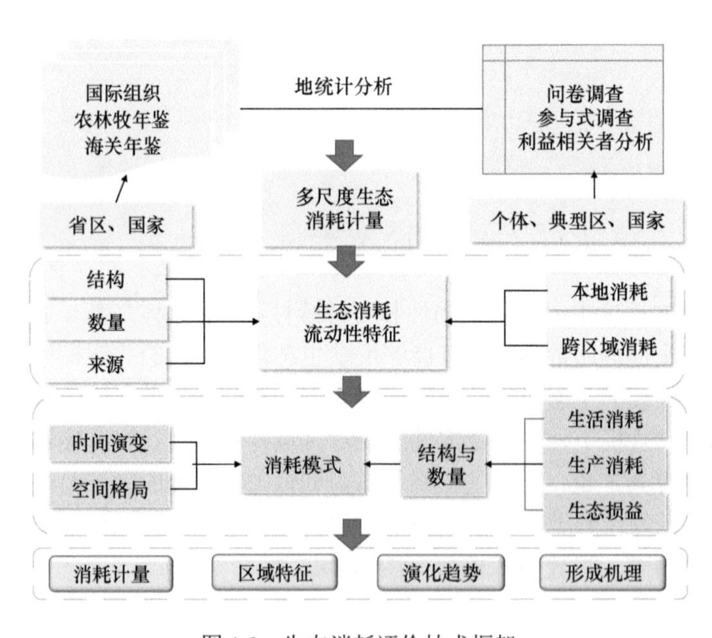

图 1-3　生态消耗评价技术框架

1.3.3　生态承载力评价内容与技术框架

在生态供给端研究成果的基础上，设置合理的生态保护参数，得到保障生态系统可持续情景下可利用生态系统供给量作为生态承载力测算的基础数据；在生态消耗端研究的基础上，借鉴人类占用净初级生产力（human appropriation of net primary production，

HANPP）评价方法，将生产消耗与生活消耗实物量数据转为消耗的碳消耗量数据。通过净初级生产力（net primary production，NPP）指标建立生态供给与生态消耗的桥梁，计算生态承载压力（生产压力与生活压力），对比生产压力与生活压力的大小，揭示跨区域供给与消耗的格局；结合人口数据，计算当前状态下生态消耗标准，进而计算生态承载力；将得到的生态承载力与人口数据对比，反映区域剩余人口承载空间，并得到生态承载指数，以此为基础将区域生态承载状态划分为：富富有余、盈余、平衡有余、临界超载、超载和严重超载六个级别。

基于上述生态承载力评价理论框架、生态供给与生态消耗的评估方法，建立生态承载力评价模型的算法。模型包括生态供给、生态消耗与生态承载力评估三个模块，模型运行时间步长为年。模型输入变量包括生态系统 NPP、土地利用变化、农林牧业生产、居民生活消费、人口结构数量、生态供给相关产品进出口量等；主要模型参数包括各类生态系统生物量分配比例、生态系统脆弱性阈值、资源利用率、生物量与碳含量转换系数、恩格尔系数等；重要中间数据为可持续利用生态供给量、生产消耗、生活消耗、人均生活消耗等；输出变量为生态压力（生产压力、生活压力）、生态承载力、生态承载指数与生态承载状态。结合生态供给和生态消耗的研究内容，构建生态承载力评价技术框架（图 1-4）。

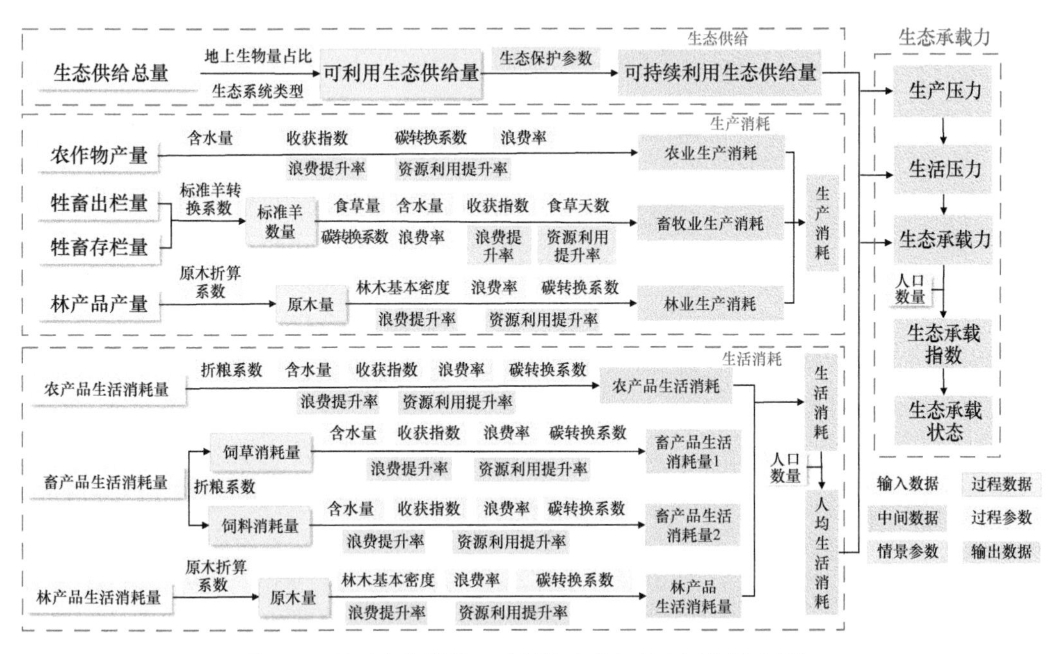

图 1-4 基于生态供给与消耗的生态承载力评价技术框架

1.3.4 未来情景分析与技术框架

绿色丝绸之路重点共建国家和廊道生态承载力演变及谐适策略研究以生态承载力未来情景预测为基础，通过典型案例与优良模式的提炼，为重点国家和廊道的绿色可持续发展提供政策建议。基于生态承载力未来情景分析的研究内容，构建了具体的技术框架（图 1-5）。

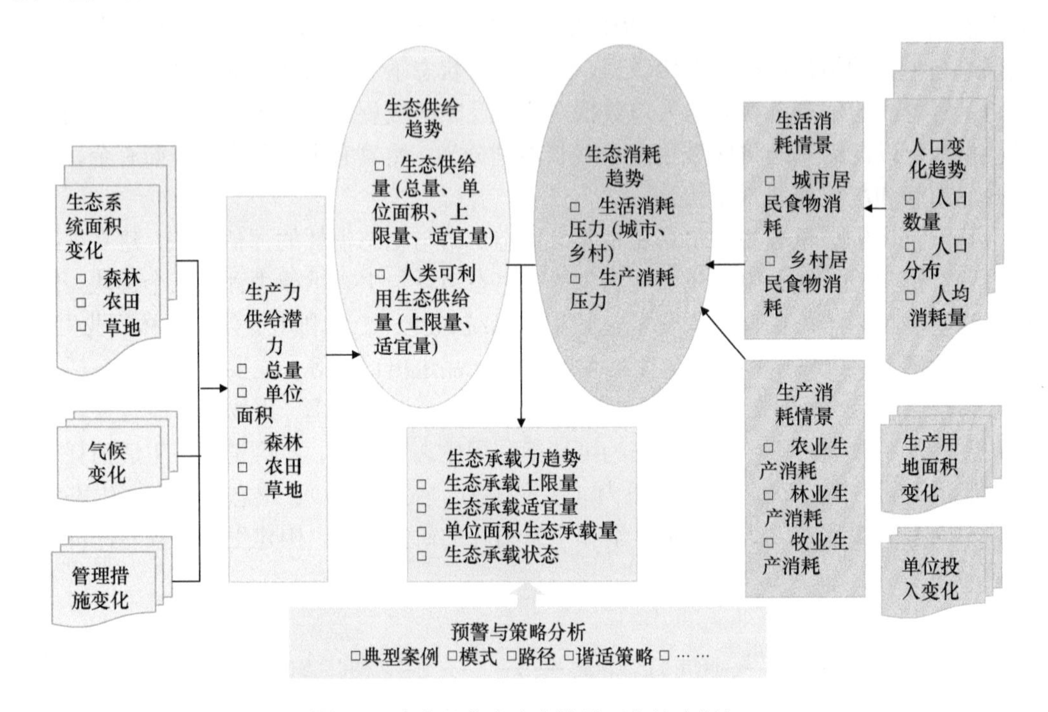

图 1-5　生态承载力未来情景研究技术框架

第一，基于国家经济水平发达与否、生态承载力超载与否，进行国别组团划分，进而选择参与绿色丝绸之路建设愿景的重点国别。结合绿色丝绸之路共建国家社会经济发展水平与生态本底背景，收集重点国家、重要廊道和节点城市的社会经济统计数据与规划，绿色丝绸之路建设愿景和“六廊六路”规划布局相关资料，“一带一路”的建设现状和规划，“一带一路”产业园区和互联互通基础设施建设工程数据，共建国家自然保护地分布数据，以及多源、多尺度、多时相遥感数据和生态参数产品等。

第二，构建生态共建国家生态承载力谐适策略研究技术方案。生态承载力情景预测与谐适策略主要包括未来情景设计、变化趋势判断、典型案例凝练、谐适策略分析等。研究方法的选择要兼顾科学性、可操作性和数据的可获得性，还要将历史变化趋势与情景预测综合起来进行分析。为了从总体上预测生态承载力未来变化的趋势与情景，采用多模型分别预测未来反映生态承载力变化的核心驱动因子的变动趋势以及生态承载力的变化情景。

第三，设置基准情景和绿色丝绸之路情景。基于过去十几年重点国家的社会经济发展趋势设计基准情景。基于绿色丝绸之路建设愿景的中长期规划和目标，结合重点国家绿色发展规划和目标，设计绿色丝绸之路建设愿景下重点国家和廊道的开发活动情景，主要包括绿色丝绸之路建设愿景下的产业园区建设和互联互通基础设施建设。

第四，开展不同情景下未来生态承载力变化情景模拟以及演变态势分析。以未来生态系统数量与分布变化作为主要指标，预测生态供给的可能变化趋势，以人口数量与分布变化作为主要指标预测生态消耗的可能变化趋势，进而模拟生态承载力变化情景，对比分析基准情景和绿色丝绸之路情景下的生态承载力未来情景，刻画绿色可持续发展愿景下未来生态承载力演变态势。

第五，分析重点国家或重要廊道的生态承载力典型案例，以生态空间或生态服务作为主要指标，以尺度转化、空间分析和空间计量作为主要研究方法，分析重点国家或重要廊道生态承载力变化的典型案例，特别分析绿色丝绸之路建设愿景活动的“点（节点城市）–轴（重要廊道）–面（自然保护地）”形成的生态承载力及变化，发掘凝练优良生态承载模式及生态承载力提升路径。

第六，开展生态承载力安全预警和风险评估，基于生态承载力现状和未来趋势，评估重点国家未来发展过程中生态承载力是否超载、超载程度如何，以及叠加绿色丝绸之路建设活动将对生态系统及生态承载力产生哪些影响，特别聚焦绿色丝绸之路“点-轴-面”即节点城市、重要廊道和自然保护地的生态承载压力，比如由于生态产业园区和互联互通基础设施建设的叠加，吸纳人口就业，生态系统面临的局部超载严重的问题需要如何解决。基于上述分析，提出与绿色丝绸之路共建国家生态承载力谐适策略与提升路径相关的政策建议。通过政策正确指导、规范我国企业境外投资经营在走出国门时树立绿色发展的典型样板，为我国树立大国形象、实现联合国可持续发展目标（Sustainable Development Goals，SDGs）作出贡献。

1.4 基本认识与主要结论

1.4.1 生态供给

生态承载力是自然体系自我发展能力与调节能力的客观反映，是在确保生态环境良性发展的条件下，生态系统可持续承载人类社会经济活动的能力。本节以生态承载力供给格局及其限制性为切入点，基于对绿色丝绸之路全域2000～2015年生态供给的研究，主要得出以下结论。

（1）总的来说，2000年以来，绿色丝绸之路共建国家单位面积陆地生态系统生态供给水平在空间分布上存在明显差异，北纬40°以北地区总体呈现出西部高于中部、北部和东部的规律，北纬40°以南地区总体呈现东南向西北递减的规律。从时间上看，西北部和南部大部分地区呈现下降趋势，东部和中部大部分地区呈现上升趋势。从不同生态系统来看，农田生态系统生态供给水平总体呈现由沿海向内陆递减的规律，森林生态系统生态供给水平总体呈现出自南向北递减的规律，草地生态系统生态供给水平总体呈现出从沿海向内陆递减的规律。

（2）绿色丝绸之路共建国家生态较为敏感。从空间上看，绿色丝绸之路大部分共建国家属于敏感区，极敏感区主要分布在西部亚洲部分的国家；从不同生态系统来看，绿色丝绸之路共建国家农田生态系统较为敏感，森林生态系统和草地生态系统敏感度一般。

（3）绿色丝绸之路共建国家生态暴露程度中等。从空间上看，强烈暴露区在绿色丝绸之路各个共建国家均有分布，与绿色丝绸之路各个共建国家国内以及周边国家的城市、人口、交通线路的空间分布存在密切空间依赖关系；从不同生态系统来看，绿色丝绸之路共建国家农田、森林和草地生态系统的大部分地区均呈中等以上暴露。

（4）绿色丝绸之路大部分共建地区属于脆弱区。从空间上看，高度脆弱区主要分布在俄罗斯西南部、哈萨克斯坦、印度、巴基斯坦、土耳其、伊拉克、蒙古国等地区；从不同生态系统来看，绿色丝绸之路共建国家农田、森林和草地生态系统的大部分地区均属于脆弱区。

（5）绿色丝绸之路共建国家生态供给限制性较高，限制性较高区中，森林、草地、农田三大生态系统生态供给限制性较高。

1.4.2 生态消耗

基于物质守恒定理，采用实物量核算方法，研究2000～2020年绿色丝绸之路65个共建国家农田、森林、草地及综合生态系统消耗水平、结构及其演变规律。得出以下主要结论。

（1）农田、森林和草地消耗水平、结构及其演变规律因研究尺度的不同而不同。全域尺度，农田、森林和草地消耗总量和人均消耗量均显著增长，分别以谷物、薪材与木炭和奶类占主导。分区尺度，除蒙俄和中东欧外，其余分区农田消耗总量均显著或极显著增长；除中东欧外，其余分区草地消耗总量均显著或极显著增长；所有分区森林消耗总量均显著或极显著增长。人均消耗量方面，仅中国农田人均消耗量显著增加；仅中亚、中国、中东欧和蒙俄区森林人均消耗量极显著增长；除中东欧外，其余分区草地人均消耗量均显著或极显著增加。消费结构方面，东南亚的农田消耗以糖类与糖和谷物占主导，中国以谷物和蔬菜占主导，其余分区均以谷物消耗占比最高。东南亚的森林消耗以木本油料和薪材与木炭占主导，中国以薪材与木炭占主导，蒙俄、中东欧和中亚以工业原木与锯板材占主导，中东和西亚均以工业原木与锯板材和薪材与木炭占主导。中国的草地消耗以猪肉消耗占主导，其余分区均以奶类消耗占主导。

（2）国家尺度，农田、森林和草地消耗总量以中国、印度等人口大国最高，以东帝汶、马尔代夫等人口小国最低。而人均消耗量主要受人均资源量、经营管理水平等制约，人均资源量愈高，年人均消耗量愈大，如年人均农田消耗量就以白俄罗斯、乌克兰、哈萨克斯坦等人均农田资源量大的国家最高，以蒙古国等耕地稀缺国家最低。消耗结构变化一般表现为，区域愈发达，蔬果、奶类等消耗占比愈高；反之，谷物、薯类等消耗占比愈高。

（3）综合生态系统消耗水平、结构及其演变规律因研究尺度的不同而不同。全域尺度，均以谷物消耗占比最高；消耗总量和年人均消耗量均显著增加，平均为60.8亿t/a和1381.5 kg。分区尺度，消耗总量以东南亚最高，中亚最低。除蒙俄和中东欧外，其余分区消耗总量显著增加。年人均消耗量以中东欧最高，在中亚和中国显著增加。生态消耗结构与演变因分区而不同。国家尺度，消耗总量受国家人口规模的制约，人均生态消耗量受经济发展水平、人均资源量等因素影响，呈现东南亚和中东欧两大高中心。综合生态消耗总量有 32 国变化显著，其中巴林等 13 国显著增加，阿曼等 19 国极显著增加，而年人均综合生态消耗量有 17 国变化显著，其中以色列等 3 国极显著降低，捷克显著降低，北马其顿等 8 国显著增加，塔吉克斯坦等 5 国极显著增加。因此，不同国家综合生态消耗结构与演变不同。

1.4.3 生态承载力

生态承载力作为区域可持续发展能力评价的重要指标已逐渐发展成为可持续发展研究的核心内容。本研究基于生态资源供给与消耗之间的动态平衡关系，开展了 2000～2019 年绿色丝绸之路全域、区域和国家三个尺度的生态承载力研究，主要研究结果如下。

（1）绿色丝绸之路共建地区生态承载力总量丰富，尚存在较大剩余生态承载空间，生态承载力处于富富有余状态，但生态保护的约束性强。2019 年，绿色丝绸之路全域生态承载力约为 115.03 亿人，较现有人口相比，尚存在 67.17 亿人的生态承载空间，生态承载力处于富富有余状态。若考虑生态保护的限制作用，2019 年，绿色丝绸之路全域生态承载力约为 64.89 亿人，仅为生态承载力上限量的 56.41%，生态承载力处于盈余状态。由此可见，生态保护对绿色丝绸之路共建地区生态承载力的约束性强。

（2）在居民消费水平提高与人口持续增长的双重驱动下，绿色丝绸之路共建地区剩余生态承载空间呈快速下降态势。2000～2019 年，绿色丝绸之路全域经济发展水平整体提高，使得居民生态资源需求水平提高，进而导致生态承载力（考虑生态保护）从 76.24 亿人下降到 64.89 亿人；同时，人口数量从 39.25 亿人持续增加到 47.86 亿人。在生态承载力波动下降且人口数量持续增加的双重作用下，全域剩余生态承载空间由 36.99 亿人快速下降到 17.03 亿人，降幅高达 53.96%。若按此态势发展，未来 20 年内绿色丝绸之路全域为支撑居民生活需求，对生态资源的开发强度将威胁到生态系统可持续发展。

（3）绿色丝绸之路共建地区生态承载空间分布差异明显且生态承载力与人口空间分布不匹配，生态承载力表现出“总体盈余、局部超载”的现象。2019 年，绿色丝绸之路全域生态承载力处于富富有余状态（不考虑生态保护）；但有 20 个国家生态承载力处于临界超载、超载或严重超载状态；绿色丝绸之路 65 共建国家中，有 18 个国家生态承载力处于严重超载状态，有 40 个国家生态承载力处于富富有余状态。由此可见，绿色丝绸之路共建区域生态承载力呈“总体盈余、局部超载”的现象且国家之间生态承载状态存在两极分化现象。

1.4.4 未来情景与谐适策略

基于生态系统服务供给与消耗对 2030～2050 年不同情景下绿色丝绸之路全域生态

承载状态未来情景进行了分析。结果表明，至2050年，绿色发展情景下，28个国家的森林、农田和草地生态系统呈超载状态；12个国家生态承载力受农田限制，15个国家生态承载力受森林限制，37个国家生态承载力受草地限制。基准情景下，30个国家的森林、农田和草地生态系统呈超载状态；12个国家生态承载力受农田限制，16个国家生态承载力受森林限制，36个国家生态承载力受草地限制。区域竞争情景下，31个国家的森林、农田和草地生态系统呈超载状态，36个呈盈余状态；10个国家生态承载力受到农田限制，15个国家生态承载力受到森林限制，39个国家生态承载力受到草地限制。

依据分类施策原则提出共建国家的生态承载力谐适策略。对于生态承载状态超载的国家：①以农田为主要限制类型的，包括哈萨克斯坦、阿富汗与沙特阿拉伯等国家，宜加强农业基础设施建设，提升农业生产效率；减少加工、运输过程中的粮食损失以及食物浪费率。②以森林为主要限制类型的，包括缅甸、菲律宾等国家，宜加强森林保护与修复，如通过混交、间伐、补植等措施以优化森林资源组成结构，并且重视森林火灾、病虫害防治。③以草地为主要限制类型的，包括巴基斯坦、伊朗等国，宜采取退牧还草、休牧、轮牧与禁牧等措施促使草地自然恢复；特别是区域竞争情景下，哈萨克斯坦、土耳其与老挝等国家主要限制类型均转变为草地，这与该情景下人口的高动物比例的饮食习惯和高人口增长率有关，因此，宜降低国民饮食结构中的高动物比例以及食物浪费率。

对于生态承载状态盈余的国家：①以农田为主要限制类型的，宜加强农业投资，强化农业水利基础设施以应对气候变化，进一步提升农业产量与效率。②以森林为主要限制类型的，宜加强森林保护与管理措施，保护优质天然林并进一步提升森林质量。③以草地为主要限制类型的，主要包括东欧、东南亚等地区，宜调控载畜规模，减轻草地载畜压力，发展保护型草牧业模式。

参考文献

封志明, 杨艳昭, 闫慧敏, 等. 2017. 百年来的资源环境承载力研究：从理论到实践. 资源科学, 39(3): 379-395.

国家发展改革委, 外交部, 商务部. 2015. 推动共建丝绸之路经济带和21世纪海上丝绸之路的愿景与行动. http: //zhs.mofcom.gov.cn/article/xxfb/201503/20150300926644.shtml[2015-04-01].

国家生态环境保护部. 2017. “一带一路”生态环境保护合作规划. http: //www.mee.gov.cn/gkml/hbb/bwj/201705/t20170516_414102.htm[2018-04-01].

沈渭寿, 张慧, 邹长新, 等. 2010. 区域生态承载力与生态安全研究. 北京：中国环境科学出版社.

王开运, 等. 2007. 生态承载力复合模型系统与应用. 北京：科学出版社.

熊建新, 陈端吕, 彭保发, 等. 2014. 2001-2010年洞庭湖区经济、社会和环境变化及其生态承载力响应. 地理科学进展, 33(3): 356-363.

赵东升, 郭彩贇, 郑度, 等. 2019. 生态承载力研究进展. 生态学报, 39(2): 399-410.

Ascensão F, Fahrig L, Clevenger A P, et al. 2018. Environmental challenges for the Belt and Road Initiative. Nature Sustainability, 1(5): 206-209.

Brandt J, Christensen A A, Svenningsen S R, et al. 2013. Landscape practice and key concepts for landscape sustainability. Landscape Ecology, 28(6): 1125-1137.

Brown L R, Kane H. 1995. Full House: Reassessing the Earth's Population Carrying Capacity. London:

Earthscan.

Chen C, Park T, Wang X, et al. 2019. China and India lead in greening of the world through land-use management. Nature sustainability, 2(2): 122-129.

Chen D, Yu Q, Hu Q, et al. 2018. Cultivated land change in the Belt and Road Initiative region. Journal of Geographical Sciences, 28(11): 1580-1594.

Guo H D. 2018. Steps to the digital Silk Road. Nature, 554(7690): 25-27.

Guterres A. 2017. Remarks at the Opening of the Belt and Road Forum. http: //www.un.org/sg/en/content/sg/speeches/2017-05-14/secretary-general's-belt-and-road-forum-remarks.

Hillman J. 2018. How Big is the Belt and Road? Hong Kong: Hong Kong Trade Development Council.

Liu H, Fang C, Miao Y, et al. 2018. Spatio-temporal evolution of population and urbanization in the countries along the Belt and Road 1950–2050. Journal of Geographical Sciences, 28(7): 919-936.

McBain B, Lenzen M, Wackernagel M, et al. 2017. How long can global ecological overshoot last. Global and Planetary Change, 155: 13-19.

Newbold T, Hudson L N, Arnell A P, et al. 2016. Has land use pushed terrestrial biodiversity beyond the planetary boundary? A global assessment. Science, 353(6296): 288-291.

Rudolph A, Figge L. 2017. Determinants of Ecological Footprints: what is the role of globalization. Ecological Indicators, 81: 348-361.

Scoones I. 1993. Economic and Ecological Carrying Capacity: Applications to Pastoral Systems in Zimbabwe. Economics and Ecology. Dordrecht: Springer.

Wackernagel M, Rees W E. 1995. Our Ecological Footprint: Reducing Human Impact on the Earth. Gabriela Island, and Philadelphia: New Society Publishers.

Wu S, Liu L, Liu Y, et al. 2019. The Belt and Road: Geographical pattern and regional risks. Journal of Geographical Sciences, 29(4): 483-495.

Xue Q, Song W, Zhang Y L, et al. 2017. Research progress in ecological carrying capacity: implications, assessment methods and current focus. Journal of Resources and Ecology, 8(5): 514-525.

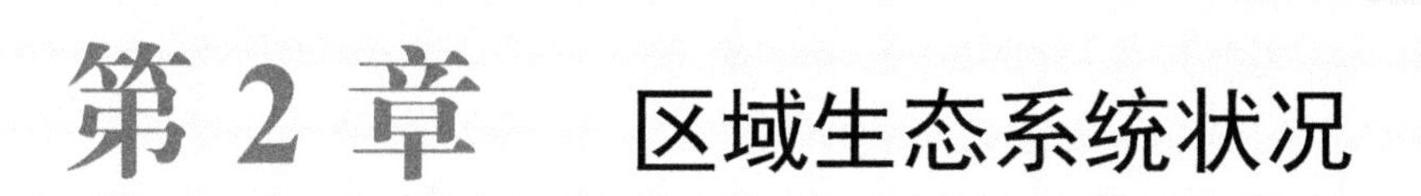

第2章 区域生态系统状况

生态资源是人类赖以生存和发展的重要资源与物质基础，为保障区域社会经济有序长久发展提供重要支撑。研究绿色丝绸之路共建国家和地区生态资源供给的空间分布及特征对实现区域生态承载力评价和可持续发展具有重要现实意义。本章基于时序 NPP 与遥感数据，分析绿色丝绸之路共建国家和地区农田、森林与草地资源的时空变化，揭示绿色丝绸之路共建国家和地区生态系统生产力时空分布特征与地域格局。同时，采用统计分析方法对不同国家国内生产总值，以及主要农产品、林产品和畜产品的产量变化进行分析，揭示绿色丝绸之路共建国家和地区社会经济发展水平及当地农林牧产品的产量在时空上的变化特征。

2.1　农田生态系统空间分布格局与特征

2.1.1　空间分布格局与特征

绿色丝绸之路共建国家和地区农田面积约为 1247.93 万 km^2，占绿色丝绸之路共建国家和地区土地总面积的 24.58%，占世界农田总面积的 50.86%。绿色丝绸之路共建国家和地区农田分布具有明显的聚集特征。农田集中分布在北纬 60°以南地区，北纬 60°以北地区有大面积的冰冻土，不能或不宜开辟为农田，农田资源贫乏。绿色丝绸之路共建地区农田资源集中分布在中东欧、俄罗斯西南部（莫斯科、萨兰斯克、喀山、乌法、叶卡捷琳堡等地）、中国东部季风区、西亚及中东的北部、南亚以及东南亚地区。从地域上看，中蒙俄地区农田面积最大，占绿色丝绸之路共建国家和地区农田总面积的 37.69%；中亚地区农田面积最小，占绿色丝绸之路共建国家和地区农田面积的 6.78%（图 2-1）。具体来说：

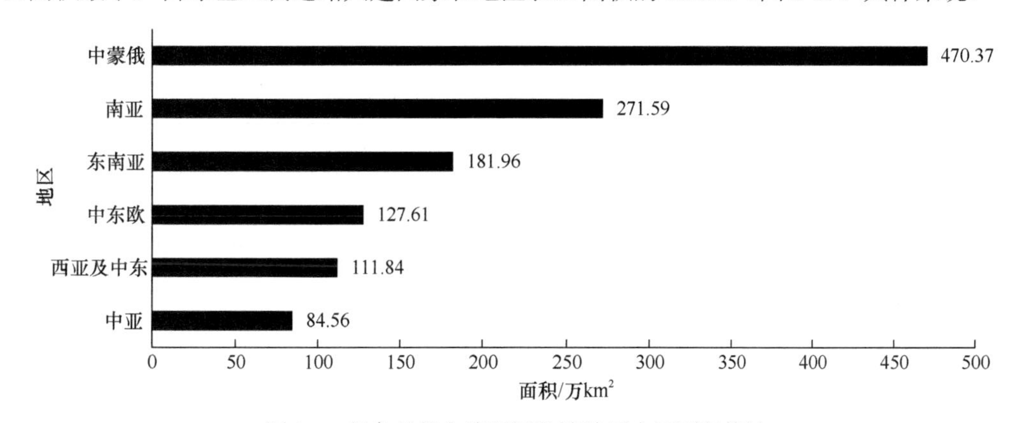

图 2-1　绿色丝绸之路不同共建地区农田面积统计

（1）东南亚农田面积为 181.96 万 km^2，占绿色丝绸之路共建国家和地区农田面积的 14.58%，占东南亚总面积的 40.77%。旱地占东南亚农田面积的 44.72%；农业/自然植被镶嵌体、自然植被/农业镶嵌体和水田分别占东南亚农田面积的24.66%、24.59%和6.03%。

（2）西亚及中东农田面积为 111.84 万 km^2，占绿色丝绸之路共建国家和地区农田面积的 8.96%，占西亚及中东总面积的 15.69%。旱地占西亚及中东农田面积的 67.05%；自然植被/农业镶嵌体、水田和农业/自然植被镶嵌体分别占西亚及中东农田面积的 14.73%、11.74%和 6.48%。

（3）南亚农田面积为 271.59 万 km^2，占绿色丝绸之路共建国家和地区农田总面积的 21.76%，占南亚总面积的 54.42%。旱地占南亚农田面积的 48.25%；水田占南亚农田面积的 36.65%；自然植被/农业镶嵌体和农业/自然植被镶嵌体分别占南亚农田面积的 8.28%和 6.82%。

（4）中亚农田面积为 84.56 万 km^2，占绿色丝绸之路共建国家和地区农田总面积的 6.78%，占中亚总面积的 21.20%。旱地占中亚农田总面积的 40.57%；水田、自然植被/农业镶嵌体和农业/自然植被镶嵌体分别占中亚农田总面积的27.76%、20.99%和 10.68%。

（5）中东欧农田面积为 127.61 万 km^2，占绿色丝绸之路共建国家和地区农田面积的 10.23%，占中东欧总面积的 58.46%。旱地占中东欧农田面积的 88.79%；农业/自然植被镶嵌体、自然植被/农业镶嵌体和水田分别占中东欧农田面积的 9.84%、1.20%和 0.17%。

（6）中蒙俄农田面积为 470.37 万 km^2，占绿色丝绸之路共建国家和地区农田面积的 37.69%，占中蒙俄面积的 16.79%。旱地占中蒙俄农田面积的 54.68%；农业/自然植被镶嵌体、水田和自然植被/农业镶嵌体分别占中蒙俄农田面积的 17.81%、14.17%和 13.34%。

如表 2-1 和图 2-2 所示，从各类型农田来看：旱地面积最大，为 692.22 万 km^2，占绿色丝绸之路共建国家和地区农田总面积的 55.47%，广泛分布在各个区域；水田面积为 213.99 万 km^2，占农田总面积的 17.15%，主要分布在中国、南亚、中亚等地区；农业/自然植被镶嵌体面积为 176.02 万 km^2，占农田总面积的 14.10%，主要分布在俄罗斯西南部（莫斯科、萨兰斯克、喀山、乌法、叶卡捷琳堡等地）、中国南部（湖南、湖北、浙江、广东、福建等地）和黄土高原地区、东南亚地区，此外，在中东欧、南亚、西亚及中东呈零星分布；自然植被/农业镶嵌体面积为 165.70 万 km^2，占农田总面积的 13.28%，零星分布于中国、蒙古国、俄罗斯南部、西亚及中东西北部、南亚和东南亚地区。

表 2-1　绿色丝绸之路共建国家和地区农田面积统计

农田类别	面积和占比	东南亚	西亚及中东	南亚	中亚	中东欧	中蒙俄	合计
旱地	面积/万 km^2	81.37	74.99	131.04	34.31	113.30	257.21	692.22
	面积占比/%	11.75	10.83	18.93	4.96	16.37	37.16	100
水田	面积/万 km^2	10.97	13.13	99.53	23.47	0.22	66.67	213.99
	面积占比/%	5.13	6.14	46.51	10.96	0.10	31.16	100
农业/自然植被镶嵌体	面积/万 km^2	44.88	7.25	18.54	9.03	12.56	83.76	176.02
	面积占比/%	25.50	4.12	10.53	5.13	7.14	47.58	100
自然植被/农业镶嵌体	面积/万 km^2	44.74	16.47	22.48	17.75	1.53	62.73	165.70
	面积占比/%	27.00	9.94	13.57	10.71	0.92	37.86	100

注：占比计算结果加合不等于 100%。为修约所致。下同。

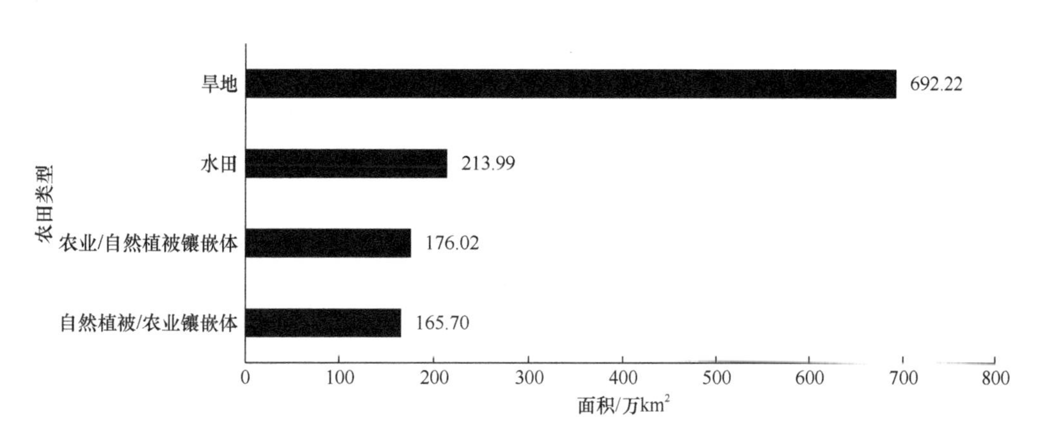

图 2-2　绿色丝绸之路共建国家和地区不同类型农田面积分布

2.1.2　生产力空间分布

在 CCI-LC2015 数据基础上，通过对 MOD17A3 NPP 数据的空间统计，得到绿色丝绸之路共建国家和地区农田生产力空间分布（图 2-3）。

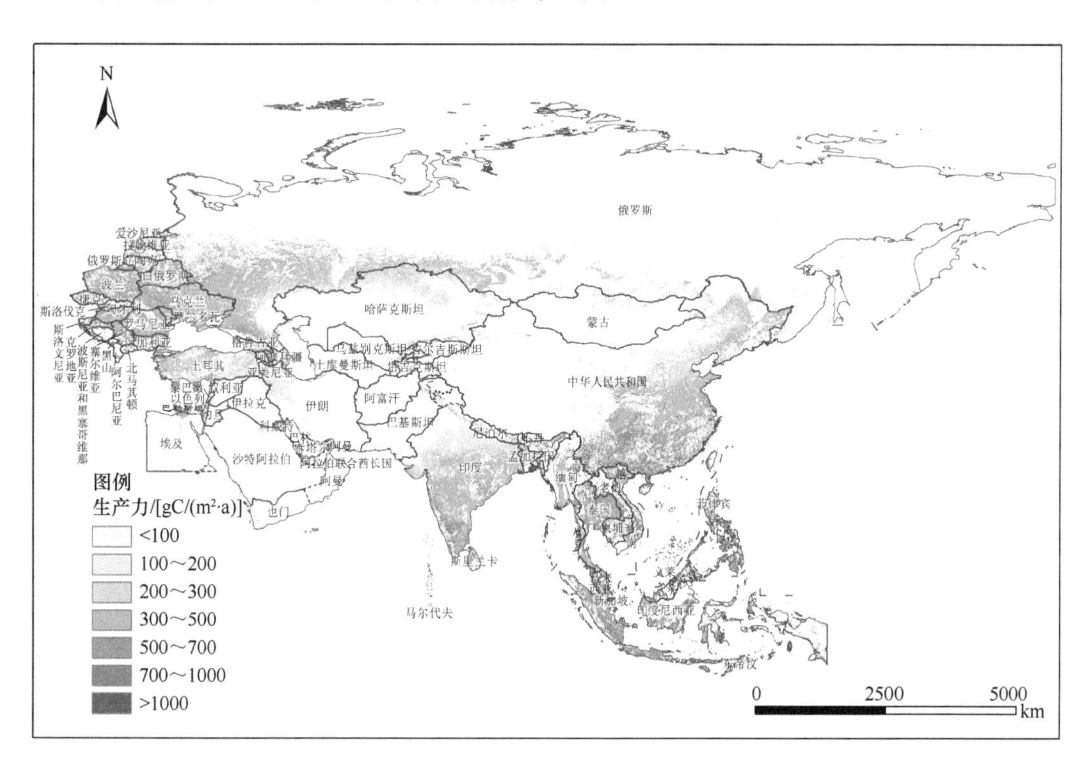

图 2-3　共建国家和地区农田生产力空间分布
阿拉伯联合酋长国，简称阿联酋；阿曼苏丹国，简称阿曼

绿色丝绸之路共建国家和地区农田生产力空间分布总体上呈现从沿海向内陆递减的规律。总体来看：生产力高值区[>1000gC/（m^2·a）]主要分布于东南亚、中国的南部

（湖南、湖北、浙江、广东、福建等）、南亚的东北部、西亚及中东的西部；生产力低值区[<100gC/（m^2·a）]主要分布于南亚、中亚、西亚及中东地区，此外在中国的青藏高原也有零星分布。具体如下（表 2-2、图 2-4 和图 2-5）。

表 2-2　绿色丝绸之路共建国家和地区农田生产力统计

农田类别	均值和总量	东南亚	西亚及中东	南亚	中亚	中东欧	中蒙俄	合计
旱地	均值/[gC/（m^2·a）]	674.72	257.47	308.71	234.54	472.42	385.61	397.66
	总量/万 tC	54187.05	17081.21	39602.29	7924.26	52815.59	97575.30	269185.70
水田	均值/[gC/（m^2·a）]	512.86	454.65	361.17	184.24	564.41	443.65	382.68
	总量/万 tC	5420.32	5580.13	34856.24	4081.41	124.90	28216.97	78279.97
农业/自然植被镶嵌体	均值/[gC/（m^2·a）]	973.13	323.81	347.48	201.83	571.11	116.54	577.37
	总量/万 tC	43437.73	2232.72	6204.34	1804.55	7088.32	36982.77	97750.43
自然植被/农业镶嵌体	均值/[gC/（m^2·a）]	973.61	370.07	353.49	191.67	607.77	461.30	566.80
	总量/万 tC	43332.74	5908.69	7390.24	3368.71	889.48	28390.33	89280.19
合计	均值/[gC/（m^2·a）]	812.56	303.65	333.76	208.81	483.27	414.59	1924.51
	总量/万 tC	146377.84	30802.75	88053.11	17178.93	60918.29	191165.37	534496.29

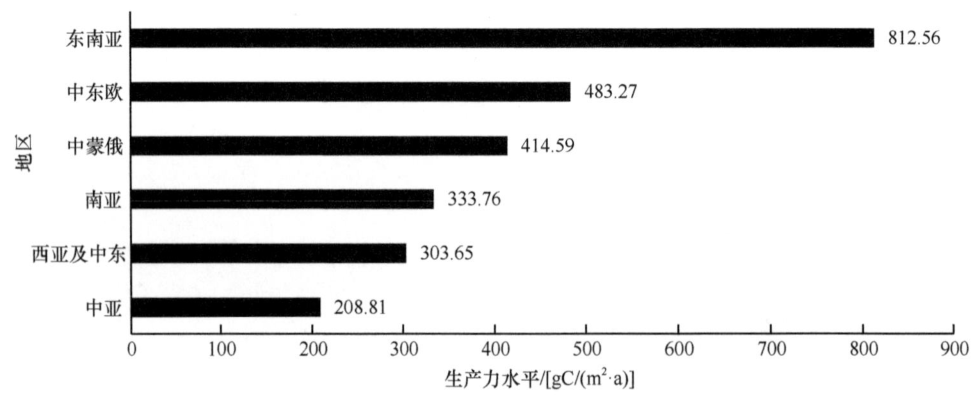

图 2-4　绿色丝绸之路共建各地区农田生产力水平

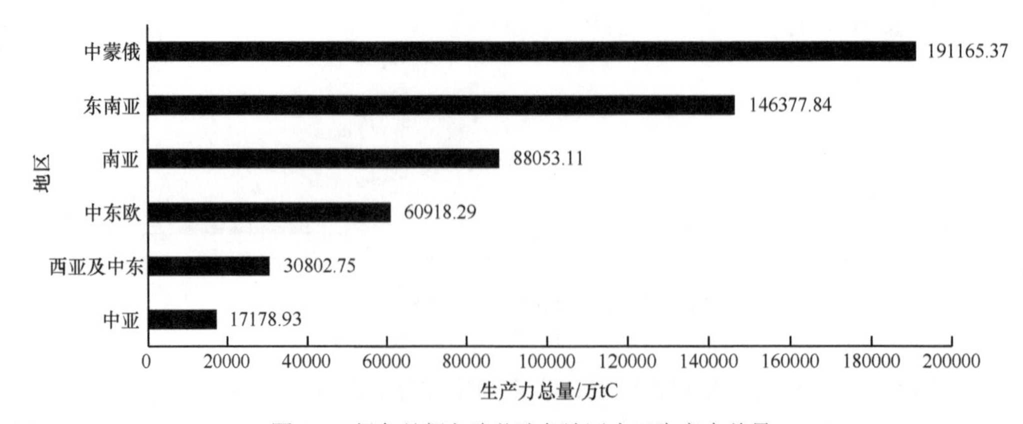

图 2-5　绿色丝绸之路共建各地区农田生产力总量

（1）东南亚农田生产力总量为 146377.84 万 tC，占绿色丝绸之路共建国家和地区农田生产力总量的 27.39%。各类型农田中，旱地生产力总量最大，为 54187.05 万 tC，占该地区农田生产力总量的 37.02%。该地区农田生产力单位面积均值为 812.56gC/（m^2·a），各类型农田中自然植被/农业镶嵌体生产力水平最高，为 973.61gC/（m^2·a）。

（2）西亚及中东农田生产力总量为 30802.75 万 tC，占绿色丝绸之路共建国家和地区农田生产力总量的 5.76%。各类型农田中，旱地生产力总量最大，为 17081.21 万 tC，占该地区农田生产力总量的 55.45%。该地区农田生产力单位面积均值为 303.65gC/（m^2·a），各类型农田中水田生产力水平最高，为 454.65gC/（m^2·a）。

（3）南亚农田生产力总量为 88053.11 万 tC，占绿色丝绸之路共建国家和地区农田生产力总量的 16.47%。各类型农田中，旱地生产力总量最大，为 39602.29 万 tC，占该地区农田生产力总量的 44.98%。该区域农田生产力单位面积均值为 333.76gC/（m^2·a），各类型农田中水田生产力水平最高，为 361.17gC/（m^2·a）。

（4）中亚农田生产力总量为 17178.93 万 tC，占绿色丝绸之路共建国家和地区农田生产力总量的 3.21%。各类型农田中，旱地生产力总量最大，为 7924.26 万 tC，占该地区农田生产力总量的 46.13%。该区域农田生产力单位面积均值为 208.81gC/（m^2·a），各类型农田中旱地生产力水平最高，为 234.54gC/（m^2·a）。

（5）中东欧农田生产力总量为 60918.29 万 tC，占绿色丝绸之路共建国家和地区农田生产力总量的 11.40%。各类型农田中，旱地生产力总量最大，为 52815.59 万 tC，占该地区农田生产力总量的 86.70%。该地区农田生产力单位面积均值为 483.27gC/(m^2·a)，各类型农田中自然植被/农业镶嵌体生产力水平最高，为 607.77gC/（m^2·a）。

（6）中蒙俄地区农田生产力总量为 191165.37 万 tC，占绿色丝绸之路共建国家和地区农田生产力总量的 35.77%。各类型农田中，旱地生产力总量最大，为 97575.30 万 tC，占该地区农田生产力总量的 51.04%。该地区农田生产力单位面积均值为 414.59gC/（m^2·a），各类型农田中自然植被/农业镶嵌体生产力水平最高，为 461.30gC/（m^2·a）。

如图 2-6 所示，从各类型农田生产力水平特征来看，农业/自然植被镶嵌体生产力水平最高，为 577.37gC/（m^2·a）；其次是自然植被/农业镶嵌体，生产力水平为 566.80gC/（m^2·a）；旱地和水田生产力水平分别为 397.66gC/（m^2·a）和 382.68gC/（m^2·a）。

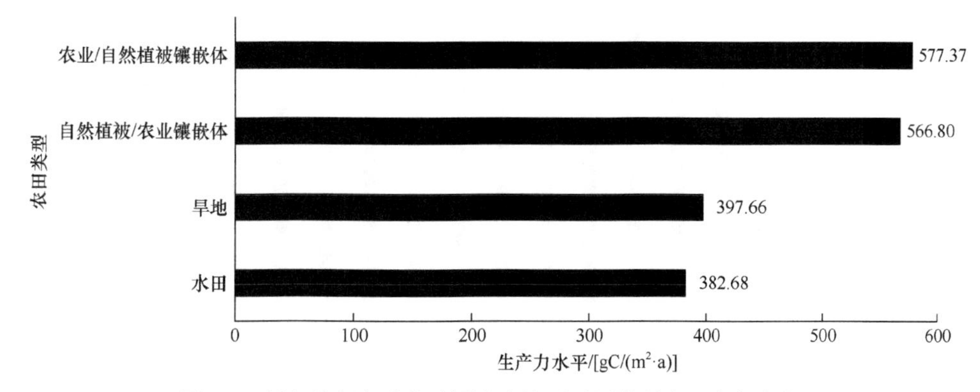

图 2-6　绿色丝绸之路共建国家和地区不同类型农田生产力水平

如图 2-7 所示，从各类型农田生产力总量特征来看，旱地生产力总量最大，为 269185.70 万 tC，占农田生产力总量的 50.36%；农业/自然植被镶嵌体生产力总量为 97750.43 万 tC，占农田生产力总量的 18.29%；自然植被/农业镶嵌体生产力总量为 89280.19 万 tC，占农田生产力总量的 16.70%；水田生产力总量为 78279.97 万 tC，占农田生产力总量的 14.65%。

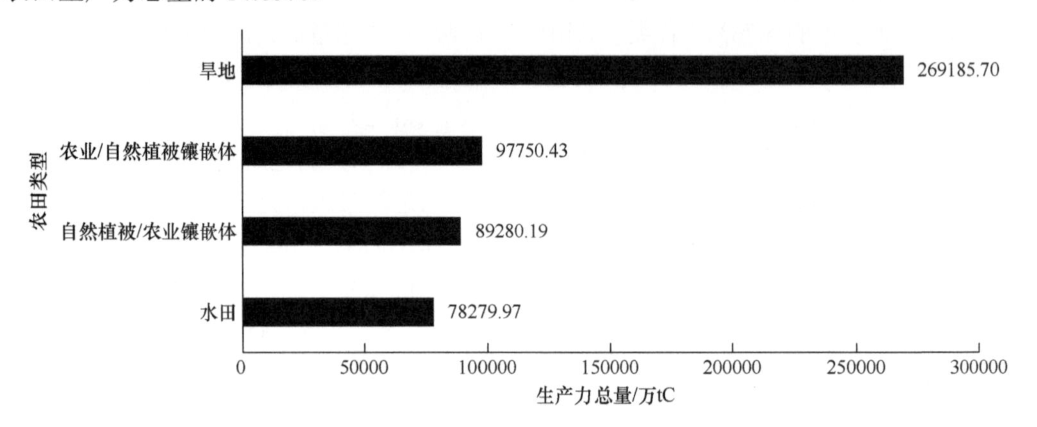

图 2-7　绿色丝绸之路共建国家和地区不同类型农田生产力总量

2.1.3　主要变化情况

近 20 年来，绿色丝绸之路共建国家和地区农田面积呈现“大幅增加—减少并趋稳定”态势，中亚地区农田面积增加最多，中东欧地区农田面积减少最多。卫星遥感监测表明（图 2-8）：1995～2015 年，绿色丝绸之路共建国家和地区农田面积呈现“大幅增加—减少并趋稳定”态势。2000 年之前农田面积呈现大幅增加的趋势，2000～2015 年呈现小幅减少并趋向于稳定。就各地区来看（图 2-9），中亚、东南亚、中蒙俄、西亚及中东农田面积均增加，中东欧和南亚农田面积均减少；其中中亚农田面积增加最为明显，面积增加 11.40 万 km^2；中东欧农田面积减少最显著，面积减少 5.63 万 km^2。

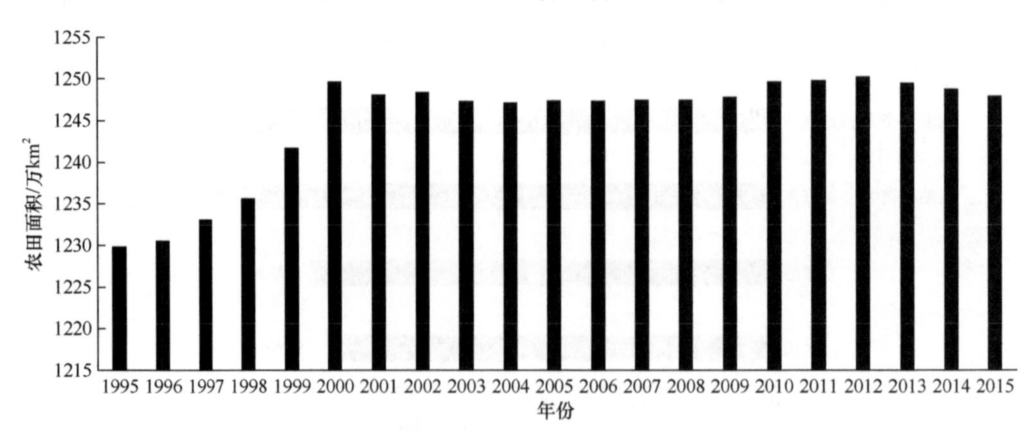

图 2-8　1995～2015 年绿色丝绸之路共建地区农田面积

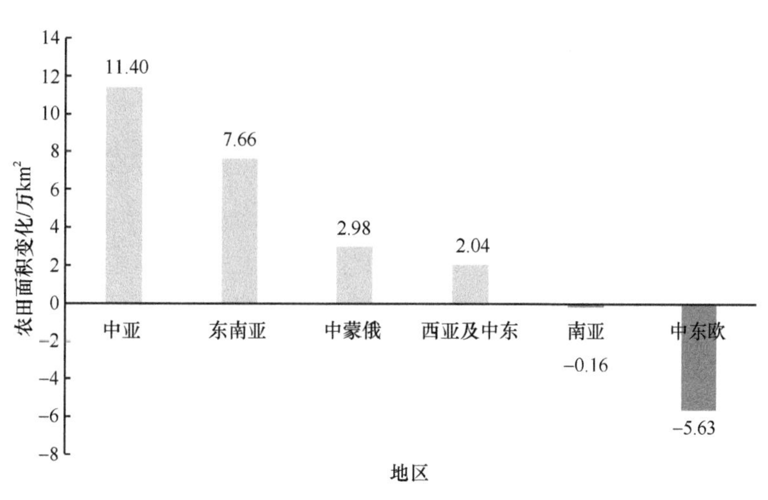

图 2-9　1995～2015 年绿色丝绸之路共建地区农田面积变化

2.2　森林生态系统空间分布格局与特征

2.2.1　空间分布格局与特征

绿色丝绸之路共建国家和地区林地面积为 1578.81 万 km^2，占绿色丝绸之路共建国家和地区土地面积的 31.10%，占世界林地面积的 44%。各类型林地沿东西方向呈带状分布（图 2-10）。北纬 50°以北，主要是俄罗斯西伯利亚及远东地区，主要分布有落叶针

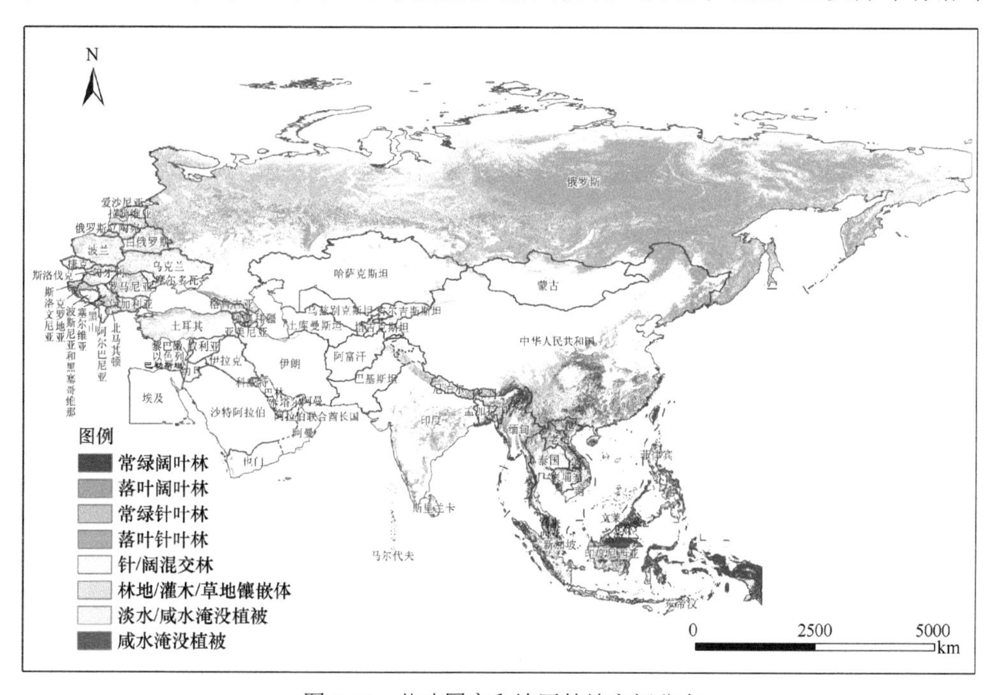

图 2-10　共建国家和地区林地空间分布

叶林、常绿针叶林、落叶阔叶林、针/阔叶混交林，零星分布有林地/灌丛/草地镶嵌体；北纬10°到北纬50°，主要分布有落叶阔叶林和常绿针叶林、林地/灌丛/草地镶嵌体；南北纬10°之间，主要分布有常绿阔叶林、淡水/咸水淹没植被和咸水淹没植被。

从地域上看，中蒙俄地区林地面积最大，占绿色丝绸之路共建国家和地区林地面积的74.62%；中亚林地面积最小，仅占绿色丝绸之路共建国家和地区林地面积的0.43%。具体如下（表2-3、图2-11）。

表2-3　绿色丝绸之路共建国家和地区林地面积

林地类型	面积和占比	东南亚	西亚及中东	南亚	中亚	中东欧	中蒙俄	合计
常绿阔叶林	面积/万 km^2	170.35	0.00	11.35	0.00	0.00	48.62	230.32
	面积占比/%	73.96	0.00	4.93	0.00	0.00	21.11	100
落叶阔叶林	面积/万 km^2	8.95	9.08	28.62	0.60	29.75	199.21	276.21
	面积占比/%	3.24	3.29	10.36	0.22	10.77	72.12	100
常绿针叶林	面积/万 km^2	7.54	5.06	13.66	3.83	20.51	252.18	302.78
	面积占比/%	2.49	1.67	4.51	1.26	6.77	83.29	100
落叶针叶林	面积/万 km^2	0.01	0.04	0.08	1.07	0.01	503.60	504.81
	面积占比/%	0.00	0.01	0.02	0.21	0.00	99.76	100
针/阔叶混交林	面积/万 km^2	0.00	0.55	0.00	0.29	11.77	91.37	103.98
	面积占比/%	0.00	0.53	0.00	0.28	11.32	87.87	100
林地/灌木/草地镶嵌体	面积/万 km^2	21.32	12.32	15.91	1.01	7.28	79.30	137.14
	面积占比/%	15.55	8.98	11.60	0.74	5.31	57.82	100
淡水/咸水淹没植被	面积/万 km^2	11.93	0.00	0.00	0.00	0.20	3.67	15.80
	面积占比/%	75.51	0.00	0.00	0.00	1.27	23.23	100
咸水淹没植被	面积/万 km^2	6.47	0.01	1.07	0.00	0.00	0.22	7.77
	面积占比/%	83.27	0.13	13.77	0.00	0.00	2.83	100

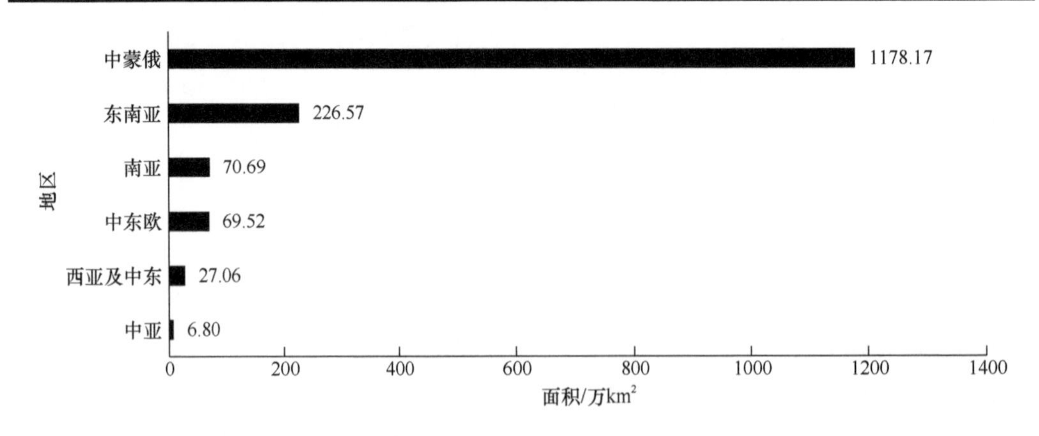

图2-11　绿色丝绸之路各共建地区林地面积统计

（1）东南亚林地面积为226.57万 km^2，占绿色丝绸之路共建国家和地区林地面积的14.36%，占东南亚面积的50.76%。以常绿阔叶林为主，占东南亚林地面积的75.19%；

其他各类型林地所占面积均不足东南亚林地面积的 10%。

（2）西亚及中东林地面积为 27.06 万 km^2，占绿色丝绸之路共建国家和地区林地面积的 1.71%，占西亚及中东面积的 3.80%。以林地/灌丛/草地镶嵌体为主，占西亚及中东林地面积的 45.53%；落叶阔叶林和常绿针叶林分别占西亚及中东林地面积的 33.56%和 18.70%；其他各类型林地所占面积均不足西亚及中东林地面积的 10%。

（3）南亚林地面积为 70.69 万 km^2，占绿色丝绸之路共建国家和地区林地面积的 4.48%，占南亚面积的 14.17%。以落叶阔叶林为主，占南亚林地面积的 40.49%；其次是林地/灌丛/草地镶嵌体，占南亚林地面积的 22.51%；常绿针叶林和常绿阔叶林分别占南亚林地面积的 19.32%和 16.06%；其他各类型林地所占面积均不足南亚林地面积的 10%。

（4）中亚林地面积为 6.80 万 km^2，占绿色丝绸之路共建国家和地区林地面积的 0.43%，占中亚面积的 1.72%。以常绿针叶林为主，占中亚林地面积的 56.32%；落叶针叶林和林地/灌丛/草地镶嵌体分别占中亚林地面积的 15.74%和 14.85%；其他各类型林地所占面积均不足中亚林地面积的 10%。

（5）中东欧林地面积为 69.52 万 km^2，占绿色丝绸之路共建国家和地区林地面积的 4.40%，占中东欧面积的 31.85%。以落叶阔叶林为主，占中东欧林地面积的 42.79%；其次是常绿针叶林，占中东欧林地面积的 29.50%；针/阔叶混交林和林地/灌丛/草地镶嵌体分别占中东欧林地面积的 16.93%和 10.47%；其他各类型林地所占面积均不足中东欧林地面积的 10%。

（6）中蒙俄林地面积为 1178.17 万 km^2，占绿色丝绸之路共建国家和地区林地面积的 74.62%，占中蒙俄面积的 42.07%。以落叶针叶林为主，占中蒙俄林地面积的 42.74%；常绿针叶林和落叶阔叶林分别占中蒙俄林地面积的 21.40%和 16.91%；其他各类型林地所占面积均不足中蒙俄林地面积的 10%。

如图 2-12 所示，从各类型林地来看：落叶针叶林面积最大，为 504.81 万 km^2，占绿色丝绸之路共建国家和地区林地面积的 31.97%，主要分布在俄罗斯中部（克拉斯诺亚尔斯克边疆区、伊尔库茨克州、秋明州等地）和东部（萨哈共和国、哈巴罗夫斯克边疆区、阿穆尔州、后贝加尔边疆区、布里亚特共和国等地）、蒙古国北部（库苏古尔、色

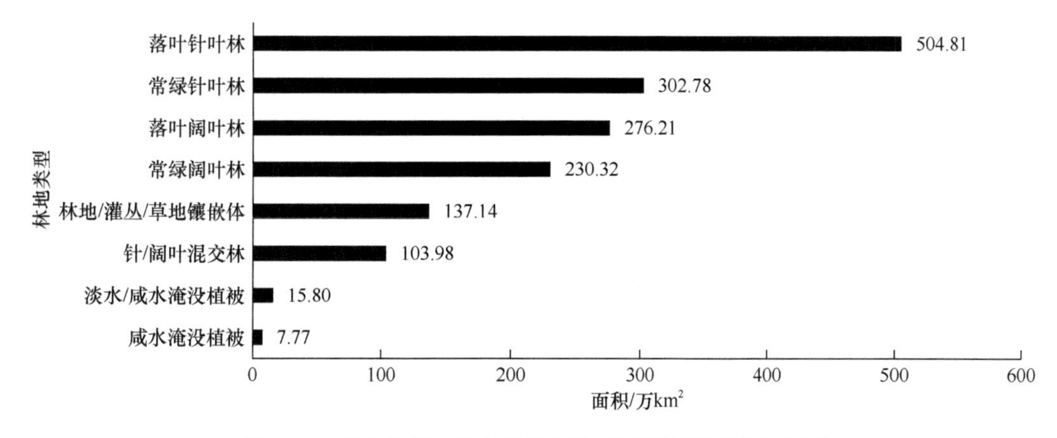

图 2-12 绿色丝绸之路共建国家和地区不同类型林地面积

楞格等地）、中国东北部（呼伦贝尔、大兴安岭等地）；常绿针叶林面积为 302.78 万 km^2，占林地总面积的 19.18%，主要分布在俄罗斯、中东欧地区、中国的南部（四川、云南、广东、福建等地），在南亚的东北部和西亚及中东北部也有零星分布；落叶阔叶林面积为 276.21 万 km^2，占林地总面积的 17.49%，主要分布在俄罗斯、中国东北部（黑龙江、吉林、辽宁等地）、中东欧地区、南亚西南部，在东南亚北部也有零星分布；常绿阔叶林面积为 230.32 万 km^2，占林地总面积的 14.59%，主要分布在南亚的西北部和东南亚地区；其他类型林地所占面积均不足林地总面积的 10%。

2.2.2 生产力空间分布

在 CCI-LC2015 数据的基础上，通过对 MOD17A3 的 NPP 数据进行空间统计，得到绿色丝绸之路共建国家和地区林地生产力空间分布图（图 2-13）。

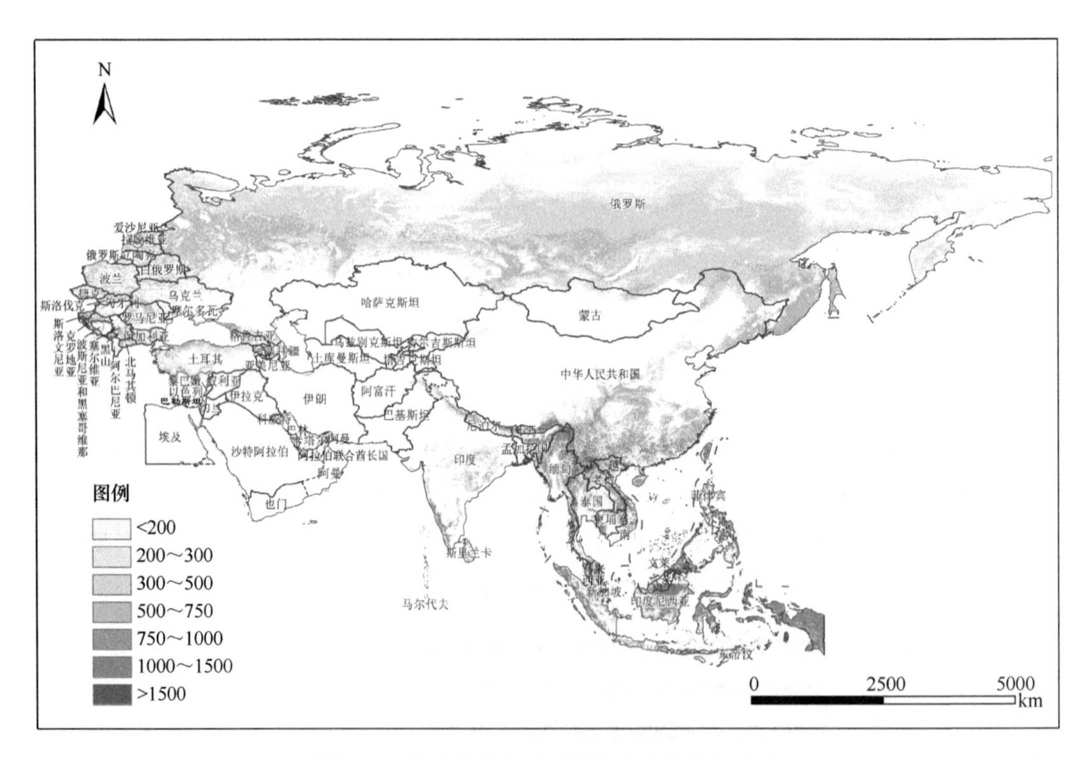

图 2-13　共建国家和地区林地生产力空间分布

绿色丝绸之路共建国家和地区林地生产力空间分布总体上呈现从沿海向内陆、从南向北递减的规律。生产力高值区[>1500gC/（m^2·a）]分布于东南亚东南部和北部；生产力低值区[<200gC/（m^2·a）]主要分布于俄罗斯东北部（萨哈共和国、马加丹州等地）和东南部（阿穆尔州、哈巴罗夫斯克边疆区、滨海边疆区等地）、南亚中部、中国燕山—太行山一带及东北的大兴安岭地区也有分布。具体如下（表 2-4、图 2-14 和图 2-15）。

表 2-4　绿色丝绸之路共建国家和地区林地生产力统计

林地类型	均值和总量	东南亚	西亚及中东	南亚	中亚	中东欧	中蒙俄	合计
常绿阔叶林	均值/[gC/(m²·a)]	1104.57	0.00	1058.48	246.80	0.00	751.04	1035.98
	总量/万 tC	187263.30	0.00	11976.45	0.07	0.00	36394.37	235634.19
落叶阔叶林	均值/[gC/(m²·a)]	730.26	580.94	417.69	355.02	577.34	469.14	488.62
	总量/万 tC	6527.87	5181.36	11808.13	201.08	17079.31	92974.94	133772.69
常绿针叶林	均值/[gC/(m²·a)]	943.92	695.87	756.14	400.55	561.97	487.42	523.23
	总量/万 tC	7143.78	3471.83	10225.74	1512.28	11371.75	122068.82	155794.20
落叶针叶林	均值/[gC/(m²·a)]	518.79	224.05	125.47	323.85	495.91	290.55	249.82
	总量/万 tC	4.77	0.43	7.57	344.12	4.36	145838.61	146199.86
针/阔叶混交林	均值/[gC/(m²·a)]	0.00	689.06	184.39	383.28	565.20	482.78	495.91
	总量/万 tC	0.00	372.51	0.50	108.74	6615.52	43945.03	51042.30
林地/灌木/草地镶嵌体	均值/[gC/(m²·a)]	971.58	482.75	672.15	260.07	590.30	365.89	545.24
	总量/万 tC	20720.79	5885.24	10552.80	247.30	4237.41	28693.55	70337.09
淡水/咸水淹没植被	均值/[gC/(m²·a)]	1175.06	979.70	723.08	239.20	427.71	286.44	1003.94
	总量/万 tC	13970.62	0.10	2.46	0.12	83.40	1003.69	15060.39
淡水淹没植被	均值/[gC/(m²·a)]	872.57	124.45	494.03	97.13	0.00	578.24	837.41
	总量/万 tC	4920.53	0.02	361.29	0.03	0.00	110.62	5392.49
合计	均值/[gC/(m²·a)]	1070.83	563.14	648.68	369.51	573.75	403.10	5180.15
	总量/万 tC	240551.66	14911.49	44934.94	2413.74	39391.75	471029.63	813233.21

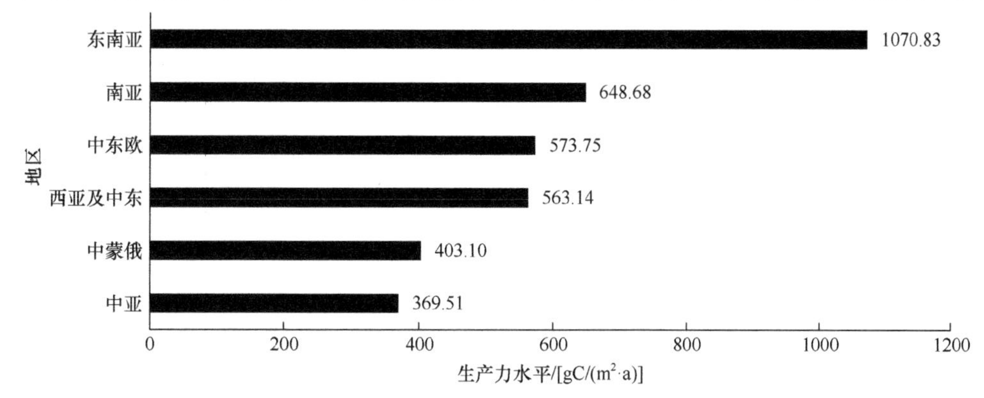

图 2-14　绿色丝绸之路各共建地区林地生产力水平

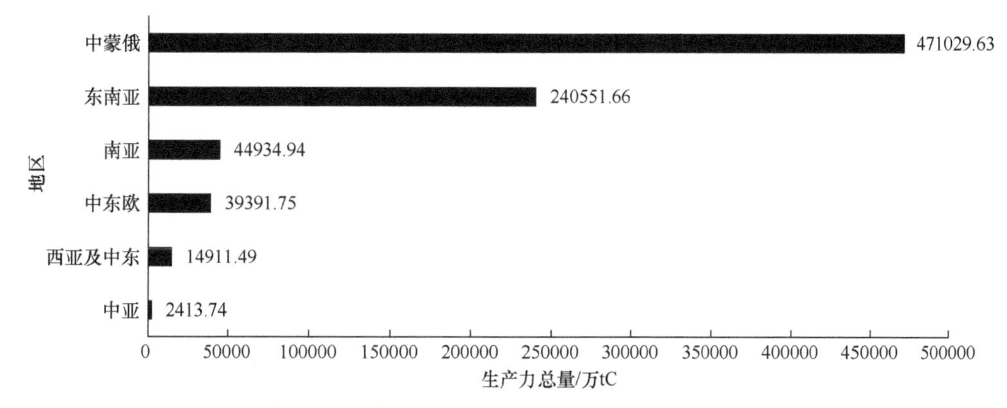

图 2-15　绿色丝绸之路各共建地区林地生产力总量

（1）东南亚林地生产力总量为240551.66万tC，占绿色丝绸之路共建国家和地区林地生产力总量的29.58%。各类型林地中，常绿阔叶林生产力总量最大，为187263.30万tC，占该地区林地生产力总量的77.85%。该地区林地生产力单位面积均值为1070.83gC/（m^2·a），各植被类型中淡水/咸水淹没植被生产力水平最高，为1175.06gC/（m^2·a）。

（2）西亚及中东林地生产力总量为14911.49万tC，占绿色丝绸之路共建国家和地区林地生产力总量的1.83%。各类型林地中，林地/灌丛/草地镶嵌体生产力总量最大，为5885.24万tC，占该地区林地生产力总量的39.47%。该地区林地生产力单位面积均值为563.14gC/（m^2·a），各植被类型中淡水/咸水淹没植被生产力水平最高，为979.70gC/（m^2·a）。

（3）南亚林地生产力总量为44934.94万tC，占绿色丝绸之路共建国家和地区林地生产力总量的5.53%。各类型林地中，常绿阔叶林生产力总量最大，为11976.45万tC，占该地区林地生产力总量的26.65%。该区域林地生产力单位面积均值为648.68gC/（m^2·a），各植被类型中常绿阔叶林生产力水平最高，为1058.48gC/（m^2·a）。

（4）中亚林地生产力总量为2413.74万tC，占绿色丝绸之路共建国家和地区林地生产力总量的0.30%。各类型林地中，常绿针叶林生产力总量最大，为1512.28万tC，占该地区林地生产力总量的62.65%。该区域林地生产力单位面积均值为369.51gC/（m^2·a），各植被类型中常绿针叶林生产力水平最高，为400.55gC/（m^2·a）。

（5）中东欧林地生产力总量为39391.75万tC，占绿色丝绸之路共建国家和地区林地生产力总量的4.84%。各类型林地中，落叶阔叶林植被生产力总量最大，为17079.31万tC，占该地区林地生产力总量的43.36%。该地区林地生产力单位面积均值为573.75gC/（m^2·a），各植被类型中林地/灌丛/草地镶嵌体生产力水平最高，为590.30gC/（m^2·a）。

（6）中蒙俄林地生产力总量为471029.63万tC，占绿色丝绸之路共建国家和地区林地生产力总量的57.92%。各类型林地中，落叶针叶林生产力总量最大，为145838.61万tC，占该地区林地生产力总量的30.96%。该地区林地生产力单位面积均值为403.10gC/（m^2·a），各植被类型中常绿阔叶林生产力水平最高，为751.04gC/（m^2·a）。

如图2-16所示，从各类型林地生产力水平特征来看，常绿阔叶林生产力水平最高，达到1035.98gC/（m^2·a）；其次是淡水/咸水淹没植被，生产力水平为1003.94gC/（m^2·a）；再次是淡水淹没植被，其生产力水平为837.41gC/（m^2·a）；其他各类型林地生产力水平则均低于600gC/（m^2·a）；最低的是落叶针叶林，其生产力水平仅为249.82gC/（m^2·a）。

如图2-17所示，从各类型林地生产力总量特征来看，常绿阔叶林生产力总量最大，为235634.19tC，占林地生产力总量的28.97%；其次是常绿针叶林，生产力总量为155794.20万tC，占林地生产力总量的19.16%；落叶针叶林生产力总量为146199.86万tC，占林地生产力总量的17.98%；落叶阔叶林生产力总量为133772.69万tC，占林地生产力总量的16.45%；其他各类型林地生产力总量均不足该地区林地生产力总量的10%。

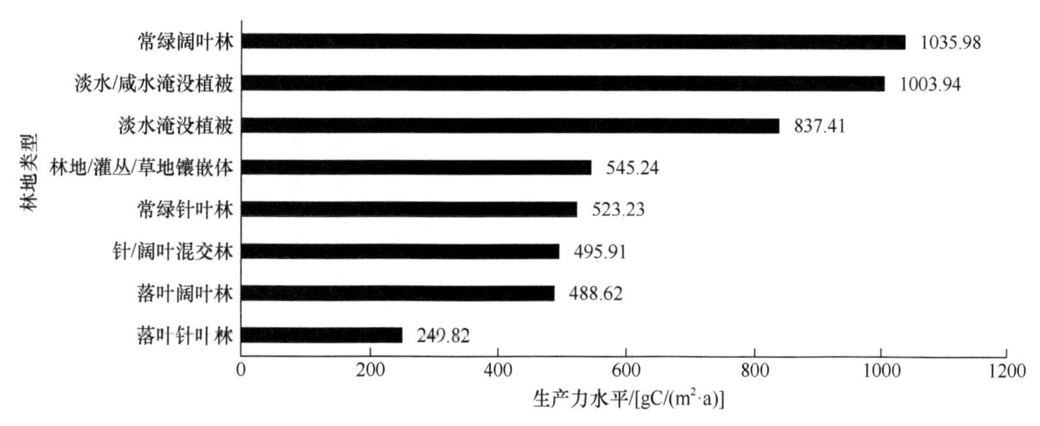

图 2-16　绿色丝绸之路共建国家和地区不同类型林地生产力水平

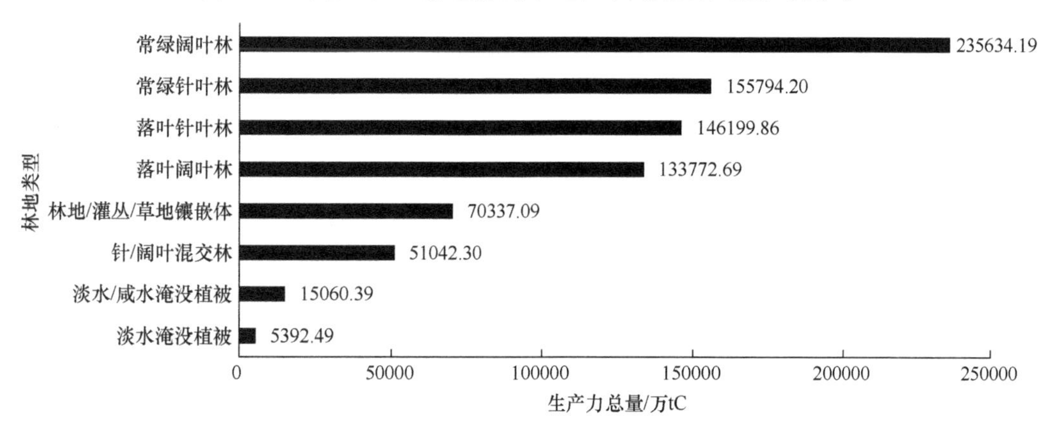

图 2-17　绿色丝绸之路共建国家和地区不同类型林地生产力总量

2.2.3　主要变化情况

1995～2015 年，绿色丝绸之路共建国家和地区林地面积呈现“减少—大幅增加—减少并趋稳定”态势，中东欧林地增加最多，东南亚林地减少最多（图 2-18）。文献分析表明，过去 50 年来，全世界森林面积年均减少 1300 万 hm^2，森林面积集中减少主要发生在非洲、南美洲和东南亚等热带地区。20 世纪 90 年代以来，欧洲、中国等许多地区的林地开始持续增加（联合国环境规划署国际资源专家委员会土地和土壤工作组，2015；中华人民共和国科学技术部，2017）。但与此同时，南亚和东南亚的林地呈明显的持续下降趋势，原始森林向人工林转化，造成 6%～7%的天然林丧失。

卫星遥感监测也表明（图 2-18）：1995～2015 年，绿色丝绸之路共建国家和地区林地面积呈现“减少—大幅增加—减少并趋稳定”态势。林地面积 2000 年之前呈现减少的趋势，2000～2009 年呈现大幅增加趋势，2009～2011 年呈现减少的趋势，2011～2015 年趋向保持稳定。就各地区来看（图 2-19），中东欧林地面积增加最为明显，面积增加 2.08 万 km^2；东南亚林地面积减少最显著，面积减少 4.49 万 km^2。

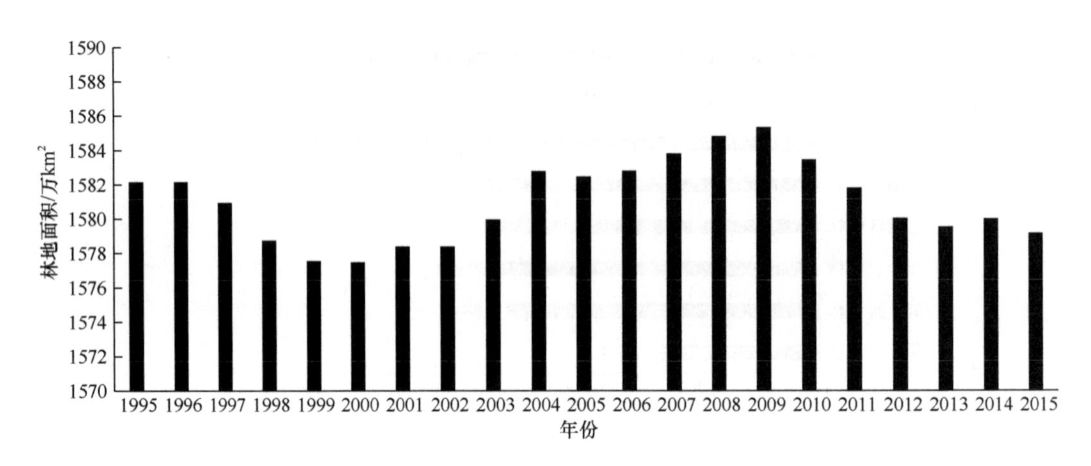

图 2-18　1995～2015 年绿色丝绸之路共建地区林地面积变化

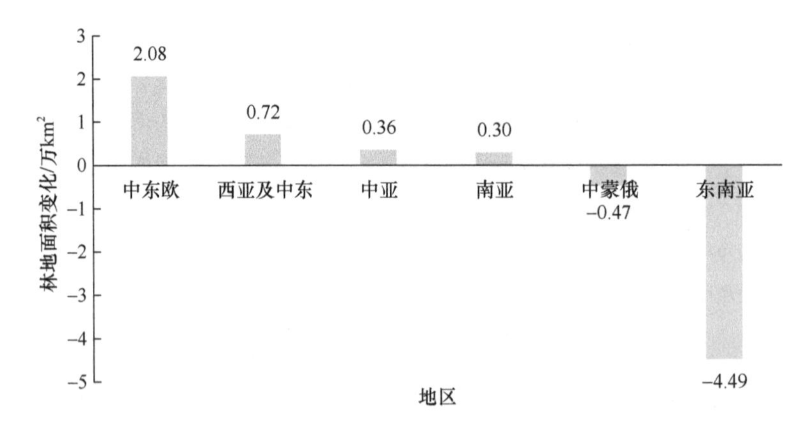

图 2-19　1995～2015 年绿色丝绸之路各共建地区林地面积变化

2.3　草地生态系统空间分布格局与特征

利用欧洲航天局提供的 2015 年土地覆被数据（CCI-LC 2015）来揭示绿色丝绸之路共建地区草地资源空间分布格局与特征，基于 CCI-LC 土地覆被数据分类体系，对草地生态系统进行界定（表 2-5）；同时，利用美国国家航空航天局提供的 2015 年植被净初级生产力数据（MOD17A3 NPP）来揭示绿色丝绸之路共建地区草地资源的生产能力。结果如下：

表 2-5　CCI-LC 土地覆被数据分类体系中的草地地类及定义

类别名称	类别定义
典型草原	草地及草本植被（>50%）/乔木灌丛（<50%）镶嵌体
湿地	灌木或草本植被覆盖
灌丛	灌丛
稀疏植被	稀疏植被（乔木、灌木、草本植被覆盖）或苔藓

2.3.1　空间分布格局与特征

绿色丝绸之路共建地区草地面积为 1173.09 万 km^2，相当于区域总面积的 23.11%。中蒙俄地区草地面积占绿色丝绸之路共建地区草地面积的 67.18%，其次为中亚地区，占 17.06%，其他地区所占比例均不足 10%。从草地类型来看，典型草原面积最大，为 599.39 万 km^2，占绿色丝绸之路共建地区草地面积的 51.09%，其中 69.13%分布于中蒙俄地区，主要分布在蒙古高原、青藏高原，以及南亚的西北部、中亚的北部和东南部，在中东欧和俄罗斯北部也有零星分布；其次为稀疏植被，面积为 300.74 万 km^2，占草地面积的 25.64%，其中 62.70%分布于中蒙俄地区，主要分布在俄罗斯北部、蒙古高原东北部、中亚的中部及东部等地；灌丛面积为 180.76 万 km^2，占草地面积的 15.41%，其中 55.41%分布在中蒙俄地区的北部及东部，中亚中部和南部、南亚的西北部、东南亚的北部也有分布；湿地面积为 92.20 万 km^2，占草地面积的 7.86%，集中分布在俄罗斯西北部和沿海地区，其他地区分布较少。

分区域来看：

（1）中蒙俄地区草地面积为 788.10 万 km^2，占绿色丝绸之路共建地区草地面积的 67.18%，相当于中蒙俄地区面积的 28.14%；植被类型以典型草原和稀疏植被为主，分别占该地区草地面积的 52.58%和 23.92%；灌丛、湿地占比接近，分别为 12.71%和 10.79%。

（2）中亚地区草地面积为 200.08 万 km^2，占绿色丝绸之路共建地区草地面积的 17.06%，相当于中亚地区面积的 50.16%；植被类型以典型草原和稀疏植被为主，分别占该地区草地面积的 50.23%和 34.65%；灌丛和湿地分别占该地区草地面积的 14.49%和 0.63%。

（3）南亚地区草地面积为 90.15 万 km^2，占绿色丝绸之路共建地区草地面积的 7.68%，相当于南亚地区面积的 18.06%；植被类型以典型草原为主，占该地区草地面积的 65.59%；灌丛、稀疏植被、湿地分别占该地区草地面积的 23.18%、8.35%和 2.88%。

（4）西亚及中东地区草地面积为 57.76 万 km^2，占绿色丝绸之路共建地区草地面积的 4.92%，相当于西亚及中东地区面积的 8.10%；植被类型以稀疏植被为主，占该地区草地面积的 57.22%；典型草原、灌丛、湿地分别占该地区草地面积的 24.06%、16.26%和 2.46%。

（5）东南亚地区草地面积为 25.77 万 km^2，占绿色丝绸之路共建地区草地面积的 2.20%，相当于东南亚地区面积的 5.77%；植被类型以灌丛为主，占草地面积的 81.65%；典型草原、稀疏植被、湿地分别占绿色丝绸之路草地面积的 6.75%、8.15%和 3.45%。

（6）中东欧地区草地植被面积为 11.23 万 km^2，占绿色丝绸之路共建地区草地面积的 0.96%，相当于中东欧地区面积的 5.14%；植被类型以典型草原为主，占绿色丝绸之路草地面积的 86.64%；灌丛、稀疏植被、湿地分别占绿色丝绸之路草地面积的 2.67%、1.70%和 8.99%（表 2-6）。

表 2-6　绿色丝绸之路共建地区草地植被面积统计　（单位：万 km^2）

草地类别	东南亚	南亚	西亚及中东	中亚	中蒙俄	中东欧	合计
典型草原	1.74	59.13	13.90	100.51	414.38	9.73	599.39
灌丛	21.04	20.89	9.39	28.98	100.16	0.30	180.76
稀疏植被	2.10	7.53	33.05	69.32	188.55	0.19	300.74
湿地	0.89	2.60	1.42	1.27	85.01	1.01	92.20
合计	25.77	90.15	57.76	200.08	788.10	11.23	1173.09

2.3.2　生产力空间分布

绿色丝绸之路共建地区草地生产力空间分布总体上呈现从低纬度地区向高纬度地区、从沿海地区向内陆地区递减的规律；草地生产力高值区主要分布在东南亚地区、中国东南沿海地区、俄罗斯西北地区和中东欧沿海地区，部分区域 NPP 超过 1000 gC/（m^2·a）；草地生产力低值区主要分布在中国青藏高原区、南亚印巴交界区、西亚两伊交界区、中亚哈萨克斯坦西北部和俄罗斯环北冰洋地区，部分区域 NPP 不足 50 gC/（m^2·a）。从不同草地类型来比较，湿地生产力水平最高，为 328.56 gC/（m^2·a），其次为典型草原、灌丛，分别为 175.42 gC/（m^2·a）、280.52 gC/（m^2·a），稀疏植被生产力水平最低，仅为 134.42 gC/（m^2·a）（表 2-7）。

表 2-7　绿色丝绸之路共建地区各草地类型生产力统计

生产力	典型草原	灌丛	稀疏植被	湿地
生产力均值/[gC/（m^2·a）]	175.42	280.52	134.42	328.56
生产力总量/亿 gC	17.10	9.20	8.13	6.70

分区域来看：

（1）中蒙俄地区草地生产力年平均总量为 30.74 亿 gC，占绿色丝绸之路共建地区草地生产力总量的 74.74%。其中，典型草原占该地区草地生产力总量的 40.39%，湿地、稀疏植被和灌丛生产力总量依次减少，分别占该地区草地生产力总量的 21.10%、20.77% 和 17.73%。该地区草地生产力单位面积均值为 198.89 gC/（m^2·a），各草地类型中湿地生产力水平最高，为 317.48 gC/（m^2·a）。

（2）中亚地区草地生产力年平均总量为 4.04 亿 gC，占绿色丝绸之路共建地区草地生产力总量的 9.82%。其中，典型草原占该地区草地生产力总量的 61.68%，稀疏植被、灌丛、湿地生产力依次减少，分别占该地区草地生产力总量的 29.34%、8.23%、0.75%。该地区草地生产力单位面积均值为 126.67 gC/（m^2·a），各草地类型中湿地生产力水平最高，为 161.11 gC/（m^2·a）。

（3）东南亚地区草地生产力年平均总量为 3.03 亿 gC，占绿色丝绸之路共建地区草地生产力总量的 7.37%。其中，灌丛占该地区草地生产力总量的 86.94%，稀疏植被、典

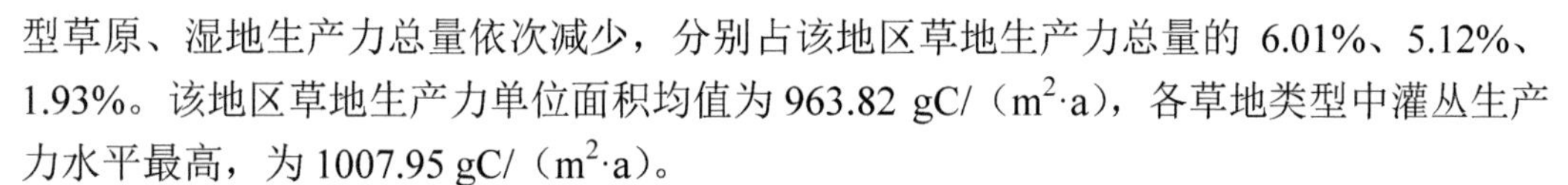

型草原、湿地生产力总量依次减少，分别占该地区草地生产力总量的 6.01%、5.12%、1.93%。该地区草地生产力单位面积均值为 963.82 gC/（m^2·a)，各草地类型中灌丛生产力水平最高，为 1007.95 gC/（m^2·a)。

（4）南亚地区草地生产力年平均总量为 1.27 亿 gC，占绿色丝绸之路共建地区草地生产力总量的 3.09%。其中，典型草原占该地区草地生产力总量的 49.88%，灌丛、稀疏植被、湿地生产力总量依次减少，分别占该地区草地生产力总量的 43.18%、6.48%、0.46%。该区域草地生产力单位面积均值为 164.30 gC/（m^2·a)，各草地类型中灌丛生产力水平最高，为 250.31 gC/（m^2·a)。

（5）中东欧地区草地生产力年平均总量为 1.09 亿 gC，占绿色丝绸之路共建地区草地生产力总量的 2.65%。其中，典型草原占该地区草地生产力总量的 84.97%；湿地、灌丛、稀疏植被生产力依次减少，分别占该地区草地生产力总量的 10.50%、3.36%、1.17%。该地区草地生产力单位面积均值为 561.62 gC/（m^2·a)，各草地类型中灌丛生产力水平最高，为 741.71 gC/（m^2·a)。

（6）西亚及中东地区草地生产力年平均总量为 0.96 亿 gC，占绿色丝绸之路共建地区草地生产力总量的 2.33%。其中，典型草原占该地区草地生产力总量的 49.59%，稀疏植被、灌丛、湿地生产力总量依次减少，分别占该地区草地生产力总量的30.21%、19.24%、0.96%。该地区草地生产力单位面积均值为 174.33 gC/（m^2·a)，各草地类型中湿地生产力水平最高，为 254.17 gC/（m^2·a)（表 2-8)。

表 2-8　绿色丝绸之路共建区域各区域草地生态系统生产力统计

地类名称	东南亚	南亚	西亚及中东	中亚	中蒙俄	中东欧
生产力均值/[gC/（m^2·a)]	963.82	164.30	174.33	126.67	198.89	561.62
生产力总量/亿 gC	3.03	1.27	0.96	4.04	30.74	1.09

2.3.3　主要变化情况

在过去 100 年间（1911～2010 年)，全球草地面积共减少 73.58 万 km^2，在全球变暖以及过度放牧等人为因素的共同影响下，现阶段全球约 20%的草地仍处于退化状态（Steinfeld et al.，2006；Lambin et al.，2014)。全球气候变暖使温带生态系统面积扩张，植被生长季延长，温带森林向高纬度、高海拔扩张，最终导致北美洲、亚洲和欧洲高山草地面积显著下降（O’Brien et al.，2008；Hickler et al.，2015)。以哈萨克斯坦为代表的中亚草原自然条件严酷、灾害频发，再加上牧场私有化带来的频繁转场和过度放牧，天然草场严重退化，向沙漠化进行恶向演替（陈曦，2015)。2010～2015 年，俄罗斯泰梅尔半岛和东西伯利亚山地东部、中亚北部和非洲北部区的东南部降水增加，草地生态系统植被覆盖度显著增加；而在非洲东南部和澳大利亚北部的热带草原区，受厄尔尼诺事件影响，降水显著下降，气候干旱，草地生态系统植被覆盖度显著降低（中华人民共和国科学技术部，2017)。

卫星遥感监测数据表明：1995～2015 年，绿色丝绸之路共建地区草地面积呈现“缓慢减少—大幅减少—缓慢减少—增加并趋于稳定”态势。草地面积 1998 年之前呈缓慢减少的趋势，1998～2004 年呈现大幅减少趋势，2004～2009 年再次呈现缓慢减少的趋势，2009～2012 年草地面积增幅较大，2012～2015 年草地面积趋于稳定（图 2-20）。就各地区来看，南亚地区草地面积增加最为明显，面积增加 1.71 万 km^2；西亚及中东地区草地面积减少最显著，面积减少 5.98 万 km^2（图 2-21）。

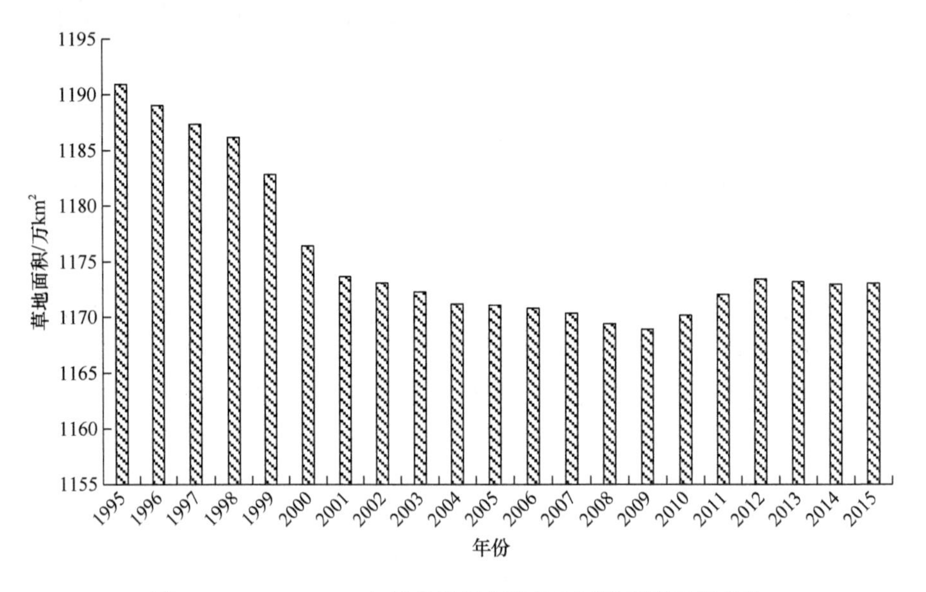

图 2-20　1995～2015 年绿色丝绸之路共建区域草地面积变化

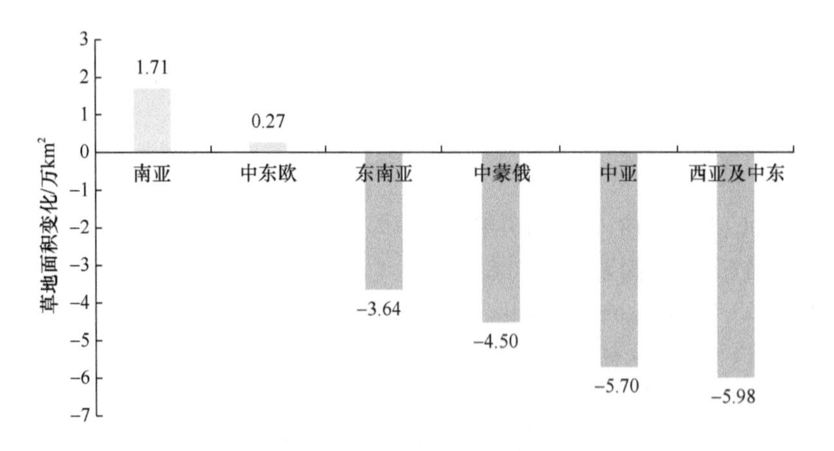

图 2-21　1995～2015 年绿色丝绸之路各共建地区草地面积变化

参 考 文 献

陈曦. 2015. 中亚干旱区土地利用与土地覆被变化. 北京: 科学出版社.
董昱, 闫慧敏, 杜文鹏, 等. 2019. 基于供给—消耗关系的蒙古高原草地承载力时空变化分析. 自然资

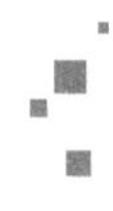

源学报, 34(5): 1093-1107.

杜文鹏, 闫慧敏, 封志明, 等. 2020. 基于生态供给-消耗平衡关系的中尼廊道地区生态承载力研究. 生态学报, 40(18): 6445-6458.

封志明, 杨艳昭, 闫慧敏, 等. 2017. 百年来的资源环境承载力研究: 从理论到实践. 资源科学, 39(3): 379-395.

李赟凯, 闫慧敏, 董昱, 等. 2020. “一带一路”地区生态承载力评估系统设计与实现. 地理与地理信息科学, 36(2): 47-53.

肖玉, 谢高地, 鲁春霞, 等. 2016. 基于供需关系的生态系统服务空间流动研究进展. 生态学报, 36(10): 3096-3102.

谢高地, 甄霖, 鲁春霞, 等. 2008. 生态系统服务的供给、消费和价值化. 资源科学, (1): 93-99.

杨言洪, 徐天鹏. 2016. “一带一路”共建国家经济社会发展比较分析. 北方民族大学学报(哲学社会科学版), (4): 115-118.

中华人民共和国科学技术部, 2017. 全球生态环境遥感监测 2017 年度报告. 北京: 中华人民共和国科学技术部.

Du W, Yan H, Feng Z, et al. 2021. The supply-consumption relationship of ecological resources under ecological civilization construction in China. Conservation and Recycling, 172: 105679.

Du W, Yan H, Yang Y, et al. 2018. Evaluation methods and research trends for ecological carrying capacity. Journal of Resources and Ecology, 9(2): 115-124.

Hickler T K, Vohland J, Feehan P A, et al. 2015. Projecting the future distribution of European potential natural vegetation zones with a generalized, tree species - based dynamic vegetation model. Global Ecology Biogeography, 21: 50-63.

Lambin E F, Turner B L, Geist H J, et al. 2014. The causes of land-use and land-cover change: moving beyond the myths. Global Environmental Change, 11: 261-269.

O’Brien K B, O’Neil C, O’Reilly, et al. 2008. Climate change 2007: impacts, adaptation and vulnerability: Working Group II contribution to the Fourth Assessment Report of the IPCC Intergovernmental Panel.

Steinfeld H P, Gerber T, Wassenaar, et al. 2006. Livestock’s long shadow: environmental issues and options. United Nations Food and Agriculture Organization. ISBN: 978-92-5-105571-7.

Yan H, Du W, Feng Z, et al. 2022. Exploring adaptive approaches for social-ecological sustainability in the Belt and Road countries: from the perspective of ecological resource flow. Journal of Environmental Management, 311: 114898.

Zhen L, Xu Z, Zhao Y, et al. 2019. Ecological carrying capacity and green development in the “Belt and Road” initiative region. Journal of Resources and Ecology, 10(6): 569-573.

第3章 国内外研究进展

人类发展对生态资源过度消耗，导致生态超载现象频发，并引发了一系列生态问题，给人类与自然生态和谐共处及可持续发展带来很大挑战。未来如何应用人类不断增强的科技能力实现人与生态的可持续双赢发展，需要对生态资源的承载力水平与状态有更加深刻的认识。本章主要采取文献分析法，对国内外生态承载力研究进展进行分析。主要从生态供给、生态消耗、生态承载力和生态承载力情景分析四个内容板块介绍相关概念、研究理论与方法、案例分析和研究展望，目的是厘清当前学者对该领域的研究已经取得的成果以及当前研究中仍存在的不足，为后期进一步深入开展相关研究提供思路和方向。未来应加强以下方面的研究：评估开放系统生态承载力；探讨生态承载力时空演变规律，预测未来生态系统承载潜力，建立生态承载力预警机制；选取代表性指标构建生态承载力评价体系，实现生态承载力定性与定量评价相结合研究。

3.1　生态供给研究进展

3.1.1　生态供给概念

生态系统服务是生态系统形成和维持的人类赖以生存和发展的环境条件与效用，是人类直接或者间接从生态系统功能中获得的产品和服务。联合国千年生态系统评估计划可称为生态系统服务研究的里程碑，它将生态系统服务定义为人类从生态系统获得的各种收益，并将其分为四类：提供食物和水等物质的供给服务，调控洪水和疾病等方面的调节服务，提供精神、消遣和文化收益等方面的文化服务，以及在养分循环等方面维持地球生命条件的支持服务，因此生态系统服务是人类赖以生存的至关重要的资源与环境基础（Fisher et al.，2009）。

20 世纪 90 年代以来，很多生态系统服务研究都是从生态学角度出发，更多关注生态系统结构、过程和功能方面。一些研究者通过野外实验来探讨生态系统服务与生物多样性以及植物功能性状之间的关系，并分析其中存在的内在机制，更多的研究者通过田间试验和模型模拟获取生态系统服务动态，将生态系统服务的变化与相关的基础生态学过程联系，试图将这些生态系统服务研究成果应用于生态系统服务管理（Kroll et al.，2012）。

与此同时，这一时期还有很多从生态经济学角度开展的生态系统服务经济价值评价研究。这些研究估算出某个区域、某个物种或某个过程的生态系统服务价值。其中，影响范围最广的是 Daily 和 Costanza 等发表的成果，其评价结果显示全球生态系统服务经济价值为 33 万亿美元，远远超过了当年全球经济总量，使得围绕该结果产生了大量争论（Daily，1997；Costanza，2008）。自此之后，国内外众多的学者评价了不同区域和不同类型生态系统提供的生态系统服务价值，取得了长足进展和丰富成果，主要集中在生态系统服务的分类、形成与影响机制、空间制图、与人类社会福祉的关系，以及服务之间的相互联系与作用。

生态系统服务的供给就是生态经济系统为满足公共生态需求和私人生态需求所能提供的生态经济产品供给能力的总称（杜文鹏等，2020），而生态系统服务的持续供给是社会和自然可持续发展的基础（封志明等，2008）。识别生态系统服务的供给区域并评估供给潜力，采取有效管理和适当开发，以满足日益增长的社会需求，有助于探究生态系统服务对经济发展的促进和制约作用，反映环境资源的空间配置，为生态系统服务付费和生态补偿提供理论支撑。国内外学者主要以“供给”“Supply”或“供应”“Provision”“Production”“Source”等表示生态供给。供给区域是由生态系统及其中的生物种群和物理组分构成的。在刻画供给时，需考虑服务的直接形成因素（如生物种群和水体）和间接背景因素（如地形和流域）。根据生态系统的承载力和人对生态系统服务的利用程度，将供给分为潜在供给和实际供给。其中，潜在供给是生态系统以可持续的方式长期提供服务的能力，实际供给是被人切实消费或利用的产品或生态过程（Du et al.，2021）。一方面，由于需求较小或可达性差，并非所有的生态过程都可转变为服务，形成潜在供给>实际供给；另一方面，人类对某些生态系统服务的利用可能超过其本身的潜力，导致潜在供给<实际供给。以水供给和旅游娱乐为例，潜在供给体现于生态系统为人提供水资源以及风景等非物质信息，只有人利用水和探访景区时，潜在供给才转变为实际供给；若水源和景区未完全开发或利用不足，则潜在供给>实际供给；若水源过度汲取导致水质下降和水量减少，接纳游客过量使景区环境遭到破坏，则认为对生态系统服务的利用超过了其供给能力，即潜在供给<实际供给。Burkhard 等（2012）认为生态系统服务供给是在给定的时间和区域范围内，生态系统提供的能够被实际利用的自然资源和服务，强调生态系统服务供给的有效性和可获取性。Geijzendorffer 等（2015）认为生态系统服务供给是从潜在供给传递出来的最终服务量，指出生态系统服务供给有明显的空间依赖性，当具备特定的空间条件后才能产生服务功能，如授粉服务必须在周围有农作物、果园的时候才能产生效用，洪水调节服务仅仅在下游平原地区存在受益者（人类、建筑物、经济资产等）的时候才能发挥作用，休闲服务在空间可达的地方才存在，而不是所有的自然景观都可以作为休闲服务供给。也就是说，潜在供给量是生态系统提供资源和产品的最大阈值，但并不一定能全部形成有效供给，单纯考虑生物物理环境和土地类型确定服务供给量是不准确的，真正有效的生态系统服务供给量还与获取难度、可达性、人类技术和管理方式有关。

生态系统 NPP 是绿色植被在单位面积、单位时间内所累积的有机物数量，是由光合作用所产生的有机质总量中扣除自养呼吸后的剩余部分，它直接反映了生态系统在自然环境条件下的供给能力，因此掌握人类为摄取营养与物质能量所消耗的绿色植物的生物生产量有助于认识和准确把握人类活动对生态系统的影响方式、程度和范围。NPP研究是评估生态系统碳平衡的基础，同时NPP是表征生态系统生产力的基本指标，NPP显著下降意味着生态系统物质生产能力下降、生态系统服务功能处于退化过程。因此，NPP的时空变化可以用来表征生态供给的时空变化，同时也反映了人类对生态系统供给服务的利用强度（闫慧敏等，2012）。

生态系统服务供给量主要取决于生态系统本身的规模和功能。由于生态系统服务生产的基础是生态系统内部各种复杂的关系与化学反应的总和，所以每一种生态系统提供的生态系统服务是非常复杂和多方面的，有很多生态系统服务还并没有被人们认识到或揭示出来。在生态系统中，单种生态系统服务并非独立的存在。各种生态系统服务类型在不同生态系统中所占的分量不同，有的偏重于这一方面，有的偏重于另一方面，如森林生态系统提供的生态系统服务偏重于水源涵养和土壤保持等调节服务，农田生态系统偏重于食物和原材料生产，湿地生态系统偏重于废弃物净化等。但大多数情况下，各种生态系统都能提供多种类型的生态系统服务。人类要提高生态系统服务量，只有通过扩大生态系统规模和提高生态系统功能两个途径实现。

生态系统服务产生的基础是自然界复杂的生态过程，生态过程的多样性和复杂性也决定了生态系统服务供给的多样性、复杂性和区域性特征。生物多样性和生态系统功能多样性决定了生态系统服务供给的多样性，生态系统服务识别和分类的多样性可以呈现这一特征。基于不同的研究目的，生态系统服务可以分为多种类别，如Daily（1997）和Costanza（2008）等基于生态系统服务自身特征首次揭示了生态系统的市场价值和非市场价值（Daily，1997；Costanza，2008）；联合国千年生态系统评估将生态系统服务分为供给服务、调节服务、文化服务和支持服务共4类，将生态系统服务与人类福祉对应起来，反映了生态系统变化对人类福祉的影响。Boyd和Banzhaf（2007）提供了一个基于6种生态系统最终产品的分类体系，引入标准核算体系衡量自然对人类福祉的贡献，但所涉及服务并不全面。这些基于不同目的的生态系统服务分类方案对加强生态系统服务的管理、认识和价值化具有重要意义。

生态系统服务供给与多种生态系统密切相关，其复杂性主要体现在：①同一生态系统可以提供多种服务，多种生态系统共同作用也可提供一种生态系统服务，如农业生态系统能提供土壤保持、水源涵养和产品等多种生态系统服务；②多种生态系统服务的供给存在权衡关系，在特定生态系统增加某类生态系统服务时，另外一些种类的服务会相应增加或减少；③多尺度特征，即小尺度生态系统服务是大尺度生态系统服务产生的基础，大尺度生态系统服务需要多个尺度的累积。

生态系统具有明显的区域特征，生态系统服务也呈现出区域性特征。生态系统服务供给单元是生态系统服务产生的空间单元，由生态系统、种群及其物理组成构成，在空间上受制于生物、物理、化学过程及土地利用类型的空间分布和结构，在数量上受制于自然资本提供服务的能力，同时也受制于生态系统服务需求和人类福祉目标。生态系统服务供给单元具有明显的空间异质性，其服务供给能力也具有显著的空间特征。考虑到区域生态保护措施的生态适宜性、经济可行性和社会可接受性，不同区域提供的主导生态系统服务也不同。例如，森林生态系统服务偏重于水源涵养和土壤保持等调节服务，农田生态系统提供的服务偏重于食物和原材料生产，湿地生态系统则偏重于废弃物净化等。根据生态系统的自然属性和所具有的主导服务功能类型，将全国划分为生态调节、产品提供和人居保障 3 类生态功能 31 个一级区，根据各生态功能区对保障国家生态安全的重要性，以水源涵养、土壤保持、防风固沙、生物多样性保护和洪水调蓄 5 类主导生态调节功能为基础，初步确定了 50 个重要生态系统服务功能区域。这是将生态系统服务供给区域性特征应用于生态系统管理的成功范例，为加强区域生态管理提供了科技支撑。

生态系统服务供给还具有两种主要特性。①自然修复性。生态系统对来自外部的冲击有一定的应对能力，只要对生态系统的利用不超过其自我调节能力的阈值，生态系统的供给就具有可再生性和可修复性，这是人类社会可持续发展的基础。②社会可控制性。一方面，适当的生态系统利用会削弱生态系统的供给力；另一方面，人类也可以通过合理利用、改进、创新生态系统利用的技术措施以及与之配套的激励政策来提高生态系统的供给能力。

3.1.2 生态系统供需关系研究

在 Web of Science 和 CNKI 数据库以“ecosystem services”“supply”“demand”为主要关键字进行检索和相关文献筛选，对近百篇期刊论文的统计显示，生态系统服务供需研究的学者和案例主要集中在欧洲和美国。从研究对象来看，针对供给服务的研究最多，大量研究集中在食物、能源和水资源等方面，在地理信息系统和遥感技术的支持下，对生态系统服务供给与需求的空间分布格局和供需量关系的研究较多；其次为针对调节服务和文化服务的研究，调节服务研究主要集中在洪水调节服务、侵蚀控制等；文化服务研究主要集中在休闲和生态旅游方面；有关支持服务的研究不足。空间尺度上，中小尺度的研究较多，且多以地形等自然条件划分研究区，如流域、山区和盆地；洲际和全球等大尺度研究较为少见。时间尺度上，静态研究较多，重点探讨供给和需求在某一时间点的空间和数量关系，少数涉及时间段内两者的时间和空间动态。从研究角度来看，多数学者以案例分析生态系统服务的供需关系，亦有单一关注供给或需求的，少数学者在理论上探讨研究范式和机理。

近年来，部分学者从服务供给和需求的空间特征角度对生态系统服务进行分类和探讨，具有代表性的是 Costanza（2008）、Fisher 等（2009）和 Serna 等（2014）的研究。Costanza（2008）按照生态系统服务的整体空间特征将其归纳为五类：①全球非临近服务，即人类享用该服务不依赖于与该服务的接近程度；②局部邻近服务，即人类享用该服务依赖于与该服务的接近程度，如暴风雨防护；③流动方向性服务，即从生产点流动到使用点，如水供给；④原位性服务，即服务产生和享用在同一点，如原材料生产；⑤使用者迁移性服务，即人们朝着某个独特自然特征的运动，如文化价值。

气候调节等服务属于全球非临近服务，因为其影响区域广、服务利用不依赖于距供给地区的距离远近；局部邻近服务与全球非临近服务类似，不同的是前者的服务供给程度随到供给地区的距离增大而衰减，如蜂蝶等昆虫为栖息地周边农田提供的授粉服务；若生态系统服务从供给到利用的过程在空间上具有明显的方向则属于流动方向性服务，如河流上游生态系统为河流下游提供的洪水控制；土壤形成等服务在空间上不能产生转移即“原位性”，对服务的利用只能在供给区域发生；使用者迁移性服务意为服务使用者能够朝向生态系统移动，如游客到达景区后感受到的美学价值。

在此基础上，Fisher 等（2009）明确区分服务产生区域和服务受益区域，将生态系统服务识别为四类。与 Costanza（2008）分类相比，Fisher 等（2009）更关注生态系统服务的传播方向，将不具有特定方向的全球非临近服务和局部邻近服务合并为全方向服务，并将流动方向性服务按照是否依赖重力细分为两类，如山林提供的雪崩和滑坡防护为重力依赖服务，滨海湿地对海岸线的洪水防护属于非重力依赖服务（Fisher et al.，2009）。随后，Serna 等（2014）将生态系统服务的空间传播媒介和流动途径纳入分类准则，如昆虫授粉和食物供给分别为基于生物传播和人为传播的服务类型，并以服务供给区、服务受益区和服务空间流动可达范围作为描述生态系统服务空间特征的三个基本要素。

对比上述生态系统服务分类系统，可以发现 Costanza（2008）关注生态系统服务的整体空间特征，虽然分类结果相对简略，但为生态系统服务研究提供了新的空间视角，后续学者在不断完善服务流动和供给需求的研究框架时，均以其分类思路为基础。总体来看，生态系统服务供需的概念框架经历了由简单到复杂、由静态到动态的逐步完善过程，研究趋向于更加细致的内部组分及其相互联系的探讨，为进一步生态系统服务供给和需求的度量、空间化及均衡分析提供了坚实的理论基础。

生态系统服务供给与需求的空间关联研究始于生态系统服务供给与需求空间特征及其平衡状况研究。Kroll 等（2012）在德国东部的农村城市梯度上利用土地利用、土壤、气候以及人口、能源消耗、粮食生产等数据评价了能源、食物和水供给服务的供给与需求，并分析其空间分布格局变化。Burkhard 等（2012）构建了一个生态系统服务供给和需求与景观单元的联系矩阵，利用遥感、土地调查和土地覆被以及社会经济数据来评价能源的供给和需求，分析生态系统服务供给和需求及其平衡状况的空间格局。

这些研究中有关供给的研究是确切的，因为有确切的生态系统及其空间分布特征，能较为准确地计算出其生态系统服务的供给及分布格局，有关人类需求的估算及其空间分布特征的分析可能也是准确的，因为能够利用社会经济统计数据、调查数据和土地利用数据将需求在空间上显示出来，但是生态系统服务的供给与需求在空间上可能是错位的。也就是说，人类利用生态系统服务的位置和产生生态系统服务的生态系统地点不匹配。因为没有对生态系统服务从供给到使用的空间流动过程进行分析，这些研究中的服务供给单元产生的生态系统服务可能并不用于满足该区域服务使用单元的人类需求，特别针对一些需要通过流动来实现的服务，如水供给、侵蚀控制等。这种生态系统服务供给与需求之间的空间不匹配有些是人为原因造成的（如通过修建输水管道将水资源输送到外地，而不是留给下游使用），有些是自然原因造成的（如洪水不可能从低海拔向高海拔流动）。这导致生态系统服务供给单元与服务使用单元之间可能没有直接因果联系，研究得出的结论也难以为制定科学的管理政策提供依据。

3.2 生态消耗研究进展

3.2.1 生态消耗概念

国内对生态消耗的研究始于 2000 年以后，姚永利（2007）从区域经济、社会与生态环境协调发展评价的角度开展了生态消耗研究，指出生态消耗是一种复合生态学要求的消耗模式。甄霖等（2008，2012）将生态系统服务消耗界定为人类生产与生活过程中对生态系统服务的消耗、利用和占用，是生态系统服务的价值体现，可以物质量（实物量）或价值量（货币量）指标予以表述。因此，对生态系统服务的消耗不仅包括对生态系统提供的产品的消耗，而且包括对生态系统提供的非产品服务的消耗。根据人类对生态系统服务的不同消耗方式，生态消耗又分为直接消耗和间接消耗，对生态系统服务的直接消耗主要是对供给服务和文化愉悦服务的消耗，这些生态系统服务是人们为了满足消耗性目的（其他用户可以获取的产品数量减少）或者非消耗性目的（其他用户可以获取的产品数量没有减少）而直接使用的。在自然生态系统或人工生态系统中，对食物、用作薪材或者用于建筑的木材及医药产品的获取，以及用于消费的动物狩猎都是消耗性使用的例子。对生态系统服务的非消耗性使用包括欣赏和文化愉悦（如观赏野生动植物、水上运动，以及不需要收获产品的精神和社会效用）。许多生态系统服务用作生产人们使用的最终产品与服务的中间投入。例如，食物生产过程中所需要的水分、土壤养分，以及授粉与生物控制服务等。此外，还有一些生态系统服务对人们享受其他最终的消费性愉悦产品具有间接的促进作用，如净化水质、同化废弃物，可以供给新鲜空气和洁净水从而降低健康风险的其他调节服务、直接影响供给服务如作物生产服务而间接对人类消费产生影响的土壤形成等支持服务。

从消耗地域的角度，生态消耗可分为原位性消耗和异位性消耗。原位性消耗是指供给和消耗过程在相同地点完成的生态系统消耗，如大部分的调节服务、支持服务和文化服务等的消耗。异位性消耗是指供给与消耗存在空间上的不一致性，能够转移消耗的生态系统服务，如大部分的供给服务等的消耗。原位性消耗和异位性消耗是一个相对的概念，不具有绝对固定或流动的意义，其界定受时空变化的影响和制约，需要根据具体情况界定。直接消耗主要目的是满足人类基本生存，主要包括对食物、柴薪、纤维、淡水等生态系统供给服务的消耗；间接消耗则主要指用以获取人们使用的最终产品的中间投入，如水资源、土地资源等（图 3-1）。其中，直接消耗评价主要采用消费效用法（谢高地等，2008）、能值法（Jia and Zhen，2021）、调研访谈法（Cao et al.，2011），以及 HANPP 评价方法（Haberl，1997；Haberl et al.，2002）开展研究，而间接消耗的评价方法较为常用的主要包括生态足迹法（Wackernagel and Rees，1997；席建超等，2004；Siche et al.，2010）、条件价值法（王奕和李国平，2021）等。

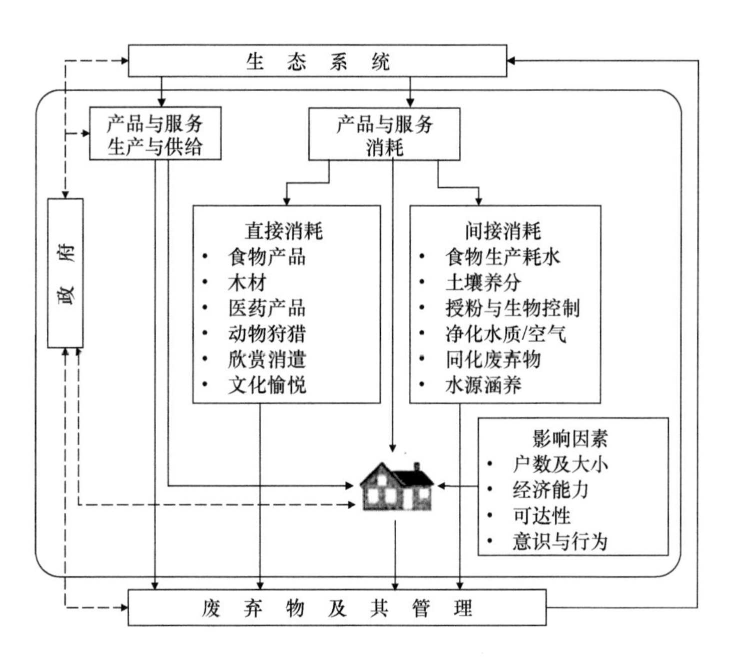

图 3-1　生态系统服务消耗及其因素间关联性（甄霖等，2012）

3.2.2　理论与方法

1. 生态消耗研究理论基础

1）消费者剩余理论

生态系统服务的真实价值为市场价值和消费者剩余之和（迪克逊等，2001），其价值构成如图 3-2 所示。对于具有完全市场的生态系统服务，消费量可以直接用消费的生态系统服务的市场价格表示。那些市场比较成熟、交易频繁的生态系统服务可以看作是具有完全市场的生态系统服务，如各种各样的食物、生产所需的原材料等。而对于具有不完全市场的生态系统服务，如水资源、景观愉悦服务等，消费量除了市场体现的那部

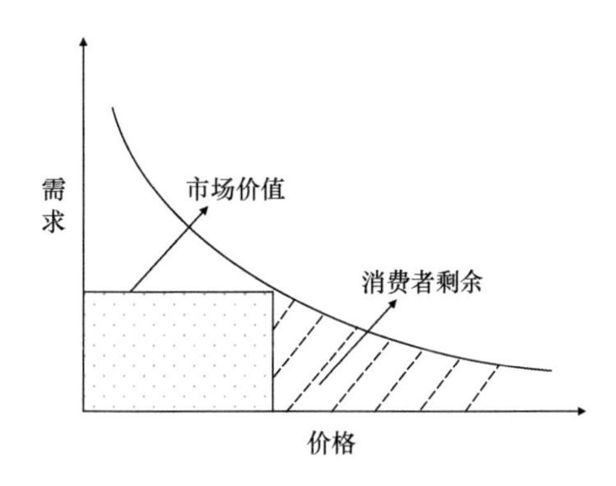

图 3-2　生态系统服务价值构成

分价值外，还包括消费者剩余。不存在市场的生态系统服务由于价值没有在市场中得到体现，价值完全体现为消费者获得的消费者剩余，对这类生态系统服务的消费量测算可通过调查消费者剩余得到（刘雪林，2009）。

由于生态系统服务及其经济价值概念提出较晚，很多生态系统服务还没有引起人们的重视，甚至有的生态系统服务还没有被消费者充分意识到，这些生态系统所产生的经济价值因此长期被低估和忽视（Turner and Daily，2008）。消费者从生态系统中以低廉的代价甚至无偿地获取这些生态系统服务，从中得到了大量的消费者剩余。因此，要衡量消费者对生态系统服务的真实消费状况，必须要采取一定的方法测定消费者剩余。

2）*需要层次理论*

需要层次理论是美国行为科学家马斯洛于 1943 年提出的一项研究人的需求结构的理论，在此理论框架下，人类的需求分为五级，即生理需要、安全需要、社会需要、尊重需要和自我实现需要（Maslow，1970）。马斯洛认为，人类的这五种需要的重要程度有所不同，因此把它们按照顺序排列成一个层次结构图（图 3-3）。马斯洛需要层次中，第一级是生理需要，这是人类最基本和最重要的需求，是人类维持生命的最基本需求，主要指人体生理上的主要需求，包括呼吸、水、食物、睡眠、衣物等。在一切人类需求没有得到满足之前，生理需要在人类需求中起着支配作用，其他需要无法对人类行为产生激励作用，只有最基本的生理需要得到满足之后，更为高级的需要才会发展起来从而对人类行为产生推动作用。马斯洛需要层次理论在经济学、社会学、管理学等学科具有广泛应用（张鸿雁，2007）。在马斯洛需要层次理论中，食物消耗位于五项人类需要中最基本的生理需要中。通过马斯洛需要层次理论，在研究居民食物消耗行为的时候，可以更深入地理解人类对食物资源消耗行为的内在动力和发展。

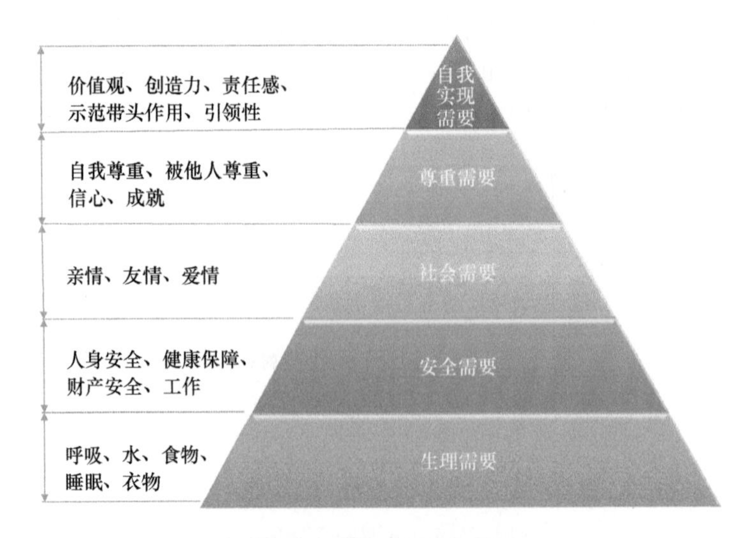

图 3-3　马斯洛需要层次

2. 生态消耗研究方法

1）效用函数法

消费结构的优化需要对消费行为的合理性作出科学的判断。效用一开始提出是用来测度人的福利或者个人快乐程度的（范里安，2006），效用的概念被提出后，消费的最终目的被认为是获取效用，追求最大消费效用的消费理念始终贯穿人的消费行为。资源科学研究领域一贯坚持的效用价值理论也承认资源消费的目的是从中获取效用。效用概念的提出无疑为消费的合理性判断提供了一个标准，生态系统服务消费效用理论和消费效用函数被认为是分析生态系统服务消费的主要理论基础和分析方法（谢高地等，2008）。

效用函数反映的是消费者在消费过程中获得的效用与消费量的函数关系。经济学中对具有不同偏好的商品的消费效用进行了定量描述（范里安，2006）。研究引入经济学中对不完全替代消费品的效用函数——柯布–道格拉斯效用函数，对典型村落农户食物消费效用进行定量分析。柯布–道格拉斯效用函数的函数表达式为

$$U\left(x_1,x_2,\cdots,x_n\right)=\prod_{i=1}^{x}x_i^{b_i} \tag{3-1}$$

式中，$U\left(x_1,x_2,\cdots,x_n\right)$为消费效用；$x_i$和$b_i$($i$=1,2,⋯,$n$)分别为消费品$i$的消费数量和对应的系数。

2）问卷调查与参与式社区评估法

问卷调查指由一系列问题和备选答案及其说明组成的收集资料的工具。该方法是一种以实证主义为方法论的量化研究方法，它是通过把标准化的问卷分发或邮寄给有关人员，然后对问卷回收整理，并进行统计分析，从而得出研究结果的研究方法（郑晶晶，2014）。刘雪林和甄霖（2007）通过对泾河流域上游村落的问卷调查，调查了农户消费的食物、家畜饲料、燃料和水的物质量。

参与式社区评估法是一种快速收集农村信息资料、资源状况与优势、农民意愿和发展途径的新方法。这种方法实际上是一种沟通和信息搜集方法，通过应用多种手段和工具使当地社区和农民参与调查过程中（田敏，2004）。该方法可促使利益相关者不断加强对自身与社会，以及环境条件的理解，与发展工作者一道制订出行动计划并付诸实施。该概念出现在20世纪60年代末，70年代得到发展，80年代初引入中国，90年代已在一些领域广泛使用，如广泛用于实地调查研究以解释人与自然之间的相互关系（Cao et al.，2011）。该方法可以为缺少连续性数据记录的地区提供有效数据，同时使利益共同者之间持续实施资源管理计划（Ritzema et al.，2010）。

3）能值法

能值法通过计算消费者消费的生态系统服务在形成过程中耗费的能量来衡量消费状况，能值理论是由美国著名生态学家Odum创立的，该理论兴起于20世纪80年代

（Odum，1975；1979a；1979b；2000）。该方法主要是利用能值理论中太阳能值转换率，将研究系统中因性质不同而无法进行直接比较的物质和能量转换成统一的太阳能值，其单位是太阳能焦耳（solar emjoules，简称为 sej），主要指产品或劳务形成过程中直接或间接投入的太阳能量（蓝盛芳和钦佩，2001）。采用统一的能值标准，将不同种类生态消耗产品或服务转化为具有同一标准的能值来衡量和分析，得出反映生态系统消耗特征、结构和功能的评价结果。

3. 生态消耗影响因素分析方法

生态消耗数量和结构变化过程中，受到多种因素的影响，判别影响生态消耗变化的因素的方法主要有模糊认知地图（Fuzzy Cognitive Map，FCM）法和生态系统服务空间流动法。其中，FCM 法是一种认知地图中元素之间的关系（如概念、事件、项目资源）的“精神景观”图，可以用来计算这些元素的相互影响。FCM 法既是一种综合的研究工具，也是一种研究分析框架。例如，在对农牧户进行访谈中，通过该方法可以实现非专家知识的比较，并进行专业技术分析（Özesmi U and Özesmi S L，2004），同时还可以帮助揭示农牧户对一些事件或事物的认知特征（Yang et al.，2021）。该方法由于运用简单且有效，尤其对复杂而主观的概念问题处理得当（Reyers et al.，2013；Teixeira et al.，2018），已在经济学、管理学、生态学等领域得到了广泛应用（Reckien，2014）。生态系统服务空间流动法，主要是探索生态系统服务供给与需求在空间上产生的相互影响、相互关系，以及生态系统服务供需在空间上的平衡状况（Anton et al.，2010；Serna et al.，2014）。Costanza（2008）根据服务供给与享用的空间变化将生态系统服务划分为全球非临近服务、局部邻近服务、流动方向性服务、原位性服务及与使用者迁移性服务。

3.2.3 案例分析

学者们对以食物消耗为主的生态消耗开展了大量案例研究并取得了丰硕成果。Angulo 等（2001）发现欧盟国家的食物消耗结构基本趋同，乳制品和食用油消费量略有下降，肉蛋类、果蔬类食物消费量增加；但食物消费习惯和市场情况仍使得他们的食物消费存在差异。食物消耗在数量和结构上发生改变的同时，不同区域居民食物消耗在空间上具有明显差异性。魏云洁等（2009）通过研究蒙古高原典型牧区生态系统服务中的食物和燃料消耗，并对比蒙古国和我国内蒙古牧区消费情况发现，蒙古国粮食消费以小麦为主，其他副食品则以肉类和奶制品为主，该国生活燃料主要来源于家畜干粪和木柴，而我国内蒙古牧区的蔬菜和秸秆人均消费量高于蒙古国。位于中亚的哈萨克斯坦生态系统较脆弱，生态问题较严峻。Liang 等（2020）通过研究哈萨克斯坦不同年份的食物消耗模式发现，该国食物消耗模式主要包含三种，分别是以奶、谷物为主的消耗模式，以奶、谷物和肉类为主的消耗模式，以及以奶、谷物、肉类、蔬果为主的消耗模式，这三种消耗模式分别分布在该国北、中、南地区，地域差异明显。而 Jia 和 Zhen（2021）从供给和消耗角度对哈萨克斯坦食物的研究发现，该国食物供给整体满足国内消耗量，部分食物如小麦、土豆、羊肉等可实现供过于求，但蔬菜和水果的消耗则长期需要依靠国外进口，牛肉则随着经济发展和人口增长由供过于求转变为供不应求。而同位于中亚地区的乌兹别克斯坦的食物消耗则表现为总量不断增加且具有明显的阶段性特征，动物性食物消费量变化幅度大于植物性食物，人均食物年消费量中，动物性食物占比一般较植物性食物高出 2 倍（Jia et al.，2022）。尼日利亚的食物消耗则以谷物为主，淀粉类根茎是该国居民获取食物能量的主要来源，受价格影响，当地居民获取食物能量的来源由大米变为玉米或木薯等（Chiaka et al.，2022）。位于中南半岛北部的老挝的生态系统服务消耗主要包括农田、森林和草地，其中农田生态系统服务消耗占比超过 80%但呈下降趋势，而占比较小的森林生态系统服务消耗则呈上升趋势（Liang et al.，2019）。Zhang 等（2019）通过动态研究丝绸之路全域及分区生态消耗格局发现，全域生态消耗以农田、草地为主，生态消耗整体呈波动增加态势；人均生态消耗区域差异显著，其中以中东欧最高、东南亚最低。

在区域层面，Cao 等（2011）通过对泾河流域生态系统服务消耗及变化的认知研究发现，当地食物供给和薪柴供给服务明显减弱，农户食物消费总量下降，对蔬菜、肉类、煤炭等的消费量增加；当地农户对生态系统服务的占有和消耗及生态系统服务对农户的重要性程度影响农户对生态系统服务的认知。杨莉等（2012）从供给–消费角度对黄河流域生态系统服务消费满足状况和时空差异进行研究，发现流域内食物供给服务呈上升趋势；不同食物种类空间特征略有差异，粮食实际消费在青海和四川两省出现较大面积匮乏区。从内蒙古居民对食物消耗影响因素的认知角度进行研究，发现牲畜养殖量、收入、经济水平、消费习惯、年龄、食物价格等是农牧户认为影响食物消耗最重要的因素，研究区自南向北，居民对经济和生态影响因素的认知逐渐增强，对个人和社会影响因素的认知下降（Yang et al.，2021）。中国青藏高原农村地区居民食物结构特征表现为动物性食物消费量较植物性食物高出 2.19 倍，植物性食物消费以粮食和蔬菜为主，而动物性食物消费则以肉类和奶类为主（王灵恩等，2021）。

针对中国口粮与畜产品消费变化的研究发现，中国人均口粮消费量在下降，但畜产品人均消费量在增加，说明食物消耗结构中畜产品消费占比在不断提高；口粮消费在空间上则表现出明显的阶梯性，即由西南向东北逐步递减，而耗粮型和食草型畜产品消费量则表现出截然不同的空间变化特征（刘益凡等，2016）。在我国农村地区，食物消耗同样具有一定的区域差异性。曹志宏和郝晋珉（2018）将食物消耗转化为碳消费以探究食物消耗特征的研究，发现虽食材原料在居民食物消耗的人均碳消费中比例高且地位重要，但其在人均碳消费中的占比却在下降；城乡人均碳消费量不相上下，但城乡在消费品质和结构上却又有明显的城乡二元属性。汪希成和谢冬梅（2020）在对我国农村居民食物消耗空间差异的研究中发现，我国农村居民食物消耗虽然在结构上摆脱了单一化，在向多样化上有了明显转变，但在区域分布上具有明显的不均衡性，具体表现为位于我国西北部的西藏和青海农村地区居民的食物消耗中果蔬和肉类消费明显低于全国平均水平。

生态消耗在不同发展阶段的变化特征不同。李哲敏（2007）在对中国不同发展阶段农民食物消费变化特点的研究中指出，自中华人民共和国成立以来，中国居民食物消费变化经过贫困期、温饱期、结构调整期和营养健康期四个变化显著的阶段，在这 50 多年间，居民食物消耗水平不断提高，食物消耗支出不断增加但增幅较缓，食物消耗支出在总支出中的占比出现下降，同时食物消耗结构由主食为主转向主食副食均衡消费，在食物消耗选择上更加注重营养搭配；由于我国东、中、西部地区居民食物消耗水平与收入增长并不均衡，不同地区间食物消耗差距也在拉大。尹业兴（2020）将中国居民食物消耗根据特征变化划分为温饱型、质量型和发展型三个阶段，其中温饱型食物消耗阶段主要特征是食物消耗总量在不断增加，其中动物性食物消耗量增幅明显，而植物性食物和动物性食物之间的结构性替代则是质量型食物消耗阶段的主要特征，到了发展型食物消耗阶段，则表现为食物消耗总量日趋稳定，食物消耗更加多元化。

食物消耗因受食物供给、经济水平等多种因素影响而形成一定的规律性，同时食物消耗数量和结构也因社会经济的不断发展而发生改变（许菲等，2021；张翠玲等，2021）。近年来，越来越多的学者关注食物消耗研究，但对影响居民食物消耗的原因的认识并不一致。影响食物消耗的因素众多，如收入和价格（常向阳和李爱萍，2006；杨斌，2006；彦士锋，2010）、城市化（黎东升和杨义群，2001）、习惯和偏好（杨晓冬和李岳，1997；齐福全和陈孟平，2005）等。恩格尔定律认为，食物消耗支出随着消费总支出的增加而增加，因此可以认为消费支出水平是影响食物消耗支出的决定性原因。另有一些研究将收入增长、城市化和市场发展认定为影响居民食物消耗变化最重要的三大因素，而城镇食物配给制的取消、食物市场的开放对食物消耗和食物需求弹性的影响比较显著（Huang et al.，1999）。

经济因素方面，收入是影响食物消耗的重要因素。李爱萍（2007）通过对江苏农村居民食物消耗变化的主要影响因素进行研究发现，人均可支配收入是影响农村居民食物消耗的主要因素。中国居民食物消费结构随着社会经济发展和人均收入的不断提高，发生着显著变化，主要表现为植物性食物中谷物消费量在不断下降，动物性食物消费则在逐年增加（Drewnowski and Popkin，2009；王雪和祁华清，2021）。Csutora 和 Vetone（2014）根据匈牙利中央统计局对当地居民家庭支出和生活水平开展调查得出的食物消耗数据进行分析，发现收入较高的人群拥有更高的食物消耗选择权，但过高的食物消耗量和消费水平难免产生更多的资源消耗，由此带来的环境压力一定程度高于低收入人群。郑志浩等（2015）通过对 2000～2010 年全国 31 省（自治区、直辖市）城镇居民食物消耗情况进行调查发现，随着人均收入水平的不断提高，城镇居民食物消耗支出将会进一步增加，食物消耗支出在居民总支出的占比将会继续下降，而居民在外用餐或购买食物的支出在食物消耗总支出中的占比将会不断提高。区域经济发展程度也对食物消耗产生了影响。张车伟和蔡昉（2002）认为与经济发达地区相比，经济欠发达的农村地区的居民食物消耗弹性比较高，但是其食物营养需求弹性不如经济发达地区，尤其是对经济欠发达的西部偏远地区的研究尚待加强；苏畅（2010）利用“中国居民健康与营养调查”项目 6 期的数据，对中国九省居民食物消耗结构及时间变化规律进行研究，发现经济发展程度越高，居民对动物性食物选择的频次越高，动物性食物的人均消费量也越大，但谷物类食物的消费变化与此相反，说明不同地区的城市化指数与居民食物消耗量和食物消耗选择存在关联。甄霖等（2012）提出区域自然环境差异、当地经济发展情况和家庭规模是影响食物消耗的重要因素。Baquedano 和 Liefert（2014）对发展中国家不同市场化水平食物消耗变化进行研究，发现发展中国家城市消费市场的价格受世界农产品市场价格的影响，区域经济发展程度越高，则该地区食物消耗变化越复杂，当地市场化水平对食物消耗结构和数量变化的影响程度越高，而城乡间经济发展水平差距较大，导致城乡居民食物消耗呈现差异化特征。Zhai 等（2009）研究发现当一个国家或地区的社会经济发展处于快速提升阶段时，将会促使当地城乡居民食物消耗结构逐渐发生显著变化，对食物消耗数量和结构的转变产生较大的助推作用。Chaves 等（2017）针对亚马孙中部地区居民家庭对野生肉类消费的研究显示，其消费与当地商品市场化程度呈现负相关。李丽等（2017）在研究中发现，随着农业种养结构不断发生变化，市场上食物种类和不同种类食物供给量随之发生变化，城乡居民不同种类食物消耗量和结构的变化不断地向多元、均衡方向发展，同时食物消耗的快速增长又通过市场需求引领的作用不断地影响着农业种植结构和数量变化。此外，贸易合作水平是改善食物生产与消费供需关系的重要有效途径（Dawe，2002）。食物可达性和自给率高的地区在食物贸易中多以食物出口为主，而食物可达性和自给率低的地区的食物贸易则以进口为主（王祥等，2020）。

社会因素方面，随着城市化的发展，大量进城务工人员的食物消耗由于收入和所处环境不同也在发生不同程度的变化。在同一地区不同人群中，受消费观念和认知影响，人们对食物种类的倾向性会有所不同。由于城乡居民在消费习惯、人均收入水平及职业方面存在较大差异，城乡居民对动物性食物的消费需求在结构上差异较大，同时收入水平较高地区居民在对动物性食物的消费中会出现猪肉、禽肉、蛋类等食物消费量随着收入提高而下降的趋势，即人均动物性食物消费和收入之间可能会出现倒“U”形曲线关系（陈永福，2004）。而在美国农村地区，相较于外来居民，本土居民对蔬菜和水果的消费量一般较高，同时本土居民对健康饮食抱有更积极的态度（Cho et al.，2016）。计晗（2013）在对进城农民工食物消费的研究中发现，消费数量上，农民工食物消费以粮食和蔬菜为主，肉类消费量较小；食物消费支出结构上，农民工食物消费以蔬菜、粮食和肉禽为主，水产品消费在食物总消费中的占比有限，该群体食物消费受到经济和社会因素影响，同时心理因素的影响也不容忽视。此外，李隆玲（2018）从全国尺度对 2013 年和 2014 年全国农民工食物消费水平和结构变化进行研究，发现农民工口粮需求量高于城乡居民。区域发展政策也会对食物消耗变化产生重要影响，不同政策的制定对居民食物消耗行为产生不同激励效果。墨西哥政府为了缓解当地居民的超重和肥胖问题，对居民食物消耗征收食品税，具体措施如对非必需高能量食品征收高达 8%的价格消费税，政策实施后导致其他种类食物的市场价格涨幅变大，居民食物消耗成本整体明显上涨（Salgado and Ng，2019）。2004～2014 年，欧洲部分国家为了减少当地农业劳动力大量外流，在当地推行了积极的农业粮食补贴政策，通过对该政策实施期间 210 个地区的面板数据进行研究发现，农业粮食补贴政策有效地缓解了农业劳动力外流情况

（Garrone et al.，2019）。在一项对东帝汶居民食物消耗政策的研究中发现，由于该国制定粮食安全政策时未将渔业资源政策进行整合，已经推行的渔业政策并未能对当地居民食物消耗水平的提高发挥出应有的作用，反而影响了该国居民食物营养水平的提升（Farmery et al.，2020）。

生态环境因素方面，de Ruiter 等（2014）通过对欧洲 16 个国家的与居民食物消耗模式相关的耕地利用情况进行研究发现，不同国家满足人均食物需求所需土地面积不尽相同，如供给相同的食物量，爱尔兰所需土地面积仅是马耳他的 1/2，各国所需土地面积差异显著，主要原因是不同国家农业生产效率和农业生产所需的光热条件存在很大差异。Hu 等（2015）针对中国内蒙古和宁夏地区居民食物消耗特征的研究发现，由于区域气候和环境条件不同，草原地区食物供给和黄土高原地区食物供给不同，两地居民食物消耗出现了以动物性食物消耗为主和以植物性食物消耗为主的两种行为特征。杨婉妮和甄霖（2019）在研究中发现居民食物消耗呈现出显著的季节性特征，不同季节的气温、气候、食物供给等，对食物消耗的数量、类型具有重要影响，居民在秋冬季节偏向于消费更多的肉类、蛋类和奶类食物，而在气候相对较温暖的春季和夏季则会偏向于消费更多的蔬菜和水果。

3.3 生态承载力研究进展

3.3.1 概念提出与内涵演变

承载力研究最早可以追溯到 1798 年马尔萨斯在《人口原理》中提出的资源有限并影响人口增长的理论；Verhulst（1838）根据马尔萨斯的基本理论提出著名的逻辑斯谛方程，该方程成为承载力概念最早的数学表达式；Park 和 Burgess（1921）在人类生态学领域首次提出并使用承载力的概念，将承载力定义为特定环境条件下（生存空间、阳光、营养物质等生态因子组合），某个体存在数量的最高极限。承载力实践研究最初应用于畜牧业，由于过度放牧，草地大量开垦等因素，土地退化；为管理和改善草原取得最大利益，Hadwen 和 Palmer（1922）将承载力理论引入草原管理中。20 世纪 60～70 年代，随着自然资源耗竭和环境恶化等全球性问题的爆发，人们意识到生态系统与人类之间的矛盾与依赖关系，资源环境承载力研究广泛开展（Brush，1975；Arrow et al.，1996）。20 世纪 80 年代，随着系统论的提出，人类认识到生态系统是一个不可分割的整体，社会系统功能好坏取决于生态系统结构和功能的状态，生态系统为社会系统的运行提供资源环境支撑，在讨论生态系统与社会系统之间耦合关系时，生态承载力的概念应运而生。

国外对生态承载力的研究始于 20 世纪 80 年代，不同学者在其相关研究中从不同角度提出生态承载力或相近概念。Holling（1986）提出生态恢复力概念，该概念与生态承载力概念相近，他认为在人类社会发展的同时，不仅要考虑如何最大限度地利用资源，还应该考虑生态系统所提供的所有生态功能对人类社会经济发展的承载能力。Daily 和 Ehrlich（1992）认为，限制人口增长的主要因素不是人口数量本身，而是人类社会对生态系统造成的压力；可持续过程是能够维持而不会产生中断、削弱或者丧失重要品质的过程。Catton（1993）提出环境承载力的概念，其后被引申为生态承载力并定义为“在一定区域内，在不损害该区域环境的情况下，该区域所能承载人类的最大负荷量”。Smaal 等（1997）认为生态系统承载力是在特定时间内特定生态系统所能支持的最大种群数。Bailey 等（2002）从动物生态学角度指出生态承载力是在无狩猎等干扰下种群与环境所达到的平衡点，由有限的生境资源决定。Matsumoto（2004）从系统综合角度提出生态承载力是生态系统抵抗外部干扰，维持原有生态结构和功能以及相对稳定性的能力。值得关注的是，21 世纪以来国外虽然鲜有以资源环境承载力或生态承载力为主题的研究（封志明等，2018），但生态足迹研究、生态系统服务及其供需关系研究一直是国外研究的热点领域，从本质上生态足迹援引了生态承载力的内涵，是生态承载力的对等置换表达（Wackernagel and Rees，1995；曹淑艳和谢高地，2007）；而生态系统服务供给与生态承载力的概念在本质和内涵上也是一致的，对生态系统服务供给与消耗关系的刻画可以反映生态系统对人类活动的承载状况（Wackernagel and Rees，1995；严岩等，2017）。

国内对生态承载力的研究起步于 20 世纪 90 年代，到目前为止，其仍然是资源环境与生态保护领域研究的热点问题，不同学者从不同角度提出生态承载力的概念与内涵。王中根和夏军（1999）从环境承载的角度提出生态承载力是指在某一时期某种环境状态下，某区域生态环境对人类社会经济活动的支持能力，它是生态环境系统物质组成和结构的综合反映。王家骥等（2000）从自然体系生态平衡的角度将生态承载力定义为自然体系调节能力的客观反映，地球上不同等级自然体系均具有自我维持生态平衡的功能；且这种维持和调节能力是有一定限度的，当超过最大容量时，自然体系将失去维持平衡的能力，就会由高一级的自然体系降为低一级的自然体系。高吉喜（2001）在《可持续发展理论探索：生态承载力理论、方法与应用》中从资源环境承载力综合的角度发展了生态承载力概念，认为生态承载力是指生态系统的自我维持、自我调节能力，以及资源与环境子系统的供容能力及其可维育的社会经济活动强度和具有一定生活水平的人口数量。杨志峰和隋欣（2005）提出了基于生态系统健康的生态承载力定义：在一定社会经济条件下，自然生态系统维持其服务功能和自身健康的潜在能力。王开运等（2007）基于可持续发展理论，将生态承载力定义为不同尺度区域在一定时期内，在确保资源合理开发利用和生态环境良性循环，以及区域间保持一定物质交流规模的条件下，区域生态系统能够承载的人口社会规模及其相应的经济方式和总量的能力。沈渭寿等（2010）从生态系统结构与功能角度，将生态承载力定义为在生态系统结构和功能不受破坏的前提下，生态系统对外界干扰特别是人类活动的承受能力。徐卫华等（2017）从生态系统综合性出发，将生态承载力定义为生态系统提供服务功能、预防生态问题、保障区域生态安全的能力。

3.3.2 理论与方法

1. 生态承载力研究理论基础

1）可持续发展理论

1987年，可持续发展理论在联合国世界环境与发展委员会上被正式提出，并被定义为：既满足当代人的需求，又不对后代人满足其需求的能力构成危害的发展。可持续发展强调要加强全球性相互依存关系以及发展经济和保护环境之间的协调关系，也就是在人类不超越资源环境承载力条件下，实现资源永续利用与经济持续发展。生态承载力与可持续发展间的关系得到广泛认可：生态承载力是可持续发展的重要判断依据，生态承载能力的不断提高是实现可持续发展的必要条件，生态承载力是区域可持续发展能力的组成部分。

2）生态阈值理论

生态阈值是生态系统从一种状态快速转变为另一种状态的某个点或一段区间，推动这种转变的动力来自某个或多个关键生态因子微弱的附加改变，如从破碎程度很高的景观中消除一小块残留的原生植被，将导致生物多样性的急剧下降。生态阈值理论在生态承载力研究中的应用在于，人类活动对生态系统服务的利用有一个上限——即生态阈值，生态承载力研究必须以生态阈值为前提，不能超越生态阈值的界限。

3）供需平衡理论

供需平衡理论是指消除供需之间的不适应、不平衡现象，使供应与需求相互适应，相对一致，消除供需差异，实现供需均衡。将供需平衡理论运用于生态承载力研究中，即要从生态系统满足社会经济发展和人类各种需求的角度入手，通过对区域生态系统现有生态资源与当前经济发展水平下人类对生态资源需求量的比较，来衡量区域生态系统的生态承载状态。

2. 生态承载力研究方法

生态承载力是在资源环境承载力的基础上发展演变产生的，传统的资源环境承载力研究方法，如净初级生产力估测法、供需平衡法、指标体系法、系统模型法等都可用于生态承载力研究。生态足迹法是目前较为完善成熟且具有生态针对性的生态承载力研究方法，被国内外研究学者广泛应用于各种尺度的区域生态承载力评价中。随着人类对生态系统认识的不断加深，越来越多的学者从生态系统服务供给与消耗的角度研究生态系统与人类社会系统之间的耦合关系，为生态承载力研究提供了新思路。

1）传统研究方法

净初级生产力估测法将生态系统净初级生产力作为衡量生态系统供给能力和生态

承载力大小的标准，将年际生态系统净初级生产力的波动是否超过一定的限度作为衡量生态承载力是否超载的标准（刘东霞等，2007），进而实现区域间生态承载力的对比与区域内部生态承载状态的评价。王家骥等（2000）以植被第一性生产力（又称初级生产力）阈值为基础，计算黑河流域生态承载力，为实现区域生态环境可持续管理提供依据。李金海（2001）以陆地生态系统净初级生产力为基础，以河北丰宁县为例分析了区域生态系统最优生态承载力阈值，提出提升区域生态承载力的措施。周广胜等（2008）以植被第一性生产力–第二性生产力（又称次级生产力）之间的生态适应性和能量–物质流平衡为主线，开展东北地区生态承载力研究，阐明生态系统可承载人口数量的阈值。张晓彤等（2019）基于 MODIS-NPP 数据开展中蒙俄国际经济走廊核心地带生态承载力研究，重点探讨蒙古国“草原之路”铁路沿线生态承载力的空间分布情况。

供需平衡法是通过分析生态系统某种资源供给与人类需求之间的差量关系、生态系统环境质量与人们需求环境质量之间的差量关系来评价区域生态承载状态（王中根和夏军，1999）。王中根和夏军（1999）运用供需平衡法对黑河流域生态承载力进行了评价；施开放等（2013）对重庆县域尺度耕地生态承载力的供需平衡关系进行了研究，为维护生态安全和耕地保护提供了合理依据；覃洁等（2016）在研究耕地生态承载力供需平衡关系基础上提出了广西耕地生态补偿标准，为建立更加完善的耕地生态补偿机制提供了科学依据。

指标体系法就是通过选取影响和反映生态系统承载力的众多指标，模拟生态系统层次结构，根据指标间相互关联和重要程度，对参数的绝对值或者相对值逐层加权并求和，最终在目标层上得到综合参数来反映生态系统承载状况（向芸芸和蒙吉军，2012）。高吉喜（2001）从生态系统弹性力、资源子系统供给能力与环境子系统容纳能力三个方面构建了生态承载力评价指标体系。狄乾斌等（2014）从资源环境承载力、生态弹性力和人类活动潜力三个维度构建了生态承载力评价指标体系，评价了辽宁海洋生态系统健康状况。方创琳等（2017）构建了“生态-生产-生活”承载力测度指标体系，开展了城市土地生态系统生态承载力研究，为优化国土空间开发格局提供了科学依据。

系统模型法可以对区域生态系统承载状况进行反映和模拟，线性规划模型、系统动力学模型、模糊目标规划模型、空间决策支持系统等一系列模型应用于生态承载力研究，提高了生态承载力研究的定量化水平（向芸芸和蒙吉军，2012）。系统动力学模型因可以有效地追踪研究对象的动态变化过程，而成为现阶段生态承载力研究中应用最广泛的模型。熊建新等（2016）基于系统动力学模型对洞庭湖区生态承载力时空变化趋势进行动态模拟，为洞庭湖生态经济区建设与发展提供参考。翁异静等（2015）运用系统动力学模型对赣江流域生态承载力的时空变化情况进行研究，模拟提出六种不同政策导向下流域生态承载力的提升方案。

2）生态足迹法

生态足迹法是加拿大生态经济学家 Wackernagel 和 Rees（1995）提出的一种度量可持续发展程度的生物物理方法。生态足迹法是在对土地面积进行量化的基础上，在需求层面上计算生态足迹的大小，在供给层面上计算生态承载力的大小，然后比较二者的大小，进而评价研究区域的可持续发展状况。生态足迹法通过计算人类所需的生物生产性土地面积来衡量人类对生物圈的需求，包括可再生资源消耗、基础设施建设和吸纳化石能源燃烧产生的二氧化碳排放（扣除海洋吸收部分）所需的生物生产性土地面积（Wackernagel et al.，2002；Kisses et al.，2009）。生态足迹法的计算主要基于以下两个事实：人类能够估计自身消费的大多数资源、能源及其所产生的废弃物数量；能够折算出生产和消纳这些资源和废弃物的生物生产性土地面积。因此，任何特定人口的生态足迹，就是其占用的用于生产所消费的资源与服务以及利用现有技术同化其所产生的废弃物的生物生产性土地或海洋总面积。

生态足迹法作为一种综合的生态承载力评价方法，能辨识特定区域的发展模式与其生态系统可更新能力承受范围的关系；同时由于具有较为科学完善的理论基础、指标体系，被国内外研究学者广泛应用于各种尺度的区域生态承载力评价（Wackernagel et al.，2004a，2004b；孙凡和孟令彬，2005；张家其等，2014）。自生态足迹法提出以来，国外学者以及相关研究机构在全球尺度、次全球尺度（区域尺度）、国家尺度开展大量以生态足迹为核心的研究，主要揭示生态足迹总量与人均量的区域差异并探讨驱动生态足迹时空差异的因素，为制定可持续发展、生态系统管理、生物多样性保护等相关国际政策文件提供支撑（Erb，2004；Santamouris et al.，2007；Galli et al.，2014；WWF，2014；Fu et al.，2015）。国内学者运用生态足迹法分别从省市县域、流域、生态保护区、农牧交错区、城市群、经济发展带等多尺度对土地资源、水资源等单要素生态承载力以及综合生态承载力进行评估（胡世辉和章力建，2010；张可云等，2011；杨艳等，2011；贾焰等，2016；向秀容等，2016；杜悦悦等，2016），其相关研究成果在生态补偿标准制定、生态文明建设、生态系统管理决策、生态脆弱区恢复与治理、生态旅游与国家公园建设等方面都具有重要的指导作用（刘某承等，2014；杨屹和胡蝶，2018；丁振民和姚顺波，2019；胡志毅等，2020；郑德凤等，2020）。

3）供给与消耗研究

生态系统服务是指生态系统形成和维持的人类赖以生存和发展的环境条件与效用，是连接生态系统和社会系统的桥梁（Daily，1997；王如松和欧阳志云，2012）；生态系统服务供给的持续性是社会和自然可持续发展的基础，人类社会和经济代谢消耗的生态系统服务必须在生态系统环境容纳量和生态系统服务可持续供给范围内（谢高地等，2010）。由此可见，生态系统服务供给与生态承载力的概念在本质和内涵上是一致的，对生态系统服务供给与消耗关系的刻画可以反映生态系统对人类活动的承载状况（Wackernagel and Rees，1995；严岩等，2017）。

近年来，基于对生态系统服务供给与消耗（需求、消费）关系的研究来揭示生态系统与人类社会之间的耦合作用成为学术界关注的热点问题，研究过程中产生了一系列具有代表性的模型与方法，如 Invest 模型、ARIES 模型、千年生态系统评估模型、HANPP 评估框架、生态系统服务供需平衡关系矩阵等（Imhoff et al.，2004；Carpenter et al.，2006；

Burkhard et al.，2012；Boithias et al.，2014；Villa et al.，2014）。国内学者已经开始尝试将生态系统服务供需理论融入生态承载力研究中，曹智等（2015）基于“生态系统—生态系统服务—人口和经济”的研究主线，以云南红河县为研究区开展生态承载力研究；卢小丽（2011）、焦雯珺等（2014）基于生态系统服务理论改进生态足迹模型并用于生态承载力研究；杜文鹏（2018）、董昱等（2019）等以植被净初级生产力作为度量生态供给与消耗的关键指标，分别开展海南和蒙古高原生态承载力研究。

4）HANPP

1997 年，Haberl 首次提出人类占用净初级生产力（HANPP）的概念，指在人类生产、生活及改造利用活动中，人类所占用的绿色植物在单位时间、单位面积内通过光合作用产生的有机物质总量扣除呼吸后的剩余部分（Haberl，1997；Haberl et al.，2002）。HANPP 反映了在特定地域中人类转化的生态系统总能量，定量表征了人类社会对自然生态系统的占用程度和土地利用强度，是一种区域可持续发展生态评估的生物物理量衡量方法（Taelman et al.，2016；彭建等，2007）。

基于 HANPP 概念逻辑框架与基本算法，Imhoff 等于 2004 年率先在 *Nature* 发表了全球 HANPP 的计算结果并于 2006 年发表了空间表达清晰的全球陆地生态系统 HANPP 成果图（Imhoff et al.，2004；Imhoff and Bounoua，2006），Haberl 等（2007）也公布了采用不同方法计算的全球陆地生态系统 HANPP 结果。大多数全球尺度 HANPP 研究结果表明，在 20 世纪末至 21 世纪初，全球 HANPP 占比介于 20%～40%（Erb et al.，2009），生产性耕地与放牧性草地对 HANPP 的贡献率高达 90%（Haberl et al.，2007）；全球 HANPP 占比空间分布差异明显，南亚、东欧、东南欧的 HANPP 占比已超过 50%，而大洋洲、中亚、俄罗斯的占比刚超过 10%（Haberl et al.，2007）。相关预测性研究表明，在 21 世纪，全球 HANPP 总量将会呈现翻倍增长（Krausmann et al.，2013）。近年来，HANPP 相关研究逐渐成为国外资源生态领域研究的热点问题，相关学者以中国、英国、菲律宾、欧盟、中亚、西非等为研究区开展国家或次全球（区域）尺度的实践研究，研究成果为生态系统可持续管理、生物多样性保护、生态补偿机制建立等提供支撑（Kastner，2009；Musel，2009；Kastner et al.，2015；Chen et al.，2015；Huang et al.，2018；Morel et al.，2019）。

3.3.3　研究展望

基于现阶段生态承载力研究现状，结合生态系统脆弱性与恢复力、生态系统服务、行星边界、生物多样性等相关研究，生态承载力未来发展趋势应该集中在以下四个方面。

（1）由于生态要素具有开放性与流动性特征，生态承载力方法体系构建需要考虑生态资源跨区占用，开展开放系统生态承载力评估。

生态系统与承载对象之间存在着复杂的反馈机制，这种承载机制不是简单的供应关系或者界面接触关系，而是双方内部多因素间的复杂互馈作用，目前生态承载力研究很难对承载机理进行全面考量（赵东升等，2019）。在全球贸易大背景下，生态承载力的主体与客体之间普遍存在远距离分离现象（Serna et al.，2014；Syrbe and Walz，2012），现有的生态承载力研究多忽略了贸易背景下生态系统服务的空间流动（肖玉等，2016），预先舍弃了人口和资源的区际流动实际情景（Semmens et al.，2011），使得研究结果具有很大的不确定性。因此，未来生态承载力发展需要基于生态系统承载机理以及生态要素开放性与流动性特征，将生态资源跨区占用纳入生态承载力评估中，进行开放系统生态承载力研究工作。

（2）基于生态系统变化的驱动机制，探讨生态承载力时空演变规律，预测未来生态系统承载潜力，建立生态承载力预警机制。

《全球环境展望 5——我们未来想要的环境》指出当前驱动生态系统发生变化的动因包括人口、技术与消费三方面。近年来，国内外学者从人口、技术、消费的快速变化与城市化加速等多个视角探索生态承载力变化的驱动因素（Satterthwaite et al.，2010），表明人口与经济的快速持续增长使得全球生态系统变化因素的影响规模、范围速率正在发生史无前例的变化，进而导致人类社会与自然界的关系在规模、深度和性质上正发生着巨大的改变（马静等，2005；UNEP，2012）。因此，生态承载力研究必须在深刻认识生态系统变化的驱动机制的前提下探讨生态承载力的演变规律，并以此为基础开展未来生态承载潜力的模拟与预测工作，建立生态承载力预警机制，确保当前人类活动不会给未来生态系统可持续性带来消极影响。

（3）基于弹性思维与恢复力理论确定生态系统可持续阈值区间，阐明生态系统可持续承载能力的上限值。

生态系统具有一定的承压性和自我恢复能力，但当人类活动对生态系统造成的压力超过生态系统的承载阈值时，生态系统往往会发生不可逆的变化（Scheffer et al.，2011）。RockstrÖm 等（2009a）根据与人类宜居环境最相关的环境变量认定了九大类不能超越的行星边界，Running（2012）在 *Science* 上发表的文章指出可供人类使用的生物质资源将在未来数十年达到“生态边界”。当关键的环境阈值超越安全运行界限时，地球的生命支持系统的功能将可能发生突变和不可逆转的变化（Rockström et al.，2009b）。因此，为避免人类活动导致不可逆的生态环境变化，必须基于生态系统可持续阈值区间阐明生态系统承载上限，以此为基础制约人类社会生产活动，维护人类赖以生存的生态系统安全有序的运行。

（4）基于生态系统功能多样性与多要素耦合性，选取代表性指标构建生态承载力综合评价体系，实现生态承载力定性与定量评价相结合的研究，评价区域生态承载力。

现阶段生态承载力研究方法侧重于单要素承载力的研究，特别是短缺性水土资源以及大气、水、土壤等环境容量研究；虽然基于单要素的生态承载力评估方法在人口布局、区域规划、城市发展、生态补偿以及环境管理等方面发挥了重要的支撑作用（陈百明，1991；封志明等，2008；金悦等，2015；张皓玮等，2015；程超等，2016；叶菁等，2017），但由于评估体系中缺乏对资源供给、资源消耗及其环境效应的变化机制的考虑，不能对生态系统多要素耦合性特征进行定量评估。生态系统属于人类–环境复合系统，是包括多个资源与环境要素耦合作用的复杂系统，资源之间的广义替代性原理和木桶效应原理决定仅用单一要素衡量区域承载力具有一定的局限性和片面性（王开运等，2005）。因此，需要基于生态系统功能多样性与多要素耦合性，既要选取能够全面反映承载要素功能多样性的多维指标，也要选取能够反映承载要素耦合性的集成指标，实现单要素全面与多要素综合的生态承载力定性与定量评价。

3.4　未来情景研究进展

未来情景描述了自然及人类等驱动因素的可能发展趋势，情景模型则是利用未来情景，通过系统简化和理想化的建模，定性或定量预测目标系统及其内部各关系的原则性和突发性后果（潘玉雪等，2018；Nicholson et al.，2019）。未来情景预测是基于未来情景模型对未来变化轨迹的定量估计，当前，遗传算法、生物气候、人工神经网络、广义相加、广义线性、支持向量机、随机森林等模型以及多模型组合模拟成为情景模型的新趋势，然而情景之间差异较大、不确定性高，影响未来应对措施的制定（刘焱序等，2020）。情景模型一般分为数理统计模型、机理过程模型（Nicholson et al.，2019），其中数理统计模型仍是情景分析的主流模型，涉及机理过程模型的研究仅占 1/5（Urban et al.，2016）。

预估气候变化需要构建社会经济变化和温室气体排放等一系列未来情景，涉及对未来社会、经济、技术各种可能状况的定性或定量描述，其中关于温室气体和气溶胶等排放状况的未来描述即排放情景，关于影响温室气体排放的人口增长、经济发展、技术进步、环境条件、全球化、公平原则等未来假设即社会经济发展情景。联合国政府间气候变化专门委员会（Intergovernmental Panel on Climate Change，IPCC）自 1990 年开始，先后提出了 SA90、IS92、SRES、RCPs 等温室气体排放情景（van Vuuren et al.，2011；Riahi et al.，2017），并于 2010 年提出了共享社会经济路径（Shared Socioeconomic Pathways，SSPs）（Van Vuuren et al.，2014；Riahi et al.，2017；姜彤等，2020）。气候系统模式是预估未来气候变化的主要工具，各个模式在基本结构、参数化方案等方面有较大差异，其模拟结果不尽相同，故而通常采用多模式集合平均结果提高可信度（张学珍等，2017）。

RCPs 是一系列综合的浓缩和排放情景，用作 21 世纪人类活动影响下气候变化预测模型的输入参数（Moss et al.，2010），以描述未来人口、社会经济、科学技术、能源消耗和土地利用等方面发生变化时，温室气体、反应性气体、气溶胶的排放量，以及大气成分的浓度。RCPs 包括一个高排放情景（RCP8.5），两个中等排放情景（RCP6.0 和 RCP4.5）和一个低排放情景（RCP2.6）。其中，RCP8.5 导致的温度上升最大，其次是 RCP6.0、RCP4.5，RCP2.6 对全球变暖的影响最小，四种不同的情景模式的一个重要差异是对未来土地利用规划的不同（Hurtt et al.，2011）。

RCP8.5 是在无气候变化政策干预时的基线情景，特点是温室气体排放和浓度不断增加，在此情景下，随着全球人口大幅增长、收入缓慢增长以及技术变革和能源效率改变导致的化石燃料消耗变大，到 2100 年，大气中的 CO_2 将增加至 936 mL/m^3，CH_4 增至 3751 μL/m^3，N_2O 增至 435 μL/m^3。Riahi 等（2011）预测，依据 RCP8.5 的排放情景，到 2050 年全球人口将突破 100 亿，2100 年达到 120 亿，即时为满足不断增长的食物和能源需求，全球林地面积减少，耕地面积将显著增加，尤其在非洲和南美洲地区。相应地，化肥使用不断增加和农业生产集约化提升 N_2O 排放；更多的牲畜和水稻生产产生更多的 CH_4，大气中温室气体浓度不断升高。

RCP6.0 是政府干预下的气候情景，总辐射强迫在 2100 年之后稳定在 6.0W/m^2，大气中的 CO_2 浓度增加至 670 mL/m^3，CH_4 在一定程度上减少，N_2O 增加至 406 μL/m^3（Masui et al.，2011）。在此情景下，全球人口到 2100 年将增至 100 亿，各种政策和战略的制定减少了温室气体的排放，然而与 RCP2.6 和 RCP4.5 相比，排放量缓解程度依然较低，此外，耕地面积的增长对森林面积的影响程度较小。

RCP4.5 是另一种政府干预下的气候情景，总辐射强迫在 2100 年后稳定在 4.5 W/m^2，大气中 CO_2 浓度增至 538 mL/m^3，CH_4 减少，同时 N_2O 增加至 372 μL/m^3（Thomson et al.，2011）。全球人口总量最高达到 90 亿，随后开始减少。此外，可再生能源和碳捕捉系统的使用和化石燃料使用率的不断降低，以及森林面积的增加，导致碳储量增加，温室气体排放量随之显著降低。由于植树造林政策的实施和作物单产的增加，RCP4.5 是唯一的耕地面积减少的排放模式。

RCP2.6 是温室气体浓度非常低的情景模式（van Vuuren et al.，2011）。辐射强迫顶点约为 3 W/m^2，2100 年降至 2.6 W/m^2，此时 CO_2 浓度为 421 mL/m^3，CH_4 浓度低于 2000 μL/m^3，N_2O 浓度为 334 μL/m^3。在此期间，全球范围内能源利用类型的改变，使温室气体排放显著减少，RCP2.6 是全球作物面积增加最大的排放情景。

为了方便科研工作者在进行未来气候预测时有更多选择，CMIP6 不仅将 RCP2.6、RCP4.5、RCP6.0 和 RCP8.5 升级为 SSP1-2.6、SSP2-4.5、SSP4-6.0 和 SSP5-8.5，同时新的排放模式还包括 SSP1-1.9、SSP4-3.4、SSP5-3.4OS 和 SSP3-7.0。在 CMIP5 中只有 RCP8.5 可以代表无政策干预的基线情形，它在某种程度上是一种最坏的预期，使预测过于绝对，无法对无政策干预的趋势进行细化。虽然 CMIP6 中新情景所预测的辐射强迫与 CMIP5 的 RCPs 相似，然而 CO_2 和非 CO_2 的排放路径和混合排放路径是不同的，主要在于新的 SSPs 情景模式从 2014 年开始预测，而 RCPs 为 2007 年；相较于 RCP2.6，SSP1-2.6 的末尾低值显示出更加平缓的变化，同时具有较高的起始点，反映出 2007～2014 年的排放显著高于先前 RCP2.6 预测的情形，为此，SSP1-2.6 采用大量 20 世纪末的负排放，以弥补起点较高和下降较慢的问题；SSP2-4.5 具有更多的非 CO_2 排放，故辐射强迫变化的起点比 RCP4.5 高，降比小；SSP4-6.0 与 RCP6.0 差异较大，CO_2 排放顶点分别是 2050 年和 2080 年，虽然 SSP4-6.0 也有更多非 CO_2 温室气体排放，但该情景中更快的减排措施抵消了上述负面效应；SSP5-8.5 比 RCP8.5 有更高的 CO_2 排放，相应的非 CO_2 排放减少较多。

土地利用情景对气候模型预测及评估未来变化的影响至关重要。LUH 是一个时间跨度长的降尺度情景数据集，被广泛应用于气候变化研究，其中空间分辨率为 0.5°×0.5°的 LUH1（1500～2100 年）在 CMIP5 中应用并进入 IPCC 第 5 次评估报告（AR5）（Hurtt et al.，2011；Chini et al.，2014），空间分辨率为 0.25°×0.25°的 LUH2（850～2100 年）是为 CMIP6 的改进地球系统模型（Earth System Model，ESM）准备的土地利用情景数据（Hurtt et al.，2020）。LUH 全球情景产品太粗糙，难以满足区域尺度模拟要求。Li 等（2016）基于 LUH1 和 30m 分辨率全球地表覆盖数据产品 FROM-GLC，结合地形、气候、土壤和社会经济条件等地理空间异质性要素，利用元胞自动机模型进行降尺度，生成 4 种 RCPs 情景的 1 km 分辨率未来 2010～2100 年全球土地利用数据集。Li 等（2017）利用未来土地利用模拟（Future Land Use Simulation，FLUS）模型生成了 SRES 情景下的全球 1km 空间分辨率土地利用和土地覆被变化产品。Chen 等（2020）预测了 2015～2100 年 RCPs 与 SSPs 不同情景下 1km 空间分辨率的全球城市用地扩张情景。Liao 等（2020）基于 LUH2 和 FLUS 生成了 2015～2100 年 SSP-RCP 情景下中国 1km 空间分辨率未来土地利用变化和 5km 空间分辨率基于植被功能型分类的土地利用预测产品。

生态系统情景预测主要基于气候变化与土地利用变化情景，模拟物种分布、生态系统结构与功能、生态系统服务、生物多样性及其影响因素等可能变化趋势。近 20 年来，或自下而上地利用观测到的物种分布数据及环境变量来推断并绘制其潜在分布（Elith and Leathwick，2009；刘晓彤等，2019），开展生物多样性评估、群落和生态系统分布模拟、全球环境变化对物种和生态系统影响预测等（刘焱序等，2020）；或自上而下依托空间模型分析对植被生态系统分布（范泽孟和范斌，2019）、生境与栖息地及其生物多样性（Powers et al.，2019；Molotoks et al.，2018；Zabel et al.，2019）、碳蓄积（Molotoks et al.，2018）、木材与粮食产量（Lawler et al.，2014）、水质调节与沿海风险减缓（Chaplin et al.，2019）等的未来趋势进行预测。其中，土地利用变化被认为是生物多样性持续丧失的主要驱动力，Powers 等（2019）基于 LUH2 获得全球土地利用变化和适宜生境信息，评估了 2015～2070 年四种 SSPs 情景下约 19400 种两栖动物、鸟类和哺乳动物适宜栖息地的潜在损失和灭绝风险。农田扩张是最主要的土地利用类型变化，基准情景下未来全球农田扩张将导致生物多样性热点地区栖息地大量消失，13.7%植被和 4.6%土壤的碳储量将损失（Molotoks et al.，2018）。未来农田扩张与集约化生产将以生物多样性为代价，特别是影响发展中的热带地区（Zabel et al.，2019）。2050 年，农田开垦将导致 90%陆生脊椎动物失去部分栖息地（Williams et al.，2020）。

生态系统供给情景预测的核心是生态系统净初级生产力（NPP）的变化趋势模拟。NPP 对气候变化十分敏感，地球系统未来气候变化对全球 NPP 总量及其空间分布具有重要作用。因此，研究未来气候条件下陆地生态系统 NPP 的总量及其空间格局变化，对预测和评估未来全球生态系统供给对人类社会发展的影响具有重要意义。朱再春等（2018）利用 CMIP5 模式在 RCP2.6、RCP4.5 和 RCP8.5 情景下的模拟结果，初步分析了全球升温情景下陆地生态系统 NPP 的可能变化，重点讨论了 1.5℃和 2℃升温情景下 NPP 的变化量。在未来升温情景下，各 RCP 情景下的模拟结果均表明全球陆地生态系统 NPP 呈增加趋势，且 NPP 增加量与升温幅度成正比。NPP 总量增加的主因是大气 CO_2

浓度上升，而温度、降水和辐射的贡献相对较弱。然而，升温对 NPP 变化的贡献量具有明显的空间分异，即在北方高纬度地区和青藏高原有促进作用，在中低纬度地区有强烈的抑制作用（Zhu et al.，2016）。环境因子模拟的不确定性可能直接导致陆地生态系统 NPP 模拟的不确定性。此外，模拟 NPP 的关键生物物理过程中可能存在对 CO_2 施肥效应的高估（Smith et al.，2015），对水分条件过于敏感，以及对营养元素限制、农业管理、土地利用、火灾、臭氧、病虫害等重要过程的模拟缺失或不确定性较大的问题（Zeng et al.，2014）。

人类对生态系统的需求变化取决于人类对生态系统供给的消耗水平与消耗量，主要与人口数据、消耗方式与水平等相关，因此生态需求端情景预测的基础是人口数量及其分布的情景。Vollset 等（2020）预计到 2060 年左右地球上的人数将再增加 20 亿，人口总量逼近 100 亿，但是在接下来的 10 年里人口生育率会开始下降，人口数量持续萎缩，到 21 世纪末地球总人数回落到 88 亿，日本、意大利等国家的人口数量甚至被腰斩，流失多达 50%。从全球来看，人口数量将急速萎缩，且这种全球人口总体下降对地球和社会的影响尚很难确定。就地球的生态而言，无休止的人口膨胀仍然是加速世界变差的诱因。虽然人口减少可能是减少碳排放量和减轻粮食压力的好消息，但是如果未来人口数量真的锐减，其对地球和社会的影响还很难确定。生态系统承载数十亿人类的生存、生活。过去几十年里，随着农业产量提升，全球的生态承载力平稳增加，但世界人口快速增长，人类对生态资源的需求更是节节攀升，远远超出地球的生产供给。如果要算一笔全球的生态账，人类拿到的账本早已收不抵支，出现严重的生态赤字。

地球生态超载日（Earth Overshoot Day）[①]反映了人类已经把地球一年内的可再生资源消耗殆尽，意味着人类已经超出预算，提前透支了未来。因此，需要提前做好生态预算。但是，按照目前的资源利用率，人类的生态消耗超出地球生态承载力的 70%，人类要想可持续地延续下去，每年至少需要 1.5～1.75 个地球的资源量来维持地球生态系统的发展（Wackernagel et al.，2021），而到 21 世纪中叶，大概要两个地球才能满足人类的资源需求。而且随着人类持续预支生态资源，地球的生态承载力已经成为制约经济发展的瓶颈。Chaplin 等（2019）的模型显示随着自然界的衰落，在未来几十年中，多达 50 亿人，尤其是在非洲和南亚地区，可能面临粮食和清洁水的短缺；如果选择可持续发展路径的绿色道路，这一数字可降至 16 亿人。这些生态系统服务未来的下降将给非洲和南亚的人们带来最大的打击，因为他们更直接地依赖自然生态系统，而较富裕国家的人们可以通过进口粮食和基础设施来缓冲这种影响。

生态承载力的未来动态预测和预警评估，作为可持续发展政策制定中发展约束限制的关键指示器，需要在深入分析过去生态承载力形成过程、驱动因素和承载机制的基础上，明晰生态系统功能–服务的空间流动特征，建立高可信度的多因素模式耦合，模拟不同气候变化和经济社会发展路径下生态系统供给和人类需求的动态变化，预测不同未来情景的生态承载潜力和可能状态。然而，由于忽略了生态系统结构、过程及功能对承

① Global Footprint Network，https：//www.footprintnetwork.org.

载力的传导作用，简化了生态系统与经济社会系统各要素间相互作用对承载力的影响，生态承载力的内涵、外延、机理、演化皆有争议。

生态承载力情景预测的目的是确定阈值、开展预警和谐适策略研究，应用于生态保护修复、土地利用优化、经济社会可持续发展。如果人类开发活动超过生态系统承受能力的阈值，生态系统会发生不可逆转的突变（Scheffer et al.，2001），导致生态系统破坏与生态功能退化，威胁区域生态安全，因此需要进行预警。徐卫华等（2017）探讨了生态承载力及预警的定义与内涵，从预警角度提出区域生态承载力评价的内容与方法，利用生态系统服务功能和生态退化状况表征生态系统健康度，进行京津冀地区生态承载力预警评估。Guo 等（2017）建立了一个空间概率模型，模拟了 4 种不同情景下基于土地利用区域规划实现生态承载空间优化的潜力及其对生态超载和耗水的影响。岳东霞等（2019）基于生态足迹法和 CA-Markov 模型，以土地利用时空格局预测为切入点开展石羊河流域 2022 年生态承载力时空格局的预测模拟。于慧等（2020）提出草地绿色承载力预警，即主控因子超过生态系统功能维持的关键参数阈值、草畜平衡与人畜平衡的最大承载阈值时的状态。

参考文献

曹淑艳, 谢高地. 2007. 表达生态承载力的生态足迹模型演变. 应用生态学报, 18(6): 193-200.

曹晓昌, 甄霖, 杨莉, 等. 2011. 泾河流域生态系统服务消耗及变化认知分析: 基于农户问卷调查和参与式社区评估. 资源与生态, 2(4): 345-352.

曹志宏, 郝晋珉. 2018. 中国家庭居民饮食行为碳消费时空演变及其集聚特征分析. 干旱区资源与环境, 32(12): 20-25.

曹智, 闵庆文, 刘某承, 等. 2015. 基于生态系统服务的生态承载力: 概念、内涵与评估模型及应用. 自然资源学报, 30(1): 1-11.

常向阳, 李爱萍. 2006. 江苏省农村居民食物消费需求研究. 南京农业大学学报(社会科学版), (2): 20-24.

陈百明. 1991. "中国土地资源生产能力及人口承载量"项目研究方法概论. 自然资源学报, 6(3): 3-11.

陈永福. 2004. 中国省别食物供求模型的开发与预测. 中国农业经济评论, 3: 355-406.

程超, 童绍玉, 彭海英, 等. 2016. 滇中城市群水资源生态承载力的平衡性研究. 资源科学, 38(8): 1561-1571.

迪克逊, 斯库拉, 卡朋特, 等. 2001. 环境影响的经济分析. 北京: 中国环境科学出版社.

狄乾斌, 张洁, 吴佳璐. 2014. 基于生态系统健康的辽宁省海洋生态承载力评价. 自然资源学报, 29(2): 256-264.

丁振民, 姚顺波.2019. 区域生态补偿均衡定价机制及其理论框架研究. 中国人口·资源与环境, 29(9): 99-108.

董昱, 闫慧敏, 杜文鹏, 等. 2019. 基于供给—消耗关系的蒙古高原草地承载力时空变化分析. 自然资源学报, 34(5): 1093-1107.

杜文鹏. 2018. 基于供给与消耗的生态承载力研究. 西安: 长安大学.

杜文鹏, 闫慧敏, 封志明, 等. 2020. 基于生态供给—消耗平衡关系的中尼廊道地区生态承载力研究. 生态学报, 40(18): 6445-6458.

杜悦悦, 彭建, 高阳, 等. 2016. 基于三维生态足迹的京津冀城市群自然资本可持续利用分析. 地理科学进展, 35(10): 1186-1196.
范泽孟, 范斌. 2019. 欧亚大陆植被生态系统平均中心时空偏移的情景模拟. 生态学报, 39(14): 5028-5039.
方创琳, 贾克敬, 李广东, 等. 2017. 市县土地生态-生产-生活承载力测度指标体系及核算模型解析. 生态学报, 37(15): 5198-5209.
封志明, 李鹏. 2018. 承载力概念的源起与发展: 基于资源环境视角的讨论. 自然资源学报, 33(9): 1475-1489.
封志明, 杨艳昭, 张晶. 2008. 中国基于人粮关系的土地资源承载力研究: 从分县到全国. 自然资源学报, 23(5): 865-875.
高吉喜. 2001. 可持续发展理论探索: 生态承载力理论、方法与应用. 北京: 中国环境科学出版社.
哈尔·R. 范里安. 2006. 微观经济学: 现代观点(第六版). 费方域, 等译. 上海: 上海人民出版社.
胡世辉, 章力建. 2010. 基于生态足迹的西藏自然保护区生态承载力分析——以工布自然保护区为例. 资源科学, 32(1): 171-176.
胡志毅, 管陈雷, 杨天昊, 等. 2020. 中国旅游生态足迹研究可视化分析. 生态学报, 40(2): 738-747.
计晗. 2013. 进城农民工食物消费及其影响因素的实证分析. 中国农业科学院.
贾焰, 张军, 张仁陟. 2016. 2001-2011 年石羊河流域水资源生态足迹研究. 草业学报, 25(2): 10-17.
姜彤, 王艳君, 苏布达, 等. 2020. 全球气候变化中的人类活动视角: 社会经济情景的演变. 南京信息工程大学学报(自然科学版), 12(1): 68-80.
焦雯珺, 闵庆文, 李文华, 等. 2014. 基于生态系统服务的生态足迹模型构建与应用. 资源科学, 36(11): 2392-2400.
金悦, 陆兆华, 檀菲菲, 等. 2015. 典型资源型城市生态承载力评价——以唐山市为例. 生态学报, 35(14): 4852-4859.
蓝盛芳, 钦佩. 2001. 生态系统的能值分析.应用生态学报, (1): 129-131.
黎东升, 杨义群. 2001. 城乡居民食物消费需求的 ELES 模型. 武汉理工大学学报, 7: 87-89.
李爱萍. 2007. 江苏省农村居民食物消费研究. 南京: 南京农业大学.
李金海. 2001. 区域生态承载力与可持续发展. 中国人口·资源与环境, 11(3): 76-78.
李丽, 吕晓, 范德强, 等. 2017. 1984～2014 年农业种养结构变化对城乡居民食物消费升级的响应研究. 中国农业资源与区划, 38(9): 79-88.
李隆玲. 2018. 中国农民工粮食需求水平与结构研究. 北京: 中国农业大学.
李双成, 刘金龙, 张才玉, 等. 2011. 生态系统服务研究动态及地理学研究范式. 地理学报, 66(12): 1618-1630.
李赟凯, 闫慧敏, 董昱, 等. 2020. “一带一路”地区生态承载力评估系统设计与实现. 地理与地理信息科学, 36(2): 47-53.
李哲敏. 2007. 近 50 年中国居民食物与营养发展变化的特点. 资源科学, (1): 27-35.
刘东霞, 张兵兵, 卢欣石. 2007. 草地生态承载力研究进展及展望. 中国草地学报, 29(1): 91-97.
刘某承, 苏宁, 伦飞, 等. 2014. 区域生态文明建设水平综合评估指标. 生态学报, 34(01): 97-104.
刘晓彤, 袁泉, 倪健. 2019. 中国植物分布模拟研究现状. 植物生态学报, 43(4): 273-283.
刘雪林. 2009. 生态系统服务消费研究——以泾河流域供给服务和景观愉悦服务消费为例. 中国科学院研究生院.
刘雪林, 甄霖. 2007. 社区对生态系统服务的消费和受偿意愿研究——以泾河流域为例. 资源科学, 29(4): 103-108.
刘焱序, 于丹丹, 傅伯杰, 等. 2020. 生物多样性与生态系统服务情景模拟研究进展. 生态学报, 40(17): 5863-5873.
刘益凡, 李蕊超, 林慧龙. 2016. 基于空间自相关性探究我国各省食物需求时空差异. 草地学报, 24(6): 1176-1183.

卢小丽. 2011. 基于生态系统服务功能理论的生态足迹模型研究. 中国人口·资源与环境, 21(12): 115-120.
马静, 汪党献, 来海亮, 等. 2005. 中国区域水足迹的估算. 资源科学, 27(5): 96-100.
潘梅, 陈天伟, 黄麟, 等. 2020. 京津冀地区生态系统服务时空变化及驱动因素. 生态学报, 40(15): 5151-5167.
潘玉雪, 田瑜, 徐靖, 等. 2018. IPBES 框架下生物多样性和生态系统服务情景和模型方法评估及对我国的影响. 生物多样性, 26(1): 89-95.
彭建, 王仰麟, 吴健生. 2007. 净初级生产力的人类占用: 一种衡量区域可持续发展的新方法. 自然资源学报, 22(1): 155-160.
齐福全, 陈孟平. 2005. 京津沪农村居民消费需求变动的实证分析. 中国农村经济, (3): 53-59.
覃洁, 秦成, 周慧杰, 等. 2016. 基于生态承载力供需与生态服务价值的广西耕地生态补偿研究. 江西农业学报, 28(3): 77-81.
沈渭寿, 张慧, 邹长新, 等. 2010. 区域生态承载力与生态安全研究. 北京: 中国环境科学出版社.
施开放, 刁承泰, 孙秀锋, 等. 2013. 基于耕地生态足迹的重庆市耕地生态承载力供需平衡研究. 生态学报, 33(6): 1872-1880.
苏畅. 2010. 经济因素对我国成年居民膳食结构和营养状况影响的研究. 北京: 中国疾病预防控制中心.
孙凡, 孟令彬. 2005. 重庆市生态足迹与生态承载量研究. 应用生态学报, 16(7): 1370-1374.
田敏. 2004. 参与式方法在土地利用规划中的作用. 林业与社会, 12(3): 13-17.
汪希成, 谢冬梅. 2020. 我国农村居民食物消费结构的合理性与空间差异. 财经科学, (3): 120-132.
王光华, 夏自谦. 2012. 生态供需规律探析. 世界林业研究, 25(3): 70-73.
王家骥, 姚小红, 李京荣, 等. 2000. 黑河流域生态承载力估测. 环境科学研究, 13(2): 47-51.
王开运, 邹春静, 孔正红, 等. 2005. 生态承载力与崇明岛生态建设. 应用生态学报, 16(12): 2447-2453.
王开运, 等. 2007. 生态承载力复合模型系统与应用. 北京: 科学出版社.
王灵恩, 郭嘉欣, 冯凌, 等. 2021. 青藏高原"一江两河"农区居民食物消费结构与特征. 地理学报, 76(9): 2104-2117.
王如松, 欧阳志云. 2012. 社会—经济—自然复合生态系统与可持续发展. 中国科学院院刊, 27(3): 337-345.
王世豪, 黄麟, 徐新良, 等. 2022. 特大城市群生态空间及其生态承载状态的时空分异. 地理学报, 77(1): 164-181.
王祥, 牛叔文, 强文丽, 等. 2020. 食物贸易视角下的全球食物供需平衡及其演化分析. 自然资源学报, 35(7): 1659-1671.
王雪, 祁华清. 2021. 新时代中国居民食物消费结构变化与中国食物安全. 农村经济与技术, 32(1): 104-107.
王奕, 李国平. 2021. 基于生态服务需求的流域下游居民支付意愿研究. 生态经济, 37(8): 163-168+177.
王中根, 夏军. 1999. 区域生态环境承载力的量化方法研究. 长江职工大学学报, 16(4) : 9-12.
魏云洁, 甄霖, Ochirbat Batkhishig, 等. 2009. 蒙古高原生态服务消费空间差异的实证研究.资源科学, 31(10): 1677-1684.
翁异静, 邓群钊, 杜磊, 等. 2015. 基于系统仿真的提升赣江流域水生态承载力的方案设计. 环境科学学报, 35(10): 3353-3366.
席建超, 葛全胜, 成升魁, 等. 2004. 旅游消费生态占用初探——以北京市海外入境旅游者为例. 自然资源学报, 19(2): 224-229.
向秀容, 潘韬, 吴绍洪, 等. 2016. 基于生态足迹的天山北坡经济带生态承载力评价与预测. 地理研究, 35(5): 875-884.
向芸芸, 蒙吉军. 2012. 生态承载力研究和应用进展. 生态学杂志, 31(11): 2958-2965.

肖玉, 谢高地, 鲁春霞, 等. 2016. 基于供需关系的生态系统服务空间流动研究进展. 生态学报, 36(10): 3096-3102.
谢高地, 曹淑艳, 鲁春霞, 等. 2010. 中国的生态服务消费与生态债务研究. 自然资源学报, 25(1): 43-51.
谢高地, 甄霖, 鲁春霞, 等. 2008. 生态系统服务的供给、消费和价值化. 资源科学, (1): 93-99.
熊建新, 陈端吕, 彭保发, 等. 2016. 洞庭湖区生态承载力时空动态模拟. 经济地理, 36(4): 164-172.
许菲, 白军飞, 李雷. 2021. 食物价格对改善居民膳食结构及降低水资源需求的作用机制. 资源科学, 43(12): 2490-2502.
徐卫华, 杨琰瑛, 张路, 等. 2017. 区域生态承载力预警评估方法及案例研究. 地理科学进展, 36(3): 306-312.
徐中民, 张志强, 程国栋. 2000. 甘肃省 1998 年生态足迹计算与分析. 地理学报, 55(5): 607-616.
徐中民, 张志强, 程国栋, 等. 2003. 中国 1999 年生态足迹计算与发展能力分析. 应用生态学报, 14(2): 280-285.
闫慧敏, 甄霖, 李凤英, 等. 2012. 生态系统生产力供给服务合理消耗度量方法——以内蒙古草地样带为例. 资源科学, 34(6): 998-1006.
严岩, 朱捷缘, 吴钢, 等. 2017. 生态系统服务需求、供给和消费研究进展. 生态学报, 37(8): 2489-2496.
彦士锋. 2010. 转型期中国居民食品消费研究. 济南: 山东大学.
杨斌. 2006. 海南省 1985-2003 年膳食结构与营养状况变迁追踪研究. 中国热带医学, 9: 1680-1681.
杨莉, 甄霖, 潘影, 等. 2012. 生态系统服务供给-消费研究: 黄河流域案例.干旱区资源与环境, 26(3): 131-138.
杨婉妮, 甄霖. 2019. 锡林郭勒草地样带食物消费特征及其影响因素分析. 中国农业资源与区划, 40(12): 203-213.
杨晓冬, 李岳. 1997. 基本消费理论及上海市城镇居民消费特征的演变——对上海市城镇居民消费的实证研究. 经济研究, 9: 29-36.
杨艳, 牛建明, 张庆, 等. 2011. 基于生态足迹的半干旱草原区生态承载力与可持续发展研究——以内蒙古锡林郭勒盟为例. 生态学报, 31(17): 5096-5104.
杨屹, 胡蝶. 2018. 生态脆弱区榆林三维生态足迹动态变化及其驱动因素. 自然资源学报, 33(7): 1204-1217.
杨志峰, 隋欣. 2005. 基于生态系统健康的生态承载力评价. 环境科学学报, 25(5): 586-594.
姚永利. 2007. 生态消费问题研究. 哈尔滨: 东北林业大学.
叶菁, 谢巧巧, 谭宁焱. 2017. 基于生态承载力的国土空间开发布局方法研究. 农业工程学报, 33(11): 262-271.
尹业兴, 贾晋, 申云. 2020. 中国城乡居民食物消费变迁及趋势分析. 世界农业, (9): 38-46.
于慧, 王根绪, 杨燕, 等. 2020. 草地绿色承载力概念及其在国家公园中的应用框架. 生态学报, 40(20): 7248-7254.
岳东霞, 杨超, 江宝骅, 等. 2019. 基于 CA-Markov 模型的石羊河流域生态承载力时空格局预测. 生态学报, 39(6): 1993-2003.
张车伟, 蔡昉. 2002. 中国贫困农村的食物需求与营养弹性. 经济学(季刊), (4): 199-216.
张翠玲, 强文丽, 牛叔文, 等. 2021. 基于多目标的中国食物消费结构优化. 资源科学, 43(6): 1140-1152.
张皓玮, 方斌, 魏巧巧, 等. 2015. 区域耕地生态价值补偿量化模型构建——以江苏省为例. 中国土地科学, 29(1): 63-70.
张鸿雁. 2007. 需要层次理论在消费需求中的体现. 科学与管理, (6): 71-72.
张家其, 王佳, 吴宜进, 等. 2014. 恩施地区生态足迹和生态承载力评价. 长江流域资源与环境, 23(5): 603-607.
张晓彤, 谭衢霖, 涂天琦, 等. 2019. 利用 MODIS 卫星数据对“草原之路”蒙古国地区进行生态承载力

评价. 测绘与空间地理信息, 42(9): 64-67.
张学珍, 李侠祥, 徐新创, 等. 2017. 基于模式优选的 21 世纪中国气候变化情景集合预估. 地理学报, 72(9): 1555-1568.
赵东升, 郭彩贇, 郑度, 等. 2019. 生态承载力研究进展. 生态学报, 39(2): 399-410.
甄霖, 刘雪林, 魏云洁. 2008. 生态系统服务消费模式、计量及其管理框架构建. 资源科学, (1): 100-106.
甄霖, 闫慧敏, 胡云锋, 等. 2012. 生态系统服务消耗及其影响.资源科学, 34(6): 989-997.
郑德凤, 刘晓星, 王燕燕, 等. 2020. 中国省际碳足迹广度、深度评价及时空格局. 生态学报, 40(2): 447-458.
郑晶晶. 2014. 问卷调查法研究综述. 理论观察, (10): 102-103.
郑志浩, 高颖, 赵殷钰. 2015. 收入增长对城镇居民食物消费模式的影响. 经济学(季刊), 15(1): 263-288.
周广胜, 袁文平, 周莉, 等. 2008. 东北地区陆地生态系统生产力及其人口承载力分析. 植物生态学报, 32(1): 70-77.
朱再春, 刘永稳, 刘祯, 等. 2018. CMIP5 模式对未来升温情景下全球陆地生态系统净初级生产力变化的预估. 气候变化研究进展, 14(1): 31-39.
Agngulo A M, Gil J M, Gracia A. 2001. Calorie intake and income elasticities in EU countries: A convergence analysis using cointegration. Papers in Regional Science, 80(2): 165-187.
Alexander P, Katherine C, Shinichiro F. et al. 2017. Land-use futures in the shared socio-economic pathways. Glob. Environ. Change, 42, 331-345.
Anton C, Young J, Harrison P A, et al. 2010. Research needs for incorporating the ecosystem service approach into EU biodiversity conservation policy. Biodiversity and Conservation, 19(10): 2979-2994.
Arrow K, Bolin B, Costanza R, et al. 1996. Economic growth, carrying capacity, and the environment. Environment and Development Economics, 15(1): 91-95.
Bailey J A, Gu Z, Clark R A, et al. 2002. Recent segmental duplications in the human genome. Science, 297(5583): 1003.
Baquedano F G, Liefert W M. 2014. Market integration and price transmission in consumer markets of developing countries. Food Policy, 44: 103-114.
Boithias L, Acuña V, Vergoñós L, et al. 2014. Assessment of the water supply: Demand ratios in a Mediterranean basin under different global change scenarios and mitigation alternatives. Science of the Total Environment, 470: 567-577.
Boyd J, Banzhaf S. 2007. What are ecosystem services? The need for standardized environmental accounting units. Ecological economics, 63(2-3): 616-626.
Brush S B. 1975. The Concept of Carrying Capacity for Systems of Shifting Cultivation. American Anthropologist, 77(4): 799-811.
Burkhard B, Kroll F, Nedkov S, et al. 2012. Mapping ecosystem service supply, demand and budgets. Ecological Indicators, 21: 17-29.
Cao X C, Zhen L, Yang L, et al. 2011. Stakeholder perceptions of changing ecosystem services consumption in the Jinghe Waterland: a household survey and PRA. Journal of Resources and Ecology, 2(4): 345-352.
Carpenter S R, DeFries R, Dietz T, et al. 2006. Millennium ecosystem assessment: research needs. Science, 314(5797): 257-258.
Carson R L. 1962. Silent Spring. Boston: Houghton Mifflin Company.
Catton W R. 1993. Carrying-capacity and the death of a culture-a tale of 2 autopsies. Sociological Inquiry, 63(2): 202-223.
Chaplin K R. Sharp R P, Weil C, et al. 2019. Global modeling of nature's contributions to people. Science, 366(6462): 255-258.
Chaves W A, Wilkie D S, Monroe M C. 2017. Market access and wild meat consumption in the central Amazon, Brazil. Biological Conservation, 212(8): 240-248.
Chen A, Li R, Wang H, et al. 2015. Quantitative assessment of human appropriation of aboveground net

primary production in China. Ecological Modelling, 312: 54-60.
Chen G, Li X, Liu X, et al. 2020. Global projections of future urban land expansion under shared socioeconomic pathways. Nature Communications, 11(1): 537.
Chiaka J C, Zhen L, Xiao Y. 2022. Changing food consumption patterns and land requirements for food in the six geopolitical zones in Nigeria. Foods, 11: 150.
Chini L P, Hurtt G C, Frolking S. 2014. Harmonized Global Land Use for Years 1500 -2100, V1. ORNL DAAC, Oak Ridge, Tennessee, USA. https: //doi.org/10.3334/ORNLDAAC/1248.
Cho S H, Chang K L, Yeo J H, et al. 2016. Comparison of fruit and vegetable consumption among Native and non-Native American populations in rural communities. International Journal of Consumer Studies, 39(1): 67-73.
Costanza R. 2008. Ecosystem services: multiple classification systems are needed. Biological Conservation, 141(2): 350-352.
Csutora M, Vetone M Z. 2014. Consumer income and its relation to sustainable food consumption obstacle or opportunity. International Journal of Sustainable Development & World Ecology, 21(6): 512-518.
Daily G C. 1997. Nature's services: societal dependence on natural ecosystems. Corporate Environmental Strategy, 6(2): 220-221.
Daily G C, Ehrlich P R. 1992. Population, Sustainability, and Earth's Carrying Capacity. Bioscience, 42(10): 761-771.
Dawe D. 2002.The changing structure of the world rice market, 1950-2000. Food Policy, 27(4): 355-370.
de Ruiter H, Kastner T, Nonhebel S. 2014. European dietary patterns and their associated land use: Variation between and within countries. Food policy, 44: 158-166.
Drewnowski A, Popkin B M. 2009. The nutrition transition: New trends in the global diet. Nutrition Reviews, 55(2): 31-43.
Du W P, Yan H M, Feng Z M, et al. 2021. The supply-consumption relationship of ecological resources under ecological civilization construction in China. Conservation and Recycling, 172: 105679.
Elith J, Leathwick J R. 2009. Species distribution models: Ecological explanation and prediction across space and time. Annual Review of Ecology, Evolution, and Systematics, 40: 677-697.
Erb K H. 2004. Actual land demand of Austria 1926–2000: a variation on ecological footprint assessments. Land use policy, 21(3): 247-259.
Erb K H, Krausmann F, Gaube V, et al. 2009. Analyzing the global human appropriation of net primary production—processes, trajectories, implications. An introduction. Ecological Economics, 69: 250-259.
Farmery A K, Kajlich L, Voyer M, et al. 2020. Integrating fisheries, food and nutrition–Insights from people and policies in Timor-Leste. Food Policy: 101826.
Fisher B, Turner R K, Morlin P. 2009. Defining and classifying ecosystem services for decision making. Ecological economics, 68(3): 643-653.
Fu W, Turner J C, Zhao J, et al. 2015. Ecological footprint (EF): An expanded role in calculating resource productivity (RP) using China and the G20 member countries as examples. Ecological indicators, 48: 464-471.
Galli A, Wackernagel M, Iha K, et al. 2014. Ecological Footprint: implications for biodiversity. Biological Conservation, 173: 121-132.
Garrone M, Emmers D, Olper A, et al. 2019. Jobs and agricultural policy: Impact of the common agricultural policy on EU agricultural employment. Food Policy, 87: 101744.
Geijzendorffer I R, Martín-López B, Roche P K. 2015. Improving the identification of mismatches in ecosystem services assessments. Ecological Indicators, 52: 320-331.
Guo J J, Yue D X, Li K, et al. 2017. Biocapacity optimization in regional planning. Scientific Reports, 7: 41150.
Haberl H. 1997. Human appropriation of net primary production as an environmental indicator: Implications for sustainable development. Ambio, 26: 143- 146.

Haberl H, Erb K H, Krausmann F, et al. 2007. Quantifying and mapping the human appropriation of net primary production in earth's terrestrial ecosystems. Proceedings of the National Academy of Sciences of the United States of America, 104(31): 129-142.

Haberl H, Krausmann F, Erb K H, et al. 2002. Human appropriation of net primary production. Science, 296: 1968-1969.

Hadwen I A S, Palmer L J. 1922. Reindeer in Alaska. Washington: US Department of Agriculture.

Holling C S. 1986. The resilience of terrestrial ecosystems: local surprise and global change. Wcclark & Remunn sustainable Development of the Biosphere, 5(4): 13-22.

Hu J, Zhen L, Sun C Z. et al. 2015. Ecological footprint of biological resource consumption in a typical area of the green for grain project in Northwestern China. Environments, 2, 44-60.

Huang J K, Rozelle R, Rosegrant M W. 1999. China's Food Economy to the Twenty-first Century: Supply, Demand and Trade. Economic Development and Cultural Change, 47: 737-766.

Huang X, Luo G, Han Q. 2018. Temporospatial patterns of human appropriation of net primary production in Central Asia grasslands. Ecological Indicators, 91: 555-561.

Hurtt G, Chini L P, Frolking S, et al. 2011. Harmonization of land use scenarios for the period 1500–2100: 600 years of global gridded annual land-use transitions, wood harvest, and resulting secondary lands. Clim Change, 109: 117-161.

Hurtt G C, Chini L, Sahajpal R, et al. 2020. Harmonization of global land use change and management for the period 850–2100 (LUH2) for CMIP6. Geoscientific Model Development, 13: 5425-5464.

Imhoff M L, Bounoua L. 2006. Exploring global patterns of net primary production carbon supply and demand using satellite observations and statistical data. Journal of Geophysical Research Atmospheres, 111(D22): 5307-5314.

Imhoff M L, Bounoua L, Ricketts T, et al. 2004. Global patterns in human consumption of net primary production. Nature, 429(6994): 870-873.

Jia M M, Zhen L, Xiao Y. 2022. Changing food consumption and nutrition intake in Kazakhstan. Nutrients, 14(2): 326.

Jia M M, Zhen L. 2021. Analysis of Food Production and Consumption Based on the Emergy Method in Kazakhstan. Foods, 10(7): 1520.

Jia M M, Zhen L, Zhang C S. 2022. Analysis of food consumption and its characteristics in Uzbekistan based on the emergy method. Journal of Resources and Ecology, 13(5): 842-850.

Kastner T. 2009. Trajectories in human domination of ecosystems: Human appropriation of net primary production in the Philippines during the 20th century. Ecological Economics, 69(2): 260-269.

Kastner T, Erb K H, Haberl H. 2015. Global human appropriation of net primary production for biomass consumption in the European Union, 1986–2007. Journal of industrial ecology, 19(5): 825-836.

Kisses J, Galli A, Bagliani M, et al. 2009. A research agenda for improving national Ecological Footprint accounts. Ecological Economics, 68(7): 1991-2007.

Krausmann F, Erb K H, Gingrich S, et al. 2013. Global human appropriation of net primary production doubled in the 20th century. Proceedings of the National Academy of Sciences of the United States of America, 110(25): 10324-10329.

Kroll F, Müller F, Haase D, et al. 2012. Rural–urban gradient analysis of ecosystem services supply and demand dynamics. Land use policy, 29(3): 521-535.

Kuhn T S. 1970. The structure of scientific revolutions. Chicago: University of Chicago Press.

Lawler J J, Lewis D J, Nelson E, et al. 2014. Projected land-use change impacts on ecosystem services in the United States. Proceedings of the National Academy of Sciences of the United States of America, 111(20): 7492-7497.

Li X, Chen G, Xiaoping Liu, et al. 2017. A new global land-use and land-cover change product at a 1-km resolution for 2010-2100 based on human-environment interactions. Annals of the American Association of Geographers, 107(5): 1040-1059.

Li X, Yu L, Clinton N, et al. 2016. A cellular automata downscaling based 1km global land use datasets (2010-2100). Science Bulletin, 61(21): 1651-1661.

Liang Y H, Zhen L, Hu Y F, et al. 2020. Consumption of products of livestock resources in Kazakhstan: characteristics and influencing factors. Journal of Resources and Ecology, 11(1): 121-127.

Liang Y H, Zhen L, Jia M M, et al. 2019. Consumption of ecosystem services in Laos. Journal of Resources and Ecology, 10(6): 641-648.

Liao W L, Liu X P, Xu X, et al. 2020. Projections of land use changes under the plant functional type classification in different SSP-RCP scenarios in China. Science Bulletin, 65(22): 1935-1947.

Lieth H, Whittaker R H. 1975. Primary Productivity of the Biosphere. Berlin, Heidelberg: Springer.

Malthus T R. 1798. An essay on the principle of population. London: St Paul's Church-Yard.

Maslow A H. 1970. Motivation and personality. New York: Harper & Row.

Masui T, Matsumoto K, Hijioka Y, et al. 2011. An emission pathway for stabilization at 6 Wm− 2 radiative forcing. Climatic change, 109, 59.

Matsumoto H. 2004. International urban systems and air passenger and cargo flows: some calculations. Journal of Air Transport Management, 10(4): 239-247.

Millennium Ecosystem Assessment. 2005. Ecosystems and Human Well-being: Synthesis. Washington, D. C: Island Press.

Molotoks A, Stehfest E, Doelman J, et al. 2018. Global projections of future cropland expansion to 2050 and direct impacts on biodiversity and carbon storage. Global change biology, 24(12): 5895-5908.

Morel A C, Adu M S, Adu-Bredu S, et al. 2009. Carbon dynamics, net primary productivity (NPP) and human appropriated NPP (HANPP) across a forest-cocoa farm landscape in West Africa. Global change biology, 25(8): 2661-2677.

Moss R H, Edmonds J A, Hibbard K A, et al. 2010. The next generation of scenarios for climate change research and assessment. Nature, 747-756.

Musel A. 2009. Human appropriation of net primary production in the United Kingdom, 1800–2000: changes in society's impact on ecological energy flows during the agrarian–industrial transition. Ecological Economics, 69(2): 270-281.

Nicholson E, Fulton E A, Brooks T M, et al. 2019. Scenarios and models to support global conservation targets. Trends in Ecology & Evolution, 34(1): 57-68.

Odum E P. 1979a. Rebuttal of "economic value of natural coastal wetlands: a critique". Coastal Zone Manage, 5: 231-237.

Odum H T, Odum E P. 2000. The energetic basis for valuation of ecosystem services. Ecosystems, 3: 21-23.

Odum H T. 1975. Energy quality and the carrying capacity of the Earth. Tropical Ecology, 16(1): 1-18.

Odum H T. 1979b. Principle of environmental energy matching for estimating potential value: a rebuttal. Coastal Zone Manage, 5: 239-241.

Özesmi U, Özesmi S L. 2004. Ecological models based on people's knowledge: a multi-step fuzzy cognitive mapping approach. Ecological modelling, 176(1-2): 43-64.

Park R F, Burgoss E W. 1921. An Introduction to the Science of Sociology. Chicago: The University of Chicago Press.

Pearee D, Markandya A, Barbier E B. 2019. Blunprint for a green economy. London: Earthscan Publications Ltd.

Postel S, Bawa K, Kaufman L, et al. 2012. Nature's services: Societal dependence on natural ecosystems. Island Press.

Powers R P, Jetz W. 2019. Global habitat loss and extinction risk of terrestrial vertebrates under future land-use-change scenarios. Nature Climate Change, 9: 323-329.

Reckien D. 2014. Weather extremes and street life in India—Implications of Fuzzy Cognitive Mapping as a new tool for semi-quantitative impact assessment and ranking of adaptation measures. Global Environmental Change, 26: 1-13.

Reyers B, Biggs R, Cumming G S, et al. 2013. Getting the measure of ecosystem services: a social–ecological approach. Frontiers in Ecology and the Environment, 11(5): 268-273.
Riahi K, Rao S, Krey V. 2011. RCP 8.5: A scenario of comparatively high greenhouse gas emissions. Climatic Change, 109: 33-57.
Riahi K, van Vuuren D P, Kriegler E, et al. 2017. The Shared Socioeconomic Pathways and their energy, land use, and greenhouse gas emissions implications: An overview. Global Environmental Change, 42: 153-168.
Ritzema H, Froebrich J, Raju R, et al. 2010. Using participatory modelling to compensate for data scarcity in environmental planning: A case study from India. Environmental Modelling & Software, 25(11): 1450-1458.
RockstrÖm J, Steffen W, Noone K, et al. 2009a. A safe operating space for humanity. Nature, 461(7263): 472-575.
RockstrÖm J, Steffen W, Noone K, et al. 2009b. Planetary boundaries: exploring the safe operating space for humanity. Ecology and Society, 14(2): 292.
Running S W. 2012. A measurable planetary boundary for the biosphere. Science, 337(6101): 1458-1459.
Salgado J C, Ng S W. 2019. Understanding heterogeneity in price changes and firm responses to a national unhealthy food tax in Mexico. Food Policy, 89: 101783.
Santamouris M, Paraponiaris K, Mihalakakou G. 2007. Estimating the ecological footprint of the heat island effect over Athens, Greece. Climatic Change, 80(3-4): 265-276.
Satterthwaite D, Mcgranahan G, Tacoli C, et al. 2010. Urbanization and its implications for food and farming. Philosophical Transactions of the Royal Society B Biological Sciences, 365(1554): 2809-2820.
Scheffer M, Carpenter S, Foley J A, et al. 2001. Catastrophic shifts in ecosystems. Nature, 413(6856): 591-596.
Semmens D J, Diffendorfer J E, López-Hoffman L, et al. 2011. Accounting for the ecosystem services of migratory species: Quantifying migration support and spatial subsidies. Ecological Economics, 70(12): 2236-2242.
Serna C H, Schulp C, van Bodegom P, et al. 2014. A quantitative framework for assessing spatial flows of ecosystem services. Ecological Indicators, 39: 24-33.
Siche R, Pereira L, Agostinho F, et al. 2010. Convergence of ecological footprint and emergy analysis as a sustainability indicator of countries: Peru as case study. Communications in Nonlinear Science and Numerical Simulation, 15(10): 3182-3192.
Smaal A C, Prins T C, Dankers N, et al. 1997. Minimum requirements for modelling bivalve carrying capacity. Aquatic Ecology, 31(4): 423-428.
Smith W K, Reed S C, Cleveland C C, et al. 2015. Large divergence of satellite and earth system model estimates of global terrestrial CO_2 fertilization. Nature Climate Change, 6 (3): 306-331.
Steffen W, Persson Å, Deutsch L, et al. 2011. The Anthropocene: From global change to planetary stewardship. Ambio, 40(7): 739.
Syrbe R U, Walz U. 2012. Spatial indicators for the assessment of ecosystem services: Providing, benefiting and connecting areas and landscape metrics. Ecological Indicators, 21(SI): 80-88.
Taelman S E, Schaubroeck T, de Meester S, et al. 2016. Accounting for land use in life cycle assessment: the value of NPP as a proxy indicator to assess land use impacts on ecosystems. Science of the Total Environment, 550: 143-156.
Teixeira H M, Vermue A J, Cardoso I M, et al. 2018. Farmers show complex and contrasting perceptions on ecosystem services and their management. Ecosystem Services, 33: 44-58.
Thomson A M, Calvin K V, Smith S J, et al. 2011. RCP4. 5: a pathway for stabilization of radiative forcing by 2100. Climatic Change, 109: 77.
Turner R K, Daily G C. 2008. The ecosystem services framework and natural capital conservation. Environmental and Resource Economics, 39: 25-35.

United Nations Environment Programme (UNEP). 2011. Division of Early Warning, Assessment. UNEP Year Book: Emerging Issues in Our Global Environment. UNEP/Earthprin.

United Nations Environment Programme (UNEP). 2012. UNEP 2011 Annual Report. Environmental Policy Collection, 20(32): 576-584.

Urban M C, Bocedi G, Hendry A P, et al. 2016. Improving the forecast for biodiversity under climate change. Science, 353(6304): aad8466.

van Vuuren D P, Edmonds J, Kainuma M, et al. 2011. The representative concentration pathways: an overview. Climatic Change, 109: 5-31.

van Vuuren D P, Kriegler E, O'Neill B C, et al. 2014. A new scenario framework for climate change research: scenario matrix architecture. Climatic Change, 122: 373-386.

Verhulst P F. 1838. Notice sur la loi que la population suit dans son accroissement. Correspondance mathématique et physique publiée par A. Quetelet, 10: 113-121.

Villa F, Bagstad K J, Voigt B, et al. 2014. A methodology for adaptable and robust ecosystem services assessment. PloS One, 9(3): e91001.

Vollset S E, Goren E, Yuan C W, et al. 2020. Fertility, mortality, migration, and population scenarios for 195 countries and territories from 2017 to 2100: a forecasting analysis for the Global Burden of Disease Study. The Lancet, 396: 1285-1306.

Vuuren D P, Kriegler E, O'Neill B C, et al. 2014. A new scenario framework for climate change research: the concept of shared socioeconomic pathways. Climatic Change, 122: 387-400.

Wackernagel M, Hanscom L, Jayasinghe P, et al. 2021. The importance of resource security for poverty eradication. Nature Sustainability, 4: 731-738.

Wackernagel M, Monfreda C, Erb K H, et al. 2004a. Ecological footprint time series of Austria, the Philippines, and South Korea for 1961–1999: comparing the conventional approach to an actual land area approach. Land Use Policy, 21(3): 261-269.

Wackernagel M, Monfreda C, Schulz N B, et al. 2004b. Calculating national and global ecological footprint time series: resolving conceptual challenges. Land Use Policy, 21(3): 271-278.

Wackernagel M, Rees W E. 1995. Our Ecological Footprint: Reducing Human Impact on the Earth. Gabriela Island, and Philadelphia: New Society Publishers.

Wackernagel M, Rees W E. 1997. Perceptual and structural barriers to investing in natural capital: economics form an ecological footprint perspective. Ecological Economics, 20(1): 3-24.

Wackernagel M, Schulz N B, Deumling D, et al. 2002. Tracking the ecological overshoot of the human economy. Proceedings of the National Academy of Sciences of the United States of America, 99(14): 9266-9271.

Williams D R, Clark M, Buchanan G M, et al. 2020. Proactive conservation to prevent habitat losses to agricultural expansion. Nature Sustainability, http: //doi.org/10.1038/s41893-020-00656-5.

World Wildlife Fund (WWF). 2014. Living planet report. WWF International.

Yan H M, Du W P, Feng Z M, et al. 2022. Exploring adaptive approaches for social-ecological sustainability in the Belt and Road countries: From the perspective of ecological resource flow. Journal of Environmental Management, 311: 114898.

Yang W, Dietz T, Kramer D, et al. 2013. Going beyond the Millennium Ecosystem Assessment: an index system of human well-being. PLoS One, 8(5): e64582.

Yang W N, Zhen L, Wei Y J, et al. 2021. Perspective factors that affect household food consumption among different grassland areas: a case study based on fuzzy cognitive map. Frontiers in Environmental Science, 9: 704149.

Zabel F, Delzeit R, Schneider J, et al. 2019. Global impacts of future cropland expansion and intensification on agricultural markets and biodiversity. Nat Commun, 10: 2844.

Zeng N, Zhao F, Collatz G J, et al. 2014. Agricultural green revolution as a driver of increasing atmospheric CO_2 seasonal amplitude. Nature, 515 (7527): 394-397.

Zhai F, Wang H, Du S, et al. 2009. Prospective study on nutrition transition in China. Nutrition Reviews, 67(1): 56-61.

Zhang C S, Zhen L, Liu C L, et al. 2019. Research on the patterns and evolution of ecosystem services consumption in the "Belt and Road". Journal of Resources and Ecology, 10(6): 621-631.

Zhen L, Xu Z R, Zhao Y, et al. 2019. Ecological Carrying Capacity and Green Development in the "Belt and Road" Initiative Region. Journal of Resources and Ecology, 10(6): 569-573.

Zhu Z C, Piao S L, Myneni R B, et al. 2016. Greening of the earth and its drivers. Nature Climate Change, 6 (8): 791-795.

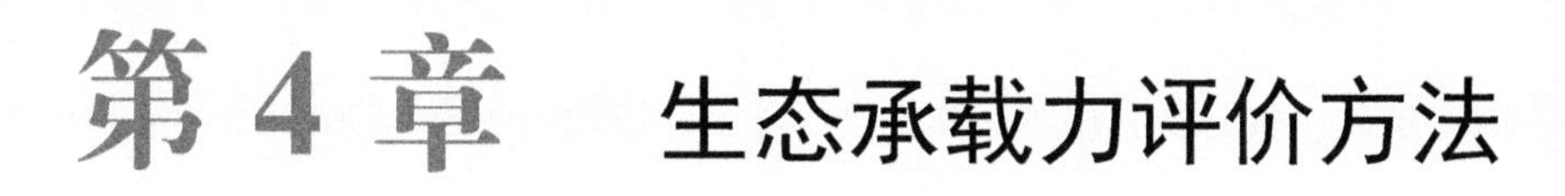

第4章 生态承载力评价方法

本章主要介绍针对绿色丝绸之路共建国家生态承载力与水平变化开展评价所采用的方法，根据评价内容和具体方法，本章研究内容可划分为五部分：生态供给评价方法，包括生态供给评价、脆弱性评价和限制性评价；生态消耗评价方法，包括消耗结构和强度、评价指标、跨区域消耗评价及消耗机理分析；生态承载力评价方法，其是在生态供给与消耗评价的基础上，通过植被净初级生产力数据指标建立生态供给与消耗的桥梁，测算生态系统能够承载的人口数量，并与区域现有人口对比揭示生态系统所处的可持续发展状态；生态承载力情景分析方法，其是基于对未来不同情景下生态供给能力与消耗强度的预测，评估未来人类对自然资源开发、生态产品与服务的消费是否超过生态系统可持续供给能力的风险；生态承载力评价系统设计与实现，通过构建完善的生态承载力评价系统，为实现区域生态承载力评价的流程化与数字化提供重要支撑和依据。

4.1　生态供给评价方法

4.1.1　生态供给评价

生态系统的供给能力主要由两个方面来体现，一是生态系统供给水平，二是生态系统脆弱性（暴露度、敏感度）。研究将生态系统供给能力总结为供给水平、暴露度和敏感度的空间组合，按照从低供给能力到高供给能力进行排列组合，并从这 3 个方面，梳理和总结出生态系统的供给能力指标体系（表 4-1）。

表 4-1　生态系统的供给能力指标体系

类型	供给水平	暴露度水平	敏感度水平	分级赋值
低	低供给水平	微弱暴露	一般敏感	1
中	中供给水平	中等暴露	敏感	2
高	高供给水平	强烈暴露	极敏感	3

注：具体指标对应的取值范围见表 4-2～表 4-4。

生态系统供给水平：本研究使用单位面积 NPP 的时空变化特征来表征生态系统供给水平。单位面积 NPP 的时空变化特征主要包括单位面积 NPP 的空间分布、时序变化，同时从生态系统分区角度出发，统计 NPP 在森林、草地、农田三大生态系统分区上的空间分布、时序变化。统计各区域的 NPP 时空特征，参考 ArcGIS 提供的自然断点分级确定的分级参考值，同时根据各区域生态系统特点和制图要求，最终确定 NPP 的分级阈值，得到以下区域 NPP 各级别的取值范围（表 4-2）。

表 4-2　供给水平分区阈值　　（单位：gC/m^2）

分区	低供给水平	中供给水平	高供给水平
森林生态系统	0～300	300～450	>450
草地生态系统	0～150	150～300	>300
农田生态系统	0～200	200～300	>300
全区	0～100	100～300	>300

如表 4-2 所示，对全区范围来说，低供给水平表示单位面积 NPP 为 0～100gC/m^2，主要生态系统类型为各种裸土地（沙漠、沙地、盐碱地）、低覆盖度草地、撂荒耕地以及稀疏林地等；中供给水平表示单位面积 NPP 为 100～300gC/m^2，主要为中低覆盖度草地、撂荒耕地、林地；高供给水平表示单位面积 NPP 大于 300gC/m^2，主要为高覆盖度草地、高水平农田以及密林地。

对于森林生态系统来说，低供给水平表示单位面积 NPP 为 0～300gC/m^2，主要为稀疏林地；中供给水平表示单位面积 NPP 为 300～450gC/m^2；高供给水平表示单位面积 NPP 大于 450gC/m^2。

对于草地生态系统来说，低供给水平表示单位面积 NPP 为 0～150gC/m^2，中供给水平表示单位面积 NPP 为 150～300gC/m^2，高供给水平表示单位面积 NPP 大于 300gC/m^2。

对于农田生态系统来说，低供给水平表示单位面积 NPP 为 0～200gC/m^2，中供给水平表示单位面积 NPP 为 200～300gC/m^2，高供给水平表示单位面积 NPP 大于 300gC/m^2。

4.1.2　脆弱性评价

生态系统脆弱性是指生态系统受到不利影响的倾向或趋势（Steenberg et al.，2017）。因此，本研究使用生态系统暴露度表征生态系统有可能受到不利影响的倾向，使用生态系统敏感度来表征生态系统受到不利影响的趋势。本研究使用生态系统暴露度和生态系统敏感度来表征生态系统脆弱性，从生态系统分区角度出发，统计生态系统暴露度和生态系统敏感度在森林、草地、农田三大生态系统分区上的空间分布。

生态系统暴露度是指生态系统处在有可能受到不利影响的位置。例如，生态系统是否受到不利影响，取决于它处于何种暴露度下。对于一个生态系统来说，人类活动对其的影响是最为剧烈的，因此本研究使用人类活动的暴露度水平来表征生态系统暴露度。

道路和居民点的不同距离缓冲区表示人类活动强度梯度，离道路、铁路、线状水系和居民点的距离越远，人类活动的强度或影响草地及其 NPP 的能力越低。在全球 100 万基础地理数据基础上，首先提取全球居民点、道路、铁路、线状水系数据，分别以全球居民点、道路、铁路、线状水系为中心，用 ArcGIS 生成距离缓冲区矢量图，以 1km 为单位，各自生成 10 个缓冲区；然后将全球居民点、道路、铁路、线状水系各自的缓冲区合并，获得具有 3 个缓冲区的全球居民点、道路、铁路、线状水系综合缓冲区，3

个缓冲区的暴露度水平分别对应着微弱暴露、中等暴露、强烈暴露。

最终结果如表 4-3 所示。微弱暴露表示不在设定的全球居民点、道路、铁路、线状水系 10～100km 缓冲区内，中等暴露表示在设定的全球居民点、道路、铁路、线状水系 50～100km 缓冲区内，强烈暴露表示在设定的全球居民点、道路、铁路、线状水系 10～50km 缓冲区内。

表 4-3　生态系统暴露度缓冲区分区　（单位：km）

暴露度水平	缓冲区范围（全球居民点、道路、铁路、线状水系）
微弱暴露	>100
中等暴露	50～100
强烈暴露	10～50

生态系统敏感度是生态系统受气候变化、人类活动等影响的波动程度，如生态系统内部某一地区环境波动剧烈，说明这一地区较其他地区更为敏感。NPP 是表征生态系统生产力的基本指标，而增强型植被指数（Enhanced Vegetation Index，EVI）能够稳定地反映所观测地区植被的生长情况，NPP、EVI 的波动程度可以间接反映生态系统是否产生了剧烈变化，因此研究使用 NPP、EVI 逐年数据的变异系数（Coefficient of Variation，CV）来表征生态系统敏感度。对于全区的 CV 取值，参考 ArcGIS 中的自然断点分级法，对 CV 的取值范围进行 3 级划分，然后对各级取值范围进行微小调整，最后对 NPP、EVI 的 CV 分区进行叠加，得到生态系统敏感度分区（表 4-4）。

表 4-4　敏感度分区

CV_{NPP}取值范围	CV_{EVI}取值范围		
	<0.1	0.1～0.2	>0.2
<0.1	一般敏感	敏感	敏感
0.1～0.2	敏感	敏感	极敏感
>0.2	敏感	极敏感	极敏感

研究使用生态系统暴露度和生态系统敏感度来表征生态系统脆弱性，研究从生态系统分区角度出发，叠加生态系统暴露度和生态系统敏感度的空间分布图，从而得到生态系统脆弱性分区。具体的脆弱性分区见表 4-5。

表 4-5　脆弱性分区

敏感度水平	暴露度水平		
	强烈暴露	中等暴露	微弱暴露
极敏感	高度脆弱	脆弱	脆弱
敏感	脆弱	脆弱	脆弱
一般敏感	脆弱	脆弱	不脆弱

4.1.3 限制性评价

生态供给限制性分区指依据生态供给水平和生态系统脆弱性在生态空间范围划分不同的区域，不同的区域具有不同的生态功能，并且必须设定不同的人类活动强度。具体限制性分区见表 4-6。

表 4-6 限制性分区

脆弱性水平	供给水平		
	低供给水平	中供给水平	高供给水平
高度脆弱	Ⅴ级限制区	Ⅳ级限制区	Ⅲ级限制区
脆弱	Ⅳ级限制区	Ⅲ级限制区	Ⅱ级限制区
不脆弱	Ⅲ级限制区	Ⅱ级限制区	Ⅰ级限制区

4.2 生态消耗评价方法

4.2.1 评价指标

1. 评价指标与算法

生态消耗按生态系统来源可分农田生态消耗、森林生态消耗和草地生态消耗（表 4-7）。按具体产品可分为植物性食物消耗、动物性食物消耗、农副产品消耗等。鉴于研究的产品主要来源于农田、森林和草地生态系统，生态消耗模式指某国家或区域农林牧产品消耗的结构和数量，评价指标的算法分述如下。

表 4-7 生态消耗分类

消耗系统		产品类别	具体产品
生态消耗	农田生态消耗	农产品及农副产品消耗	谷物、薯类、豆类、糖类、油料、蔬果、纤维、家禽家畜
	森林生态消耗	林副产品消耗	坚果、水果、原木
		林产品消耗	薪材、板材、木浆
	草地生态消耗	活体牲畜	牛、羊、马等
		肉类	牛肉、羊肉、马肉、驴肉等
		奶类	牛奶、羊奶、马奶

1）生态消耗总量

$$m_t = m_{农田生态消耗} + m_{森林生态消耗} + m_{草地生态消耗} \tag{4-1}$$

式中，m_t 为生态消耗总量，kg；$m_{农田生态消耗}$、$m_{森林生态消耗}$、$m_{草地生态消耗}$ 分别为农田生态

消耗、森林生态消耗和草地生态消耗，kg。

计算时，先对各类产品消耗量进行汇总，再换算成获取这些产品需要在农田和草地中生产的生物质量，以及需要采伐森林的生物量。

2）农田、森林或草地生态消耗总量

$$m=m_{\mathrm{p}}+m_{\mathrm{i}}-m_{\mathrm{e}} \tag{4-2}$$

式中，m 为农田、森林或草地生态消耗总量，kg；m_{p}、m_{i} 和 m_{e} 分别为农田、森林或草地的生产量、进口量和出口量，kg。

3）植物性食物消耗

模型中植物性食物主要考虑谷物、豆类、薯类、蔬菜、水果、纤维、坚果等。

$$\mathrm{COMPL_v}=\sum_{i=1}^{\partial}\left[\frac{\mathrm{COM}_i\times(1-\mathrm{MC}_i)}{\mathrm{HI}_i\times(1-\mathrm{WAS}_i)}\right] \tag{4-3}$$

式中，$\mathrm{COMPL_v}$ 为植物性食物消耗量，kg；i 为谷物、豆类、薯类、蔬菜、水果、纤维、坚果等；COM_i 为植物性食物 i 的消耗量，kg；MC_i 为植物性食物 i 的含水率，%；HI_i 为植物性食物 i 的收获系数，无量纲；WAS_i 为植物性食物 i 的损耗系数，无量纲，以 0.1 计算。

4）动物性食物消耗

模型中动物性食物主要考虑肉、蛋、奶三大类。

（1）将肉蛋奶折算为植物性食物消耗量（$\mathrm{COM_y}$）：

$$\mathrm{COM_y}=(M_{\mathrm{m}}\times\lambda_{\mathrm{m}})+(M_{\mathrm{e}}\times\lambda_{\mathrm{e}})+(M_{\mathrm{k}}\times\lambda_{\mathrm{k}}) \tag{4-4}$$

式中，$\mathrm{COM_y}$ 为肉蛋奶折算后的植物性食物消耗量，kg；M_{m}、M_{e}、M_{k} 分别为肉、蛋、奶消耗量，kg；λ_{m}、λ_{e}、λ_{k} 分别为肉、蛋、奶折粮系数，无量纲，在此分别以 7、3、0.5 计算。

（2）动物性食物消耗量：

$$\mathrm{CNPPL_m}=\frac{\mathrm{COM_y}\times(1-\mathrm{MC_y})}{\mathrm{HI_y}\times(1-\mathrm{WAS_y})} \tag{4-5}$$

式中，$\mathrm{CNPPL_m}$ 为动物性食物消耗量，kg；$\mathrm{COM_y}$ 为肉蛋奶折算后的植物性食物消耗量，kg；$\mathrm{MC_y}$ 为植物性食物含水率，%，在此以玉米的含水率进行核算；$\mathrm{HI_y}$ 为植物性食物收获系数，无量纲，在此以玉米的收获系数进行核算；$\mathrm{WAS_y}$ 为植物性食物损耗系数，无量纲，在此以 0.1 计算。

5）油料、糖类生态消耗

该模型主要用于核算油类、糖类两类生活必需品的生态消耗。

（1）分别将油类、糖类消耗量转换为对应的油料作物、糖料作物的消耗量，模型设置初始油料作物、初始糖料作物分别为花生、甜菜。

$$\mathrm{COM_p} = M_{\mathrm{po}} + M_{\mathrm{p}} / \mu_{\mathrm{p}} \tag{4-6}$$

$$\mathrm{COM_b} = M_{\mathrm{bo}} + M_{\mathrm{b}} / \mu_{\mathrm{b}} \tag{4-7}$$

式中，$\mathrm{COM_p}$、$\mathrm{COM_b}$ 分别为油料、糖类的生态消耗量，kg；M_{po}、M_{p}、M_{bo} 和 M_{b} 分别为油料作物（如花生、菜籽等）、植物油、糖类作物（甘蔗、甜菜）和各种糖（如白糖、糖果等）的消耗量，kg；μ_{p}、μ_{b} 分别为出油率、出糖率，模型初始值都设置为 0.35。

（2）油料、糖类消耗量：

$$\mathrm{CNPPL_p} = \frac{\mathrm{COM_p} \times \left(1 - \mathrm{MC_p}\right)}{\mathrm{HI_p} \times \left(1 - \mathrm{WAS_p}\right)} \tag{4-8}$$

$$\mathrm{CNPPL_b} = \frac{\mathrm{COM_b} \times \left(1 - \mathrm{MC_b}\right)}{\mathrm{HI_b} \times \left(1 - \mathrm{WAS_b}\right)} \tag{4-9}$$

式中，$\mathrm{CNPPL_p}$ 和 $\mathrm{CNPPL_b}$ 分别为油料和糖类，kg；$\mathrm{COM_p}$、$\mathrm{COM_b}$ 分别为花生、甜菜的消耗量，kg；$\mathrm{MC_p}$、$\mathrm{MC_b}$ 分别为花生、甜菜的含水率，%；$\mathrm{HI_p}$、$\mathrm{HI_b}$ 分别为花生、甜菜的收获系数；$\mathrm{WAS_p}$、$\mathrm{WAS_b}$ 分别为花生、甜菜的损耗系数，无量纲，在此以 0.1 核算。

6）牲畜产品消耗

由于畜牧业进出口数据单位为头，没有交易质量单位统计，在此先将各类牲畜和家禽家畜转化成标准羊数据，再折算成生物量。具体如下。

（1）将各类牲畜和家禽转换为标准羊数量。

$$\mathrm{NUM} = \sum_{i=1}^{n} \left(N_i \times \eta_i\right) \tag{4-10}$$

式中，NUM 为标准羊数量，只；N_i 为各类牲畜的数量；η_i 为各类牲畜与标准羊之间的转换系数；i 为牲畜种类（包括牛、羊、马等）。

（2）畜牧业生产消耗量。

$$\mathrm{CNPPP_g} = \mathrm{NUM} \times \mathrm{GW} \times \mathrm{GD} \times \left(1 - \mathrm{MC}\right) \times 1000 \tag{4-11}$$

式中，$\mathrm{CNPPP_g}$ 为牲畜消耗量，kg；NUM 为标准羊数量，只；GW 为食干草重量，kg/d，模型初始值设置为 1.8 kg/d；GD 为食草天数，天，在此出栏牲畜为 180 天；MC 为风干草含水率，%，模型初始值设置为 14%。

7）木材及木质产品消耗

（1）将各种木材及木质产品包括各种板材及其他木质产品折算成原木。

$$\mathrm{WOD_x} = W_1 + \sum_{i=1}^{n} W_i \times \omega_i \tag{4-12}$$

式中，$\mathrm{WOD_x}$ 为原木消耗总量，$\mathrm{m^3}$；W_1 为原木消耗量，即生产量+进口量−出口量，$\mathrm{m^3}$；W_i 为各类木材及木质产品消耗量，$\mathrm{m^3}$；ω_i 为各类木材及木质产品与原木之间的转换系数。

（2）将原木消耗总量转化成木材及木质产品消耗量。

$$\mathrm{CNPPP_f} = \mathrm{WOD} \div (1 - \mathrm{WAS}) \div \varphi \times \rho \times \phi \tag{4-13}$$

式中，$\mathrm{CNPPP_f}$为木材及木质产品消耗量，kg；WOD 为原木消耗总量，m^3；WAS 为损耗系数，在此以 0.1 计算；φ为出材率，%；ρ为原木基本密度，kg/m^3；ϕ为树干生物量与森林生物量比值，%。

8）*归类方法*

森林生态消耗只核算木质林产品消耗、经济林产品消耗、木质油料及其产品消耗（橄榄油、茶油、棕榈油等）、坚果类消耗和茶叶消耗；草地生态消耗主要指除家禽家畜以外的牲畜及其肉奶消耗；农田生态消耗指粮食，蔬菜，葡萄、草莓等水果，油料作物，糖类，烟草，以及鸡鸭鹅、猪等家禽家畜消耗。

2. 参数设置

（1）作物含水率：作物风干后含水量占生物量的比例，各作物含水率详见表 4-8。

表 4-8　作物收获系数和含水率

作物种类	收获系数	含水率	作物种类	收获系数	含水率
大米	0.5	0.13	花生	0.5	0.09
玉米	0.49	0.13	油菜籽	0.26	0.09
小麦	0.46	0.13	芝麻	0.34	0.09
谷物	0.31	0.13	葵花籽	0.32	0.09
其他谷物	0.38	0.13	其他油籽	0.36	0.09
高粱	0.31	0.13	甘蔗	0.7	0.133
大麦	0.49	0.13	纤维作物	0.38	0.133
大豆	0.42	0.13	烟草	0.61	0.082
土豆	0.59	0.133	蔬菜	0.49	0.82
其他土豆	0.67	0.133	水果	0.49	0.82
棉	0.16	0.083	茶	0.71	0.08

（2）作物收获系数：指作物籽粒、糖或纤维等的收获量与净干物质总量的比值。

（3）资源浪费率（或资源损耗系数）：农林牧产品在生产、加工、运输、贸易、消费等过程中的浪费率，在此均以 0.1 进行核算。

（4）折粮系数：将肉、蛋、奶等畜牧业与农副加工品转换成生产所需原料的系数。肉、蛋、奶分别以 7、3、0.5 核算。

（5）木材及木质产品折算原木当量系数：将各种木材及木质产品转换为原木的转换系数。详见表 4-9。

（6）原木基本密度：原木的基本密度，即单位体积的质量，单位为 kg/m^3，是将蓄积量转换为生物量的转换系数。由于缺少详细的木材数据，在此以杉木木材基本密度 $300kg/m^3$ 进行核算。

表 4-9　木材及木质产品的原木当量系数

木材及木质产品	原木当量系数	木材及木质产品	原木当量系数
原木	1.0	纤维板	1.8
锯材	1.3	胶合板	2.5
单板	2.5	木炭	6

（7）标准羊转换系数：将各种牲畜或家禽数量转换为标准羊单位数据的转换系数，详见表 4-10。

表 4-10　牲畜标准羊转换系数

牲畜	标准羊转换系数	牲畜	标准羊转换系数
绵羊	1.0	骡子	5.0
山羊	0.8	骆驼	8.5
牛	6.5	兔子	0.125
水牛	7.0	猪	1.5
牦牛	4.5	鹅	0.2
马	5.5	鸡	0.05
驴	3.0	鸭	0.02

（8）日食干草重量：标准羊单位每天需要摄入的风干草总量，在此以 1.8kg/d 进行核算。

（9）饲草天数：牲畜或家禽的饲草天数，出栏牲畜/家禽按照 180 天核算。年末存栏生物不纳入核算。

3. 数据来源

绿色丝绸之路各共建国家农林牧生产量、进出口量、贸易矩阵、食物平衡表等数据均来自联合国粮食及农业组织。

世界各国人口总数统计数据来自快易数据（https：//www.kuaiyilicai.com/stats）。

行政区划数据来自国家发展和改革委员会提供的绿色丝绸之路各共建国家空间分布数据。

4. 技术流程

本研究主要基于人类社会利用生物质资源量来研究人类对生态系统的占用，进而研究不同国家生态占用构成的差异与归类，揭示生态消耗模式形成机理。主要技术流程如下。

1）数据预处理

将从联合国粮食及农业组织网站上下载的数据进行汇总、分析筛选，先将农林牧各类产品按生产、进口、出口汇总，再提取研究区相关国家农林牧产品的相关数据。随后

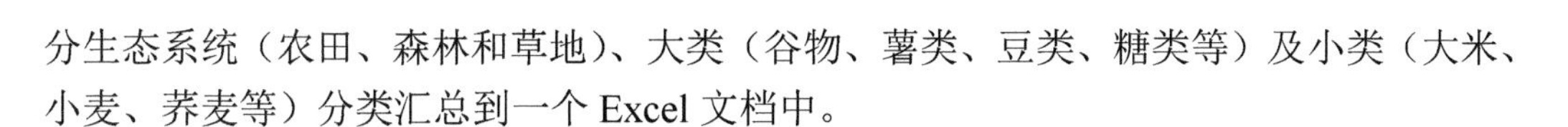

分生态系统（农田、森林和草地）、大类（谷物、薯类、豆类、糖类等）及小类（大米、小麦、荞麦等）分类汇总到一个 Excel 文档中。

2）各类产品生态消耗核算

依据 4.2.1 节的“评价指标与算法”“参数设置”，利用 Excel 数据筛选功能，分小类完成不同年份生产、进口和出口的各种农林牧产品生态消耗核算。

3）分析与制图

利用 Excel 透视表功能，获取绿色丝绸之路各共建国家不同年份农田、森林和草地各类产品生产、进口和出口生态消耗数据，之后再依据绿色丝绸之路分区数据，获取各区农田、森林和草地各类产品生产、进口和出口消耗数据，再利用生态消耗=生产消耗+净消耗–出口消耗，同时利用不同年份各国人口数据，获取全域尺度、分区尺度和国家尺度农田、森林和草地生态消耗总量与人均生态消耗量。

4）生态消耗模式研究

以绿色丝绸之路各共建国家为研究对象，对各国农林牧主要产品人均生态消耗数据进行聚类分析、主分量分析等多元统计分析，对该区域主要生态消耗模式进行分类、归类，并揭示该区域生态消耗模式形成机理。

4.2.2　跨区域消耗评价

1. 评价指标

随着人们社会经济活动的空间范围变得越来越广泛，跨区域消耗也变得越来越频繁。跨区域消耗主要是指生态消耗中从非本地资源中获得的恩惠，如通过进口农林牧产品，满足人民对物质生活的追求，提高人们的物质生活。

跨区域消耗主要从本地生产量、进口量、出口量三方面进行考虑。本地生产是指当地对人们所需物质的供给，可在本地生产力许可的条件下，为本地居民带来最基本的生活保障。进口主要是指向非居民购买生产或消费所需的原材料、产品、服务。进口的目的是获得更低成本的生产投入，或者是谋求本国没有的产品与服务的垄断利润。出口则和进口相反，主要是指向非居民出售生产或消费所需的原材料、产品、服务（表 4-11）。

表 4-11　跨区域消耗评价指标

一级指标	二级指标	三级指标
生态消耗总量	本地消耗量	本地生产量
		出口量
	跨区域消耗量	进口量

从本地生产量、进口量、出口量出发，计算本地消耗量和跨区域消耗量，从而较为

精确地计算出该地区的生态消耗总量。本地消耗量为本地生产量与出口量之差，跨区域消耗量为进口量，本地消耗量和跨区域消耗量之和为生态消耗总量。

其他各类农林牧产品生产量、出口量和进口量等指标的算法与消耗模式中的算法相同，在此就不再重复。

2. 指标算法

（1）生态消耗总量公式为

$$m_e=m_n+m_t \tag{4-14}$$

式中，m_e 为生态消耗总量；m_n 为本地消耗量；m_t 为跨区域消耗量。

（2）本地消耗量公式为

$$m_n=m_p-m_o \tag{4-15}$$

式中，m_n 为本地消耗量；m_p 为本地生产量；m_o 为出口量。

（3）跨区域消耗量公式为

$$m_t=m_i \tag{4-16}$$

式中，m_t 为跨区域消耗量；m_i 为进口量。

3. 参数设置

本节用到的各类参数与 4.2.1 节中的一致，在此不再重复。

4. 数据来源

绿色丝绸之路各共建国家农林牧生产、进出口数据均来自联合国粮食及农业组织。

世界各国人口总数统计数据来自快易数据（https：//www.kuaiyilicai.com/stats）。

行政区划数据来自国家发展和改革委员会提供的绿色丝绸之路各共建国家空间分布数据。

5. 技术流程

首先，从跨区域消耗数据入手，分析计算出本地生产量、出口量和进口量；然后，根据需要进行适当分类，计算出所需类型的本地消耗量和跨区域消耗量；最后，根据本地消耗量和跨区域消耗量分析计算生态消耗总量。

4.2.3 消耗机理分析

1. 评价指标

生态消耗是指人类生产和生活对各种生态系统服务的消耗、利用和占用，包括生产的产品和提供的服务。它与自然和人类社会关系密切，因此生态消耗可以从自然和社会经济两个方面进行评价分析。

自然因素在不同的学科研究领域有着不同的定义，各学科研究重点也不尽相同。自然地理学立足于区域自然地理环境，将自然生态要素划分为地貌、水体、水文、气候、

动物、植物以及土壤七个类别，这七个类别对生态消耗均有一定的影响。

地貌主要指城镇地域空间范围内地表的各种形态，主要通过高程、坡度、坡向、地表起伏度、高程变异系数等指标进行表征。不同地貌影响着人们的生产生活条件，对生态消耗有着直接的影响。

水体是指以一定可利用的形态存在于自然环境中水的统称，水文则是指水体中各种现象的发生、发展及其相互关系的内在规律。水文条件一般包括河流水位、水面阔、径流量、流向、补给类型等方面，同时不同的河流形态也会形成不同的城镇空间布局。此外，河流的流速、流量也会对附近城镇造成一定威胁，在一定程度上影响着生态消耗。

气候是指在太阳辐射、大气环流以及人类活动长期作用下形成的具有稳定性的发起过程和大气现象的综合，是最为活跃的自然要素之一，与生态消耗有着多方面的影响。

动物和植物的分布随纬度、经度、海拔、水深、生态系统营养级、生境种类的梯度而变化，直接影响着人们的生产生活方式，在一定程度上影响着生态消耗。

土壤类型的地带性差异会间接影响植物种类的不同，进而影响生态群落乃至生态系统的不同，因此土壤类型也在一定程度上影响着生态消耗。

与自然因素相比，人口变化、政策引导、经济发展、科技创新、城市建设、产业结构调整等社会经济因素是生态消耗的主要影响因素。

其中，人口变化、城市建设可直接影响生态消耗量，如食物消费增多、木材需求量增大等。政策引导、经济发展、科技创新、产业结构调整可以间接影响生态消耗量，如经济发展使得人们的食物消费结构发生变化；科技创新使得耕作技术提高，土地生产能力提高；产业结构调整使得原本的耕地变成了建设用地，进而间接影响生态消耗格局。

2. 指标算法

德尔菲法，又称为专家打分法，是以古希腊城市德尔菲（Delphi）命名的规定程序专家调查法。它是由组织者就拟定的问题设计调查表，通过函件分别向选定的专家组成员征询调查，按照规定程序，专家组成员之间通过组织者的反馈材料匿名地交流意见，通过几轮征询和反馈，专家们的意见逐渐集中，最后获得具有统计意义的专家集体判断结果，德尔菲法既可以用于预测，也可以用于评估，国内外经验表明，德尔菲法能够充分利用专家的知识、经验和智慧，来解决非结构化问题，对实现决策科学化、民主化具有重要价值。德尔菲法能够针对难以采用技术方法分析的问题做出定量估计。该方法具有简便易行、资料不受限制、工作周期短、适用性强、针对性强的优点。

3. 参数设置

本研究用到的重要参数就是权重，关于权重的确定，目前较常用的方法有德尔菲法、主分量分析法、因子分析法等。德尔菲法具有一定的主观性，其结果与专家的知识结构有很大关系；主分量分析法、因子分析法等主要利用统计分析获得权重，具有较高的科学性，但确定的权重与分析所用的数据的科学性紧密相关。本研究将综合德尔菲法和主分量分析法确定权重。

4. 技术流程

（1）选择专家。一般情况下，选本专业领域中既有实际工作经验又有较深理论知识的专家 10 人左右，并需征得专家本人的同意。

（2）将待定权重的各个指标和有关资料以及统一的确定权重的规则发给选定的各位专家，请他们独立地给出各指标的值。同时，要确保逐项指标值的归一化。归一化的目的是把数据水平控制在 0～1，实现不同评价因素的数据可比化，以便进行模型运算。要考虑研究区地质环境影响因素发育水平的平均值，确定评价因素数据归一化的标准，避免出现极值现象。根据经验值或平均值的倍数确定归一化最大值“1”的实际值，大于该值时为 1，小于该值时按比值计算，最小值为“0”。

（3）回收结果并计算各指标权数的均值和标准差等。

首先，计算评分平均值。其计算公式为

$$M_j = \sum_{i=1}^{m_j} C_{ij} / m_j \tag{4-17}$$

式中，M_j 为第 j 号方案的评分平均值；m_j 为参加第 j 号方案评价的专家数；C_{ij} 为第 i 号专家对第 j 号方案的评价值。

其次，计算第 j 号方案的平均方差。平均方差代表评价的发散程度，其计算公式为

$$D_j = \frac{\sum_{i=1}^{m_j} \left(C_{ij} - M_j\right)^2}{m_j} \tag{4-18}$$

式中，D_j 为第 j 号方案的平均方差；C_{ij} 为第 i 号专家对第 j 号方案的评价值；M_j 为第 j 号方案的评分平均值；m_j 为参加第 j 号方案评价的专家数。

再次，计算第 j 号方案的标准差。标准差代表评价的变异程度，其计算公式为

$$\sigma_j = \sqrt{\frac{\sum_{i=1}^{m_j} \left(C_{ij} - M_j\right)^2}{m_j}} \tag{4-19}$$

式中，σ_j 为第 j 号方案的标准差；C_{ij} 为第 i 号专家对第 j 号方案的评价值；M_j 为第 j 号方案的评分平均值；m_j 为参加第 j 号方案评价的专家数。

最后，计算第 j 号方案的变异系数。将计算出的第 j 号方案的评分平均值和标准差代入式（4-20），即可求出变异系数。

$$\mathrm{CV}_j = \frac{\sigma_j}{M_j} \tag{4-20}$$

式中，CV_j 为第 j 号方案全体专家意见的协调程度。

CV_j 越小，专家们的协调程度越高，专家们的意见越收敛，表明德尔菲法征询反馈

过程已接近完成，可进入综合评价结果的表示阶段。

（4）将计算的结果及补充资料返还给各位专家，要求所有的专家在新的基础上确定权数。

（5）重复第（3）步和第（4）步，直至各指标权数与其均值的离差不超过预先给定的标准，也就是各专家的意见基本趋于一致，以此时各指标权数的均值作为该指标的权重。

4.3 生态承载力评价方法

4.3.1 基本思路

1. 核心概念

（1）生态承载力（不考虑生态保护情景）：是指人类充分利用生态系统提供的生态资源进行生产与生活的前提下，生态系统可承载的具有一定社会经济发展水平的最大人口规模。

（2）生态承载力（考虑生态保护情景）：是指在不损害生态系统生产能力与功能完整性的前提下，生态系统可持续承载的具有一定社会经济发展水平的人口规模。

（3）生态承载指数：区域现有人口数量与区域生态系统可承载人口数量之间的比值，是进行区域生态承载状态评价的基础。

（4）生态承载状态：反映区域常住人口数量与生态系统可承载人口数量之间的关系，本研究将生态承载状态分为六个等级：富富有余、盈余、平衡有余、临界超载、超载和严重超载。

2. 基本思路

在生态供给端研究成果的基础上，一方面，不设置生态保护参数，将人类可利用的生态系统提供的生态资源最大量作为生态承载力测算的基础数据；另一方面，设置生态保护参数，将人类可持续利用的生态系统提供的生态资源量作为生态承载力测算的基础数据。在生态消耗端研究的基础上，借鉴 HANPP 评估方法，将区域社会系统消耗实物量数据转为碳消耗量数据。通过植被净初级生产力指标建立生态供给与生态消耗的桥梁，结合人口数据，计算当前状态下生态消耗标准，进而计算生态承载力；将得到的生态承载力与人口数据对比，反映区域剩余人口承载空间，并得到生态承载力指数，以此为基础划分生态承载状态（杜文鹏等，2022）。

3. 数据来源

绿色丝绸之路生态承载力评价涉及的基础数据主要包括以下几个方面。

（1）植被总初级生产力数据（Gross Primary Productivity，GPP，2000～2018 年）：用于测算生态资源供给量，2000～2016 年 GPP 数据来源于 Scientific Data（https://www.nature.com/articles/sdata2017165#MOESM171），2017 年和 2018 年 GPP 数据通过联系

Scientific Data GPP 数据集提供者获得。

（2）土地利用数据（CCI-LC，2000～2019 年）：用于获取空间栅格尺度地上生物量系数，数据来源于欧洲航天局（https：//www.esa-landcover-cci.org/?q=node/164）。

（3）农业生产数据、畜牧业生产数据、林业生产数据、农产品贸易数据、畜产品贸易数据、林产品贸易数据、活体牲畜贸易数据（2000～2019 年）：用于测算生态资源消耗量，数据来源于联合国粮食及农业组织数据库（FAO 数据库：http：//www.fao.org/faostat/en/#home）。

（4）国土面积数据和人口与经济数据（2000～2019 年）：用于辅助分析与计算（如单位面积生态承载力），来源于世界银行数据库（https：//data.worldbank.org.cn/indicator）。

4.3.2 承载力评价

1. 生态承载力测算

生态承载力测算分为不考虑生态保护情景下的生态承载力和考虑生态保护情景下的生态承载力两个方面，两种情景内部又分为区域生态系统可以承载的人口总量以及单位面积可以承载的人口数量两个层面。

$$\text{ECC}=\frac{\text{SNPP}}{\text{CNPP-LEV}} \tag{4-21}$$

$$\text{ECC-UA}=\frac{\text{ECC}}{\text{Area}} \tag{4-22}$$

$$\text{ECC}'=\frac{\text{SNPP}'}{\text{CNPP-LEV}} \tag{4-23}$$

$$\text{ECC-UA}'=\frac{\text{ECC}'}{\text{Area}} \tag{4-24}$$

式中，ECC 为生态承载力（不考虑生态保护情景），人；ECC′为生态承载力（考虑生态保护情景），人；ECC-UA 为单位面积生态承载力（不考虑生态保护情景），人/km^2；ECC-UA′为单位面积生态承载力（考虑生态保护情景），人/km^2；SNPP 为人类可利用生态资源供给量，gC；SNPP′为人类可持续利用生态资源供给量，gC；CNPP-LEV 为生态资源消耗标准，gC/人；Area 为土地面积，km^2。

2. 生态资源供给量测算

基于植被 GPP 数据，通过自养呼吸比率（Albrizio and Steduto，2003），计算得到 NPP 数据。

$$\text{NPP} = \text{GPP} \times (1 - \text{Re}) \tag{4-25}$$

式中，NPP 为植被净初级生产力，gC/m^2；GPP 为植被总初级生产力，gC/m^2；Re 为植被自养呼吸比率。

基于 CCI-LC 数据，结合不同植被类型地上和地下生物量占比（Jackson et al.，1996），得到不同土地利用类型地上生物量占比系数（α）。将 NPP 数据与地上生物量占比系数

相乘得到地上植被 NPP 数据，为了消除气候等自然因素带来的生态资源供给量年际波动，将生态资源供给量多年均值作为可利用生态资源供给量（Imhoff and Bounoua，2006）。在可利用生态资源供给量的基础上，考虑生态保护的影响，通过生态保护系数（Dinerstein et al.，2020）折算得到可持续利用生态资源供给量。

$$\mathrm{SNPP} = \frac{\gamma^2 \times \sum_{i=1}^{n}\left(\alpha_i \times \mathrm{NPP}_i\right)}{n} \tag{4-26}$$

$$\mathrm{SNPP}' = \frac{\gamma^2 \times \sum_{i=1}^{n}\left(\alpha_i \times \mathrm{NPP}_i\right) \times \beta}{n} \tag{4-27}$$

式中，SNPP 为可利用生态资源供给量，gC；SNPP′为可持续利用生态资源供给量，gC；γ 为空间分辨率，m；α 为地上生物量占比系数；NPP 为植被净初级生产力，gC/m^2；β 为生态保护系数；i 为年份。

3. 生态资源消耗量测算

区域社会系统最终消耗的生态资源量，是农林牧生产消耗的生态资源量与通过贸易流动的生态资源净量之和。

$$\mathrm{CNPP}=\mathrm{CNPP}_{\mathrm{P}}+\mathrm{CBPP}_{\mathrm{I}}-\mathrm{CNPP}_{\mathrm{E}} \tag{4-28}$$

式中，CNPP 为生态资源消耗量，gC；$\mathrm{CNPP}_{\mathrm{P}}$、$\mathrm{CNPP}_{\mathrm{I}}$、$\mathrm{CNPP}_{\mathrm{E}}$ 分别为农林牧生产消耗的生态资源量、进口农林牧产品消耗的生态资源量、出口农林牧产品消耗的生态资源量，gC。

农林牧生产消耗的生态资源量是指农林牧生产活动过程中开发利用的生态资源量，包括农业、林业与畜牧业生产消耗三个部分。

$$\mathrm{CNPP}_{\mathrm{P}}=\mathrm{CNPP}_{\mathrm{PA}}+\mathrm{CNPP}_{\mathrm{PF}}+\mathrm{CNPP}_{\mathrm{PS}} \tag{4-29}$$

$$\mathrm{CNPP}_{\mathrm{PA}}=\mathrm{YIE}\times\left(1-\mathrm{Mc}\right)\times\left(1+\mathrm{HF}\right)\times\mathrm{Fc} \tag{4-30}$$

$$\mathrm{CNPP}_{\mathrm{PF}}=\frac{\mathrm{TIM}\times T\times\rho\times\mathrm{Fc}\times10^{6}}{\mathrm{Ur}\times\left(1-\mathrm{Ba}\right)} \tag{4-31}$$

$$\mathrm{CNPP}_{\mathrm{PS}}=\mathrm{LIV}\times\mathrm{GW}\times\mathrm{GD}\times\mathrm{Fc}\times1000 \tag{4-32}$$

式中，$\mathrm{CNPP}_{\mathrm{PA}}$、$\mathrm{CNPP}_{\mathrm{PF}}$、$\mathrm{CNPP}_{\mathrm{PS}}$ 分别为农业生产消耗的生态资源量、林业生产消耗的生态资源量、畜牧业生产消耗的生态资源量，gC；YIE 为农作物产量，g；Mc 为农作物含水量（Lobell et al.，2002）；HF 为农作物收获因子（Haberl et al.，2007；Peters et al.，2014）；TIM 为木材生产量，m^3；ρ 为木材含水量，t/m^3（Winjum et al.，1998）；T 为原木转换系数量（Fonseca，2010）；Ur 和 Ba 分别为林木资源采伐回收率和树皮系数（Haberl et al.，2007）；LIV 为牲畜存栏量或出栏量（出栏量=屠宰量+出口量–进口量），头；GW 为日食干草重量，kg DM/（头·d）；GD 为饲草天数，d/头（Haberl et al.，2007；Herrero et al.，2013）；Fc 为生物量与碳含量转换系数，对于农业与畜牧业生产，

国际标准为 0.45 gC/g（Fan et al.，2008）；对于林业生产，国际标准为 0.50gC/g（Dixon et al.，1994）。

农林牧产品贸易消耗量是指农林牧产品贸易带动的生态资源流动量，包括农产品贸易消耗量、林产品贸易消耗量、活体牲畜贸易消耗量和畜产品贸易消耗量四个部分。

$$CNPP_I = CNPP_{IA} + CNPP_{IF} + CNPP_{IS} + CNPP_{IL} \tag{4-33}$$

$$CNPP_E = CNPP_{EA} + CNPP_{EF} + CNPP_{ES} + CNPP_{EL} \tag{4-34}$$

式中，$CNPP_{IA}$、$CNPP_{IF}$、$CNPP_{IS}$、$CNPP_{IL}$ 分别为进口农产品、林产品、活体牲畜、畜产品消耗的生态资源量，gC；$CNPP_{EA}$、$CNPP_{EF}$、$CNPP_{ES}$、$CNPP_{EL}$ 分别为出口农产品、林产品、活体牲畜、畜产品消耗的生态资源量，gC。

$$CNPP_{IA} = \frac{YIE_I \times (1 - Mc) \times (1 + HF) \times Fc}{1 - WAS_A} \tag{4-35}$$

$$CNPP_{EA} = \frac{YIE_E \times (1 - Mc) \times (1 + HF) \times Fc}{1 - WAS_A} \tag{4-36}$$

$$CNPP_{IF} = \frac{TIM_I \times T \times \rho \times Fc \times 10^6}{Ur \times (1 - Ba) \times (1 - WAS_F)} \tag{4-37}$$

$$CNPP_{EF} = \frac{TIM_E \times T \times \rho \times Fc \times 10^6}{Ur \times (1 - Ba) \times (1 - WAS_F)} \tag{4-38}$$

$$CNPP_{IS} = LIV_I \times GW \times GD \times Fc \times 1000 \tag{4-39}$$

$$CNPP_{ES} = LIV_E \times GW \times GD \times Fc \times 1000 \tag{4-40}$$

$$CNPP_{IL} = \frac{MEN_I \times FCR \times Fc}{1 - WAS_L} \tag{4-41}$$

$$CNPP_{EL} = \frac{MEN_E \times FCR \times Fc}{1 - WAS_L} \tag{4-42}$$

式中，YIE_I 和 YIE_E 分别为农产品进口量和出口量，g；WAS_A 为农产品在加工、包装、运输等环节的损耗系数（Gustavsson et al.，2011），其他系数与农业生产消耗算法中含义相同；TIM_I 和 TIM_E 分别为林产品进口量和出口量，m^3；WAS_F 为林产品在生产环节的损耗系数（Rosillo et al.，2015）；其他系数与林业生产消耗算法中含义相同；LIV_I 和 LIV_E 分别为活体牲畜进口量和出口量，头；其他系数与畜牧业生产消耗算法中含义相同；MEN_I 和 MEN_E 分别为畜产品（肉蛋奶）进口量和出口量，g；FCR 为饲料转换系数（Imhoff et al.，2004；Quan et al.，2018；Zhou et al.，2018；Clark et al.，2019），g DM/g；WAS_L 为畜产品（肉蛋奶）在加工、包装、运输等环节的损失率（Gustavsson et al.，2011）；Fc 为生物量与碳含量转换系数，国际标准为 0.45gC/g（Fan et al.，2008）。

根据生态资源消耗数据并结合人口数据，测算得到生态资源消耗标准。

$$\text{CNPP-LEV} = \frac{CNPP}{POP} \tag{4-43}$$

式中，CNPP-LEV 为生态资源消耗标准，gC/人；CNPP 为生态资源消耗量，gC；POP 为常住人口数量，人。

4.3.3　承载指数评价

首先，根据生态承载力测算结果，结合区域现有人口数量测算生态承载指数；然后，根据生态承载指数测算结果以及生态承载状态划分标准，划分区域生态承载状态。

$$ECI=\frac{POP}{ECC} \tag{4-44}$$

$$ECI'=\frac{POP}{ECC'} \tag{4-45}$$

式中，ECI 为生态承载指数（不考虑生态保护情景）；ECI'为生态承载指数（考虑生态保护情景）；ECC 为生态承载力（不考虑生态保护情景），人；ECC'为生态承载力（考虑生态保护情景），人；POP 为常住人口数量，人。

4.3.4　承载状态评价

为了能够定性分析与评价研究区内部生态承载状态差异以及变化情况，本研究参考封志明等（2008）在中国土地资源承载力研究中采用的分级方案，将生态承载指数分为 6 个区间，分别对应富富有余、盈余、平衡有余、临界超载、超载和严重超载 6 种生态承载状态（表 4-12）。

表 4-12　生态承载状态划分标准

生态承载指数	生态承载状态
<0.6	富富有余
0.6～0.8	盈余
0.8～1.0	平衡有余
1.0～1.2	临界超载
1.2～1.4	超载
>1.4	严重超载

4.4　生态承载力情景分析方法

4.4.1　基本思路

1. 基本原理

我们不仅要关注生态承载力的历史变化和现状，更要关注它们未来可能发生什么变化。生态承载力在今后几十年可能发生的变化特征，是决策者制定生态系统管理对策所必须掌握的重要信息。

1）生态安全

生态系统中物质能量的循环和流动过程为人类提供生态系统服务，以满足人类长期生存发展的需要并支撑经济发展和社会安定，保障人类不受生态破坏损害，从而实现区域生态安全。但是，人类从生态系统获得的服务不是无限的，当过度索取或破坏时会引起生态系统的脆弱化、退化甚至破坏，当科学合理地利用时会形成生态系统的良性循环和增值。因此，为了保持社会经济的可持续发展，需要基于过去了解未来区域人类活动的强度是否会超过生态系统的承受能力，进而采取有针对性的对策与措施。

2）情景分析

情景分析通常被定义为在分析系统未来可能发展的基础上，设计一组可认识的、合理且具有想象力的、可供选择的未来景象的一个过程。其目标是改变人们目前思维，提高决策水平。情景不是预测，而是分析生态系统未来变化过程中存在的不可预测和不可控制因素的一种有效途径。虽然情景分析是以现状与变化趋势为基础，但是任一情景结果都不能代表未来的真实变化情况，生态系统未来的实际变化可能是不同情景组合的不同结果，也可能是超出各个情景的其他结果。

2. 基本思路

生态承载力情景预测是生态承载力评估的重要内容，从供给与消费的角度来看，其实质是预测人类对自然资源的开发、生态产品与服务的消费是否超过生态系统可持续的供给能力。人类活动是否及将在多大程度上影响生态系统在水源涵养、水土保持、防风固沙、固碳、气候调节等主要服务功能方面的提供，是否能够预防土地沙化、水土流失和石漠化等生态问题，是否能够防止生物多样性丧失，是否会产生新的生态问题，是否会影响区域生态安全。如果预测到人类的开发活动将会超过生态系统的承受能力，导致生态系统的破坏和生态功能的退化，产生新的生态问题或使原有生态问题加剧，威胁区域的生态安全，就需要对该区域的人类开发活动进行预测。

3. 基本概念

第一，基于绿色丝绸之路重点共建国家和廊道过去十几年生态承载力的时间序列结果与变化趋势，分析生态承载力变化的主要驱动因素以及存在的主要问题。第二，依据过去的变化态势，结合绿色丝绸之路建设愿景的中长期规划和目标以及绿色丝绸之路建设愿景下的开发活动情景，考虑对接联合国可持续发展目标，设计基准情景和绿色丝绸之路建设情景。第三，开展不同情景下生态供给与生态消耗的预测，开展未来生态承载力变化情景模拟以及演变态势的分析与比较。第四，分析重点国家或重要廊道的生态承载力典型案例，特别是“一带一路”建设活动对生态承载力影响的优良案例，凝练优良模式。第五，开展生态承载力安全预警和风险评估，进而提出共建国家生态承载力谐适策略以及与提升路径相关的政策建议。

通过对“一带一路”共建国家生态承载力情景预测与谐适策略的研究，主要回答如下科学问题：①重点国家和廊道生态承载力在未来10～20年不同发展方式下将会如何变化？②“一带一路”建设活动对重要国别生态承载力产生了负面作用还是正面贡献？③联合国可持续发展目标中与生态承载力相关的指标项是否能够实现？④对生态承载力富余的重点国家和廊道，是否存在值得借鉴的适应举措？⑤对生态承载力超载的重点国家和廊道，是否存在产生负面作用的问题？需要规避哪些生态问题？应该部署哪些重要生态保护举措以实现绿色丝绸之路共建国家的绿色化发展？

通过回答上述问题，发掘提炼优良生态承载模式及生态承载力提升路径，提出绿色丝绸之路建设的生态承载力谐适策略。这有助于了解绿色丝绸之路共建国家在绿色丝绸之路建设愿景下区域生态承载面临的问题，为有关部门制定与实施相应的可持续发展战略措施提供理论参考。

4.4.2　情景设计

1. 基础情景设置

气候变化情景采用RCPs排放情景设置，RCPs是一系列综合的浓缩和排放情景，用作21世纪人类活动影响下气候变化预测模型的输入参数，以描述未来人口、社会经济、科学技术、能源消耗和土地利用等方面发生变化时，温室气体、反应性气体、气溶胶的排放量，以及大气成分的浓度。辐射强迫（Radiative Forcing）表示大气成分（如CO_2）发生变化时，对流层中辐射的收支平衡变化，不同的辐射强迫路径是不同社会经济和技术发展情景的体现。RCPs包括一个高排放情景（8.5W/m^2，RCP8.5），两个中等排放情景（6.0W/m^2，RCP6.0和4.5W/m^2，RCP4.5）和一个低排放情景（2.6W/m^2，RCP2.6）。其中，RCP8.5导致的温度上升最大，其次是RCP6.0、RCP4.5、RCP2.6对全球变暖的影响最小，四种不同的情景模式的一个重要差异是对未来的土地利用规划不同（Hurtt et al.，2011）。

社会经济发展情景采用SSPs情景设置（表4-13），SSPs包含了对未来人口、经济、技术发展、生活方式、政策和其他社会因素的具体描述，其中SSP1为可持续性路径，SSP2为中间路径，SSP3为区域竞争路径，SSP4为不均衡路径，SSP5是化石燃料驱动的发展路径。

表4-13　SSPs社会经济发展情景设置

社会经济发展情景	情景设置
SSP1	世界逐渐向更可持续的道路转变，强调保护环境与更具包容性的发展。全球公共资源的管理缓慢改善，教育和卫生投资加速了人口转型，对经济增长的重视转向了对人类福祉的更广泛关注。在实现发展目标的承诺不断增加的推动下，国家间和国家内部的不平等现象都有所减少。消费倾向于低物质增长与低资源与能源强度
SSP2	SSP1与SSP3的中间情景，延续了近期消费和技术发展的趋势

续表

社会经济发展情景	情景设置
SSP3	复兴的民族主义、对竞争力和安全的担忧以及地区冲突促使各国越来越关注国内问题，最多也就是关注地区问题。随着时间的推移，政策逐渐转向国家和地区安全问题。各国将重点放在实现本区域的能源和粮食安全目标上，而牺牲了基础更广泛的发展。教育和技术发展投资下降。经济发展缓慢，消费是物质密集型的，不平等现象长期存在或恶化。工业化国家的人口增长率低，发展中国家的人口增长率高。解决环境问题的国际优先性较低，导致一些区域环境严重退化
SSP4	世界各国贫富差距加大，极端贫困、收入不平等和缺乏发展机会导致一系列社会和环境问题。社会不平等现象加剧，如教育、基本社会服务和公共设施获取的不平等
SSP5	这个世界越来越相信竞争性市场、创新和参与性社会，以产生快速的技术进步和人力资本开发作为可持续发展的道路。全球市场日益一体化。在卫生、教育和机构方面也有大量投资，以增强人力和社会资本。在推动经济和社会发展的同时，开发丰富的化石燃料资源，并在世界各地采用资源和能源密集型生活方式。所有这些因素导致全球经济快速增长，环境问题如空气污染得到了成功的解决。人们相信有能力有效管理社会和生态系统

基于 CMIP6 计划的四种情景组合（SSP1-2.6、SSP2-4.5、SSP4-6.0 和 SSP5-8.5），设置四种未来情景，即绿色发展情景、基准情景、区域竞争情景与高速发展情景。使用 SSP2-4.5 情景作为基准情景，该情景主要延续了近期消费和技术发展的趋势。该情景为政府干预下，总辐射强迫在 2100 年后稳定在 4.5W/m^2，大气中 CO_2 浓度增至 538mL/m^3，CH_4 减少，同时 N_2O 增加至 372μL/m^3。全球人口总量最高达到 90 亿，随后开始减少。此外，可再生能源和碳捕捉系统的使用和化石燃料使用率的不断降低，以及森林面积增加，碳储量增加，温室气体排放量也显著降低。由于植树造林政策的实施和作物单产量的增加，RCP4.5 是唯一的耕地面积减少的排放模式。

2. 参数情景设置

人口情景采用 SSPs 情景设置，四种社会经济发展情景下（表 4-13），各国不同的城市化水平导致了不同的人口分布情况。SSP1 和 SSP5 的城市化速度较快，到 21 世纪末达到 92%（或接近 18%）（Chen et al.，2020）。相比之下，SSP3 的城市化进程缓慢，到 21 世纪末仅达到 60%，而 SSP2 的结果介于两者之间，为 79%。

基准情景（SSP2）主要延续了近期贸易发展的趋势，绿色发展情景遵循 SSP1 情景假设，即国家间贸易趋向于开放，贸易成本较低。区域竞争情景遵循 SSP3 情景假设，即发展中国家人口增长较快，而 GDP 增长较慢，这导致食品总需求较低，特别是对畜产品的需求较低。在这种情况下，国际合作减少，国际贸易变得更加受限和分散。高速发展情景遵循 SSP5 情景假设，即以经济高速增长但资源效率有限为导向，国际贸易在全球化市场中迅速扩大。贸易成本的弹性（或斜率）反映基础设施、非关税贸易壁垒和区域因素变化的不同情景下的贸易自由化或限制性。本研究通过设置贸易成本的弹性（斜率）大小，对应不同的贸易情景参数。

技术进步情景设置了 Ua 和 Wa 两个参数：Ua 为资源利用提升率（情景参数）；Wa 为资源浪费提升率（情景参数）。人均经济增长是农业、畜牧业生产率变化的主要驱动因素，冷链、运输、加工技术进步对减少农产品运输过程损耗具有重要作用。根据不同 SSPs 情景下资源使用与生产模式设置畜牧业饲料利用率参数。

生态保护情景根据 SSPs 情景设置林产品采伐与生产量，绿色发展情景遵循 SSP1

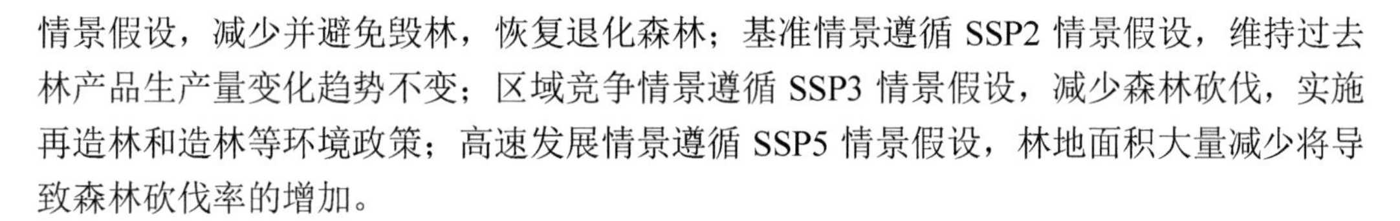

情景假设，减少并避免毁林，恢复退化森林；基准情景遵循 SSP2 情景假设，维持过去林产品生产量变化趋势不变；区域竞争情景遵循 SSP3 情景假设，减少森林砍伐，实施再造林和造林等环境政策；高速发展情景遵循 SSP5 情景假设，林地面积大量减少将导致森林砍伐率的增加。

3. 技术流程

情景是对未来情形及能使事态由初始状态向未来状态发展的一系列事实的描述。基于情景的生态承载力演变及谐适策略分析，是通过分析绿色丝绸之路重点共建国家在不同情景下已经实施或者规划开展的社会经济发展活动和构想，将对生态系统及其生态承载力产生影响的详细、严密的推理和描述。因此，情景设计是未来演变趋势研究的基础。

本研究设计四种情景假设和两个阶段（表 4-14）。其中，基准情景依据 2000～2020 年社会经济人口的变化趋势和增长方案，结合重点国别已经制定的国家发展规划，考虑延续过去的平稳发展方案。绿色发展情景，按照绿色丝绸之路建设愿景和“六廊六路”规划布局，实施绿色丝绸之路建设并对接联合国可持续发展目标的社会经济人口发展方案。

第一阶段，2020～2030 年。

第二阶段，2020～2050 年。

表 4-14　生态承载力预测情景设置

情景名称	情景组合	排放情景	社会经济发展	土地利用变化	综合评价模型
绿色发展情景	SSP1-2.6 IMAGE	SSP1，绿色增长模式，以实现 RCP2.6 情景的最大 2℃升温	到 2050 年，人口适度增长，经济高速增长，农业生产技术进步。环境意识强，限制生物多样性丧失，动物产品消耗减少	增加生物能源使用，结合碳捕获和储存，减少并避免毁林，恢复退化森林，森林面积增加。农业用地大幅减少，多用于生物能源生产	温室效应综合评估模型（Integrated Model to Assess the Green house Effect，IMAGE 3.0）模拟，描述未来农业系统、能源系统、土地覆盖变化、碳和水文循环以及气候变化的模型框架
基准情景	SSP2-4.5 MESSAGE	SSP2，低稳定方案，辐射强迫稳定在 4.5 W/m^2（CO_2 浓度约 538 mL/m^3）		2000～2050 年，森林面积最初减少了约 4300 万 hm^2，随后 2050～2100 年，森林面积增加约 3.31 亿 hm^2	
区域竞争情景	SSP4-6.0 GCAM	SSP4，适度的气候缓解政策将 2100 年的辐射强迫限制在 6.0W/m^2	一个不平等的世界。中、高收入地区能源和食品需求增加，生产技术进步大，减少森林砍伐，实施再造林和造林等环境政策。低收入地区人口与总消耗增加，生产力进步缓慢	全球作物和牧场适度扩张，2010～2100 年分别增长 14%和 9%。适度气候政策在中、高收入国家，导致 2010～2100 年全球森林覆盖率增加了 3%	全球变化评估模型（Global Change Assessment Model，GCAM）模拟，一个耦合能源、水、土地、经济和气候系统的市场均衡模型，调整价格直到能源、农业和森林商品的供需平衡
高速发展情景	SSP5-8.5 REMIND-MAgPIE	SSP5，排放情景上限，2100 年辐射强迫接近 8.5W/m^2，化石燃料使用量非常高，温室气体排放量增加两倍	具有资源密集型快速发展和物质密集型消耗模式的特征，全球粮食需求增加一倍，且包括农业生产力在内的技术进步较大	由于粮食和饲料需求强劲增长，以及依赖精饲料而非粗饲料的未来畜牧业生产体系高度强化，全球农田向牧场和林地的扩张势头强劲，2010～2100 年约增加 20%	区域投资与发展模型（Regional Model of Investments and Development，REMIND）和农业生产及环境影响模型（Model of Agricultural Production and its Impact on the Environment，MAgPIE），通过交换生物能源和温室气体排放的价格和数量信息相结合

4. 驱动指标

生态承载力的情景设计驱动指标选取应该遵循的原则如下：

（1）能反映对重点国家主要生态系统的影响。选取影响生态系统格局与服务功能并可能产生相关生态问题的关键因素。

（2）可测度与可获取。选取的指标需要在现有的研究基础和条件上可以开展预测，并能方便获得所需的数据。

（3）具有政策导向性。通过生态保护与生态恢复政策的实施与调整能实现生态承载力的提升。

由生态承载力供需理论可知，在一定的技术条件和社会背景下，生态承载力的大小与区域生态供给的多少、人类对生态产品和生态服务的消费水平的高低具有直接的相关关系。生态产品和生态服务消费量可以直接体现人类需求水平，若其他条件不变，消费量越多，相应的生态承载力压力越大。消费量可表示为人口数量和人均消费量的乘积。因此，其他条件不变，人口数量和人均消费量越多，生态承载力压力越大。人口数量体现了消费规模的累积效应，人均消费量体现了消费水平的高低。

因此，选择生态系统生产力变化、人口变化两类指标作为主要驱动指标。

（1）生态系统生产力变化情景，即基准情景（SSP2-4.5）和绿色发展情景（SSP1-2.6）下，生态系统生产力可能发生的变化。

（2）人口变化情景，主要涉及人口数量变化，以及人口迁移导致的人口密度与分布的变化。

5. 指标算法

1）未来生态系统生产力变化

未来生态系统生产力计算公式为

$$NPP_S=NPP_C \pm NPP_A \tag{4-46}$$

式中，NPP_S 为某一区域未来的森林、草地、农田生态系统净初级生产力；NPP_C 为未发生类型转换的森林、草地、农田生态系统净初级生产力；NPP_A 为发生类型转换的森林、草地、农田生态系统净初级生产力。

基准情景和绿色发展情景下，NPP_A 值不同，森林、草地、农田面积增加，NPP_A 即为正值，森林、草地、农田面积减少，NPP_A 可为负值。

2）未来人口变化

未来人口计算公式为

$$POP_S = POP + POP_F - POP_{MOR} \pm POP_{MIG} \tag{4-47}$$

式中，POP_S 为某国家或地区未来一个时段的总人口数量；POP 为某国家或地区基准年份总人口数量；POP_F 为未来一个时段新增生育人口数量；POP_{MOR} 为未来一个时段人口

死亡数量；POP_{MIG}为未来一个时段人口迁移数量，人口迁出相减，人口迁入相加。

6. 数据来源

（1）生态系统未来情景数据：基于LUH2土地利用未来情景数据拟合得到2030年、2050年森林、草原、农田等主要生态系统的分布及变化。

（2）生态系统生产力情景数据：利用CASA模型模拟2030～2050年NPP。

（3）气候预测数据：来源于CIMP6计划模拟的气候模式数据（https://pcmdi.llnl.gov/CMIP6/）。

（4）人口情景数据：来源于1km降尺度的人口模拟数据（https://dataverse.harvard.edu/dataset.xhtml?persistentId=doi:10.7910/DVN/TLJ99B）。

4.4.3　趋势判断

1. 技术流程

判断生态承载力是否需要预警的关键因素是阈值，阈值的确定参考国内外相关领域已经广泛应用的研究成果，特别是国家与行业已经发布的标准。生态承载力的阈值具有空间与时间异质性，同时，随着生态系统、承载对象和技术水平等的变化，生态承载力的阈值也应该发生变化。对于难以确定阈值和是否超载的指标，可通过时间序列数据的分析来确定。对于容易确定阈值的指标，通过历史变化趋势分析，能进一步明确已经超载并且超载程度加剧的区域，要重点对其进行预警，并采取有针对性的对策与措施。

趋势预测法实质上是利用回归分析的原理，根据历史数据的时间序列找到一条趋势线，然后按此趋势线进行预测。根据评估国家或廊道的生态特征以及面临的主要生态环境问题，选择关键的需求进行预警评估。基于生态系统承载力状况与阈值的关系，将生态系统预警状况分为预警、临界预警和不预警三个等级，通过分析不同年份生态承载力的变化趋势来进行预警，将变好和稳定列为不预警，轻度变差列为临界预警，显著变差列为预警。

2. 评价指标

（1）生态系统供给潜力变化趋势：预测至2030年、2050年，某国家或地区可利用森林、草地、农田生态系统供给总量变化趋势。

（2）生态消耗量情景：预测至2030年、2050年，某国家或地区，农业、畜牧业、林业产品生产过程中和居民生活所需的农产品、畜产品和林产品，将需要消耗的生态资源量变化趋势。

（3）生态承载潜力变化趋势：预测至2030年、2050年，在不损害森林、草地、农田生态系统功能与服务的前提下，生态系统可持续承载的具有一定社会经济发展水平的最大人口规模的变化。

（4）生态承载状态情景：预测至2030年、2050年，某国家或地区人口数量与生态系统可承载人口数量的关系。

3. 指标算法

1）生态系统供给潜力

生态系统供给潜力计算公式为

$$SNPP_S = \alpha \times NPP_S \times \varepsilon \quad (4\text{-}48)$$

式中，$SNPP_S$ 为未来某一时段的可利用生态供给量；α 为生态系统地上生物量占比；NPP_S 为森林、草地、农田生态系统净初级生产力；ε 为生态系统保护情景系数。

2）生态消耗量情景

生态消耗量计算公式为

$$CNPP_S = CNPP_{Sla} + CNPP_{Slf} + CNPP_{Sls} + CNPP_{Spa} + CNPP_{Spf} + CNPP_{Sps} \quad (4\text{-}49)$$

式中，$CNPP_S$ 为某国家或地区未来某一时段的生态消耗量情景；$CNPP_{Sla}$ 为农产品生活消耗量情景；$CNPP_{Slf}$ 为林产品生活消耗量情景；$CNPP_{Sls}$ 为畜产品生活消耗量情景；$CNPP_{Spa}$ 为农业生产消耗量情景；$CNPP_{Spf}$ 为林业生产消耗量情景；$CNPP_{Sps}$ 为畜牧业生产消耗量情景。

生活消耗量情景根据人均生活消耗量和人口数量变化确定，本研究基于目前城镇居民、农村居民的人均生活消耗水平，分别预测 2030 年、2050 年的人均消耗水平。

3）生态承载潜力

生态承载潜力计算公式为

$$EEC_S = \frac{SNPP_S}{aCNPP_S} \quad (4\text{-}50)$$

$$aCNPP_S = \frac{CNPP_S}{POP_S} \quad (4\text{-}51)$$

式中，EEC_S 为未来某一时段的生态承载潜力；$SNPP_S$ 为未来某一时段的可利用生态供给量，$aCNPP_S$ 为未来人均生态消耗标准；$CNPP_S$ 为某国家或地区未来某一时段的生态消耗量；POP_S 为未来人口数量。

4）生态承载状态情景

未来生态承载状态指数计算公式为

$$ECI_S = \frac{POP_S}{EEC_S} \quad (4\text{-}52)$$

式中，ECI_S 为未来生态承载状态指数；POP_S 为未来人口数量情景；EEC_S 为未来某一时段的生态承载力情景。

4. 参数设定

（1）生态系统地上生物量占比：植物地上部分生物量与总生物量的比值，区分森林、农田、草地植被。

（2）生态系统保护情景系数：需要保护而非利用的生态供给量占可利用生态供给总量的比值。

（3）生态资源利用提升率：在未来科学技术水平下，农林牧生产过程中资源利用率的提升率情景。

（4）生态资源浪费降低率：在技术进步情景和资源节约利用情景下，农林牧产品在生产、加工、运输、贸易、消费等过程中浪费率的降低率。

（5）人均生活消耗量：设定基本水平和富裕水平两种人均生活消耗标准。

4.5　生态承载力评价系统设计与实现

4.5.1　系统基本架构

生态承载力评价系统提炼了绿色丝绸之路所涉及的各个国家和地区生态承载力相关指标的计算和应用流程，根据需求分析将系统用户分为数据生产者、科研人员、公众、政府决策者等角色，并抽取角色之间的虚拟协同工作关系，如数据生产者、科研人员之间存在算法、数据的相互支持关系，政府决策者和科研人员之间存在相互引导关系等。根据生态承载力计算流程以及角色关系，生态承载力评价系统架构涵盖了云服务器端、数据管理端、数据分析端和门户网站四部分，其中，数据管理端和数据分析端主要用户为数据生产者和科研人员，门户网站则向科研人员、公众和政府决策者开放。

云服务器端是整个系统的核心，用于集中存储与生态承载力评价相关的数据以及开放相关的业务功能模块，其包括数据库服务器、数据分析服务器集群、预警服务器和 Web 服务器四部分。①数据库服务器采用关系型数据库与对象存储两种方式进行数据的持久化，前者采用 MariaDB 数据库，主要用于存储系统基础数据表、切片数据的元数据信息等，后者以文件的形式存放原始数据和影像切片等。②数据分析服务器集群通过 HTTP 协议和 CGI 接口向外提供算法接口，可将所有参与计算的区块分配在集群中，以适应栅格数据区块存储与分析方法。由于每个栅格数据区块在分析中都是相对独立的，可直接以区块为最小单位进行分布式计算，故区块分析在分布式计算中具有极强的适应能力。③预警服务器通过提取数据库中多项指标和时序趋势数据，根据用户设定的阈值进行预警，并推送到 Web 服务器上，以便科研人员和公众进行查验与浏览。④Web 服务器是云服务器端的直接用户接口，包括通过 HTTPS 协议发布的客户端网站和通过 REST 接口协议发布的地图服务与影像服务。

数据管理端用于数据生产者进行数据导入和管理、预警阈值设置及报表模板设置，当源数据通过数据管理端上传到服务器后，系统可自动对影像数据进行切片处理；数据分析端有助于科研人员对生态承载力评估、计算、分析、制图等功能进行参数设置，并监控当前的服务器状态；门户网站搭建在 Web 服务器上供公众访问、使用，其包括数据库、照片库、文献库 3 个主要模块。

4.5.2 系统功能

根据用户在生态承载力快速评价、自动预警与自动报表等方面所提出的功能性需求，绿色丝绸之路生态承载力评价系统的核心为生态承载力评估，多尺度数据存储功能保证评估结果的实时响应，预警和报表生成功能可分别保证异常评估结果和整体评估结果的快速生成与推送，资料管理功能为评估结果的验证提供数据支撑。

1）多尺度数据存储与资料管理

多尺度数据存储与资料管理为生态承载力评价系统架构提供数据基础。①多尺度数据存储可将同一份数据在不同尺度上进行冗余存储，方便这些数据在生态承载力评价中实时进行尺度匹配并参与计算，具有提高运算和响应速度等作用。对于不同类型的数据源，系统针对性地内置了几种重要的尺度转换工具，如针对矢量数据，系统内置了 Maplex、Subset 等地图综合工具；针对栅格数据，系统集成了平均值合成、最大值合成等工具。②资料管理包括照片库和文献库，照片库中实地采集的照片具有 GPS 信息，可被插入到任意一幅电子地图中，文献库中的论文等可根据需要录入所涉及的区域和范围，并用于相应地区生态承载力评估结果的验证分析。

2）生态承载力评估

生态承载力评估是系统的核心业务功能，从生态消耗和生态供给两方面对某一区域生态承载状态进行评估；包括生态供给评估、生态消耗评估和生态承载力评估三个部分。具体评价方法在 4.3 节已经详细介绍，故在此不再展开介绍。

3）预警推送与自动化报告

本研究通过状态阈值和变化趋势阈值判断预警区域。触发预警的状态阈值可设置为临界超载、超载和严重超载，当某地区的生态承载状态从盈余过渡到相应的状态阈值时，系统会将相关信息推送到 Web 服务器上，提供生态承载力预警功能；变化趋势阈值则是通过线性回归方法分析某地区近几年生态承载力指数的变化并提取其斜率，当斜率超过某阈值时，该地区的生态承载力变化情况会被推送到 Web 服务器上。通过将实时生成的生态承载力评估数据嵌入用户提前设置好的月度、季度或年度报告模板中，可自动快速、准确地生成相应的生态承载力评估报告。

4.5.3　系统关键技术

区块存储与分析方法为绿色丝绸之路生态承载力评价系统提供按需计算和快速响应的底层支持，由区块存储技术和区块分析策略两部分组成。

1）区块存储技术

所有栅格数据均被分成512像素×512像素的切片，以支持数据的区块存储与分析，其尺度级别参考Google影像服务分成LOD（Levelofo etail）不同的23个级别，高一层级LOD的切片对应低一层级LOD的4个切片。与Google影像服务不同，上述切片数据不仅用于地图显示，还用于生态承载力分析，因此其存储格式设置为浮点型 GeoTiff 数据以保证精度。

为使 Web 服务器对用户的数据请求进行快速计算与统计，数据切片的相关统计信息（如平均值、标准差等）均存储在关系型数据库中。为便于系统读取切片的基本信息，每个切片的名称（也是切片在关系型数据库中的主键）具有统一的命名规则，包括数据类型、国家代号、区域代号、LOD序号、行列号等部分，其中的数据类型从01开始自增，指示某一类型的数据源，区域代号表示数据切片所属的国家或地区的下属省级行政区。

2）区块分析策略

用户对生态承载力相关栅格数据的请求包括LOD（用以确定请求尺度）、地理范围和数据类型3个参数。Web服务器接到请求后，根据请求参数提取所需数据切片的行列号，并对每个切片进行如下操作：①判断在请求尺度下是否存在该切片数据，若存在，则直接渲染并返回到客户端，否则进行下一步；②判断是否存在该切片下更小尺度的完整数据，若存在，则请求分析服务器集群对其进行升尺度运算，并将结果渲染后返回到客户端，同时将该数据切片存储在数据库中，否则进行下一步；③判断是否存在完整的可用于计算该切片的原始影像数据，若存在，则请求数据分析服务器集群计算该切片并渲染返回到客户端，同时将该切片存储在数据库中，否则返回错误。上述步骤可在用户所需尺度下按需进行数据计算，对用户请求进行快速响应。

参 考 文 献

杜文鹏, 闫慧敏, 封志明, 等. 2020. 基于生态供给-消耗平衡关系的中尼廊道地区生态承载力研究. 生态学报, 40(18): 6445-6458.

杜文鹏, 闫慧敏, 封志明, 等. 2022.“一带一路”共建国家生态承载力评估(英文). 资源与生态学报, 13(2): 338-346.

董仁才, 李思远, 全元, 等. 2015. 城市可持续规划中的生态敏感区避让分析——以丽江市为例. 生态学报, 35(7): 2234-2243.

封志明, 杨艳昭, 张晶. 2008. 中国基于人粮关系的土地资源承载力研究: 从分县到全国. 自然资源学报, 23(5): 865-875.

李赟凯, 闫慧敏, 董昱, 等, 2020. “一带一路”地区生态承载力评估系统设计与实现.地理与地理信息科学, 36(2): 47-53.

刘海江, 尹思阳, 孙聪, 等. 2015. 2000-2010 年锡林郭勒草原 NPP 时空变化及其气候响应. 草业科学, 32(11): 1709-1720.

潘梅, 陈天伟, 黄麟, 等. 2020. 京津冀地区生态系统服务时空变化及驱动因素. 生态学报, 40(15): 5151-5167.

王光华, 夏自谦. 2012. 生态供需规律探析. 世界林业研究, 25(3): 70-73.

闫慧敏, 甄霖, 李凤英, 等. 2012. 生态系统生产力供给服务合理消耗度量方法——以内蒙古草地样带为例. 资源科学, 34(6): 998-1006.

张金婷, 孙华, 谢丽, 等. 2017. 典型棕地修复前后土壤重金属生态风险变化——以江西贵溪冶炼厂为例. 生态学报, 37(18): 6128-6137.

Albrizio R, Steduto P. 2003. Photosynthesis, respiration and conservative carbon use efficiency of four field grown crops. Agricultural and Forest Meteorology, 116(1-2): 19-36.

Chen G, Li X, Liu X, et al. 2020. Global projections of future urban land expansion under shared socioeconomic pathways. Nature Communications, 11(1): 537.

Clark C E F, Akter Y, Hungerford A, et al. 2019. The intake pattern and feed preference of layer hens selected for high or low feed conversion ratio. PloS one, 14(9): e0222304.

Dinerstein E, Joshi A R, Vynne C, et al. 2020. A “Global Safety Net” to reverse biodiversity loss and stabilize Earth’s climate. Science advances, 6(36): eabb2824.

Dixon R K, Solomon A M, Brown S, et al. 1994. Carbon pools and flux of global forest ecosystems. Science, 263(5144): 185-190.

Du W, Yan H, Feng Z, et al. 2021. The supply-consumption relationship of ecological resources under ecological civilization construction in China. Conservation and Recycling, 172: 105679.

Fan J, Zhong H, Harris W, et al. 2008. Carbon storage in the grasslands of China based on field measurements of above-and below-ground biomass. Climatic Change, 86(3-4): 375-396.

Fonseca M. 2010. Forest product conversion factors for the UNECE Region. U.S.A: Geneva Timber and Forest Discussion Papers.

Gustavsson J, Cederberg C, Sonesson U, et al. 2011. Global food losses and food waste. Food and Agriculture Organization of the United Nations.

Haberl H, Erb K H, Krausmann F, et al. 2007. Quantifying and mapping the human appropriation of net primary production in earth’s terrestrial ecosystems. Proceedings of the National Academy of Sciences of the United States of America, 104(31): 129-142.

Herrero M, Havlík P, Valin H, et al. 2013. Biomass use, production, feed efficiencies, and greenhouse gas emissions from global livestock systems. Proceedings of the National Academy of Sciences of the United States of America, 110(52): 20888-20893.

Hurtt G, Chini L P, Frolking S, et al. 2011. Harmonization of land use scenarios for the period 1500-2100: 600 years of global gridded annual land-use transitions, wood harvest, and resulting secondary lands. Climatic Change, 109: 117-161.

Imhoff M L, Bounoua L. 2006. Exploring global patterns of net primary production carbon supply and demand using satellite observations and statistical data. Journal of Geophysical Research Atmospheres, 111(D22): 5307-5314.

Imhoff M L, Bounoua L, Ricketts T, et al. 2004. Global patterns in human consumption of net primary production. Nature, 429(6994): 870-873.

Jackson R B, Canadell J, Ehleringer J R, et al. 1996. A global analysis of root distributions for terrestrial biomes. Oecologia, 108(3): 389-411.

Lobell D B, Hicke J A, Asner G P, et al. 2002. Satellite estimates of productivity and light use efficiency in

United States agriculture, 1982–1998. Global Change Biology, 8(8): 722-735.

Mokany K, Raison R J, Prokushkin A S. 2006. Critical analysis of root: shoot ratios in terrestrial biomes. Global Change Biology, 12(1): 84-96.

Peters C J, Picardy J A, Darrouze N A, et al. 2014. Feed conversions, ration compositions, and land use efficiencies of major livestock products in US agricultural systems. Agricultural Systems, 130: 35-43.

Quan J, Cai G, Ye J, et al. 2018. A global comparison of the microbiome compositions of three gut locations in commercial pigs with extreme feed conversion ratios. Scientific Reports, 8(1): 1-10.

Rosillo C F, de Groot P, Hemstock S L, et al. 2015. The biomass assessment handbook: energy for a sustainable environment. London: Routledge.

Steenberg J W, Millward A A, Nowak D J, et al. 2017. A conceptual framework of urban forest ecosystem vulnerability. Environmental Reviews, 25(1): 115-126.

Winjum J K, Brown S, Schlamadinger B.1998. Forest harvests and wood products: sources and sinks of atmospheric carbon dioxide. Forest Science, 44(2): 272-284.

Yan H, Du W, Feng Z, et al. 2022. Exploring adaptive approaches for social-ecological sustainability in the Belt and Road countries: From the perspective of ecological resource flow. Journal of Environmental Management, 311: 114898.

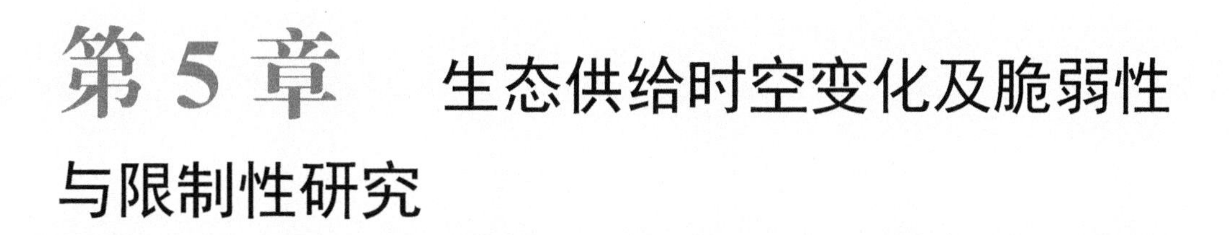

第5章 生态供给时空变化及脆弱性与限制性研究

本章以生态系统 NPP 为指标参量，分析绿色丝绸之路共建国家可利用的生态系统供给水平，发现绿色丝绸之路共建国家单位面积陆地生态系统生态供给水平空间分布存在明显的差异。同时，从生态系统分区角度出发，统计 NPP 在森林、草地、农田三大生态系统分区上的空间分布、时序变化。其中，农田生态系统表现为北部和东南部大部分地区呈现下降趋势，中部大部分地区呈现上升趋势；森林生态系统表现为西部和南部大部分地区呈现下降趋势，东部和中部大部分地区呈现上升趋势；草地生态系统表现为西部大部分地区呈现下降趋势，东部大部分地区呈现上升趋势。同时，结合 EVI 数据以及居民点、道路、铁路、线状水系数据分析绿色丝绸之路共建国家生态系统的脆弱性（暴露度、敏感度）；基于生态供给能力的两个主要指标——生态系统的供给水平和脆弱性，进行各个指标的时空特征分析和阈值设定，从而划定生态供给限制性分区。

5.1　生态供给时空变化

5.1.1　全域尺度

1. 空间变化分析

2000 年以来，绿色丝绸之路共建国家生态系统生态供给总量为（1.5656±0.0343）× 10^{16}gC，单位面积陆地生态系统生态供给水平为（387.78±8.51）gC/m^2。

绿色丝绸之路共建国家单位面积陆地生态系统生态供给水平空间分布存在明显的差异（图 5-1）。北纬 40°以北地区总体呈现出西部高于中部、北部和东部的规律，这主要是由于受到大西洋暖湿气流、洋流影响，该区域气候温暖，陆地表面植被类型丰富，其单位面积陆地生态系统生态供给水平要高于中部、北部和东部覆盖类型为荒漠、草地和苔原等的生态系统；北纬 40°以南地区总体呈现东南向西北递减的规律，这主要是由于受东亚季风气候、西风带、副热带高压等的影响，该区域自东南向西北大体呈现从热带雨林、亚热带雨林、耕地、草地到荒漠的分布，植被覆盖率呈减少的趋势，林地生态系统的生态供给能力要高于其他生态系统，而裸地生态系统的生态供给能力要低于其他生态系统，植被覆盖率高的生态系统的生态供给能力要高于植被覆盖率低的生态系统（Yan et al.，2022）。

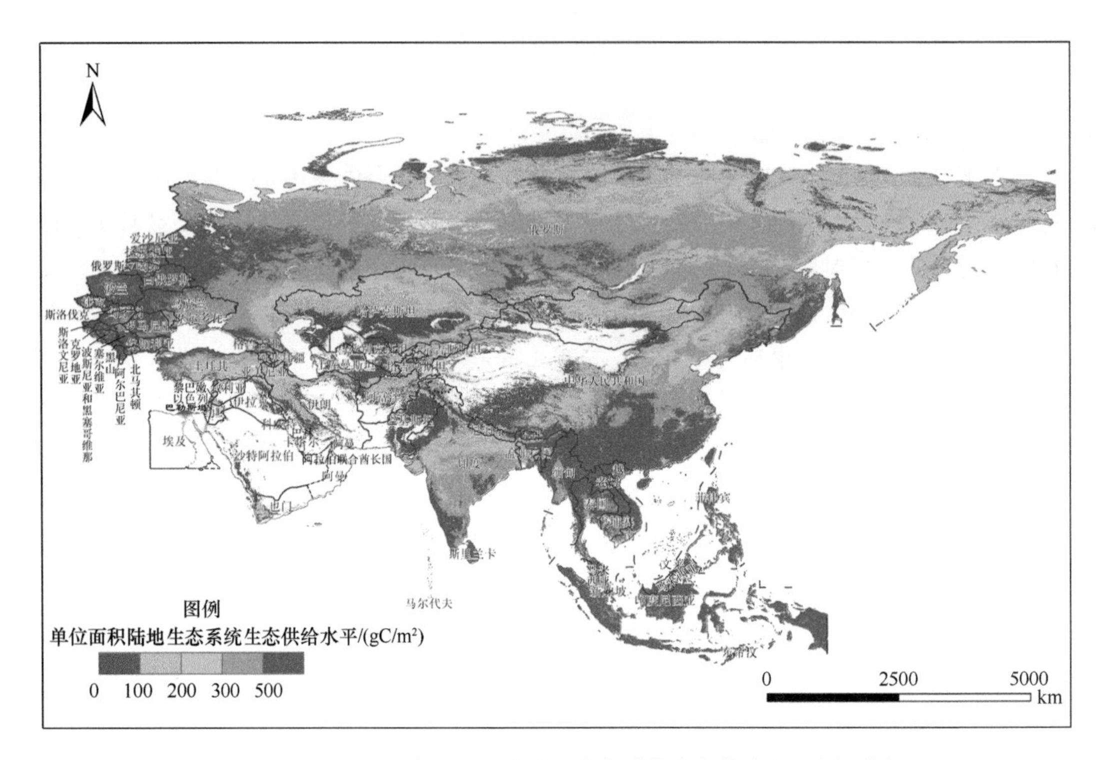

图 5-1 2000～2015 年共建国家陆地生态系统生态供给水平空间分布

从国家单元的角度来看，绿色丝绸之路各共建国家 2000 年以来陆地生态系统生态供给总量多年平均值在地域分布上存在较大差异（图 5-2）。生态供给总量上的差异，首先取决于目标地区或国家的土地面积大小，其次与区域单位面积陆地生态系统生态供给水平相关（Zhen et al.，2019）。具体来说，俄罗斯土地面积最大，陆地生态系统生态供给总量最高，约为 5.16×10^{15}gC；而作为最小国家之一的巴林，陆地生态系统生态供给总量最低，约为 3.43×10^{7}gC，仅为俄罗斯的 7×10^{-8}%。俄罗斯、中国、印度尼西亚和印度陆地生态系统生态供给总量超过 1×10^{15}gC，巴林、卡塔尔、马尔代夫、科威特、阿联酋和新加坡陆地生态系统生态供给总量不足 1×10^{12}gC，其他 55 个国家陆地生态系统生态供给总量介于 1×10^{12}～1×10^{15}gC。

从国家单元的角度来看，绿色丝绸之路各共建国家单位面积陆地生态系统生态供给水平差异很大（图 5-3）。其中，巴林单位面积陆地生态系统生态供给水平为 0.14gC/m^2，远低于绿色丝绸之路其他共建国家；老挝、印度尼西亚和菲律宾单位面积陆地生态系统生态供给水平分别为 1062.70gC/m^2、1023.23gC/m^2 和 1005.71gC/m^2，略高于绿色丝绸之路其他共建国家，分别是绿色丝绸之路共建国家单位面积陆地生态系统生态供给量的 2.74 倍、2.64 倍和 2.59 倍；此外，卡塔尔、沙特阿拉伯、科威特、土库曼斯坦、伊拉克、阿联酋和也门 7 个国家单位面积陆地生态系统生态供给水平在 10～100gC/m^2；其他 54 个国家单位面积陆地生态系统生态供给水平在 100～1000gC/m^2。

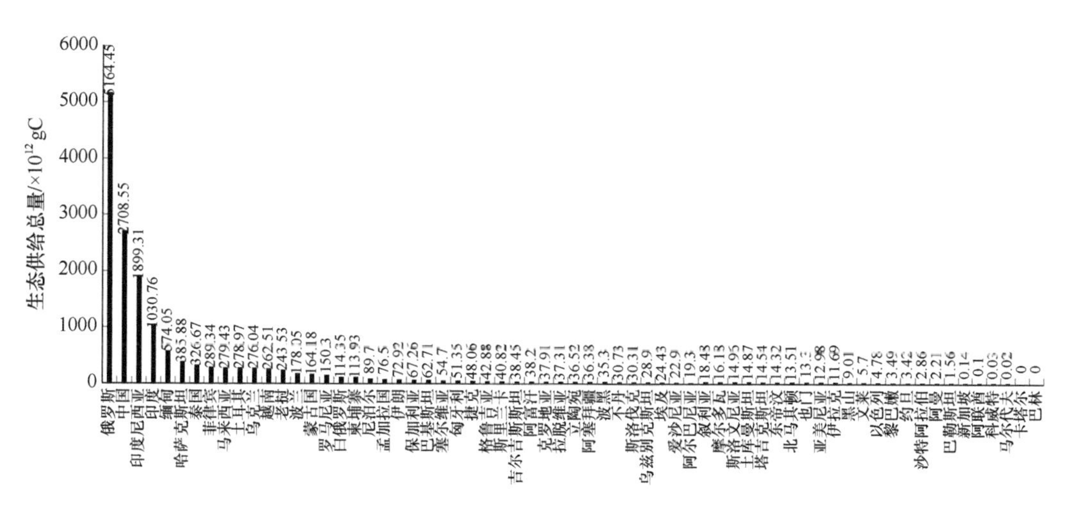

图 5-2　绿色丝绸之路各共建国家陆地生态系统生态供给总量

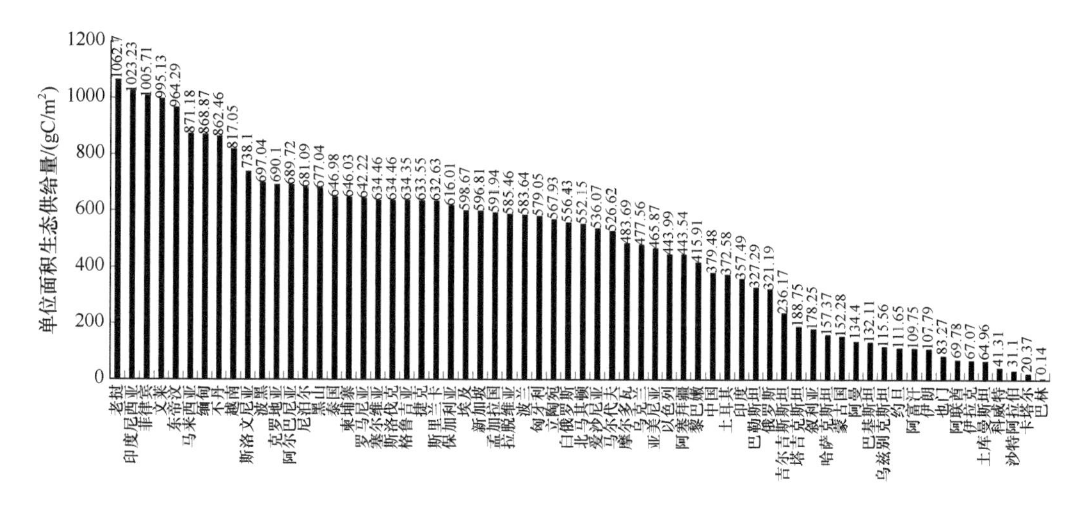

图 5-3　绿色丝绸之路共建国家单位面积陆地生态系统生态供给水平

2. 时间变化分析

2000 年以来，绿色丝绸之路共建国家陆地生态系统 NPP 在西北部和南部大部分地区呈现下降趋势，在东部和中部大部分地区呈现上升趋势。其中，NPP 下降区域面积为 1808.18 万 km^2（占全域面积的 35.62%，区域面积约 5076 万 km^2），上升区域面积为 2221.04 万 km^2（占全域面积的 43.76%）。

全域陆地生态系统 NPP 显著下降区域面积为 372.28 万 km^2（占全域面积的 7.33%），主要分布在全域的西部和南部，即东南亚南部、俄罗斯、孟加拉国等国家，乌克兰、蒙古国和中国等国家也有少量分布；全域陆地生态系统 NPP 显著上升区域面积为 503.48 万 km^2（占全域面积的 9.92%），主要分布在俄罗斯、中国、蒙古国、印度、土耳其和保加利亚等国家（图 5-4）。

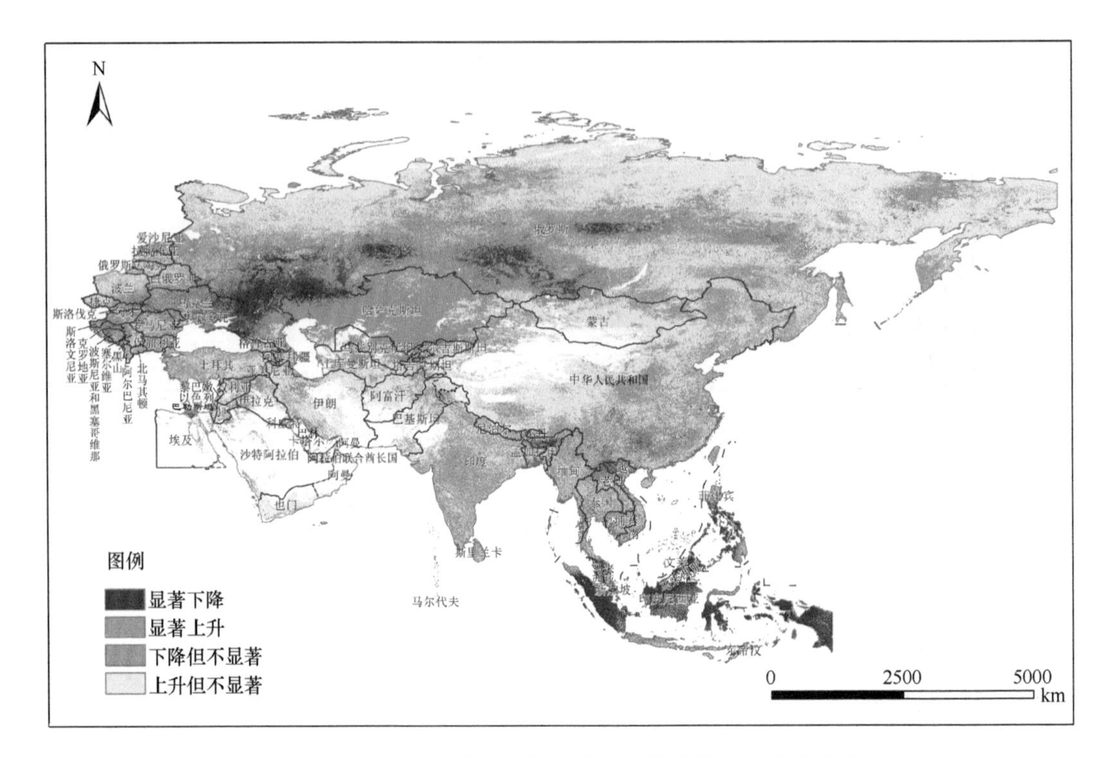

图 5-4　2000～2015 年共建国家陆地生态系统 NPP 变化趋势

5.1.2　农田生态供给

1. 空间变化分析

2000 年以来，绿色丝绸之路共建国家农田生态系统生态供给总量为（5.253±0.164）× 10^{15}gC，单位面积农田生态系统生态供给水平为（432.24±13.5）gC/m^2。

绿色丝绸之路共建国家单位面积农田生态系统生态供给水平总体呈现出由沿海向内陆递减的规律，生态供给高值区（>500gC/m^2）主要分布在东南亚、中东欧、中国的南部和东部沿海等地区；生态供给低值区（<100gC/m^2）主要分布在印度的西北部、巴基斯坦的东南部、哈萨克斯坦、乌兹别克斯坦、土库曼斯坦和伊朗等地区。

2. 时间变化分析

2000 年以来，绿色丝绸之路共建国家农田生态系统 NPP 北部和东南部大部分地区呈现下降趋势，中部大部分地区呈现上升趋势。其中，NPP 下降区域面积为 558.30 万 km^2（占全域面积的 11.00%），上升区域面积为 656.68 万 km^2（占全域面积的 12.94%）。

全域农田生态系统 NPP 显著下降区域面积为 128.95 万 km^2（占全域面积的 2.54%），主要分布在俄罗斯、哈萨克斯坦、乌克兰、东南亚国家等；全域农田生态系统 NPP 显著上升区域面积为 178.80 万 km^2（占全域面积的 3.52%），主要分布在中国、印度等国家（图 5-5）。

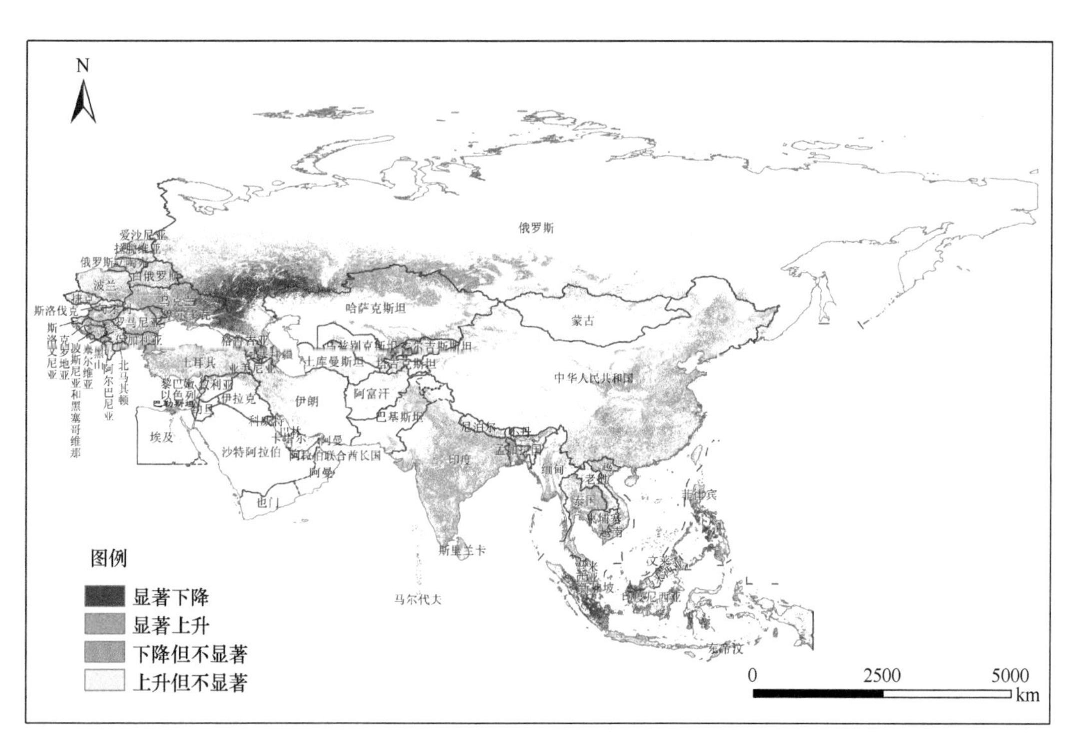

图 5-5　2000～2015 年共建国家农田生态系统 NPP 变化趋势

5.1.3　森林生态供给

1. 空间变化分析

2000 年以来，绿色丝绸之路共建国家森林生态系统生态供给总量为（8.023±0.191）× 10^{15}gC，单位面积森林生态系统生态供给水平为（511.18±12.16）gC/m^2。

绿色丝绸之路共建国家单位面积森林生态系统生态供给水平总体呈现出自南向北递减的规律，其中生态供给高值区（>500gC/m^2）主要分布在东南亚、中东欧以及俄罗斯的南部、中国的东南部和西北部等地区；生态供给低值区（<100gC/m^2）主要分布在印度的中部等地区。

2. 时间变化分析

2000 年以来，绿色丝绸之路共建国家森林生态系统 NPP 西部和南部大部分地区呈现下降趋势，东部和中部大部分地区呈现上升趋势。其中，NPP 下降区域面积为 772.38 万 km^2（占全域面积的 15.22%），上升区域面积为 796.20 万 km^2（占全域面积的 15.69%）。

全域森林生态系统 NPP 显著下降区域面积为 130.08 万 km^2（占全域面积的 2.56%），主要分布在俄罗斯、东南亚等地区；全域森林生态系统 NPP 显著上升区域面积为 153.65 万 km^2（占全域面积的 3.03%），主要分布在俄罗斯、蒙古国和中国等国家（图 5-6）。

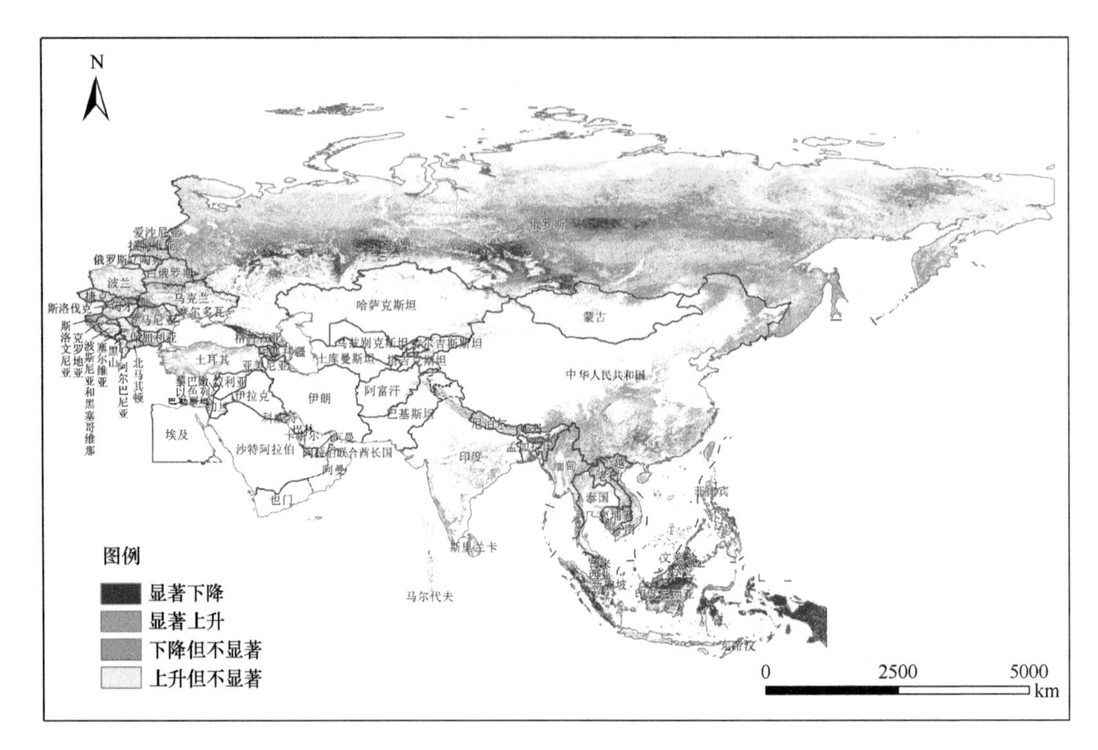

图 5-6　2000～2015 年共建国家森林生态系统 NPP 变化趋势

5.1.4　草地生态供给

1. 空间变化分析

2000 年以来，绿色丝绸之路共建国家草地生态系统生态供给总量为（9.44±0.23）× 10^{14}gC，单位面积草地生态系统生态供给水平为（185.23±4.70）gC/m^2。

绿色丝绸之路共建国家单位面积草地生态系统生态供给水平总体呈现出从沿海向内陆递减的规律，生态供给高值区（>500gC/m^2）零星分布在中东欧等地区；生态供给低值区（<100gC/m^2）主要分布在中国的青藏高原、哈萨克斯坦、阿富汗和巴基斯坦等地区。

2. 时间变化分析

2000 年以来，绿色丝绸之路共建国家草地生态系统 NPP 西部大部分地区呈现下降趋势，东部大部分地区呈现上升趋势。其中，NPP 下降区域面积为 178.76 万 km^2（占全域面积的 3.52%），上升区域面积为 326.83 万 km^2（占全域面积的 6.44%）。

全域草地生态系统 NPP 显著下降区域面积为 50.92 万 km^2（占全域面积的 1.00%），主要分布在哈萨克斯坦等国家；全域草地生态系统 NPP 显著上升区域面积为 89.79 万 km^2（占全域面积的 1.77%），主要在俄罗斯、蒙古国、中国等国家（图 5-7）。

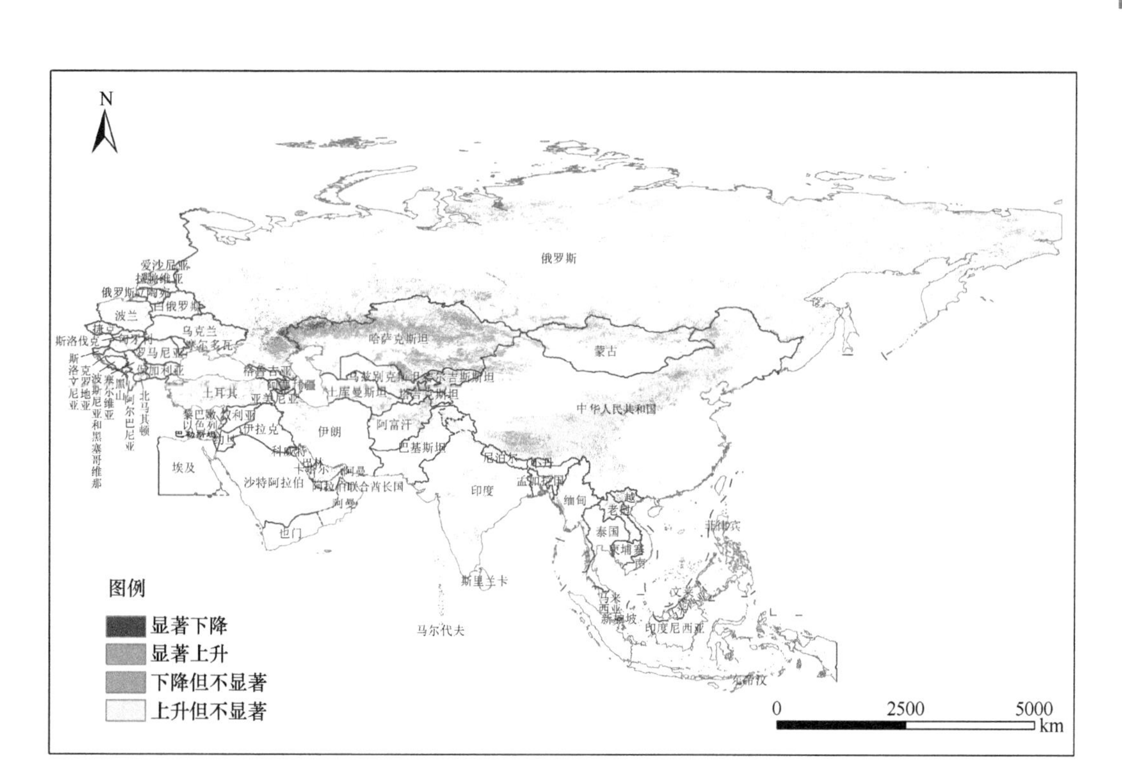

图 5-7　2000～2015 年共建国家草地生态系统 NPP 变化趋势

5.2　生态供给脆弱性分析

绿色丝绸之路共建国家大部分属于生态脆弱区。高度脆弱区总面积约为 190.80 万 km^2，占全域总面积的 3.76%。脆弱区主要受到生态系统自身的敏感度以及生态系统对人类的暴露度两方面的影响（闫慧敏等，2012；严岩等，2017）。

5.2.1　敏感度分析

如图 5-8 所示，绿色丝绸之路共建国家生态较为敏感。从空间上看，绿色丝绸之路共建国家大部分属于敏感区，极敏感区主要分布在位于亚洲西部的国家，蒙古国东部、俄罗斯西南部、北部和东部有少量分布。敏感区（敏感区+极敏感区）总面积约为 3037.49 万 km^2，占全域总面积的 59.84%；极敏感区总面积约为 572.08 万 km^2，占全域总面积的 11.27%。

1. 农田生态系统

如图 5-9 所示，绿色丝绸之路共建国家农田生态系统较为敏感。从空间上看，极敏感区主要分布在哈萨克斯坦北部、俄罗斯西南部、印度西部等地区。敏感区（敏感区+极敏感区）总面积约为 906.24 万 km^2，占全域总面积的 17.85%；极敏感区总面积约为 180.34 万 km^2，占全域总面积的 3.55%。

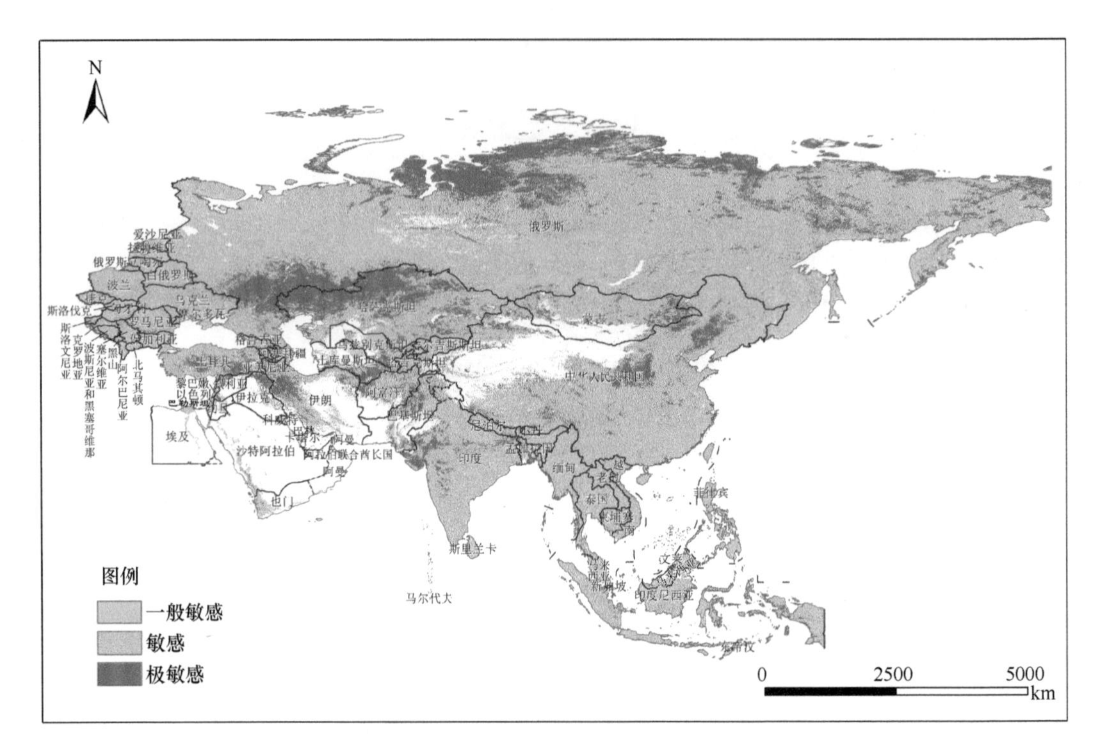

图 5-8　共建国家生态系统敏感区分布

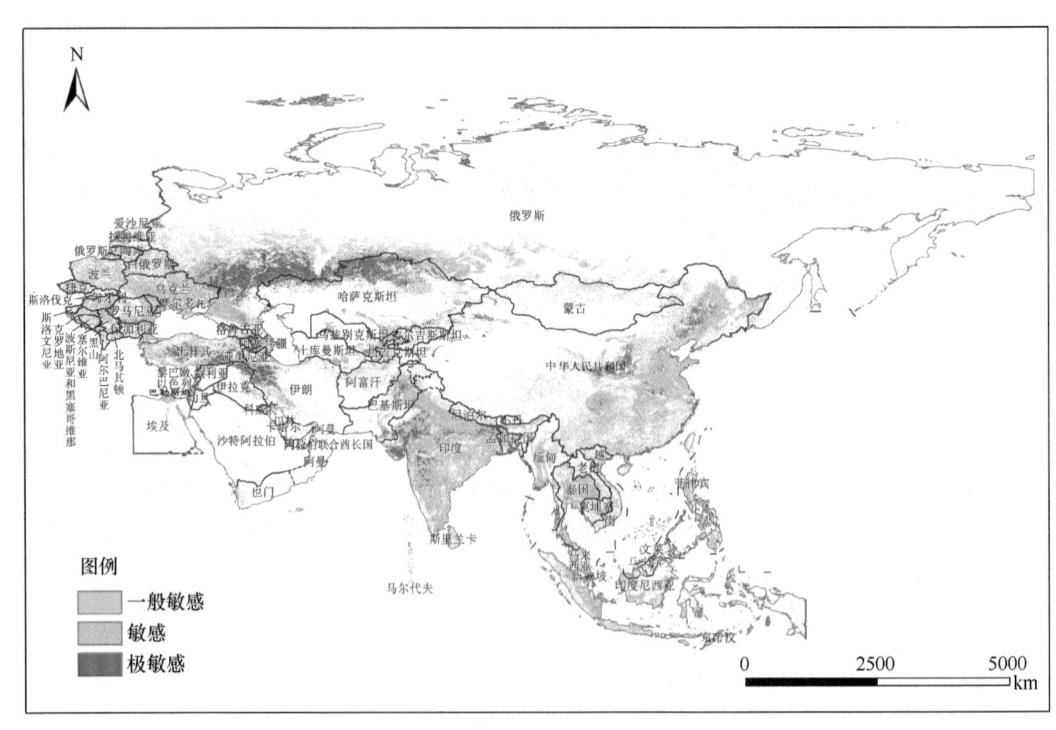

图 5-9　共建国家农田生态系统敏感区分布

2. 森林生态系统

如图 5-10 所示，绿色丝绸之路共建国家森林生态系统敏感度一般。从空间上看，极敏感区主要分布在俄罗斯东部等少量土地。敏感区（敏感区+极敏感区）总面积约为 1041.71 万 km^2，占全域总面积的 20.52%；极敏感区总面积约为 75.39 万 km^2，占全域总面积的 1.49%。

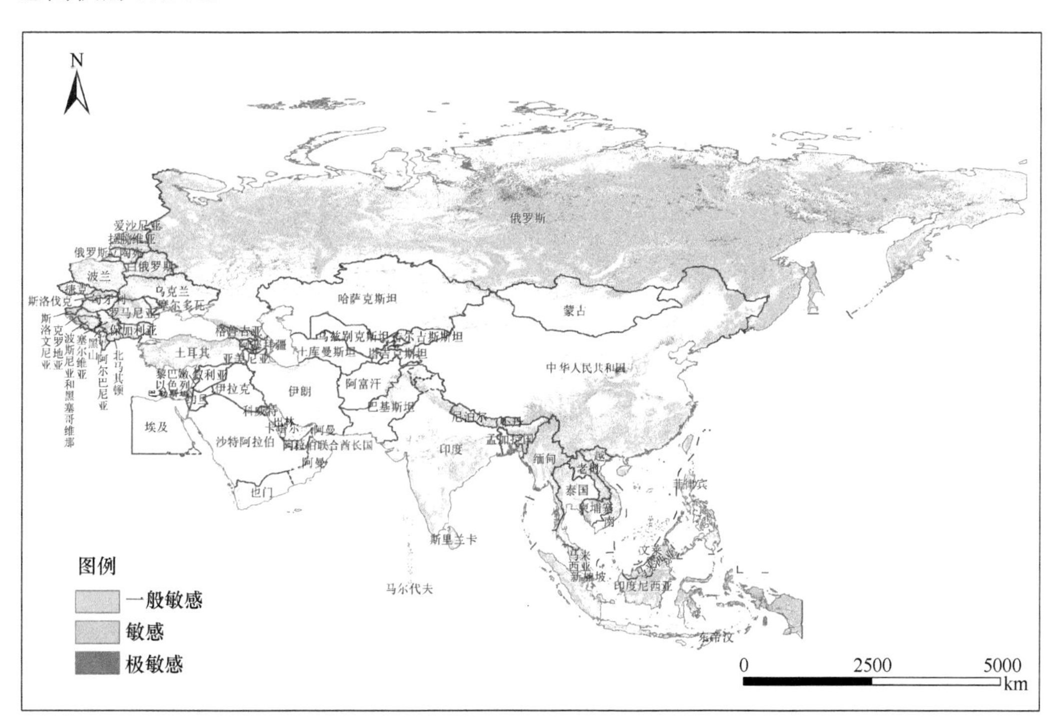

图 5-10　共建国家森林生态系统敏感区分布

3. 草地生态系统

如图 5-11 所示，绿色丝绸之路共建国家草地生态系统敏感度一般。从空间上看，极敏感区主要分布在哈萨克斯坦西北部、蒙古国东部、中国北部等少量土地。敏感区（敏感区+极敏感区）总面积约为 444.03 万 km^2，占全域总面积的 8.75%；极敏感区总面积约为 86.52 万 km^2，占全域总面积的 1.70%。

5.2.2　暴露度分析

如图 5-12 所示，绿色丝绸之路共建国家大部分地区呈中等以上暴露。全域约有 4779.24 万 km^2 的土地属于中等及以上暴露区，占全域总面积的 94.15%；约有 1694.06 万 km^2 的土地属于强烈暴露区，占全域总面积的 33.37%。从空间上看，强烈暴露区在绿色丝绸之路各个共建国家均有分布，与绿色丝绸之路各共建国家国内以及周边国家的城市、人口、交通线路的空间分布存在密切的空间依赖关系。

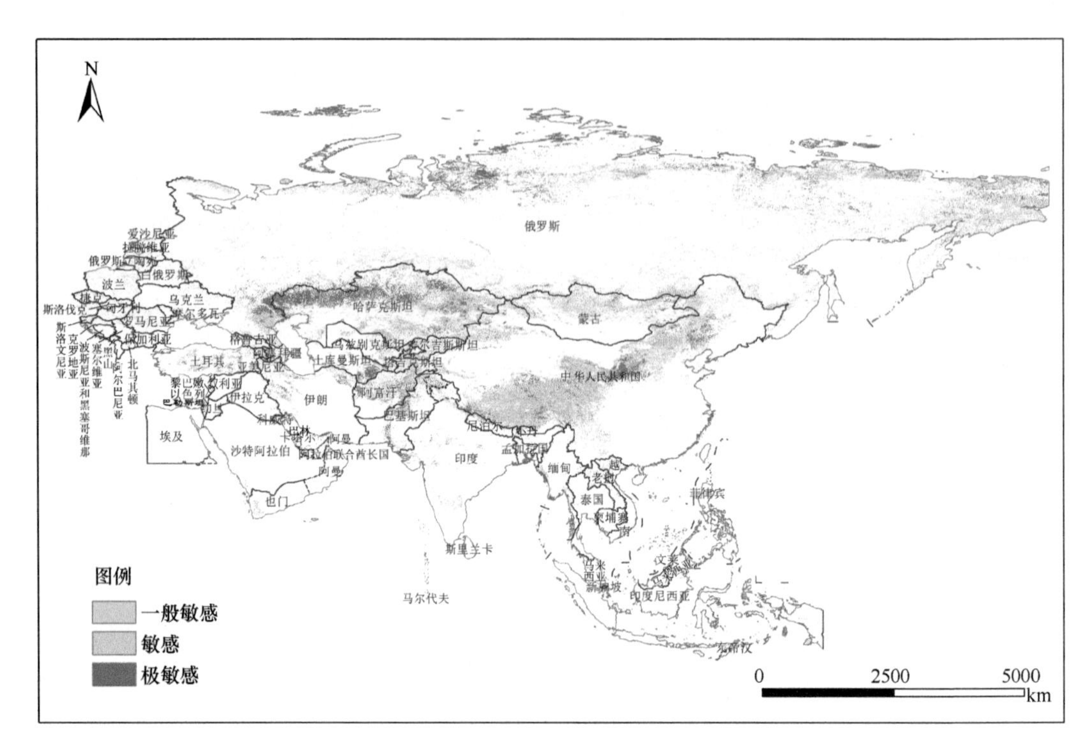

图 5-11　共建国家草地生态系统敏感区分布

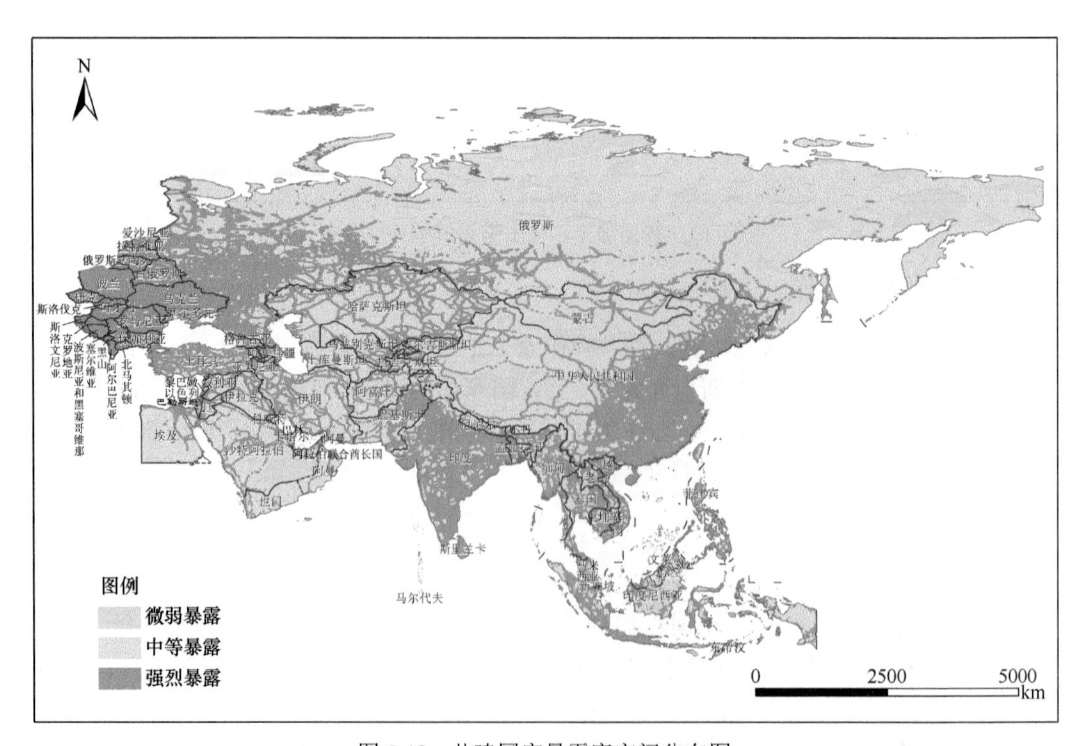

图 5-12　共建国家暴露度空间分布图

1. 农田生态系统

如图 5-13 所示，绿色丝绸之路共建国家农田生态系统大部分地区呈中等以上暴露。全域农田生态系统约有 1245.90 万 km^2 的土地属于中等及以上暴露区，占全域总面积的 24.54%；约有 881.16 万 km^2 的土地属于强烈暴露区，占全域总面积的 17.36%。从空间上看，强烈暴露区主要分布在俄罗斯东南部、中东欧、土耳其、哈萨克斯坦北部和南部、中国的东部和东南部与东北部、印度、巴基斯坦、缅甸和泰国等地区。

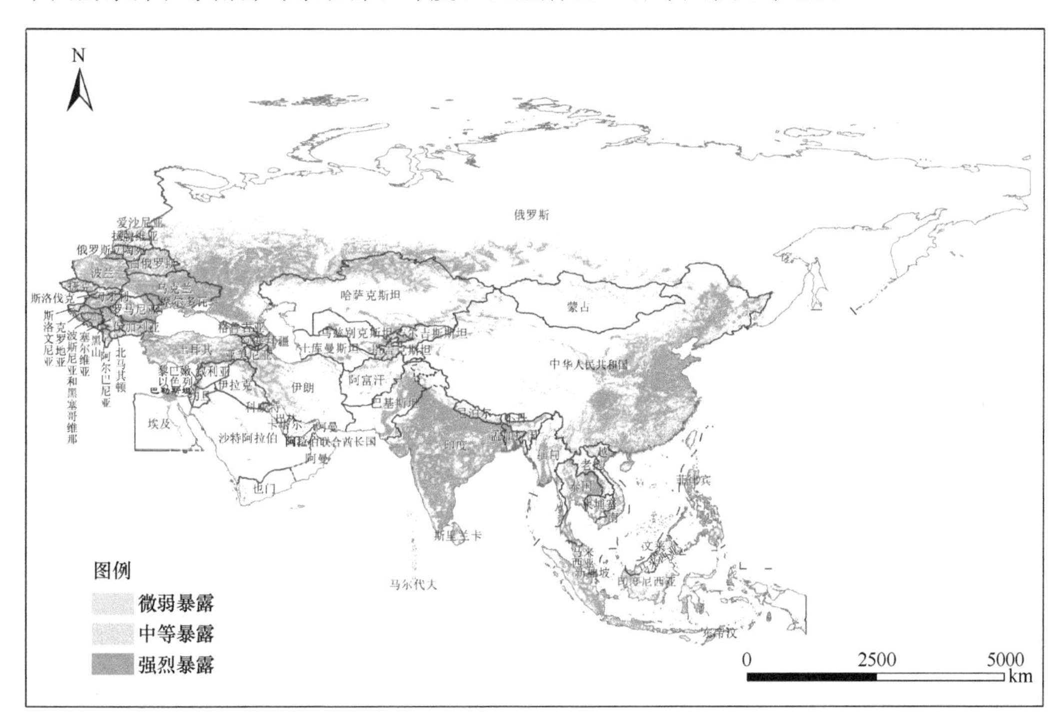

图 5-13　共建国家农田生态系统暴露度空间分布图

2. 森林生态系统

如图 5-14 所示，绿色丝绸之路共建国家森林生态系统大部分地区呈中等以上暴露。全域森林生态系统约有 1525.23 万 km^2 的土地属于中等及以上暴露区，占全域总面积的 30.05%；约有 403.46 万 km^2 的土地属于强烈暴露区，占全域总面积的 7.95%。从空间上看，强烈暴露区主要分布在俄罗斯南部和西部、中东欧、中国的西南部和东北部、东南亚的北部等地区。

3. 草地生态系统

如图 5-15 所示，绿色丝绸之路共建国家草地生态系统大部分地区呈中等以上暴露。全域草地生态系统约有 560.61 万 km^2 的土地属于中等及以上暴露区，占全域总面积的 11.04%；约有 164.23 万 km^2 的土地属于强烈暴露区，占全域总面积的 3.24%。从空间上看，强烈暴露区主要分布在哈萨克斯坦北部和东部、蒙古国北部、中国的黄土高原和青藏高原、阿富汗中部等地区。

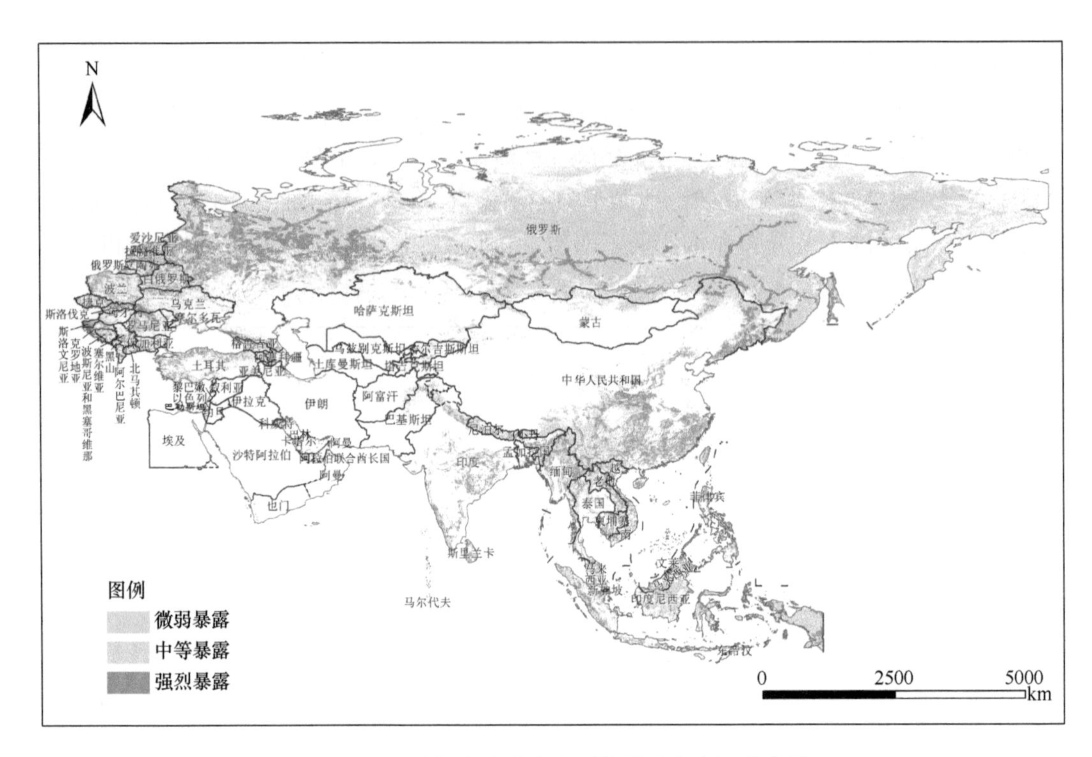

图 5-14　共建国家森林生态系统暴露度空间分布图

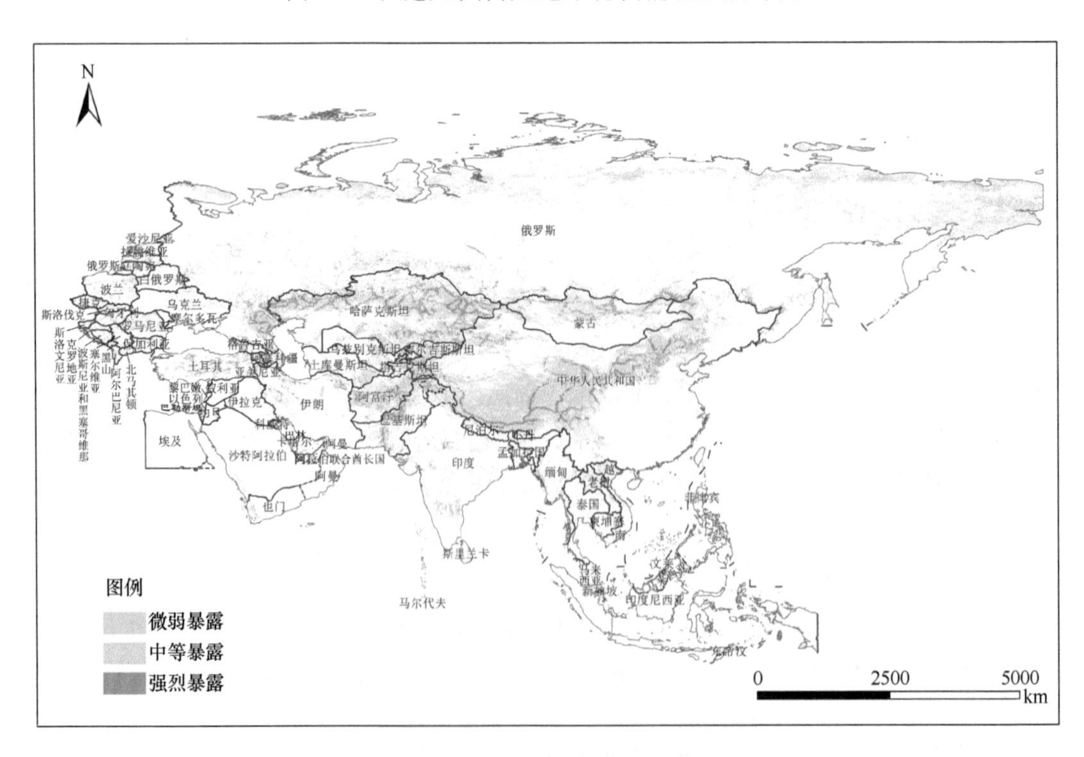

图 5-15　共建国家草地生态系统暴露度空间分布图

5.2.3　脆弱性分析

如图 5-16 所示，绿色丝绸之路共建国家大部分地区属于脆弱区。全域约有 4006.77 万 km^2 的土地属于脆弱区，占全域总面积的 78.94%；约有 190.80 万 km^2 的土地属于高度脆弱区，占全域总面积的 3.76%。从空间上看，高度脆弱区主要分布在俄罗斯西南部、哈萨克斯坦、印度、巴基斯坦、土耳其、伊拉克、蒙古国等地区。

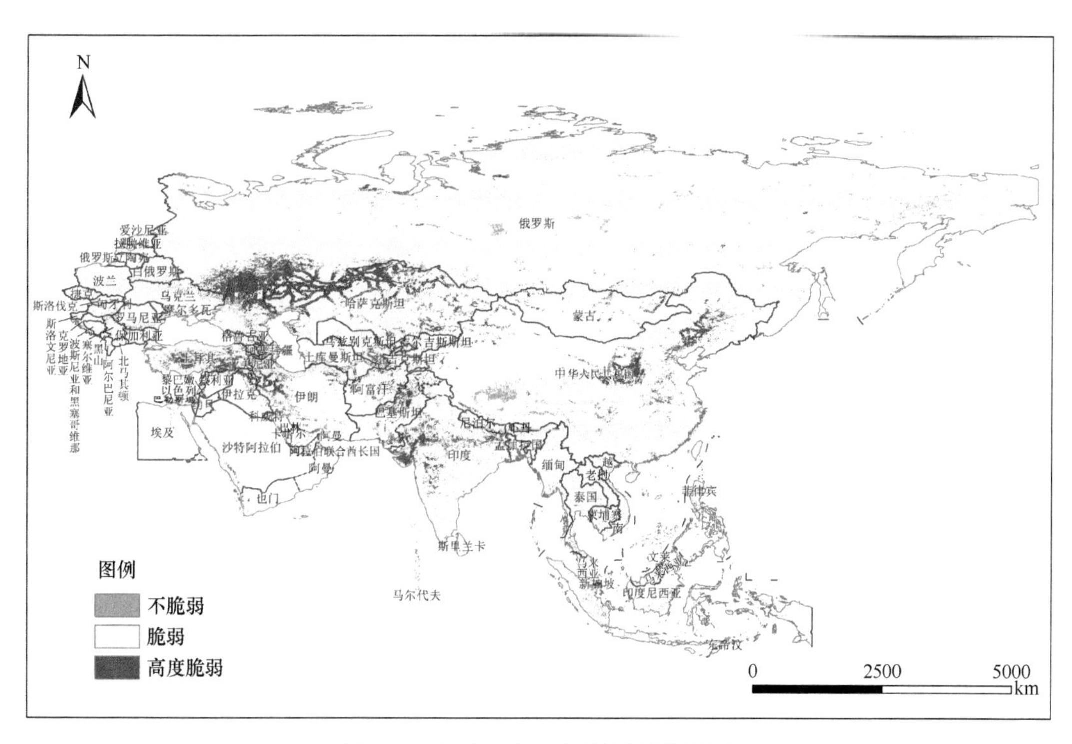

图 5-16　共建国家生态系统脆弱区分布

1. 农田生态系统

如图 5-17 所示，绿色丝绸之路共建国家农田生态系统大部分地区属于脆弱区。全域约有 1095.18 万 km^2 的土地属于脆弱区，占全域总面积的 21.58%；约有 117.74 万 km^2 的土地属于高度脆弱区，占全域总面积的 2.32%。从空间上看，高度脆弱区主要分布在哈萨克斯坦北部、俄罗斯西南部、土耳其、印度、巴基斯坦等地区。

2. 森林生态系统

如图 5-18 所示，绿色丝绸之路共建国家森林生态系统大部分地区属于脆弱区。全域约有 1558.44 万 km^2 的土地属于脆弱区，占全域总面积的 30.70%；约有 5.80 万 km^2 的土地属于高度脆弱区，占全域总面积的 0.11%。从空间上看，高度脆弱区分布在印度、中国和俄罗斯的少量土地上。

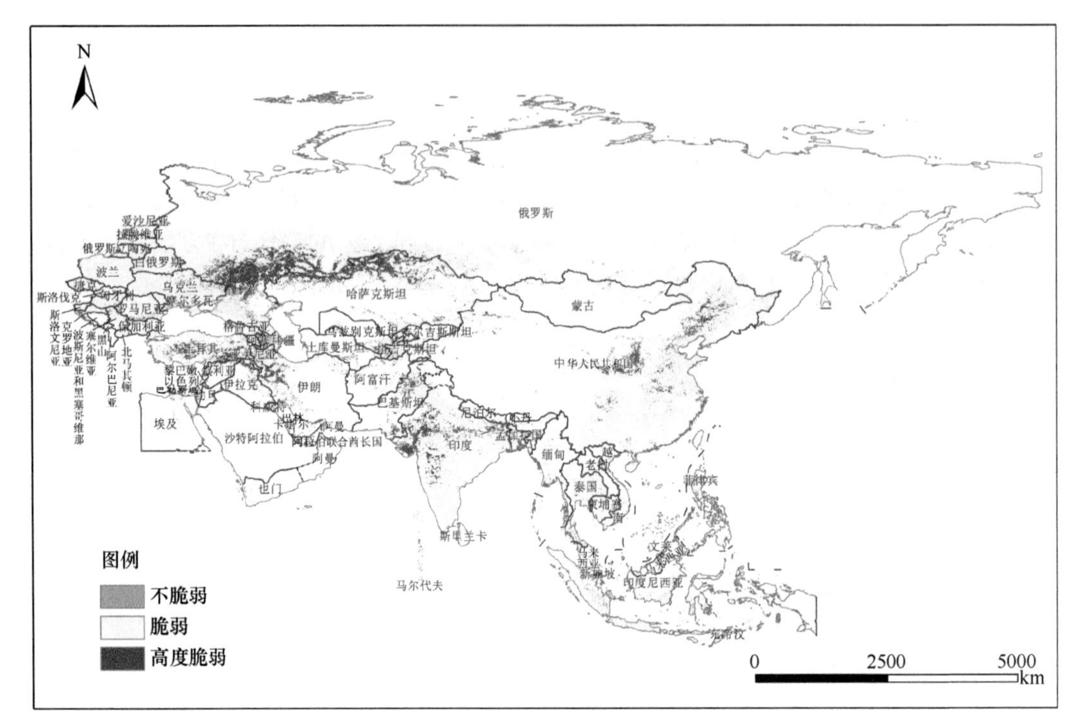

图 5-17　共建国家农田生态系统脆弱区分布

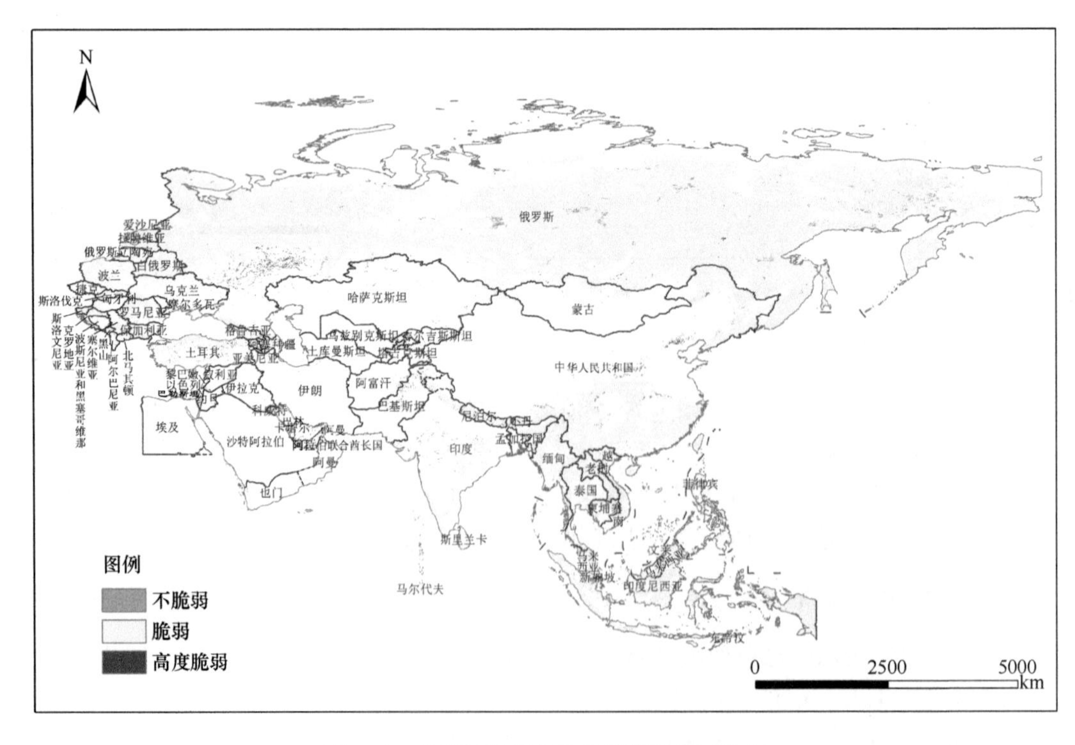

图 5-18　共建国家森林生态系统脆弱区分布

3. 草地生态系统

如图 5-19 所示，绿色丝绸之路共建国家草地生态系统大部分地区属于脆弱区。全域约有 478.15 万 km^2 的土地属于脆弱区，占全域总面积的 9.42%；约有 25.39 万 km^2 的土地属于高度脆弱区，占全域总面积的 0.50%。从空间上看，高度脆弱区主要分布在哈萨克斯坦、俄罗斯西南部、蒙古国北部、中国东北部和黄土高原、巴基斯坦等地区。

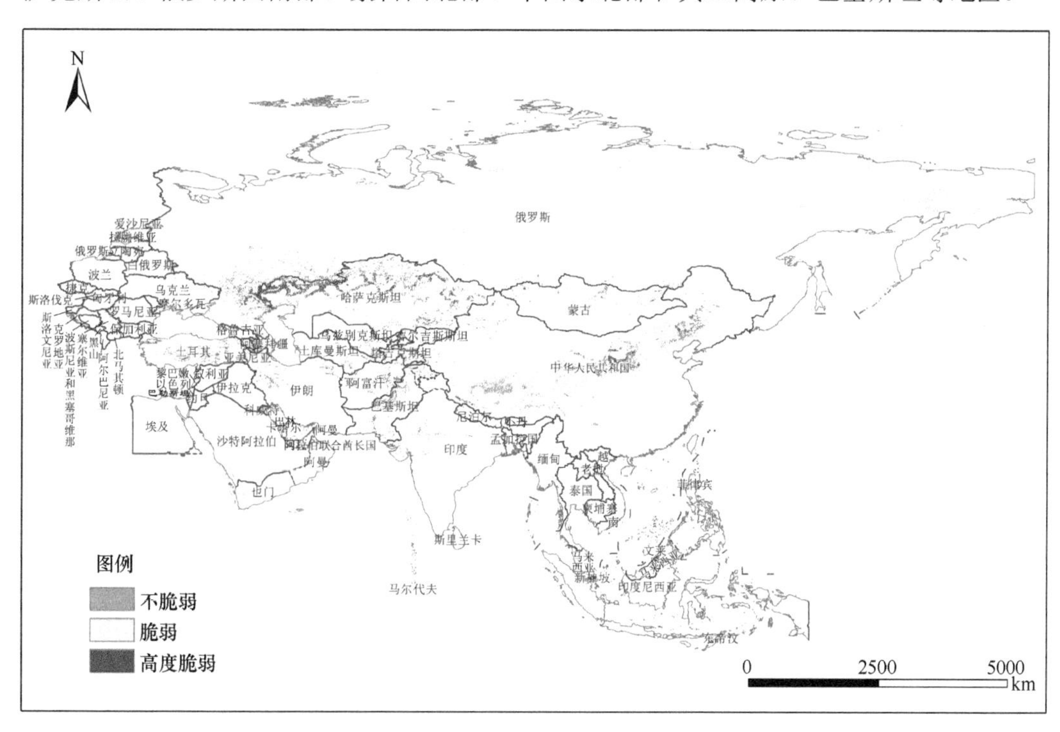

图 5-19　共建国家草地生态系统脆弱区分布

5.3　生态供给限制性分析

5.3.1　要素特征

1. 供给水平

绿色丝绸之路共建国家生态系统生态供给总量为（1.5656±0.0343）$\times10^{16}$gC，单位面积陆地生态系统生态供给水平为（387.78±8.51）gC/m^2。其中，单位面积森林生态系统生态供给水平>单位面积农田生态系统生态供给水平>单位面积草地生态系统生态供给水平。2000 年以来，绿色丝绸之路共建国家陆地生态系统 NPP 在西北部和南部大部分地区呈现下降趋势，在东部和中部大部分地区呈现上升趋势。其中，NPP 下降区域面积占全域面积的 35.62%，显著下降区域面积占全域面积的 7.33%；上升区域面积占全域面积的 43.76%，显著上升区域面积占全域面积的 9.92%。

2. 脆弱性

绿色丝绸之路共建国家生态较为脆弱。全国约有 4006.77 万 km^2 的土地属于脆弱区，占全域总面积的 78.94%。脆弱区同时受到生态系统自身的敏感度、生态系统对人类的暴露度两方面的影响。具体来说，绿色丝绸之路共建国家生态较为敏感，敏感区（敏感区和极敏感区）总面积约为 3037.49 万 km^2，占全域总面积的 59.84%。绿色丝绸之路共建国家生态系统暴露程度中等，中等以上暴露区（中等暴露和强烈暴露）总面积约为 4779.24 万 km^2，占全域总面积的 94.15%，其中约有 1694.06 万 km^2 的土地属于强烈暴露区，占全域总面积的 33.37%。

5.3.2　供给水平与脆弱性阈值

1. 供给水平

本研究使用单位面积 NPP 的时空变化特征来表征生态系统供给水平（董昱等，2019；杜文鹏等，2020）。具体阈值见表 4-2。

2. 脆弱性

本研究使用人类活动的暴露度水平来表征生态系统暴露度（高清竹等，2007）。微弱暴露表示不在设定的全球居民点、道路、铁路、线状水系 10～100km 缓冲区内，中等暴露表示在设定的全球居民点、道路、铁路、线状水系 50～100km 缓冲区内，强烈暴露表示在设定的全球居民点、道路、铁路、线状水系 10～50km 缓冲区内。使用 NPP、EVI 逐年数据的变异系数（CV）来表征生态系统敏感度（李赟凯等，2020）。具体的脆弱性分区见表 4-2。

5.3.3　限制性分区

1. 全域生态供给限制性分区制图

绿色丝绸之路共建国家限制性较高区（Ⅴ级限制区、Ⅳ级限制区）总面积约为 590.86 万 km^2，占全域总面积的 11.64%。从空间上看（图 5-20），限制性较高的地区主要分布在西南部，包括中亚五国、印度、伊拉克、蒙古国、中国和巴基斯坦等地区。从 NPP 多年平均值的统计上来看（表 5-1），限制性越大，区域内 NPP 的多年平均值越小，Ⅰ级限制区、Ⅱ级限制区的 NPP 多年平均值接近，而Ⅱ级限制区由于面积较大，其 NPP 总量是最高的，Ⅰ级限制区和Ⅴ级限制区由于面积均较小，其 NPP 总量相当，均是最低的。

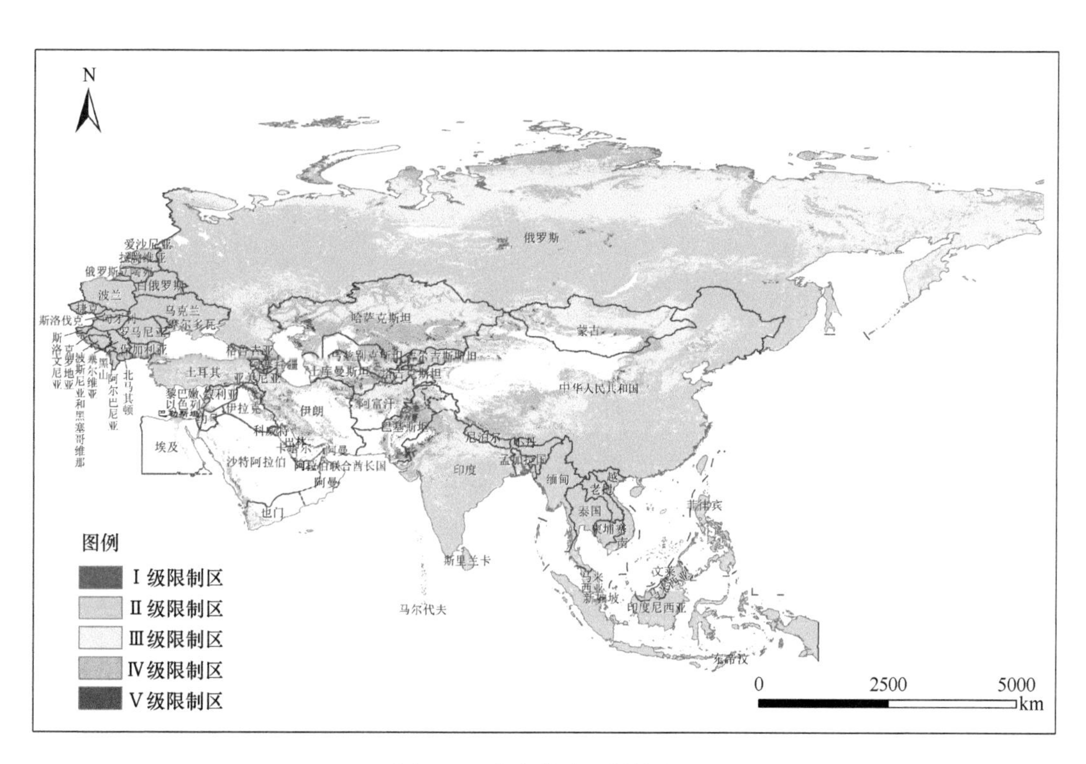

图 5-20 生态供给限制性分区

表 5-1 全区限制性分区各限制区多年平均 NPP

分区	各限制区单位面积多年平均 NPP 均值/（gC/m^2）	各限制区多年平均 NPP 总量/gC
Ⅰ级限制区	457.79	2.7×10^{13}
Ⅱ级限制区	590.02	1.2×10^{16}
Ⅲ级限制区	203.69	2.7×10^{15}
Ⅳ级限制区	83.69	4.5×10^{14}
Ⅴ级限制区	52.56	2.7×10^{13}

2. 农田生态供给限制性分区制图

绿色丝绸之路共建国家农田生态限制性呈现两边低中间高的特征。其中，限制性较低区（Ⅰ级限制区、Ⅱ级限制区）总面积约为 992.98 万 km^2，占全域总面积的 19.56%；限制性较高区（Ⅴ级限制区、Ⅳ级限制区）总面积约为 316.10 万 km^2，占全域总面积的 6.23%。从空间上看（图 5-21），农田生态限制性较高的地区主要分布在中亚、巴基斯坦、印度、伊朗、伊拉克等地区；限制性较低的地区主要分布在俄罗斯、印度、中国等地区。从 NPP 多年平均值的统计上来看（表 5-2），限制性越大，区域内的 NPP 多年平均值越小，而Ⅱ级限制区由于面积较大，其 NPP 总量是最高的，Ⅰ级限制区由于面积最小，其 NPP 总量是最低的。

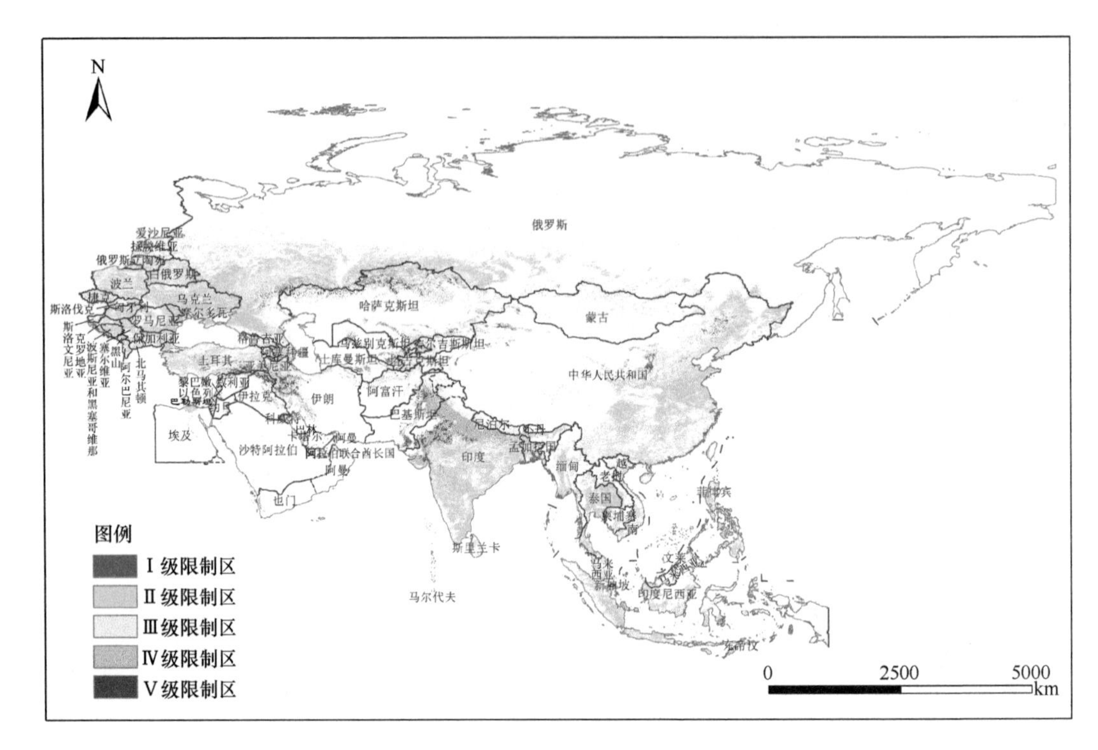

图 5-21　农田生态系统供给限制性分区

表 5-2　农田生态系统限制性分区各限制区多年平均 NPP

分区	各限制区单位面积多年平均 NPP 均值/（gC/m^2）	各限制区多年平均 NPP 总量/gC
Ⅰ级限制区	859.22	1.0×10^{12}
Ⅱ级限制区	547.11	5.4×10^{15}
Ⅲ级限制区	267.14	7.0×10^{14}
Ⅳ级限制区	151.80	3.8×10^{14}
Ⅴ级限制区	117.54	8.0×10^{13}

3. 森林生态供给限制分区制图

绿色丝绸之路全域北部森林生态限制性较高，南部森林生态限制性较低。其中，限制性较低区（Ⅰ级限制区、Ⅱ级限制区）总面积约为 959.68 万 km^2，占全域总面积的 18.91%；限制性较高区（Ⅴ级限制区、Ⅳ级限制区）总面积约为 1736.25 万 km^2，占全域总面积的 34.20%。从空间上看（图 5-22），限制性较低的地区主要分布俄罗斯西南部、东欧国家、东南亚国家、中国等地区；限制性较高的地区主要分布俄罗斯东部北部、印度北部、土耳其、中国等地区。从 NPP 多年平均值的统计上来看（表 5-3），Ⅱ级限制区内的 NPP 平均值最大，且Ⅱ级限制区由于面积较大，其 NPP 总量是最高的；Ⅴ级限制区的 NPP 平均值最小，且由于Ⅴ级限制区面积最小，其 NPP 总量也是最低的。

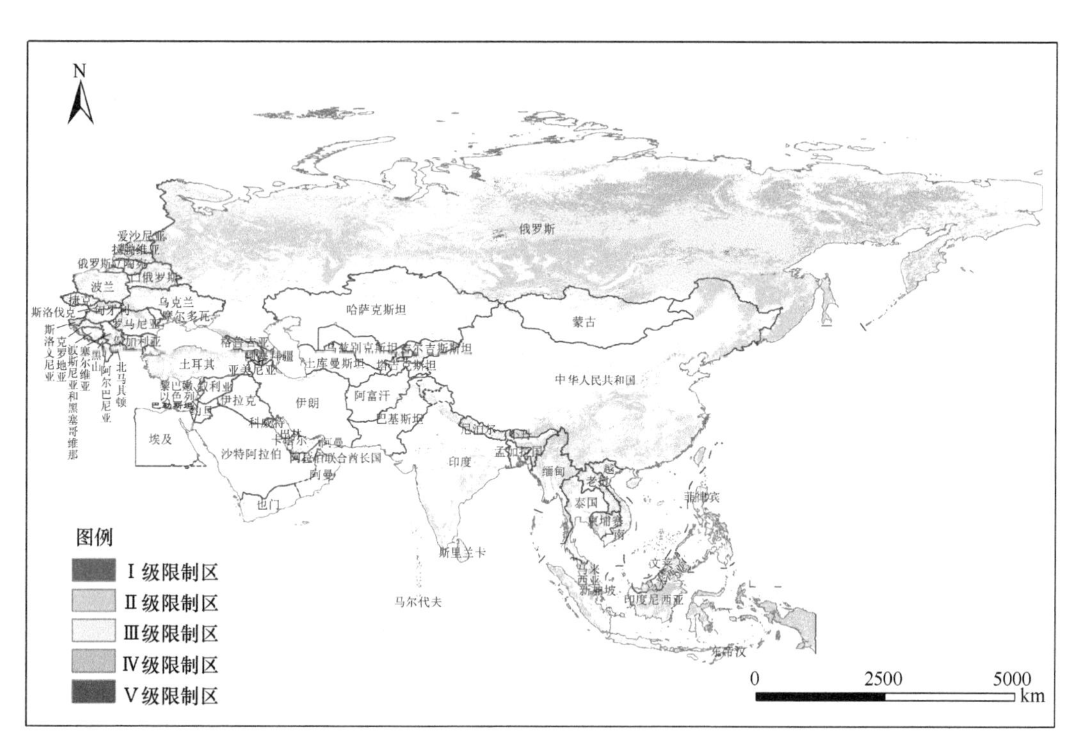

图 5-22　森林生态系统供给限制性分区

表 5-3　森林生态系统各限制区多年平均 NPP

分区	各限制区单位面积多年平均 NPP 均值/（gC/m^2）	各限制区多年平均 NPP 总量/gC
Ⅰ级限制区	588.67	1.2×10^{13}
Ⅱ级限制区	711.17	6.8×10^{15}
Ⅲ级限制区	384.65	3.3×10^{15}
Ⅳ级限制区	218.25	1.9×10^{15}
Ⅴ级限制区	188.97	8.8×10^{12}

4. 草地生态供给限制性分区制图

绿色丝绸之路共建国家草地生态限制性较高。其中，限制性较高区（Ⅴ级限制区、Ⅳ级限制区）总面积约为 641.28 万 km^2，占全域总面积的 12.63%。从空间上看（图 5-23），草地生态限制性较高的地区主要分布在哈萨克斯坦、吉尔吉斯斯坦、塔吉克斯坦、蒙古国、俄罗斯、阿富汗、中国等国家。从 NPP 多年平均值的统计上来看（表 5-4），限制性越大，区域内 NPP 的多年平均值越小，Ⅰ级、Ⅱ级限制区均值接近，Ⅳ级、Ⅴ级限制区均值接近，而Ⅲ级限制区由于面积较大，其 NPP 总量是最高的，Ⅰ级限制区由于面积最小，其 NPP 总量是最低的。

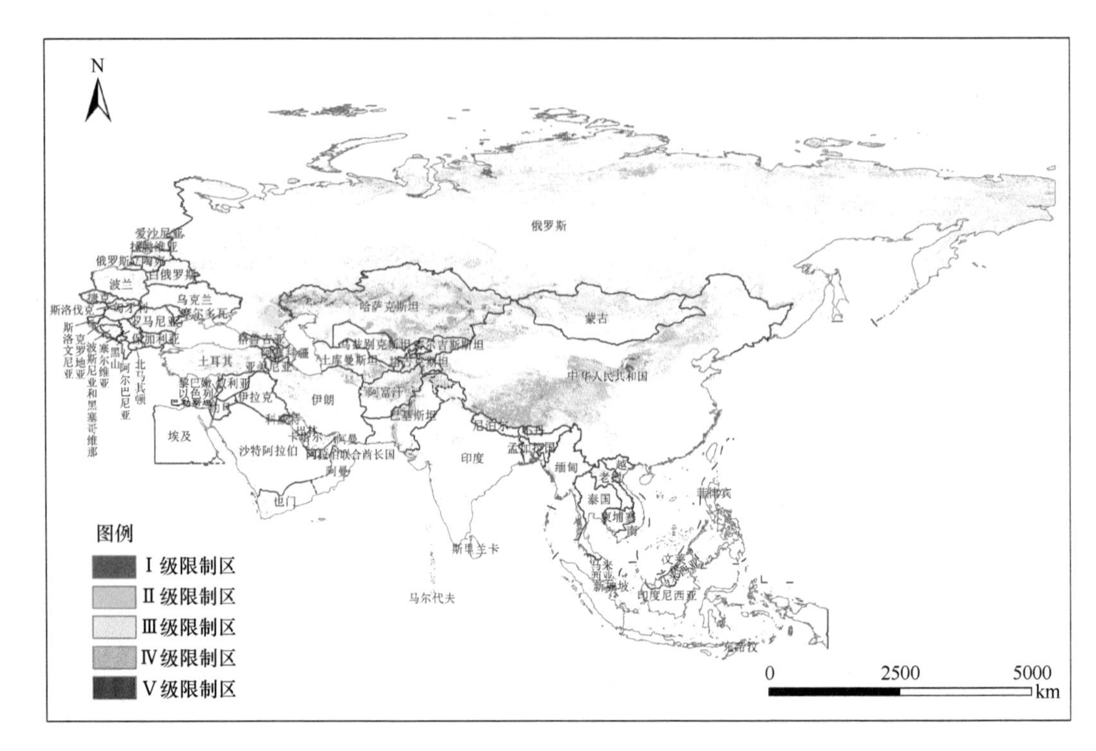

图 5-23　草地生态系统供给限制性分区

表 5-4　草地生态系统各限制区多年平均 NPP

分区	各限制区单位面积多年平均 NPP 均值/（gC/m^2）	各限制区多年平均 NPP 总量/gC
Ⅰ级限制区	390.25	4.2×10^{10}
Ⅱ级限制区	438.28	4.6×10^{14}
Ⅲ级限制区	204.02	6.8×10^{14}
Ⅳ级限制区	94.43	2.9×10^{14}
Ⅴ级限制区	95.76	1.3×10^{13}

参 考 文 献

杜文鹏, 闫慧敏, 封志明, 等. 2020. 基于生态供给-消耗平衡关系的中尼廊道地区生态承载力研究. 生态学报, 40(18): 6445-6458.

董昱, 闫慧敏, 杜文鹏, 等. 2019. 基于供给-消耗关系的蒙古高原草地承载力时空变化分析. 自然资源学报, 34(5): 1093-1107.

高清竹, 万运帆, 李玉娥, 等. 2007. 藏北高寒草地 NPP 变化趋势及其对人类活动的响应. 生态学报, (11): 4612-4619.

李赟凯, 闫慧敏, 董昱, 等. 2020. “一带一路”地区生态承载力评估系统设计与实现. 地理与地理信息科学, 36(2): 47-53.

闫慧敏, 甄霖, 李凤英, 等. 2012. 生态系统生产力供给服务合理消耗度量方法——以内蒙古草地样带为例. 资源科学, 34(6): 998-1006.

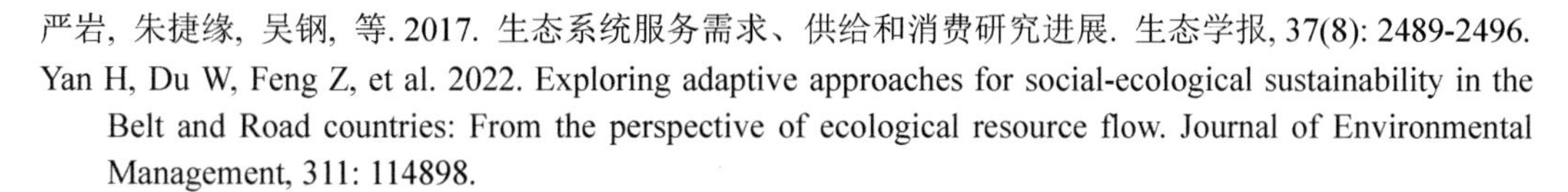

严岩, 朱捷缘, 吴钢, 等. 2017. 生态系统服务需求、供给和消费研究进展. 生态学报, 37(8): 2489-2496.

Yan H, Du W, Feng Z, et al. 2022. Exploring adaptive approaches for social-ecological sustainability in the Belt and Road countries: From the perspective of ecological resource flow. Journal of Environmental Management, 311: 114898.

Zhen L, Xu Z, Zhao Y, et al. 2019. Ecological Carrying Capacity and Green Development in the “Belt and Road” Initiative Region. Journal of Resources and Ecology, 10(6): 569-573.

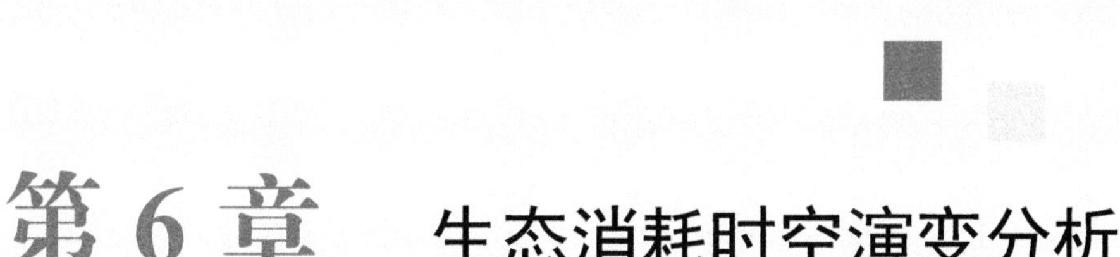

第6章 生态消耗时空演变分析

本章以世界粮食及农业组织和世界银行数据为基础，基于物质守恒定律，从全域、分区和国家尺度研究绿色丝绸之路共建国家生态消耗的动态特征，探明该区域生态消耗模式演变及其主要影响因素。结果表明：①全域尺度，农田、森林、草地及综合生态消耗总量均显著增长；分区尺度，各类生态消耗的演变差异显著；国家尺度，区域经济愈发达，其农田、森林、草地及综合生态消耗强度愈大，反之愈小。②跨区域生态消耗分为输出型和输入型，输出型生态消耗国家主要分布于东南亚、中东欧地区等区域，输入型国家主要分布于中亚、中东/西亚地区。③生态消耗类型主要有“农田主导”“农林并重”“农林草并重”等 7 种，不同生态消耗模式的生态消耗水平、消耗结构与演变特征不同。本章不仅有助于掌握绿色丝绸之路共建国家生态消耗格局与演变机理，还可为中国绿色丝绸之路建设中生态系统服务的投资、贸易、补贴等方面提供数据支撑。

6.1　农田生态消耗

6.1.1　全域尺度

1. 消耗水平

2000～2020 年，绿色丝绸之路共建国家年农田消耗总量和年人均农田消耗量呈增加态势，其中年农田消耗总量从 2000 年的 33.6 亿 t 增加到 2015 年的 48.0 亿 t 和 2020 年的 45.3 亿 t，平均为 40.93 亿 t；年人均农田消耗量则从 2000 年的 0.86t 增加到 2015 年的 1.04t 和 2020 年的 0.94t，平均为 0.93t。回归分析表明，全域年农田消耗总量呈显著线性增长态势，$y = 3.482x + 30.484$，$R^2 = 0.8566$，$p<0.01$（图 6-1）。

2. 消耗结构

2020 年全域农田消耗以谷物、蔬果和糖类与糖占主导，分别约占农田消耗总量的 39.4%、22.4%和 20.1%，随后是薯类、油料与油，分别约占农田消耗总量的 8.4%、6.9%，之后依次为纤维类、豆类和特色作物消耗，分别约占农田消耗总量的 1.5%、1.1%和 0.1%，各类农产品消耗占比详见图 6-2。

2000～2020 年绿色丝绸之路全域农田消耗结构变化较明显，集中表现为薯类消耗占比和特色作物消耗占比分别为显著降低和极显著降低，而蔬果消耗占比则极显著增加。不同年份各类农产品消耗占比演变特征详见图 6-2 和表 6-1。

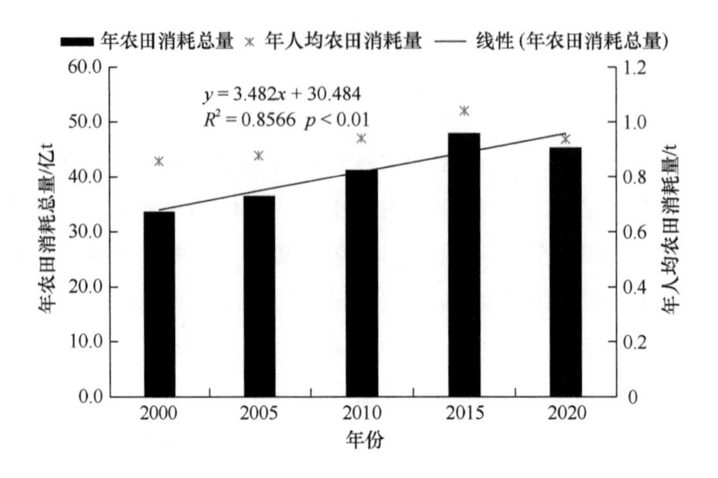

图 6-1　2000～2020 年全域农田消耗水平演变

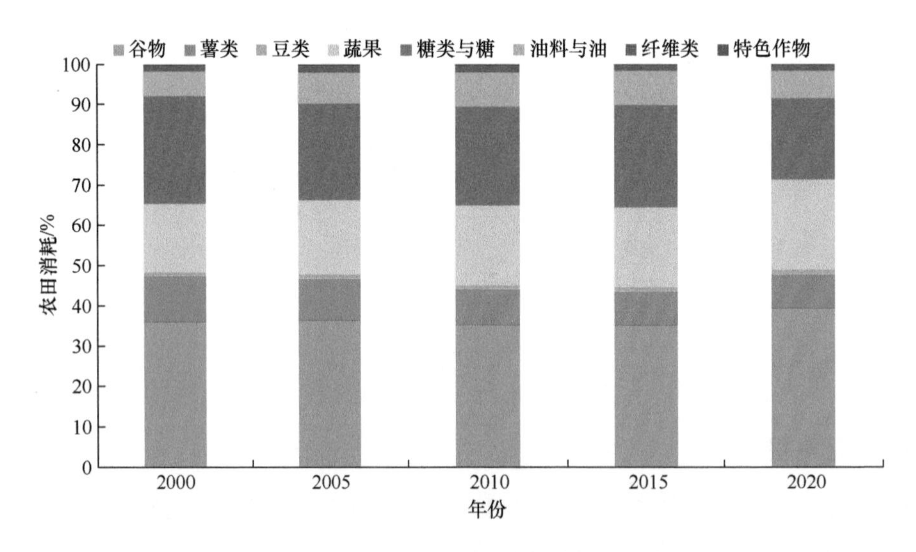

图 6-2　2000～2020 年全域农田消耗结构演变

表 6-1　2000～2020 年全域尺度农产品消耗占比与年份的相关系数

变量	谷物	薯类	豆类	蔬果	糖类与糖	油料与油	纤维类	特色作物
年份	0.5019	–0.9410*	0.8228	0.9656**	–0.7521	0.3251	–0.2846	–0.9912**
显著性	0.3889	0.0171	0.0871	0.0076	0.1426	0.5935	0.6426	0.0010

*为显著相关；

**为极显著相关。

6.1.2　分区尺度

1. 消耗水平

各地理分区年农田消耗总量从大到小依次为东南亚＞中国＞中东/西亚＞中东欧＞

蒙俄＞中亚，分别为 16.8 亿 t、15.6 亿 t、3.6 亿 t、2.6 亿 t、1.7 亿 t、0.6 亿 t。各区年农田消耗总量演变特征因时段和分区的不同而不同，其中中东欧年农田消耗总量在 2005 年达到最大值，2.9 亿 t，此后不断降低，而其余分区呈波动增加态势。趋势分析结果表明，除蒙俄和中东欧年农田消耗总量呈无显著规律的波动变化外，其余分区年农田消耗总量均呈显著增长态势。各分区年农田消耗总量演变特征详见图 6-3（a）。

各地理分区年人均农田消耗量大小排序因年份不同而不同，其中 2000 年大小排序为中东欧＞蒙俄＞中东/西亚＞中国＞东南亚＞中亚，2005 年为中东欧＞蒙俄＞中国＞中东/西亚＞中亚＞东南亚，2020 年为中东欧＞中国＞蒙俄＞中亚＞中东/西亚＞东南亚，2000～2020 年东南亚、蒙俄、中东/西亚、中东欧、中国和中亚年人均农田消耗量分别为 0.75 t、1.12 t、0.93 t、1.44 t、1.13 t 和 0.95 t。趋势分析结果表明，仅中国年人均农田消耗量呈显著线性增长，其余分区年人均农田消耗量均呈无明显规律的波动变化。各分区年人均农田消耗量演变特征详见图 6-3（b）。

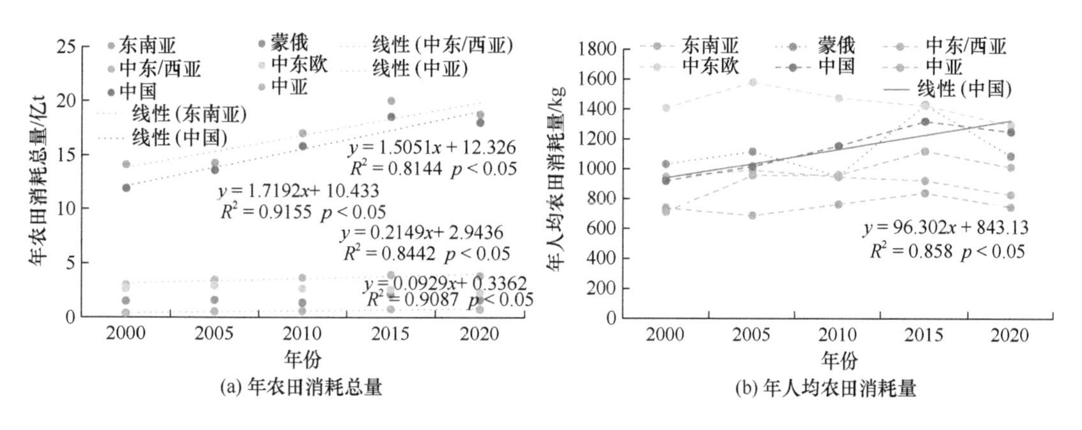

图 6-3 2000～2020 年各地理分区年农田消耗演变

2. 消耗结构

对各地理分区年人均农田消耗结构的分析发现，区域农田消耗结构在分区间和年份间均差异显著，其中东南亚以糖类与糖、谷物消耗占主导，蒙俄在 2000 年和 2005 年以谷物、糖类与糖和薯类消耗占主导，2010 年开始糖类与糖消耗明显大于薯类消耗，致使蒙俄以糖类与糖和谷物消耗占主导。中东/西亚农田消耗结构较稳定，以谷物、蔬果和糖类与糖占主导，中东欧农田消耗结构不断完善均衡，从以谷物、薯类、糖类与糖消耗为主过渡到 2005 年的以谷物、薯类、糖类与糖、蔬果和油料与油消耗为主。中国农田消耗结构以谷物、薯类、蔬果、糖类与糖和油料与油消耗占主导。中亚农田消耗结构从以谷物、蔬果、油料与油和纤维类消耗占主导过渡到谷物、薯类、蔬果和油料与油消耗并重。各分区农田消耗结构与演变详见图 6-4。

趋势分析结果表明，各类农产品在农田消耗中的占比的演变规律因分区类型而异，其中东南亚地区薯类和豆类消耗占比分别呈显著和极显著线性增加。中东/西亚纤维类消耗占比呈极显著降低。中东欧特色作物消耗占比呈显著降低，油料与油消耗占比呈显著

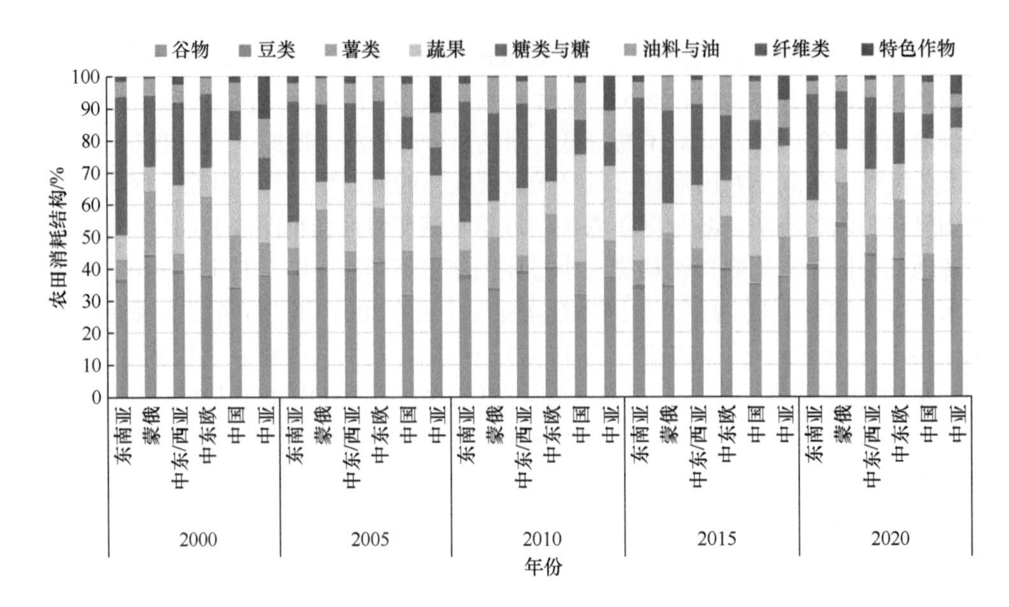

图 6-4 2000～2020 年分区农田消耗结构演变

增加。中国豆类和特色作物消耗占比均呈极显著降低，蔬果消耗占比呈显著增加。中亚薯类、豆类和蔬果消耗占比呈显著增加，糖类与糖、油料与油和特色作物消耗占比均呈显著降低，纤维类消耗占比呈极显著降低。各分区不同农产品消耗占比演变特征详见表 6-2。

表 6-2 2000～2020 年分区尺度农产品消耗占比与年份的相关系数

变量	谷物	薯类	豆类	蔬果	糖类与糖	油料与油	纤维类	特色作物
东南亚	0.1988	0.9145*	0.9745**	0.9239*	–0.6642	–0.3957	0.0228	–0.5932
蒙俄	0.2427	0.4714	–0.9367*	0.6595	–0.1229	0.0454	–0.9441*	–0.9461*
中东/西亚	0.7894	–0.4558	0.5498	–0.8105	–0.6319	0.2128	–0.9885**	–0.4588
中东欧	0.6151	0.6877	–0.5944	0.9095	–0.8757	0.9339*	–0.8304	–0.8938*
中国	0.6466	0.0831	–0.9672**	0.9560*	–0.5450	0.5103	–0.0821	–0.9815**
中亚	–0.1176	0.8881*	0.9534*	0.9561*	–0.9310*	–0.9349*	–0.9779**	–0.9261*

*为显著相关；
**为极显著相关。

6.1.3 国家尺度

1. 消耗水平

年农田消耗总量主要由区域人口规模和土地面积决定，2020 年绿色丝绸之路共建国家农田生态消耗总量为 45.3 亿 t，其中大于 1.7 亿 t 的国家主要为人口规模大的中国、印度和印度尼西亚 3 国，其中以中国最高，达 18.03 亿 t，农田消耗总量较高（0.8 亿～

1.7 亿 t）的国家同样是人口规模较大的埃及、孟加拉国、越南、土耳其、泰国、巴基斯坦和俄罗斯 7 个国家，其中以俄罗斯最高，以埃及最低，分别为 1.61 亿 t 和 0.93 亿 t。农田消耗总量为 0.4 亿～0.8 亿 t 的国家有缅甸、波兰、乌克兰、菲律宾和伊朗 5 国，其中以伊朗最高，为 0.72 亿 t。农田消耗总量为 0.1 亿～0.4 亿 t 的国家有匈牙利、塞尔维亚、捷克、斯里兰卡、阿富汗、马来西亚、沙特阿拉伯、白俄罗斯、罗马尼亚、伊拉克、柬埔寨、尼泊尔、哈萨克斯坦、乌兹别克斯坦 14 国。农田消耗总量小于 0.1 亿 t 的国家有 36 个，这些国家主要分布于中东欧（如塞尔维亚、波黑、克罗地亚、保加利亚等）、中东/西亚（如也门、阿曼、巴林、卡塔尔等）、东南亚（如东帝汶、老挝、文莱、不丹、马尔代夫）、中亚（土库曼斯坦、吉尔克斯斯坦、塔吉克斯坦）和蒙古国（图 6-5）。

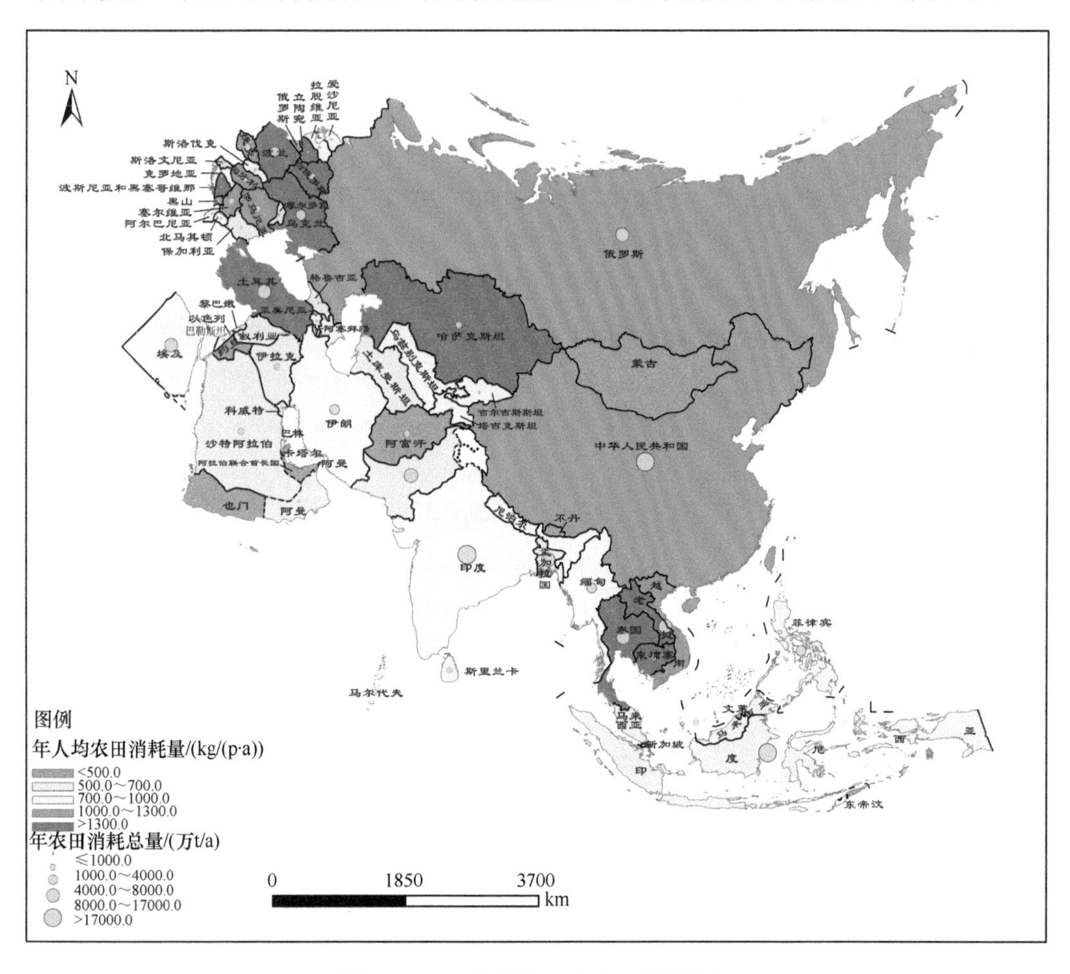

图 6-5 2020 年国家尺度农田消耗格局

2020 年绿色丝绸之路共建国家年人均农田消耗量为 0.94 t，其中 48 个国家年人均农田消耗量低于全域平均水平，17 个国家年人均农田消耗量高于全域平均水平。与年农田消耗总量空间格局不同，绿色丝绸之路共建国家年人均农田消耗量呈现三个高中心：①中东欧的波兰、立陶宛、白俄罗斯和乌克兰；②土耳其和哈萨克斯坦；③东南亚的泰国、老挝和柬埔寨。其中，以白俄罗斯最高，达 2.0 t，中国、越南、俄罗斯和中东欧的捷克、匈牙利、塞尔维亚和罗马尼亚等国家的年人均农田消耗量为 1.0～1.3 t，随后为 0.7～1.0 t 的国家，主要为分布于东南亚、西亚和中东欧的保加利亚、克罗地亚和摩尔多瓦，年人均农田消耗量小于 0.5 t 的国家有马尔代夫、文莱、巴勒斯坦、东帝汶、也门、巴林、阿富汗、不丹、黑山、新加坡、卡塔尔、蒙古国、阿联酋和约旦，此类国家主要为时局动荡或内陆国家或岛国，农地资源禀赋不足（图 6-5）。

对绿色丝绸之路 65 个共建国家 2000 年、2005 年、2010 年、2015 年和 2020 年年农田消耗总量与年份进行相关分析，结果表明，阿尔巴尼亚、阿塞拜疆、孟加拉国、柬埔寨、约旦、马来西亚、尼泊尔、卡塔尔、斯里兰卡和塔吉克斯坦 10 国年农田消耗总量极显著增加，阿富汗、中国、印度尼西亚、哈萨克斯坦、科威特、北马其顿、阿曼、巴基斯坦、菲律宾、新加坡、土耳其、乌兹别克斯坦和越南 13 个国家年农田消耗总量显著增加，其余 42 个国家年农田消耗总量呈无显著规律的波动变化，这些国家广泛分布于中东欧、中东/西亚、南亚次大陆和蒙俄。2000～2020 年绿色丝绸之路共建国家年农田消耗总量时空格局演变详见图 6-6。

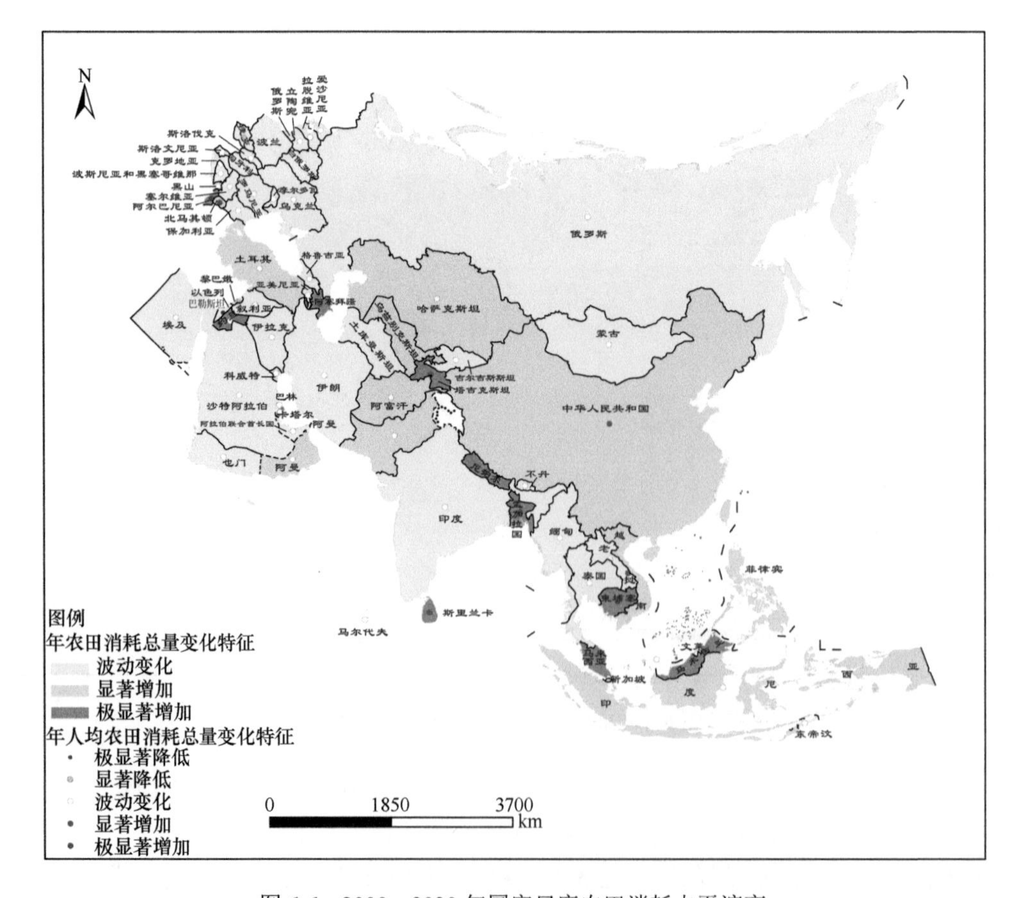

图 6-6　2000～2020 年国家尺度农田消耗水平演变

同理，对绿色丝绸之路共建国家2000年、2005年、2010年、2015年和2020年年人均农田消耗量与年份进行相关分析，结果表明，以色列年人均农田消耗量极显著降低，捷克、黎巴嫩和巴勒斯坦3个国家的年人均农田消耗量显著降低，而阿尔巴尼亚、孟加拉国、柬埔寨和尼泊尔4个国家年人均农田消耗量极显著增加，阿塞拜疆、中国、北马其顿、斯里兰卡、塔吉克斯坦和越南6个国家年人均农田消耗量显著增加，其余51个国家年人均农田消耗量呈无显著规律的波动变化。2000～2020年绿色丝绸之路共建国家年人均农田消耗量时空格局演变详见图6-6。

2. 消耗结构

2020年绿色丝绸之路大多数国家如阿富汗、白俄罗斯、阿塞拜疆、保加利亚、柬埔寨、克罗地亚、匈牙利等农田消耗以谷物消耗占比最高，其中以匈牙利谷物消耗占比最高，约占农田消耗占比的75%。蔬果是除谷物外大多数国家的第二大农产品消耗，是文莱、马尔代夫、巴勒斯坦、叙利亚、塔吉克斯坦的主导农田消耗。糖类与糖是巴林、印度、巴勒斯坦、巴基斯坦和泰国的主要农田消耗，尤其以巴基斯坦糖类与糖的消耗占比最高，达50%以上。其他农产品类型消耗占比较低，其中油料与油消耗占比以新加坡最高，乌克兰次之，随后是保加利亚、立陶宛、拉脱维亚、马尔代夫、黑山和摩尔多瓦等国。纤维类消耗占比更低，以土库曼斯坦最高，约占农田消耗的15%，乌兹别克斯坦次之，约占10%，随后是塔吉克斯坦，其余国家纤维类消耗占比大多不足1%。2020年绿色丝绸之路共建国家农田消耗结构特征详见图6-7。

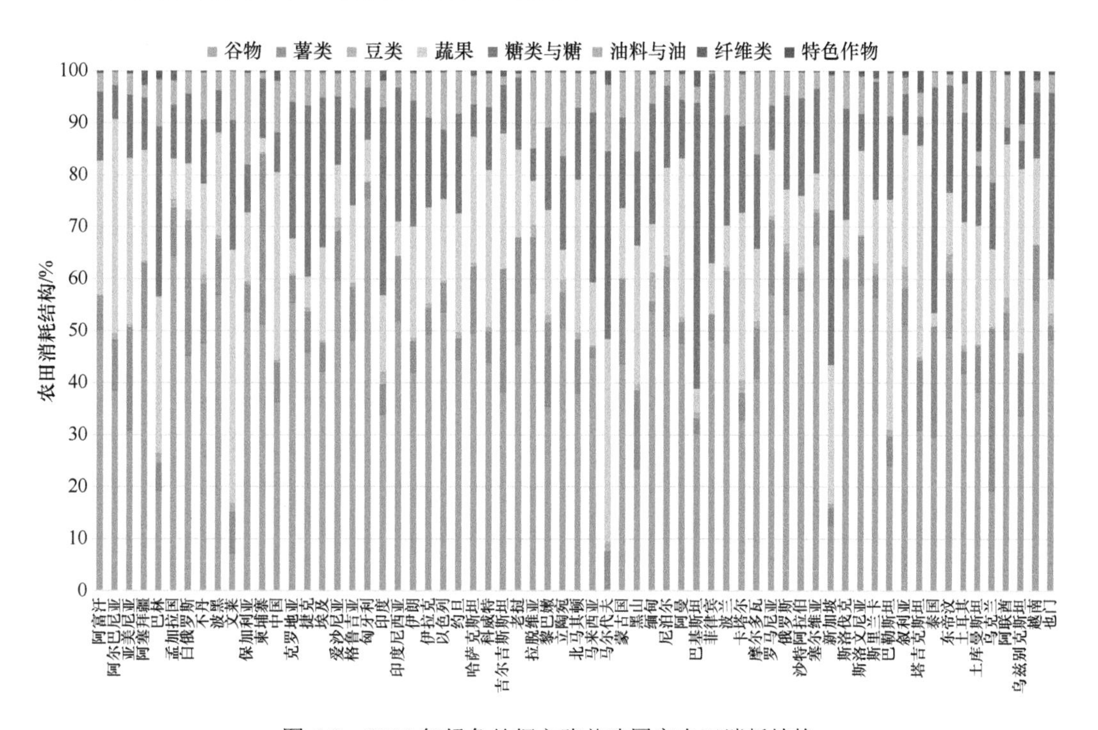

图6-7　2020年绿色丝绸之路共建国家农田消耗结构

绿色丝绸之路共建国家农田消耗结构一般表现为：区域发展水平愈低，其谷物消耗占比愈高，区域发展水平愈高，其蔬果消耗占比愈高，如阿富汗、柬埔寨、孟加拉国、不丹、老挝、东帝汶等经济发展落后国家，谷物在农田消耗中占比 50%左右，而卡塔尔、巴林、阿联酋等经济发展水平较高的国家，蔬果消耗占比 20%以上。经济发展水平对农田消耗结构变化影响显著，落后的发展中国家的谷物消耗占比不断增加，如阿富汗，其谷物消耗占比快速增加，从 2000 年的 50.3%增加到 2020 年的 68.35%，其他农产品消耗占比均却不断降低；而经济发展水平较高的国家，尽管谷物消耗占比也不断增加，但增长速率远小于发展水平较低的国家，如卡塔尔，其谷物消耗占比从 2000 年的 25.1%增加到 2020 年的 36.4%，且其薯类、蔬果等的消耗占比也缓慢增长，豆类消耗占比相对稳定，糖类与糖、油料与油等的消耗占比不断降低。

6.2 森林生态消耗

6.2.1 全域尺度

1. 消耗水平

2020 年绿色丝绸之路全域年森林消耗总量和年人均森林消耗量分别为 16.31 亿 t 和 337.42 kg。2000～2020 年全域年森林消耗总量和年人均森林消耗量总体呈增长态势，其中年森林消耗总量从 2000 年的 11.02 亿 t 增加到 2010 年的 15.08 亿 t 和 2020 年的 16.31 亿 t，年平均为 12.92 亿 t；年人均森林消耗量则从 2000 年的 280.90 kg 增加到 2015 年的 343.69 kg 和 2020 年的 337.42 kg，年平均为 309 kg。趋势分析结果表明，2000～2020 年全域年森林消耗总量增长显著，而年人均森林消耗量增长不显著（图 6-8）。

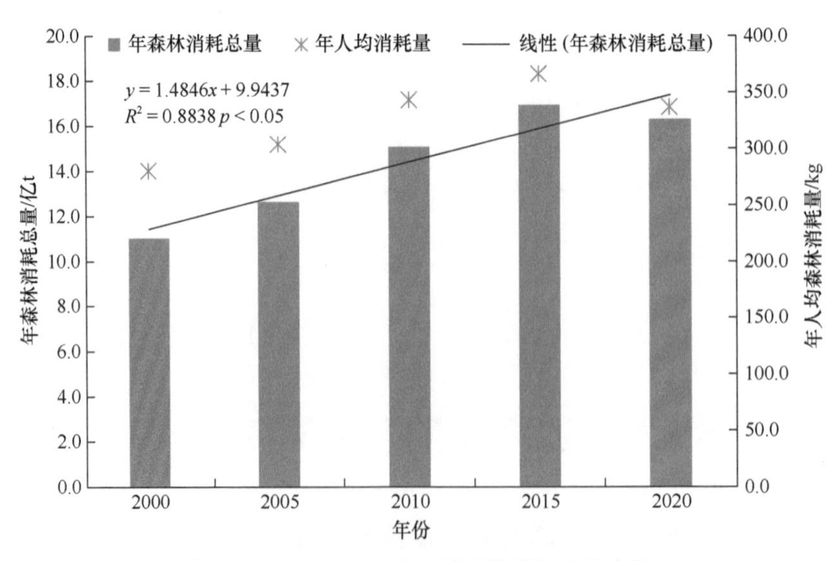

图 6-8　2000～2020 年全域森林消耗水平演变

2. 消耗结构

2020 年全域森林消耗以薪材与木炭、木本油料、工业原木与锯板材占主导，分别约占森林消耗总量的 26.2%、23.4%、20.2%，随后是其他水果消耗，约占森林总量的 14.1%，之后依次为香蕉、苹果、柑橘类、芒果和葡萄等水果消耗，分别约占森林消耗总量的 4.3%、4.0%、3.1%、2.5%和 2.2%。2020 年绿色丝绸之路全域林产品消耗占比详见图 6-9。

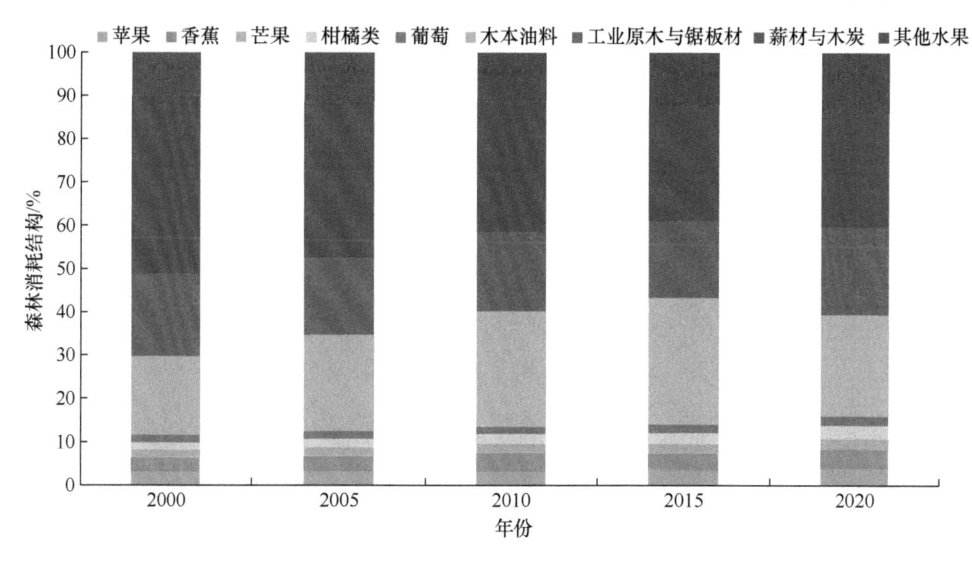

图 6-9　2000～2020 年全域森林消耗结构演变

2000～2020 年绿色丝绸之路全域森林消耗结构变化显著，集中表现为薪材与木炭消耗占比不断降低，木本油料、工业原木与锯板材、香蕉、柑橘类和其他水果消耗占比波动增加。趋势分析表明，全域薪材与木炭消耗占比极显著降低，柑橘类和其他水果消耗占比极显著增加，苹果和香蕉消耗占比显著增加，其余林产品消耗占比变化不显著。2000～2020 年各类林产品消耗占比演变特征详见表 6-3。

表 6-3　2000～2020 年全域尺度林产品消耗占比与年份的相关系数

变量	苹果	香蕉	芒果	柑橘类	葡萄	木本油料	工业原木与锯板材	薪材与木炭	其他水果
年份	0.9253*	0.8793*	0.8778	0.9939**	0.7203	0.6535	0.2424	–0.9648**	0.9604**
显著性	0.0242	0.0494	0.0503	0.0006	0.1699	0.2317	0.6944	0.0079	0.0094

*为显著相关；
**为极显著相关。

6.2.2　分区尺度

1. 消耗水平

2000 年、2005 年、2010 年、2015 年和 2020 年绿色丝绸之路分区年森林消耗总量均以东南亚最高，平均为 8.30 亿 t，中国次之，平均为 3.50 亿 t，随后依次为中东/西亚、中东欧、蒙俄和中亚，平均分别为 1.06 亿 t、0.74 亿 t、0.71 亿 t 和 0.09 亿 t。趋势分析结果表明，除东南亚年森林消耗总量显著增加外，其余地理分区年森林消耗总量均极显著增加[图 6-10（a）]。

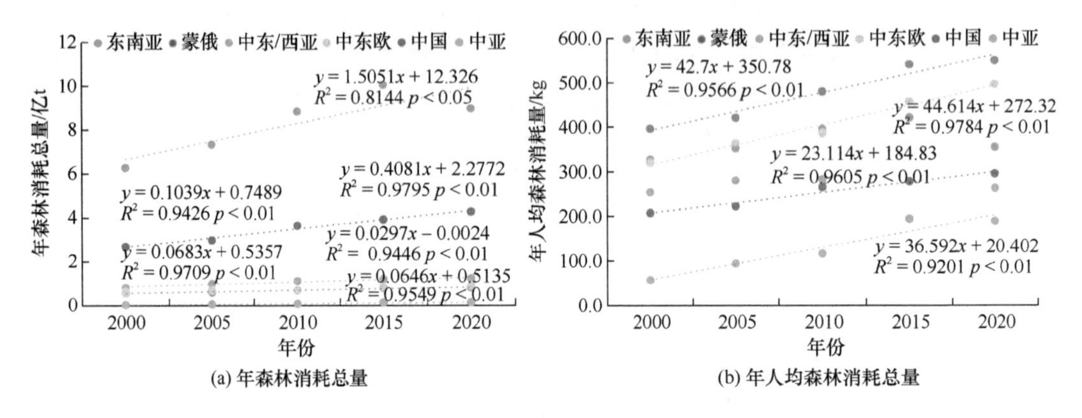

图 6-10　2000～2020 年分区尺度森林消耗水平演变

各分区年人均森林消耗量大小排序因年份不同而不同，其中 2000 年和 2010 年大小排序为蒙俄＞东南亚＞中东欧＞中东/西亚＞中国＞中亚，2005 年为蒙俄＞中东欧＞东南亚＞中东/西亚＞中国＞中亚，2015 年和 2020 年为蒙俄＞中东欧＞东南亚＞中国＞中东/西亚＞中亚。2000～2020 年年人均森林消耗量平均大小排序依次为蒙俄＞中东欧＞东南亚＞中东/西亚＞中国＞中亚，分别为 478.88 kg、406.17 kg、370.79 kg、271.95 kg、254.17 kg、130.18 kg。趋势分析结果表明，除东南亚和中东/西亚年人均森林消耗量变化不显著外，其余各区年人均森林消耗量均极显著增加。各分区年人均森林消耗量演变特征详见[图 6-10（b）]。

2. 消耗结构

对各地理分区年人均森林消耗结构的分析发现，区域森林消耗结构在分区间和年份间均差异显著。东南亚以薪材与木炭、木本油料消耗占主导，蒙俄以工业原木与锯板材消耗占主导，但其消耗占比呈降低态势。中东/西亚以其他水果消耗占比最高，薪材与木炭消耗次之，随后是工业原木与锯板材。中东欧工业原木与锯板材消耗占比最高，薪材与木炭次之，之后是其他水果。工业原木与锯板材、薪材与木炭一直是中国森林消耗的主导，但工业原木与锯板材、薪材与木炭消耗占比下降明显，而其他水果消耗占比不断增加。中亚则从以葡萄、苹果等水果消耗占主导过渡到以工业原木与锯板材占主导再到以其他木本油料、工业原木与锯板材和葡萄消耗占主导。各分区森林消耗结构演变详见图 6-11。

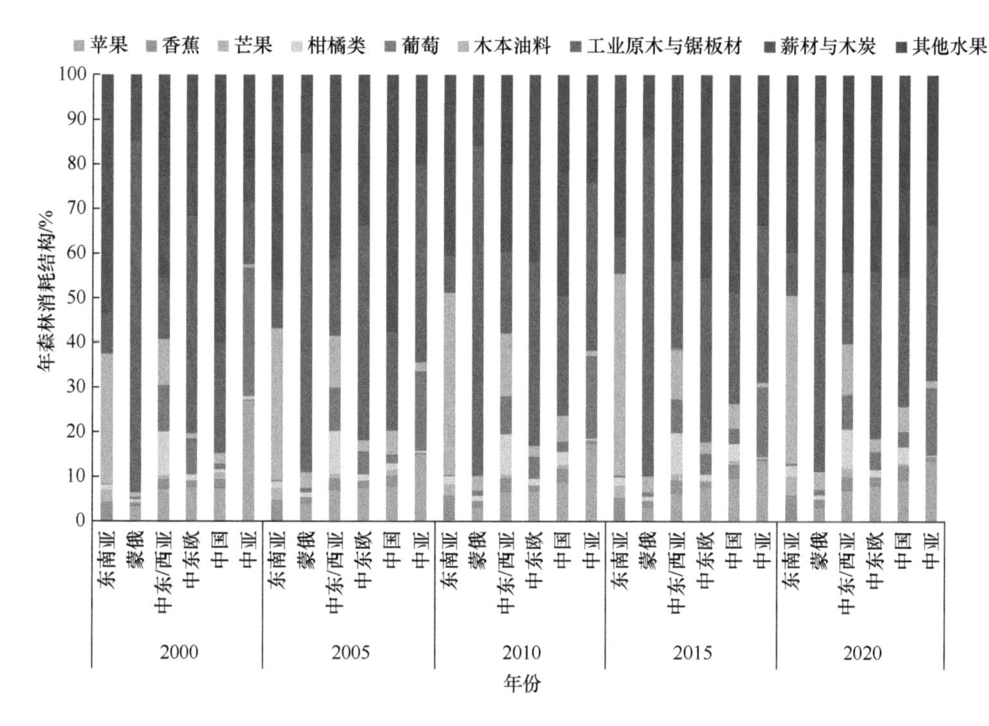

图 6-11　2000～2020 年分区尺度森林消耗结构演变

趋势分析结果表明，各分区森林消耗结构演变规律各不相同，其中东南亚地区柑橘类消耗占比显著增加，薪材与木炭消耗占比显著降低。蒙俄地区香蕉消耗占比显著增加。中东/西亚香蕉和芒果的消耗占比分别呈显著增加和极显著增加，而柑橘类和葡萄的消耗占比却显著降低。中东欧芒果、柑橘类、薪材与木炭的消耗占比均显著增加，而工业原木与锯板材消耗占比却显著降低。中国除木本油料、工业原木与锯板材变化不显著外，薪材与木炭消耗占比极显著降低，芒果消耗占比显著降低，其余林产品消耗占比均显著或极显著增加。中亚林产品消耗占比变化均不显著（表 6-4）。

表 6-4　2000～2020 年分区尺度林产品消耗占比与年度的相关系数

变量	苹果	香蕉	芒果	柑橘类	葡萄	木本油料	工业原木与锯板材	薪材与木炭	其他水果
东南亚	0.8634	0.8345	0.8658	0.9189*	0.7558	0.7236	−0.0010	−0.9339*	0.8542
蒙俄	−0.5218	0.9097*	0.8050	0.4563	0.8007	0.7944	−0.2894	−0.8280	0.6218
中东/西亚	−0.5231	0.9367*	0.9745**	−0.9318*	−0.9510*	0.1784	0.4793	−0.8332	0.4395
中东欧	0.2546	0.5199	0.9434*	0.9258*	−0.8606	0.8085	−0.9364*	0.9197*	−0.7172
中国	0.9036*	0.9715**	−0.8850*	0.9451*	0.9700**	0.7143	0.7192	−0.9824**	0.9501*
中亚	−0.7864	0.8046	0.7338	−0.8585	−0.8382	0.2073	0.4573	0.5688	0.3283

*为显著相关；
**为极显著相关。

6.2.3 国家尺度

1. 消耗水平

年森林消耗总量主要由区域人口规模、资源禀赋及生产与保护政策等决定。2020年绿色丝绸之路全域森林消耗总量为16.3亿t，其中大于0.6亿t的国家主要为森林资源丰富或林果种植发达的国家，主要包括中国、印度、印度尼西亚、俄罗斯和马来西亚5国，其中以中国最高，达4.3亿t；森林消耗总量较高（0.2亿～0.6亿t）的国家主要为分布于东南亚地区的孟加拉国、越南、缅甸、泰国、巴基斯坦、菲律宾及土耳其和埃及8国，其中以泰国最高，以孟加拉国最低，分别为0.43亿t和0.25亿t；森林消耗总量为0.08亿～0.2亿t的国家有尼泊尔、沙特阿拉伯、罗马尼亚、乌克兰、伊朗和波兰6国，其中以伊朗最高，为0.18亿t；森林消耗总量为0.04亿～0.08亿t的国家有爱沙尼亚、伊拉克、柬埔寨、老挝、阿富汗、捷克、塞尔维亚、白俄罗斯、斯里兰卡、乌兹别克斯坦10国；森林消耗总量小于0.04亿t的国家有36个，这些国家主要分布于中亚（如土库曼斯坦、哈萨克斯坦和吉尔吉斯斯坦等）、中东/西亚（如格鲁吉亚、亚美尼亚、阿塞拜疆、约旦、黎巴嫩、叙利亚、以色列等）、东南亚（东帝汶、马尔代夫、文莱、不丹等）、中东欧（保加利亚、摩尔多瓦、匈牙利、捷克等）和蒙古国（图6-12）。

2020年绿色丝绸之路全域年人均森林消耗量平均为337.4 kg，35个国家年人均森林消耗量低于全域平均水平，30个国家年人均森林消耗量高于全域平均水平。与年森林消耗总量空间格局不同，绿色丝绸之路全域年人均森林消耗量呈现两大高中心：①中东欧东北部的爱沙尼亚、拉脱维亚和立陶宛高中心；②东亚的新加坡、印度尼西亚和马来西亚。年人均森林消耗量以不丹最高，达4.14 t，爱沙尼亚、马来西亚、拉脱维亚、立陶宛、黑山和印度尼西亚紧随其后，这些国家年人均森林消耗量均大于0.90 t，随后为年人均森林消耗量介于0.50～0.90 t的国家，主要分布于中东欧（如白俄罗斯、捷克、斯洛文尼亚、克罗地亚、波黑、塞尔维亚、罗马尼亚、阿尔巴尼亚和北马其顿）、东南亚（如泰国、缅甸、老挝）以及俄罗斯和亚美尼亚共14国。年人均森林消耗量小于0.2 t的国家有巴勒斯坦、斯洛伐克、也门、东帝汶、吉尔吉斯斯坦、土库曼斯坦、伊拉克、阿富汗、哈萨克斯坦、孟加拉国、巴基斯坦、马尔代夫、约旦和叙利亚共14国，空间上主要分布于中亚、中东/西亚地区（图6-12）。

对绿色丝绸之路65个共建国家2000年、2005年、2010年、2015年和2020年年森林消耗总量进行趋势分析，结果表明，2000～2020年绿色丝绸之路共18个共建国家年森林消耗总量呈极显著变化，其中柬埔寨年森林消耗总量极显著降低，其余17个国家年森林消耗总量极显著增加，为沙特阿拉伯、吉尔吉斯斯坦、白俄罗斯、阿曼、土耳其、阿富汗、阿塞拜疆、中国、乌兹别克斯坦、巴基斯坦、缅甸、越南、俄罗斯、老挝、印度、也门和巴林，蒙古国、卡塔尔、埃及、不丹、波兰、科威特、乌克兰、亚美尼亚、阿尔巴尼亚、塞尔维亚、尼泊尔、立陶宛、马尔代夫、印度尼西亚14个国家年森林消耗总量显著增加，主要分布于东南亚、中东欧、中东/西亚和南亚。其余33个国家年森林

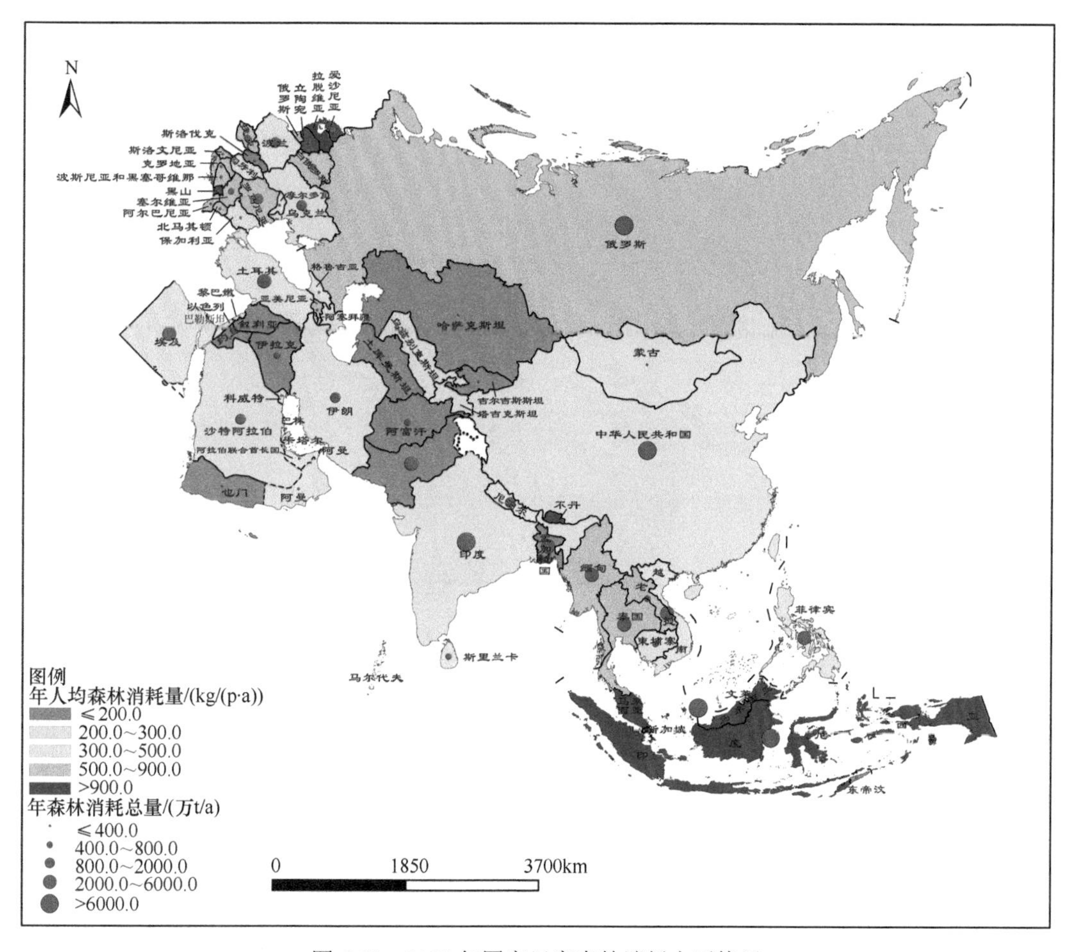

图 6-12　2020 年国家尺度森林消耗水平格局

消耗总量呈无显著的波动变化。2000～2020 年绿色丝绸之路各共建国家年森林消耗总量变化态势及空间格局详见图 6-13。

同理，绿色丝绸之路 65 个共建国家 2000 年、2005 年、2010 年、2015 年和 2020 年年人均森林消耗量趋势分析结果表明（图 6-13），柬埔寨年人均森林消耗量极显著降低，东帝汶、黎巴嫩和巴勒斯坦 3 个国家的年人均森林消耗量显著降低，而立陶宛、吉尔吉斯斯坦、沙特阿拉伯、俄罗斯、中国、乌兹别克斯坦、阿塞拜疆和白俄罗斯 8 个国家年人均森林消耗量极显著增加，格鲁吉亚、亚美尼亚、塞尔维亚、阿尔巴尼亚、缅甸、越南、波兰和乌克兰 8 个国家年人均森林消耗量显著增加，其余 45 个国家年人均森林消耗量呈无显著规律的波动变化，这些国家主要分布于中亚、中东/西亚、中东欧和东南亚地区。

2. 消耗结构

尽管 2020 年绿色丝绸之路共建国家年森林消耗结构在国家间差异显著，但木质林产品（工业原木与锯板材、薪材与木炭）仍是多数国家森林消耗的主体，只是不同国家

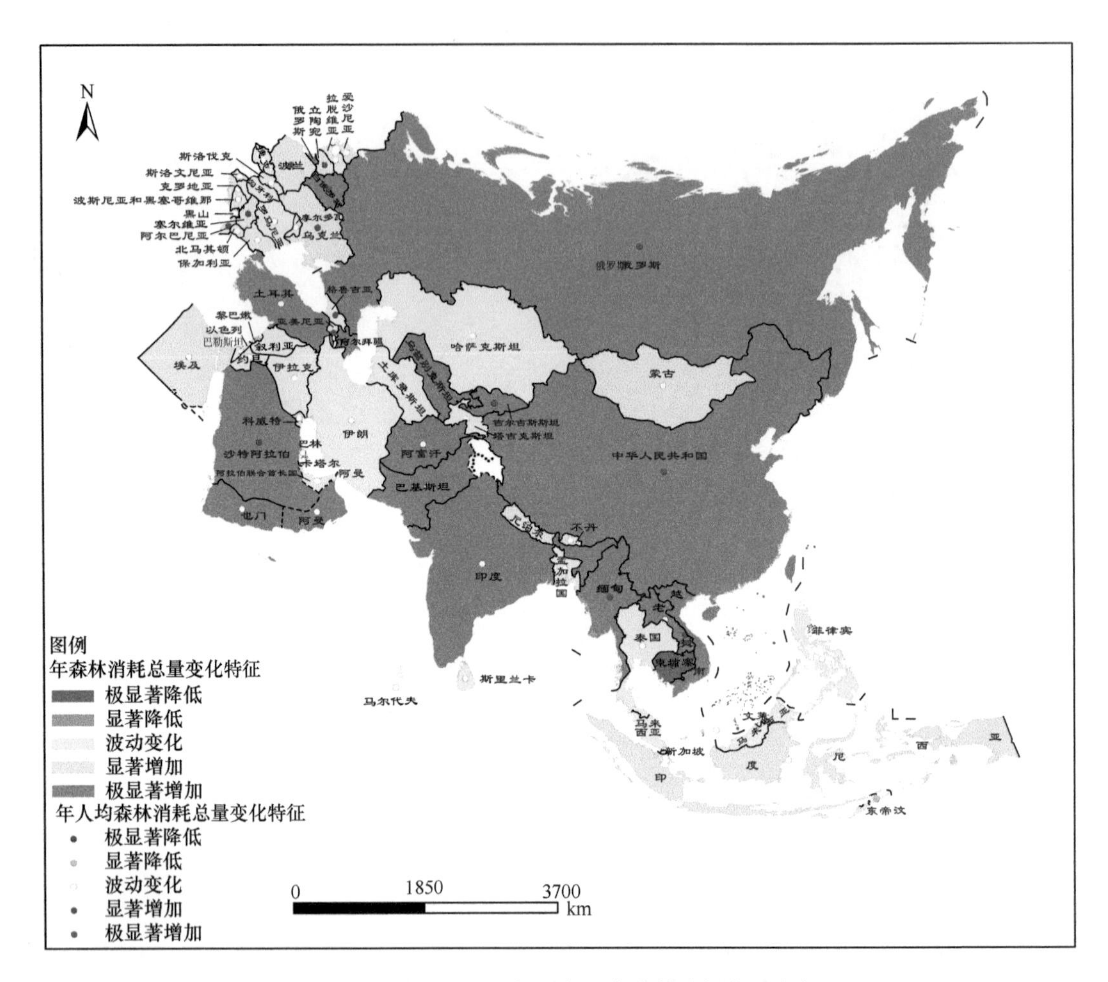

图 6-13　2000～2020 年国家尺度森林消耗水平演变

木质林产品的占比不同而已。区域薪材与木炭消耗占比大多表现为：区域愈发达，薪材与木炭消耗占比愈低；区域发展愈落后，薪材与木炭消耗占比愈高，如新加坡、马来西亚、阿联酋、波兰、卡塔尔、阿曼、以色列等发展水平较高国家，薪材与木炭消耗占比很低，而塔吉克斯坦、塞尔维亚、巴基斯坦、缅甸、尼泊尔、蒙古国、老挝、柬埔寨、保加利亚、不丹、白俄罗斯、孟加拉国等发展水平较低国家，薪材与木炭消耗占比很高，一般都大于 40%。但也有例外，拉脱维亚、立陶宛、斯洛文尼亚等发展水平较高的国家，薪材与木炭消耗占比也较高，这可能与这些国家森林资源丰富且石油等化石能源资源不足有关，而中东石油产量较高的国家，其薪材与木炭消耗占比都较低；木本油料是印度尼西亚、马来西亚、菲律宾、新加坡、斯里兰卡、泰国、东帝汶、也门等热带地区国家主导森林消耗产品之一。工业原木与锯板材是文莱、克罗地亚、吉尔吉斯斯坦、立陶宛、波兰、卡塔尔、俄罗斯等森林资源丰富国家的主导森林消耗产品。葡萄是土库曼斯坦、摩尔多瓦、格鲁吉亚等少数国家的主导森林消耗产品（图 6-14）。

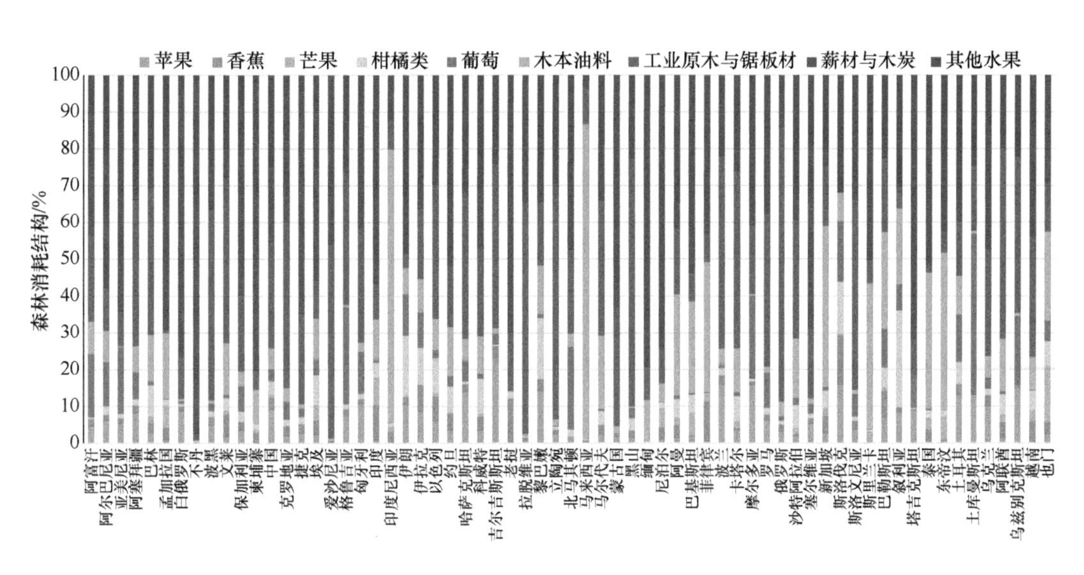

图 6-14　2020 年绿色丝绸之路共建国家森林消耗结构

尽管绿色丝绸之路共建国家不同年份森林消耗结构略有差异，但绝大多数国家均表现为木质林产品消耗占比不断降低，非木质林产品消耗占比不断增加，如新加坡，其木质林产品消耗占比从 2000 年的约 40%降到 2010 年的 30%和 2020 年的约 20%，而其木本油料消耗占比则从 2005 年的 35%增加到 2010 年的 48%和 2020 年的 43%。中国木质林产品消耗占比则从 2000 年的约 70%降低到 2005 年的约 53%和 2020 年的约 50%。分析还发现，区域愈发达，其木质林产品消耗占比下降幅度愈大，区域愈落后，其木质林产品消耗占比下降幅度愈小。例如与 2000 相比，2020 年新加坡木质林产品消耗占比约下降了 50%，中国约下降了 40%，而阿富汗则下降了约 38%。木质林产品的下降主要是由于随着社会经济的发展，均衡营养越来越受到重视，人们消费的水果、坚果等非木质林产品数量不断增加。此外，随着城市化的发展，越来越多的人居住在城市，使得天然气、石油等化石能源消耗不断增加，薪材与木炭等生物质能源消耗不断降低，最终导致全域木质林产品消耗占比不断降低，非木质林产品消耗占比不断增加。

6.3　草地生态消耗

6.3.1　全域尺度

1. 消耗水平

绿色丝绸之路全域年草地消耗总量和年人均草地消耗量均不断增加，其中年草地消耗总量从 2000 年的 3.98 亿 t 增加到 2010 年的 4.72 亿 t 和 2020 年的 7.01 亿 t，平均为 5.51 亿 t，年平均增长量为 0.15 亿 t。而年人均草地消耗量则从 2000 年的 101.37 kg 增加到 2010 年的 125.43 kg 和 2020 年的 144.95 kg，平均为 124.49 kg，年平均增长量为 2.18 kg。趋势分析结果表明，绿色丝绸之路全域年草地消耗总量和年人均草地消耗量随年份均呈极显著增长，只是年人均草地消耗量增长曲线斜率小于年草地消耗总量增长曲线斜率，即年人均草地消耗量的增长速率小于年草地消耗总量的增长速率，这主要是由于区域人口增长速率大于草地消耗总量增长速率（图 6-15）。

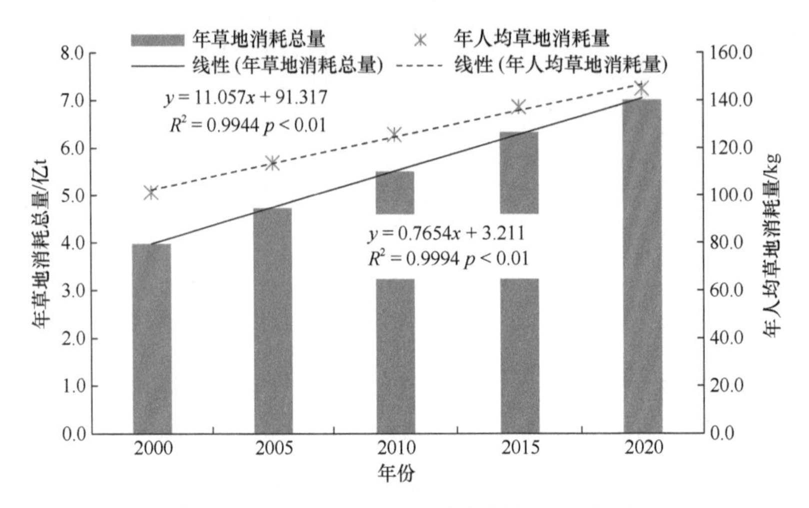

图 6-15　2000～2020 年全域草地消耗水平演变

2. 消耗结构

2020 年绿色丝绸之路全域草地消耗以奶类消耗占主导，约占草地消耗总量的 64.7%，随后是猪肉消耗，约占草地消耗总量的 10.6%，之后依次为家禽肉、蛋类、牛肉、羊肉、其他肉和其他大型牲畜肉消耗，分别约占草地消耗总量的 9.0%、8.9%、4.4%、1.8、0.4% 和 0.1%。2020 年绿色丝绸之路全域各类草地产品消耗占比详见图 6-16。

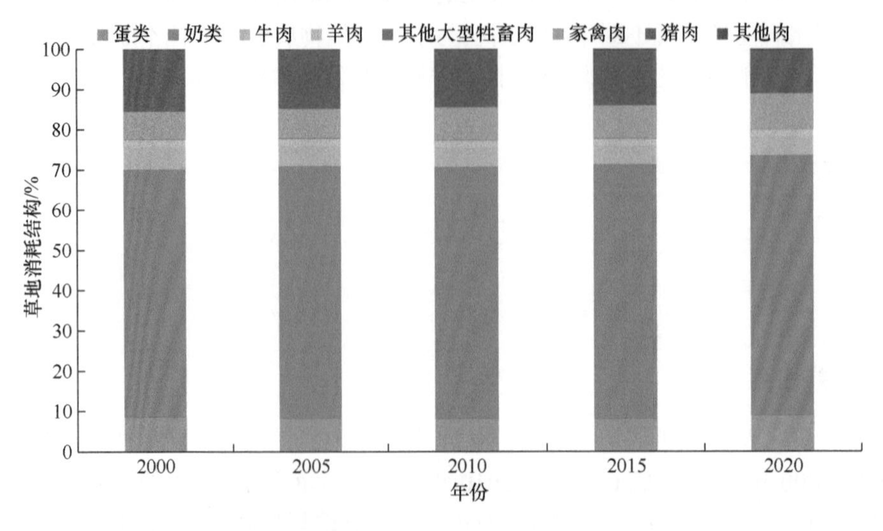

图 6-16　2000～2020 年全域草地消耗结构演变

2000～2020 年绿色丝绸之路全域草地消耗结构变化较显著，集中表现为蛋类、奶类和家禽肉消耗占比波动增加，而羊肉消耗占比较稳定，牛肉、猪肉和其他大型牲畜肉消耗占比不断降低（图 6-16）。趋势分析结果表明，绿色丝绸之路全域蛋类、羊肉和其他肉消耗占比变化不显著。牛肉、猪肉和其他大型牲畜肉消耗占比显著降低，而奶类消耗占比显著增加，家禽肉消耗占比极显著增加。2000～2020 年各草地产品消耗占比演变特征详见表 6-5。

表 6-5　2000～2020 年全域尺度草地产品消耗占比与年份的相关系数

变量	蛋类	奶类	牛肉	羊肉	其他大型牲畜肉	家禽肉	猪肉	其他肉
年份	0.2273	0.9323*	–0.9178*	–0.8133	–0.9503*	0.9786**	–0.8835*	0.7063
显著性	0.7131	0.0209	0.0279	0.0940	0.0132	0.0038	0.0469	0.1824

*为显著相关；
**为极显著相关

6.3.2　分区尺度

1. 消耗水平

2000 年、2005 年、2010 年、2015 年和 2020 年绿色丝绸之路分区年草地消耗总量均以东南亚最高，平均为 2.19 亿 t，中国次之，平均为 1.48 亿 t，随后依次为中东欧、中东/西亚、蒙俄和中亚，平均分别为 0.66 亿 t、0.54 亿 t、0.45 亿 t 和 0.19 亿 t。趋势分析结果表明，除中东欧变化不显著外，其余分区年草地消耗总量呈极显著或显著增加态势，且年人均草地消耗量的增长主要来自奶类消耗量的增加[图 6-17（a）]。

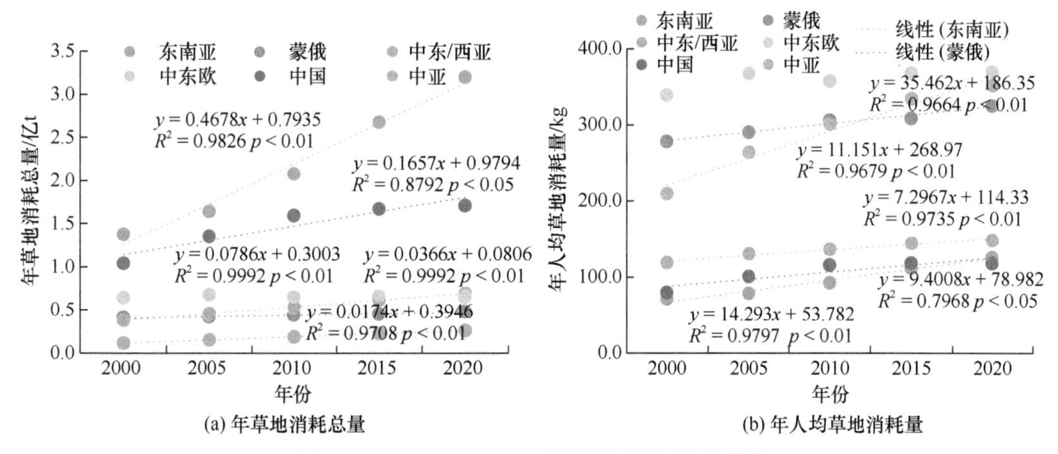

(a) 年草地消耗总量　　(b) 年人均草地消耗量

图 6-17　2000～2020 年分区草地消耗演变特征

各分区年人均草地消耗量大小排序因年份不同而不同，其中 2000 年、2005 年和 2010 年大小排序为中东欧＞蒙俄＞中亚＞中东/西亚＞中国＞东南亚，2015 年中亚年人均草地消耗量超过蒙俄，致使 2015 年年人均草地消耗量大小排序为中东欧＞中亚＞蒙俄＞中东/西亚＞中国＞东南亚，而2020年由于猪瘟和新冠疫情的影响，中国年人均草地消耗量有所降低，致使2020年排序为中东欧＞中亚＞蒙俄＞中东/西亚＞东南亚＞中国。2000～2020年年人均草地消耗量大小排序依次为中东欧＞蒙俄＞中亚＞中东/西亚＞中国＞东南亚，年人均草地消耗量分别为361.00 kg、302.42 kg、292.73 kg、136.22 kg、107.18 kg、96.66 kg。趋势分析结果表明，除中东欧变化不显著外，其余各分区年人均草地消耗量均极显著或显著增加。各分区年人均草地消耗量演变特征详见图6-17（b）。

2. 消耗结构

区域草地消耗结构在分区间和年份间差异显著，除中国外，奶类是其余分区草地消耗的主体，平均约占东南亚、蒙俄、中东/西亚、中东欧和中亚草地消耗的81.9%、72.6%、69.5%、76.7%和82.7%，但其消耗占比呈不断降低态势。中国以猪肉消耗为主，奶类、蛋类和家禽肉等消耗为辅，其共同构成了中国草地消耗的主体，猪肉、奶类、蛋类和家禽肉消耗分别约占中国草地消耗的37.6%、21.4%、19.2%和12.4%，但中国猪肉消耗占比呈降低态势。家禽肉消耗是中东/西亚草地消耗的第二大草地消耗，平均约占其草地消耗的13.8%。猪肉是中东欧第二大草地消耗，平均约占中东欧草地消耗的10.4%，其余产品在各分区草地消耗中的占比均小于10%（图6-18）。

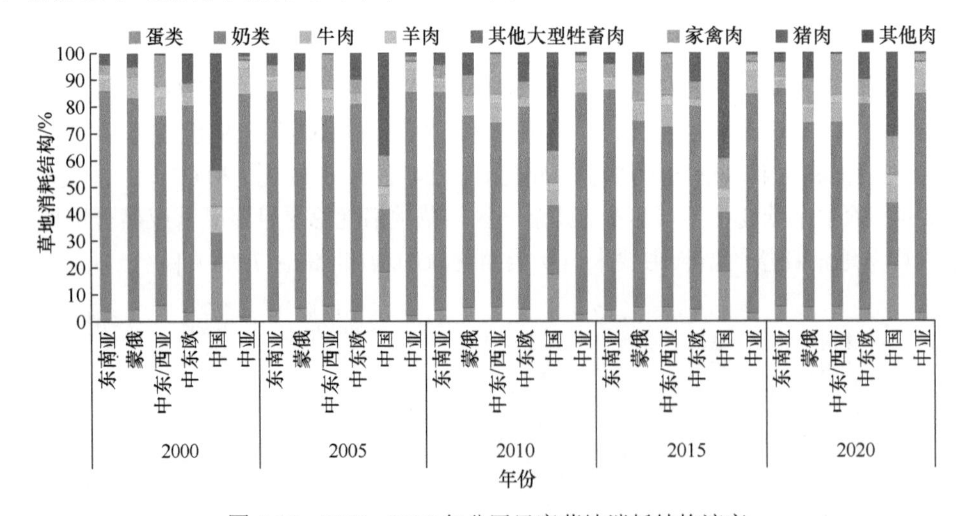

图6-18　2000～2020年分区尺度草地消耗结构演变

各分区草地消耗结构趋势分析结果表明，不同分区草地消耗结构演变规律各不相同，其中东南亚牛肉和羊肉消耗占比分别极显著和显著降低，家禽肉和其他肉消耗占比分别极显著增加和显著增加；蒙俄奶类和牛肉消耗占比显著降低，蛋类、羊肉和家禽肉消耗占比显著增加，猪肉消耗占比极显著增加；中东/西亚家禽肉消耗占比显著增加；中东欧牛肉和其他大型牲畜肉消耗分别极显著降低和显著降低，家禽肉消耗占比显著增加；中国除其他大型牲畜肉消耗占比显著降低外，其余草地产品消耗占比均呈无明显规律的波动变化；中亚蛋类消耗占比极显著增加，家禽肉消耗占比显著增加，猪肉消耗占比显著降低（表6-6）。

表 6-6　2000～2020 年分区尺度草地产品消耗占比与年份的相关系数

变量	蛋类	奶类	牛肉	羊肉	其他大型牲畜肉	家禽肉	猪肉	其他肉
东南亚	0.7968	–0.5428	–0.9853**	–0.9571*	–0.7213	0.9740**	–0.7960	0.9390*
蒙俄	0.9422*	–0.9563*	–0.9123*	0.9290*	0.2365	0.9551*	0.9701**	–0.1030
中东/西亚	–0.7779	–0.7902	0.6884	–0.7756	0.2705	0.9093*	–0.7384	0.1367
中东欧	0.7812	–0.4180	–0.9956**	–0.8454	–0.8975*	0.9525*	–0.2496	–0.4578
中国	–0.1339	0.6211	0.0978	0.8509	–0.9517*	0.2978	–0.8407	0.6968
中亚	0.9875**	–0.8733	–0.4732	–0.0963	–0.2578	0.9495*	–0.9122*	0.7724

*为显著相关；

**为极显著相关

6.3.3　国家尺度

1. 消耗水平

年草地消耗总量主要受区域人口规模、资源禀赋及生产与保护政策等制约。2020 年绿色丝绸之路共建国家草地消耗总量为 7.01 亿 t，其中大于 0.50 亿 t 的国家主要为人口大国，主要包括中国、印度、巴基斯坦 3 国，其中以印度最高，达 1.98 亿 t。草地消耗总量较高（0.15 亿～0.50 亿 t）的国家主要有俄罗斯、土耳其和波兰 3 国，其中以俄罗斯最高，波兰最低，分别为 0.47 亿 t 和 0.18 亿 t。草地消耗总量介于 0.05 亿～0.15 亿 t 的国家有泰国、孟加拉国、沙特阿拉伯、菲律宾、罗马尼亚、缅甸、哈萨克斯坦、埃及、白俄罗斯、越南、伊朗、乌克兰、印度尼西亚和乌兹别克斯坦 14 国，其中以乌兹别克斯坦最高，为 0.13 亿 t。草地消耗总量为 0.02 亿～0.05 亿 t 的国家有立陶宛、土库曼斯坦、塞尔维亚、阿富汗、叙利亚、以色列、阿塞拜疆、匈牙利、尼泊尔、马来西亚和捷克 11 国，以捷克最高，达 0.03 亿 t，立陶宛最低，为 0.022 亿 t。草地消耗总量小于 0.02 亿 t 的国家有 34 个，这些国家主要分布于中东欧（如摩尔多瓦、爱沙尼亚、波黑、北马其顿等）、中东/西亚（如科威特、巴林、卡塔尔、阿曼、也门、阿联酋等）、中亚（如塔吉克斯坦、吉尔吉斯斯坦）、东南亚（如东帝汶、马尔代夫、文莱、马尔代夫、斯里兰卡等）和蒙古国。2020 年绿色丝绸之路共建国家草地消耗水平空间格局详见图 6-19。

2020 年绿色丝绸之路共建国家年人均草地消耗量平均为 144.95 kg，其中 31 个国家年人均草地消耗量低于全域平均值，34 个国家年人均草地消耗量高于全域平均值。与年草地消耗总量空间格局不同，绿色丝绸之路共建国家年人均草地消耗量呈现由两大高中心向周边降低的分布格局，其中两大高中心为：①蒙古国和哈萨克斯坦，该区域为内陆国家，草地资源丰富；②中东欧的爱沙尼亚、拉脱维亚、立陶宛、白俄罗斯和波兰，该区域社会经济发展水平较高，畜牧业发达。随后是巴基斯坦、吉尔吉斯斯坦、土耳其、捷克、以色列、俄罗斯、土库曼斯坦和乌兹别克斯坦 8 国，它们都是草地资源丰富的内陆国家，年人均草地消耗量介于 300～400 kg。之后是年人均草地消耗量为 200～300 kg 的保加利亚、斯洛伐克、波黑、斯洛文尼亚、塞尔维亚、不丹、克罗地亚、阿塞拜疆、

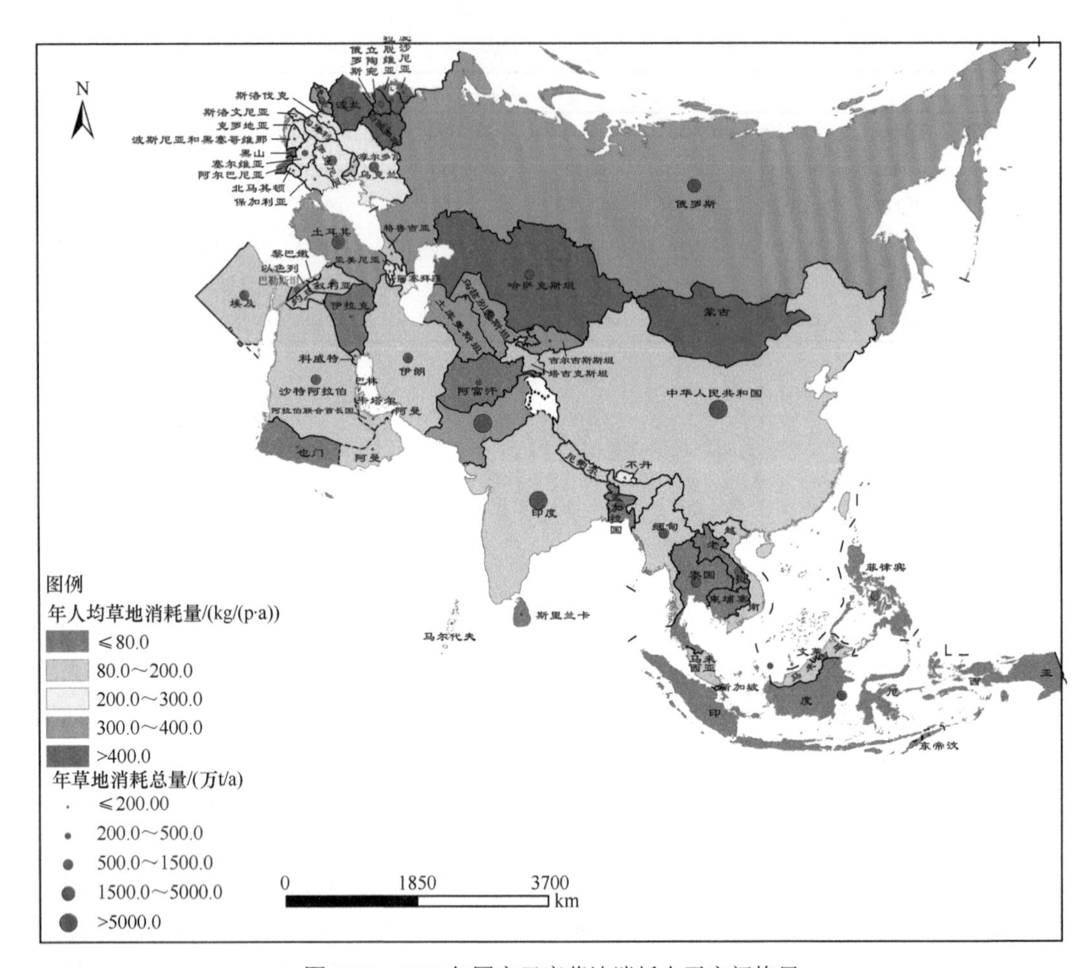

图 6-19　2020 年国家尺度草地消耗水平空间格局

北马其顿、乌克兰、罗马尼亚、亚美尼亚和匈牙利，主要分布于中东欧中南部地区，草地资源丰富。年人均草地消耗量介于 80～200 kg 的国家共有 22 个，主要分布于中东/西亚、东南亚和中国。年人均草地消耗量≤80 kg 的国家共有 13 个，主要为东南亚的孟加拉国、泰国、老挝、柬埔寨、印度尼西亚、东帝汶，阿富汗，以及中东/西亚的伊拉克和也门，这些区域要么是时局动荡国家，要么是草地资源稀缺国家。

对绿色丝绸之路 65 个共建国家 2000 年、2005 年、2010 年、2015 年和 2020 年年草地消耗总量进行趋势分析，结果表明，2000～2020 年绿色丝绸之路共 4 个共建国家年草地消耗总量极显著或显著降低，其中斯洛文尼亚和保加利亚年草地消耗总量极显著降低，斯洛伐克和不丹年草地消耗总量显著降低。39 个国家年草地消耗总量呈极显著或显著增加，其中极显著增加的国家有 26 个，广泛分布于中亚、中东/西亚、南亚次大陆和东南亚地区，有东帝汶、科威特、哈萨克斯坦、尼泊尔、马来西亚、巴基斯坦、孟加拉国、俄罗斯、马尔代夫、土耳其、卡塔尔、白俄罗斯、乌兹别克斯坦、菲律宾、也门、吉尔吉斯斯坦、阿曼、缅甸、塔吉克斯坦、文莱、印度、沙特阿拉伯、以色列、阿塞拜疆、约旦和越南，显著增加的国家有伊拉克、印度尼西亚、亚美尼亚、阿富汗、阿联酋、波兰、泰国、中国、巴林、北马其顿、斯里兰卡、新加坡和老挝共 13 个国家，主要分布于中国、东南亚和中东欧地区。其余 22 个国家年草地消耗总量变化不显著，主要为分布于中东欧南部的乌克兰、摩尔多瓦、罗马尼亚等，东北部的爱沙尼亚、拉脱维亚和立陶宛，中亚的蒙古国和土库曼斯坦，以及中东/西亚的伊朗、科威特、伊拉克、叙利亚、埃及等国，这些国家大多是发展水平较高的国家或以草地消耗为主的国家。2000～2020 年绿色丝绸之路共建国家年草地消耗总量演变格局详见图 6-20。

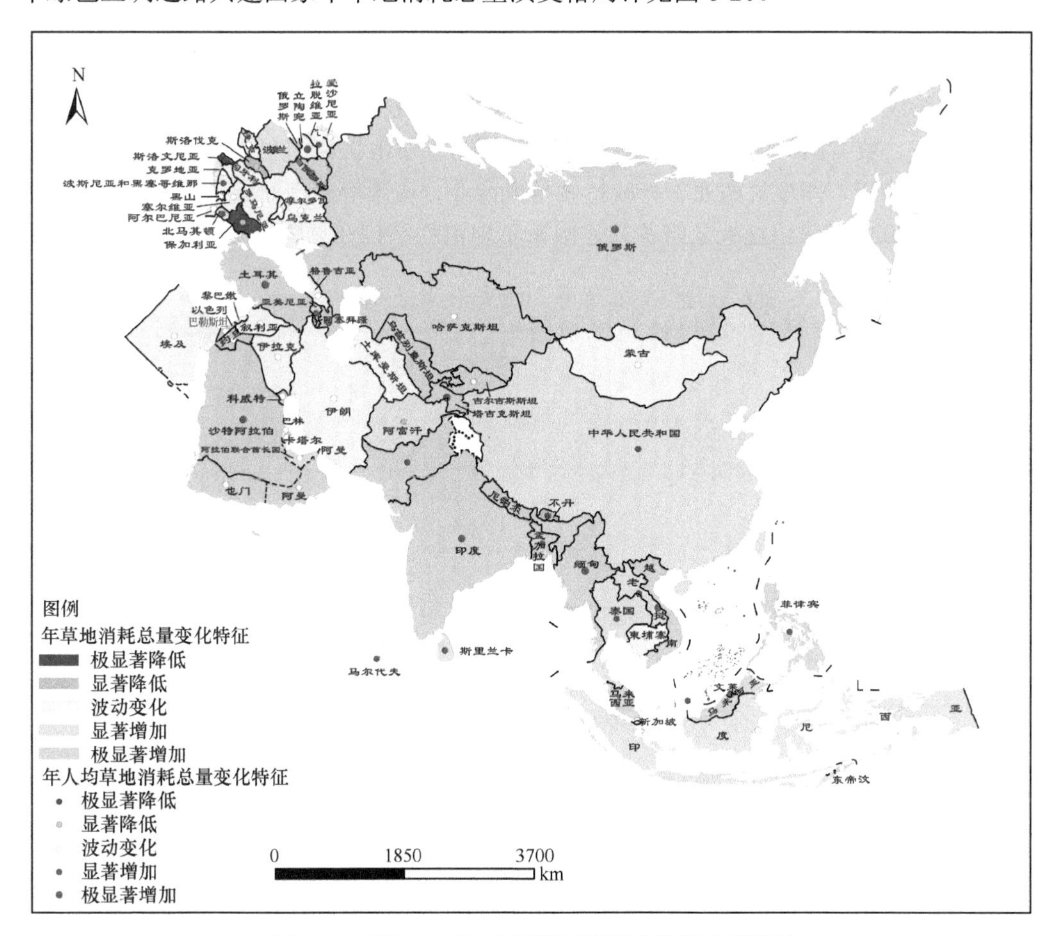

图 6-20　2000～2020 年国家尺度草地消耗水平演变

同理，对绿色丝绸之路 65 个共建国家 2000 年、2005 年、2010 年、2015 年和 2020 年年人均草地消耗量进行趋势分析，结果表明（图 6-20），不丹、斯洛文尼亚和保加利亚 3 国年人均草地消耗量极显著降低，阿富汗、巴勒斯坦和斯洛伐克 3 国的年人均草地消耗量显著降低。中国、亚美尼亚、孟加拉国、泰国、波黑、马来西亚、马尔代夫、菲律宾、斯里兰卡、北马其顿、波兰、拉脱维亚、老挝、巴基斯坦和俄罗斯 15 国年人均草地消耗量显著增加，尼泊尔、土耳其、塔吉克斯坦、文莱、立陶宛、白俄罗斯、乌兹别克斯坦、缅甸、沙特阿拉伯、印度、越南和阿塞拜疆 12 国年人均草地消耗量极显著增加，其余 32 个国家年人均草地消耗量呈无显著的波动变化，这些国家主要分布于中东/西亚、中亚和中东欧的南部地区。

2. 消耗结构

2020 年绿色丝绸之路共建区域草地消耗结构在国家间差异显著，除文莱、柬埔寨、科威特、东帝汶、马来西亚、巴林等少数国家外，奶类是绿色丝绸之路大多数共建国家草地消耗的主要产品之一。猪肉是大多数东南亚国家（如柬埔寨、老挝、菲律宾、东帝汶、越南、缅甸）和中国草地消耗的主要产品之一。同时，家禽肉也是巴林、文莱、印度尼西亚、以色列、约旦、马来西亚、马尔代夫、菲律宾、卡塔尔、新加坡、斯里兰卡、泰国、东帝汶、阿联酋和也门等国家草地消耗的主导或主要产品之一。此外，羊肉是巴林、科威特、蒙古国、阿曼、卡塔尔、阿联酋等国家草地消耗的主要产品之一；蛋类是孟加拉国、中国、印度尼西亚、科威特、马来西亚、泰国等东南亚国家草地消耗的主要产品之一。2020 年绿色丝绸之路各共建国家草地消耗结构详见图 6-21。

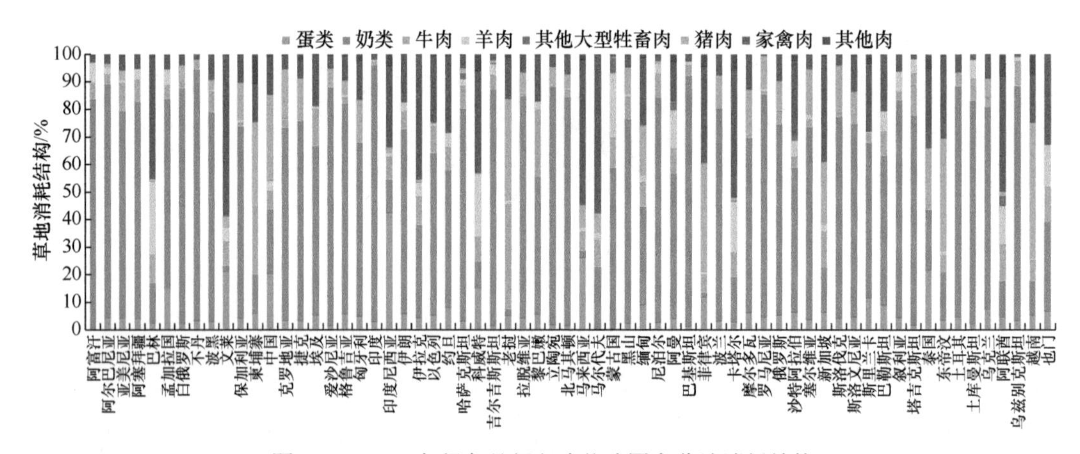

图 6-21　2020 年绿色丝绸之路共建国家草地消耗结构

2000～2020 年绿色丝绸之路共建国家草地消耗结构年际变化在不同国家间存在差异。这可能与国家草地保护与建设政策、气候变化及极端气候等密切相关。由于资源禀赋、畜牧业发展水平等差异，不同国家草地消耗结构存在明显差异，但绝大多数国家尤其是亚洲国家猪肉消耗占比呈降低态势，而蛋类、家禽肉消耗占比不断增加，如波兰家禽肉消耗占比从 2000 年的约 5%增加到 2010 年的 8%和 2020 年的约 10%。

6.4 综合生态消耗

6.4.1 全域尺度

1. 消耗水平

绿色丝绸之路全域年生态消耗总量和年人均生态消耗量均呈波动增加态势，其中年生态消耗总量从2000年的48.63亿t增加到2010年的61.82亿t和2020年的68.63亿t，平均为60.83亿t，年平均增长量为1.00亿t。而年人均生态消耗量则从2000年的1239.13 kg增加到2010年的1409.26 kg和2020年的1419.84 kg，平均为1382.49 kg，年平均增长量为9.04 kg。趋势分析结果表明，绿色丝绸之路全域年生态消耗总量随年份呈显著线性增长，而年人均生态消耗量线性增长不显著（图6-22）。

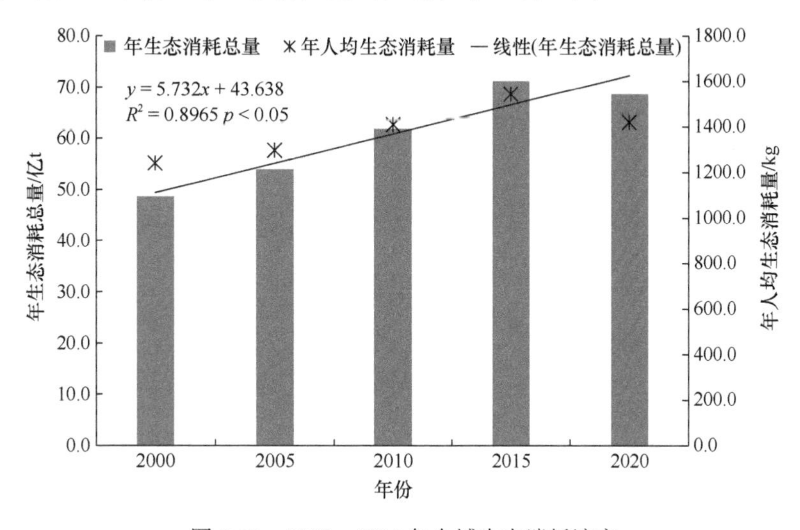

图6-22　2000～2020年全域生态消耗演变

2. 消耗结构

2020年绿色丝绸之路全域生态消耗以谷物消耗占比最高，约占总量的26.0%，随后为蔬果、糖类与糖、木质林产品和植物油料与油，分别约占总量的14.8%、13.3%、11.0%和10.1%，之后依次为木本水果、奶类、薯类、肉类、其他农产品、蛋类和豆类，分别约占生态消耗总量的7.2%、6.6%、5.6%、2.7%、1.2%、0.9%和0.7%。故就生态系统构成而言，农田消耗＞森林消耗＞草地消耗（图6-23）。

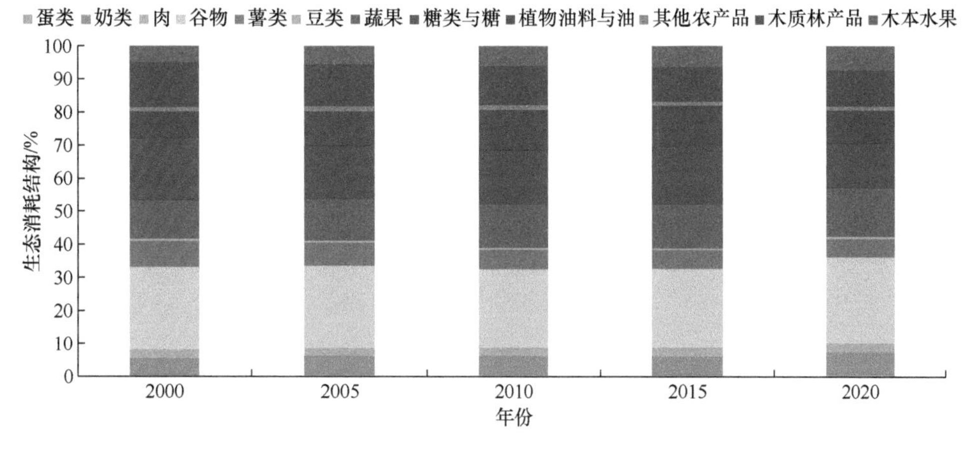

图6-23　2000～2020年全域生态消耗结构演变

2000～2020 年绿色丝绸之路全域生态消耗结构变化显著，集中表现为糖类与糖、木质林产品消耗占比波动降低，蔬果、木本水果和奶类消耗占比波动增加。趋势分析结果表明，绿色丝绸之路全域木质林产品和薯类产品消耗占比显著降低，奶类、蔬果和木本水果消耗占比显著或极显著增加，其余生态产品消耗占比变化不显著。2000～2020 年各生态产品消耗占比演变特征详见表 6-7。

表 6-7 2000～2020 年全域生态产品消耗占比与年份的相关系数

生态产品	年份	显著性	生态产品	年份	显著性
蛋类	0.7468	0.147	蔬果	0.9721**	0.0056
奶类	0.8959*	0.0397	糖类与糖	–0.7925	0.1099
肉类	0.8716	0.0542	植物油	0.5173	0.3721
谷物	0.1845	0.7664	其他农产品	–0.5046	0.3859
薯类	–0.9433*	0.0161	木质林产品	–0.9308*	0.0216
豆类	0.7904	0.1115	木本水果	0.9851**	0.0022

*为显著相关；
**为极显著相关。

6.4.2 分区尺度

1. 消耗水平

2000 年、2005 年、2010 年、2015 年和 2020 年绿色丝绸之路各分区年生态消耗总量大小排序均是东南亚＞中国＞中东/西亚＞中东欧＞蒙俄＞中亚，平均分别为 27.34 亿 t、20.57 亿 t、5.18 亿 t、4.03 亿 t、2.82 亿 t、0.89 亿 t。趋势分析结果表明，除蒙俄和中东欧年生态消耗总量呈无显著的波动变化外，其余分区年生态消耗总量均极显著或显著增加，且增速表现为东南亚＞中国＞中东/西亚＞中亚（图 6-24）。

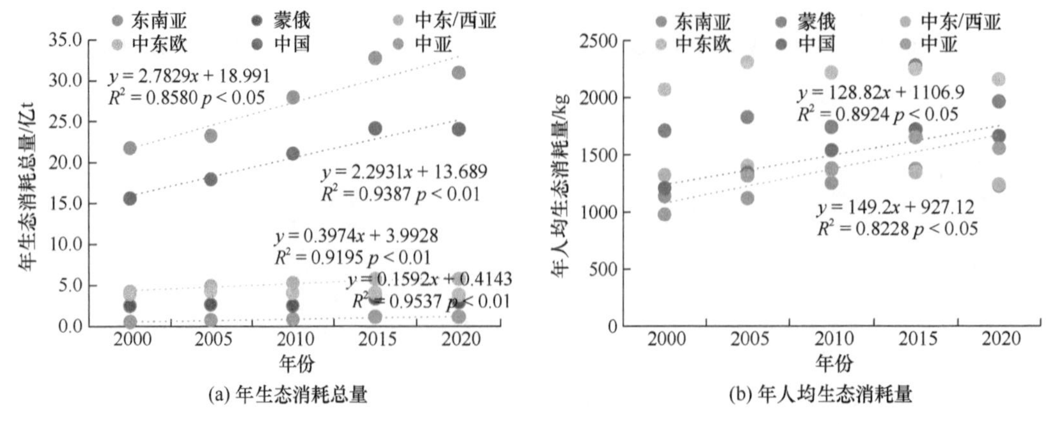

图 6-24 分区尺度生态消耗水平演变特征

绿色丝绸之路各分区年人均生态消耗量大小排序因年份不同而不同，其中 2000 年大小排序为中东欧＞蒙俄＞中东/西亚＞中国＞东南亚＞中亚，2005 年和 2010 年大小排序为中东欧＞蒙俄＞中东/西亚＞中国＞中亚＞东南亚；2015 年大小排序为蒙俄＞中东欧＞中国＞中亚＞东南亚＞中东/西亚；而 2020 年大小排序为中东欧＞蒙俄＞中国＞中亚＞中东/西亚＞东南亚。2000～2020 年平均年人均生态消耗量大小排序依次为中东欧＞蒙俄＞中国＞中亚＞中东/西亚＞东南亚，平均分别为 2.20 t、1.91 t、1.49 t、1.37 t、1.33 t、1.22 t。趋势分析表明，除中国和中亚年人均生态消耗量显著增加外，其余分区年人均生态消耗量变化不显著（图 6-24）。

2. 消耗结构

对各分区年生态消耗结构的分析发现，生态消耗结构在分区间和年份间均差异显著。东南亚木质林产品、糖类与糖和谷物消耗占比呈波动降低态势，其他生态产品消耗呈波动增加态势。蒙俄奶类、薯类和谷物消耗占比波动降低，其他生态产品波动增加。中东/西亚奶类、肉类和木本水果消耗占比呈增加态势，蔬果、糖类与糖消耗占比波动降低。中东欧蛋类、蔬果、植物油料与油、木本水果和木质林产品消耗占比呈波动增加，糖类与糖、薯类消耗占比波动降低。中国奶类、谷物、蔬果、植物油料与油和木本水果波动增加，木质林产品、糖类与糖和薯类消耗占比波动降低。中亚肉类、薯类、蔬果、木质林产品和木本水果消耗占比波动增加，糖类与糖、植物油料与油和其他农产品消耗占比波动降低。2000～2020 年绿色丝绸之路各分区生态消耗结构演变特征详见图 6-25。

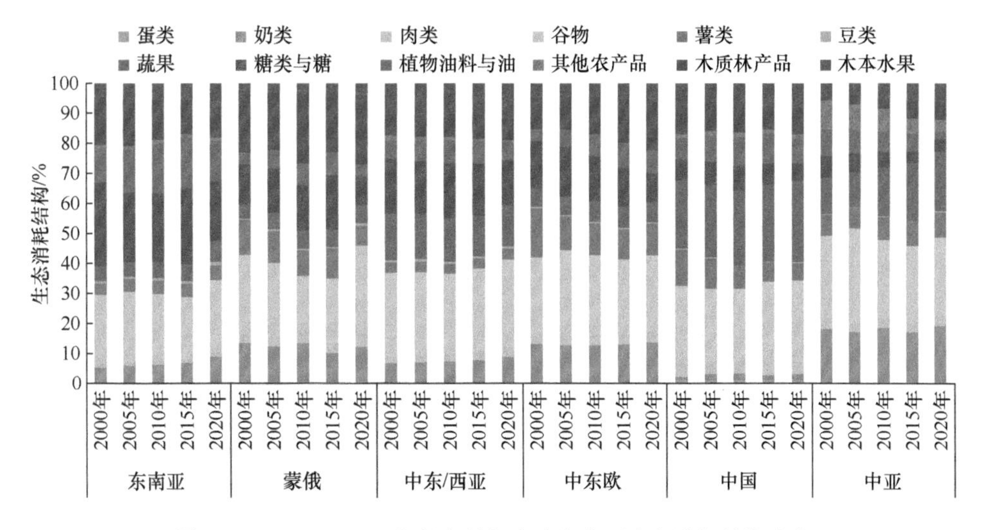

图 6-25　2000～2020 年绿色丝绸之路各分区生态消耗结构演变

不同分区生态消耗结构演变趋势差异显著，其中东南亚木质林产品消耗占比显著降低，奶类、肉类、薯类、豆类、蔬果和木本水果消耗占比极显著或显著增加。蒙俄除其他农产品消耗占比极显著降低外，其余生态产品消耗占比变化不显著。中东/西亚蔬果和其他农产品消耗占比极显著或显著降低，肉类和奶类的消耗占比极显著或显著增加。中东欧糖类与糖、其他农产品消耗占比显著降低，蛋类、植物油料与油、木质林产品消耗占比均显著或极显著增加。中国肉类和薯类消耗占比极显著降低，蔬果和木本水果极显著增加。中亚蛋类、薯类、蔬果和木质林产品极显著或显著增加，糖类与糖、植物油料与油、其他农产品显著或极显著降低。2000～2020 年绿色丝绸之路各分区生态产品消耗占比演变详见表 6-8。

表 6-8　2000～2020 年分区尺度生态产品消耗占比与年度的相关系数

生态产品	东南亚	蒙俄	中东/西亚	中东欧	中国	中亚
蛋类	0.8658	0.3345	0.7805	0.9013*	–0.0277	0.9930**
奶类	0.9447*	–0.606	0.9387*	0.4339	0.5255	0.2121
肉类	0.9507*	0.8084	0.9770**	0.5481	–0.9835**	0.3892
谷物	–0.1518	0.0969	0.4344	–0.4186	0.5874	–0.582
薯类	0.9864**	–0.8545	0.1265	–0.765	–0.9672**	0.9416*
豆类	0.9026*	0.4248	–0.8519	0.4699	0.0696	0.8745
蔬果	0.8827*	0.7209	–0.9566*	0.6929	0.9824**	0.9422*
糖类与糖	–0.7293	–0.1793	–0.8055	–0.8998*	–0.5586	–0.9534*
植物油料与油	0.4707	0.1747	0.1954	0.8967*	0.5672	–0.9536*
其他农产品	–0.1139	–0.9670**	–0.9886**	–0.9370*	–0.2571	–0.9859**
木质林产品	–0.9444*	0.508	0.5767	0.9790**	–0.8674	0.9556*
木本水果	0.9548*	0.7063	0.6214	0.8267	0.9936**	0.8645

*为显著相关；
**为极显著相关。

6.4.3　国家尺度

1. 消耗水平

2020 年绿色丝绸之路共建国家生态消耗总量为 68.63 亿 t，其中＞4.5 亿 t 的国家主要为中国和印度两大人口大国，分别为 24.02 亿 t 和 15.07 亿 t。年生态消耗量介于 1.6 亿～4.5 亿 t 的国家有土耳其、泰国、巴基斯坦、俄罗斯和印度尼西亚 5 国，这些国家大多为人口大国，其中以印度尼西亚最高，土耳其最低，分别约 4.42 亿 t 和 1.76 亿 t。随后是年生态消耗量介于 0.8 亿～1.6 亿 t 的缅甸、马来西亚、乌克兰、波兰、伊朗、菲律宾、孟加拉国、埃及和越南 9 国，主要分布于东南亚地区。年生态消耗量介于 0.2 亿～0.8 亿 t 的国家有 10 个，主要为内陆国家，有捷克、阿富汗、伊拉克、柬埔寨、沙特阿拉伯、白俄罗斯、罗马尼亚、尼泊尔、哈萨克斯坦和乌兹别克斯坦。2020 年生态消耗总量＜0.2 亿 t 的国家有 39 个，主要为中东欧、中东/西亚、中亚和东南亚等地区的人口小国，如保加利亚、波黑、土库曼斯坦、也门、东帝汶、文莱等（图 6-26）。

2020 年绿色丝绸之路全域年人均生态消耗量为 144.95 kg，有 31 个国家年人均草地消耗量低于全域平均水平，34 个国家年人均生态消耗量高于全域平均水平。与年生态消耗总量空间格局不同，绿色丝绸之路共建国家年人均生态消耗量呈现由两大高中心向周边国家降低的分布格局，年人均生态消耗量＞2400 kg，这两大高中心为①东南亚的泰国、

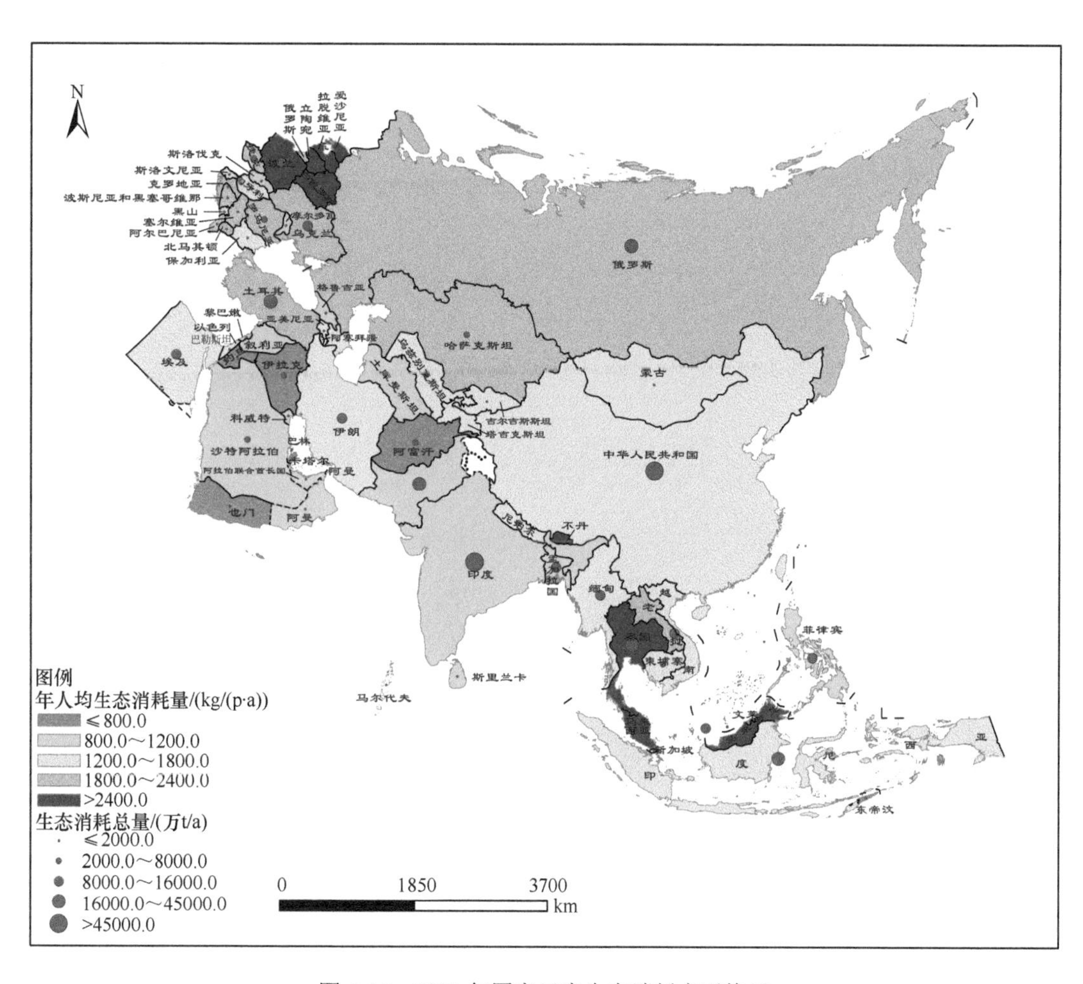

图 6-26　2020 年国家尺度生态消耗水平格局

马来西亚和不丹，为森林或农田资源丰富的国家；②中东欧的爱沙尼亚、拉脱维亚、立陶宛、白俄罗斯和波兰，多为发达国家。随后是波黑、塞尔维亚、乌克兰、土耳其、哈萨克斯坦、老挝、俄罗斯、阿尔巴尼亚、捷克、罗马尼亚、克罗地亚和北马其顿 12 国，年人均生态消耗量介于 1800～2400kg。之后是年人均生态消耗量为 1200～1800kg 的匈牙利、黑山、柬埔寨、斯洛文尼亚、中国、越南、印度尼西亚、缅甸、亚美尼亚、乌兹别克斯坦、以色列、阿塞拜疆、埃及、尼泊尔、蒙古国、保加利亚、吉尔吉斯斯坦、伊朗和塔吉克斯坦 19 国，主要分布于东南亚、中国和中亚。年人均生态消耗量介于 800～1200kg 的国家共有 15 个，主要分布于东南亚和中东/西亚地区。年人均草地消耗量≤800kg 的国家共有 11 个，主要为东南亚的卡塔尔、约旦、伊拉克、新加坡、巴林、文莱、阿富汗、也门、东帝汶、马尔代夫和巴勒斯坦（图 6-26）。

对绿色丝绸之路 65 个共建国家 2000 年、2005 年、2010 年、2015 年和 2020 年年生态消耗总量进行趋势分析，结果表明，2000～2020 年绿色丝绸之路共 32 个共建国家年生态消耗总量显著或极显著增加，其中显著增加的国家 13 个，分别为巴林、也门、老挝、印度尼西亚、蒙古国、菲律宾、马尔代夫、印度、北马其顿、哈萨克斯坦、沙特阿拉伯、斯里兰卡和约旦，主要分布于东南亚、中东/西亚和中亚地区，其余19个国家年生态消耗总量极显著增加，有阿曼、阿尔巴尼亚、土耳其、吉尔吉斯斯坦、越南、中国、黑山、巴基斯坦、阿富汗、科威特、乌兹别克斯坦、不丹、以色列、柬埔寨、孟加拉国、塔吉克斯坦、阿塞拜疆、卡塔尔和尼泊尔，它们主要分布于东南亚、中亚和中东/西亚地区。其余33个年国家年生态消耗总量变化不显著。2000～2020年绿色丝绸之路各共建国家年生态消耗总量演变空间格局详见图6-27。

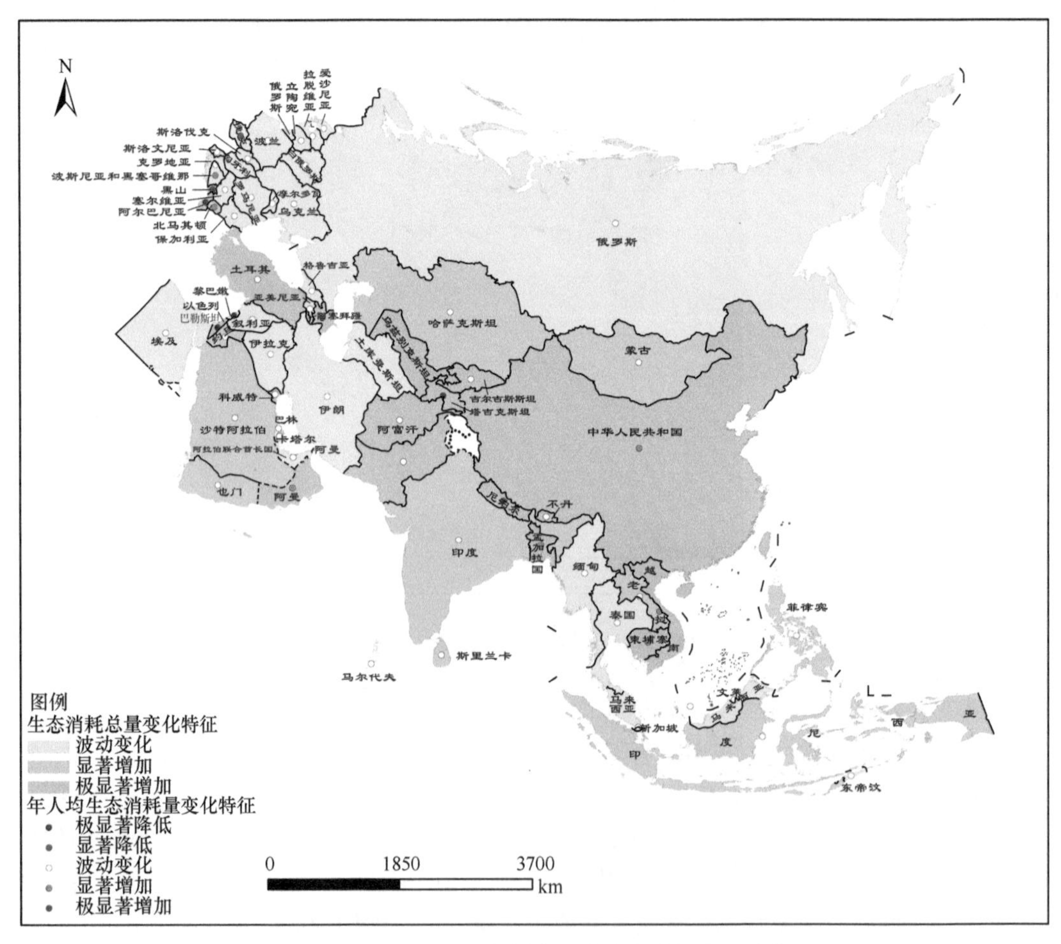

图6-27　2000～2020年国家尺度生态消耗水平演变

同理，对绿色丝绸之路65个共建国家2000～2020年年人均生态消耗量趋势分析结果表明，以色列、巴勒斯坦和黎巴嫩3国年人均生态消耗量极显著降低，捷克年人均生态消耗量显著降低。年人均生态消耗量呈极显著或显著增加的国家有13个，其中北马其顿、越南、波黑、乌兹别克斯坦、中国、阿曼、柬埔寨和孟加拉国8国的年人均生态消耗量显著增加，塔吉克斯坦、阿尔巴尼亚、阿塞拜疆、黑山和尼泊尔5国的年人均生态消耗量极显著增加。其余48个国家年人均生态消耗量变化不显著，这些国家主要分

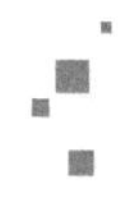

布于中东欧、中东/西亚和东南亚地区。2000～2020 年绿色丝绸之路共建国家年人均生态消耗量演变空间格局详见图 6-27。

2. 消耗结构

尽管 2020 年绿色丝绸之路共建国家生态消耗结构在国家间差异显著，但除少数国家外，谷物仍是大多数国家生态消耗的主导或主要产品之一，其中以孟加拉国谷物消耗占比最高，约占该国生态消耗总量的 50%，随后是匈牙利和斯洛伐克，分别约占生态消耗总量的 45%和 43%，文莱最低，不足生态消耗总量的 5%。一般来说，区域愈发达，谷物消耗占比愈高，木质林产品消耗占比愈低；区域愈落后，谷物消耗占比愈低，木质林产品消耗占比愈高，这主要是由于区域社会经济发展水平愈高，区域城市化水平愈高，蔬果和木本水果消耗量愈大，生物质能源消耗愈低，化石能源消耗愈高；反之，区域社会经济发展水平愈低，区域城市化水平愈低，薪材与木炭消耗愈高，蔬果和木本水果消耗量愈低。2020 年绿色丝绸之路共建国家生态消耗结构详见图 6-28。

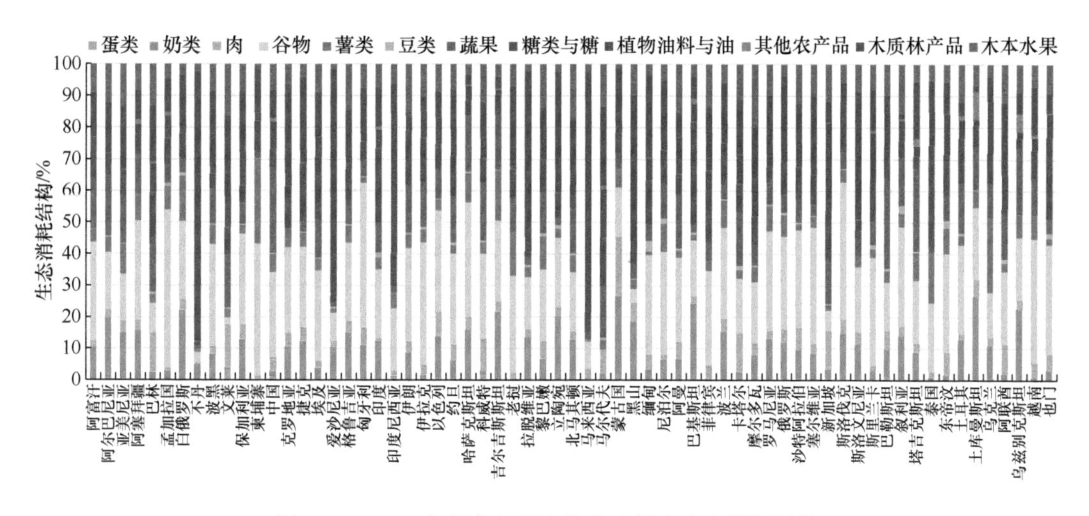

图 6-28 2020 年绿色丝绸之路共建国家生态消耗结构

2000～2020 年绿色丝绸之路共建国家生态消耗结构年际变化可能与区域生态系统保护与建设政策、气候变化和全球性的疫情等密切相关。由于资源禀赋、生态系统经营管理水平等的差异，发达国家薪材与木炭消耗占比低，落后地区薪材与木炭消耗占比高，且随着社会经济的发展，发达地区生物质能源消耗占比不断降低，蔬果、奶类和木本水果消耗占比不断增加，而落后地区随着经济的缓慢发展，其薪材与木炭消耗占比可能反而有所增加或变化不明显。例如，不丹 2000 年、2005 年、2010 年、2015 年和 2020 年的木质林产品消耗占比分别约为 83%、80%、82%、82%和 85%，蛋类、奶类、肉类消耗占比有所降低，而谷物消耗有所增加；中东欧的爱沙尼亚也呈现相似变化，其 2000 年、2005 年、2020 年、2015 年和 2020 年木质林产品消耗占比分别约为 45%、46%、47%、55%、50%。而发达的以色列 2000 年、2005 年、2010 年、2015 年和 2020 年的木质林产品消耗占比分别约为14%、12%、9%、6%和4%，而其奶类、肉类、谷物等的消耗占比不断增加。

参 考 文 献

陈良侃, 陈少辉. 2021. “一带一路”共建国家农作物虚拟水贸易时空格局及驱动因素分析. 地球科学进展, 36(4): 399-412.

龚诗涵, 肖洋, 郑华, 等. 2017. 中国生态系统水源涵养空间特征及其影响因素. 生态学报, 37(7): 2455-2462.

田明华, 史莹赫, 黄雨, 等. 2016. 中国经济发展、林产品贸易对木材消耗影响的实证分析. 林业科学, 52(9): 113-123.

王耀, 张昌顺, 刘春兰, 等. 2019. 三北防护林体系建设工程区森林水源涵养格局变化研究. 生态学报, 39(16): 5847-5856.

汪艺晗, 杨谨, 刘其芸, 等. 2021. “一带一路”国家粮食贸易下虚拟水和隐含能源流动. 资源科学, 43(5): 974-986.

肖俊生. 2009. 民国传统酿酒业与粮食生产的相依关系. 社会科学辑刊, (2): 139-145.

谢高地, 甄霖, 鲁春霞, 等. 2008. 生态系统服务的供给、消费和价值化. 资源科学, 30(1): 93-99.

张丽佳, 周妍. 2021. 建立健全生态产品价值实现机制的路径探索. 生态学报, 41(9): 7893-7899.

甄霖, 刘学林, 李芬, 等. 2010. 脆弱生态区生态系统服务消费与生态补偿研究: 进展与挑战. 资源科学, 32(5): 11-17.

甄霖, 刘雪林, 魏云洁. 2008. 生态系统服务消费模式、计量及其管理框架构建. 资源科学, 30(1): 100-106.

甄霖, 闫慧敏, 胡云锋, 等. 2012. 生态系统服务消耗及其影响. 资源科学, 34(6): 989-997.

周鑫根. 2003. 浙江省城市间水资源交易过程与启示. 中国给水排水, 19(9): 22-24.

朱先进, 王秋凤, 郑涵, 等. 2014. 2000-2010年中国陆地生态系统农林产品利用的碳消耗的时空变异研究. 第四纪研究, 34(4): 762-768.

Millennium Ecosystem Assessment. 2005. Ecosystems and human well-being: Synthesis. Washington, D. C. : Island Press.

Vitousek P M, Mooney H A, Lubchenco J, et al. 1997. Human Domination of Earth’s Ecosystems. Science, 277(5325): 494-499.

World Wildlife Fund. 2004. Living planet report 2004. Gland, Switzerland: Avenue du Mont-Blanc.

Xiao Y, Zhang C, Xu J. 2015. Areas benefiting from water conservation in Key Ecological Function Areas in China. Journal of Resources and Ecology, 6(6): 375-385.

第7章 生态承载力、承载指数和承载状态变化研究

生态承载力作为区域可持续发展能力评价的重要指标已逐渐发展成为可持续发展研究的核心内容，区域生态承载力研究对区域生态环境管理、可持续发展决策和生态文明建设具有导向作用。本章从生态资源供给与消耗之间的动态平衡关系角度出发，以植被净初级生产力作为生态资源的统一量度，基于植被总生产力数据、土地利用数据、农林牧生产贸易数据、土地面积与人口数据，从全域、区域和国家三个尺度开展绿色丝绸之路共建地区 2000～2019 年生态承载力、生态承载指数和生态承载状态评价（分为不考虑生态保护情景和考虑生态保护情景）。主要评价结果表明：绿色丝绸之路共建地区生态承载力总量丰富，尚存较大剩余生态承载空间；在居民消费水平提高与人口持续增长的双重驱动下，该区域剩余生态承载空间呈快速下降态势；生态承载空间分布差异明显且与人口空间分布不匹配，生态承载力存在“总体盈余、局部超载”的现象。

7.1　生态承载力

对绿色丝绸之路共建地区生态承载力的研究分为两个层面——不考虑生态保护情景下的生态承载力和考虑生态保护情景下的生态承载力，本章将不考虑生态保护情景下的生态承载力称为生态承载力上限量，将考虑生态保护情景下的生态承载力称为生态承载力适宜量。

7.1.1　全域尺度

1. 绿色丝绸之路全域生态承载力上限量处于波动下降态势，2019 年生态承载力上限量约为 115.03 亿人，单位面积生态承载力约为 230.02 人/km^2

2019 年，绿色丝绸之路全域生态承载力上限量约为 115.03 亿人（图 7-1），单位面积生态承载力约为 230.02 人/km^2（图 7-2），较全域现有人口（47.86 亿人）相比，全域尚存在 67.17 亿人的生态承载空间。

2000～2019 年，绿色丝绸之路全域生态承载力上限量处于波动下降态势：生态承载力上限量从 137.17 亿人下降到 115.03 亿人，减少 22.14 亿人（图 7-1）；单位面积生态承载力上限量从 274.29 人/km^2 下降到 230.02 人/km^2，降幅约为 16.14%（图 7-2）。2000～2019 年，全域人口数量从 39.25 亿人持续增加到 47.86 亿人，增加 8.61 亿人，增幅约为 21.94%（图 7-1）。全域生态承载力上限量波动下降且人口数量持续增加，使得全域剩余生态承载空间快速减少；基于生态承载力上限量与人口数量关系，全域剩余生态承载空间从2000年的97.92亿人下降到2019年的67.17亿人，减少30.75亿人，降幅高达31.40%。

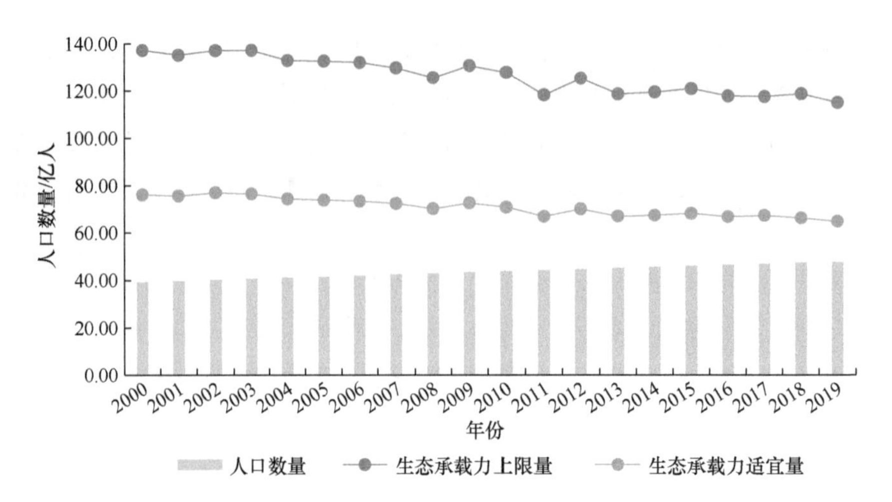

图7-1　2000～2019年绿色丝绸之路全域生态承载力与人口数量变化

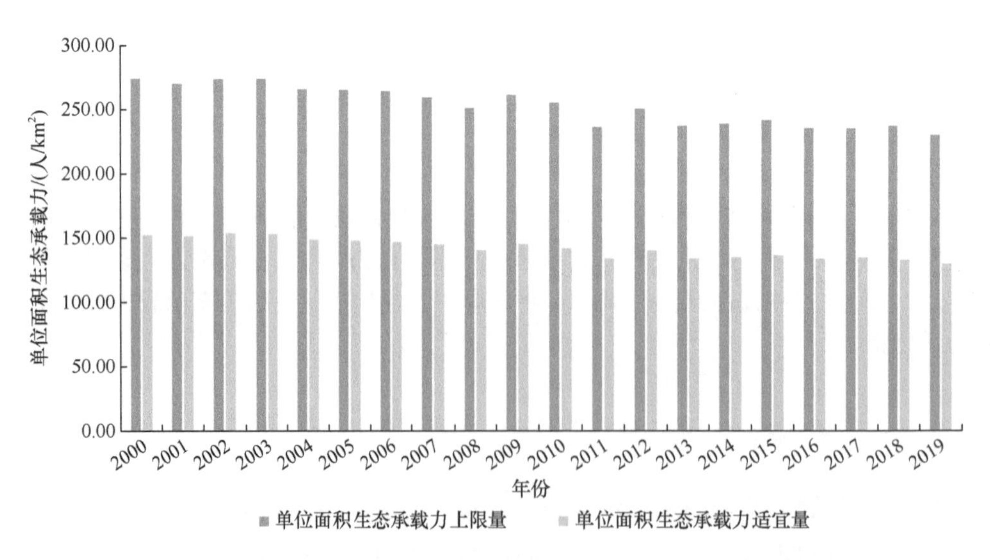

图7-2　2000～2019年绿色丝绸之路全域单位面积生态承载力

2. 2019年生态承载力适宜量约为64.89亿人，单位面积生态承载力约为129.75人/ km^2，相较于区域人口数量相比，尚存在17.03亿人生态承载空间

2019年，绿色丝绸之路全域生态承载力适宜约为64.89亿人（图7-1），单位面积生态承载力约为129.75人/ km^2（图7-2），较全域现有人口相比，全域尚存在17.03亿人的生态承载空间。

2000～2019年，绿色丝绸之路全域生态承载力适宜量处于波动下降态势：生态承载力适宜量从76.24亿人下降到64.89亿人，减少11.35亿人（图7-1）；单位面积生态承

载力从 152.45 人/ km^2 下降到 129.75 人/ km^2，降幅约为 14.89%（图 7-2）。2000～2019 年，全域生态承载力适宜量波动下降且人口数量持续增加，使得全域剩余生态承载空间快速减少（图 7-1）；基于生态承载力适宜量与人口数量关系，全域剩余生态承载空间从 2000 年的 36.99 亿人下降到 17.03 亿人，减少 19.96 亿人，降幅高达 53.96%。

7.1.2　分区尺度

1. 2019 年，绿色丝绸之路共建区域间生态承载力上限量空间分布差异明显，中蒙俄、东南亚和南亚地区生态承载力合计占全域生态承载力的 85%以上

2019 年，绿色丝绸之路共建区域间生态承载力上限量空间分布差异明显，中蒙俄地区生态承载力上限量为 47.75 亿人，占全域生态承载力上限量的 41.51%；东南亚地区和南亚地区生态承载力上限量处于第二梯队，依次为 27.93 亿人和 24.72 亿人，分别占全域生态承载力上限量的 24.28%和 21.49%；中东欧地区、西亚/中东地区和中亚地区生态承载力上限量均不足 10 亿人，依次为 8.45 亿人、4.03 亿人和 2.15 亿人，分别占全域生态承载力上限量的 7.35%、3.50%和 1.87%（图 7-3）。

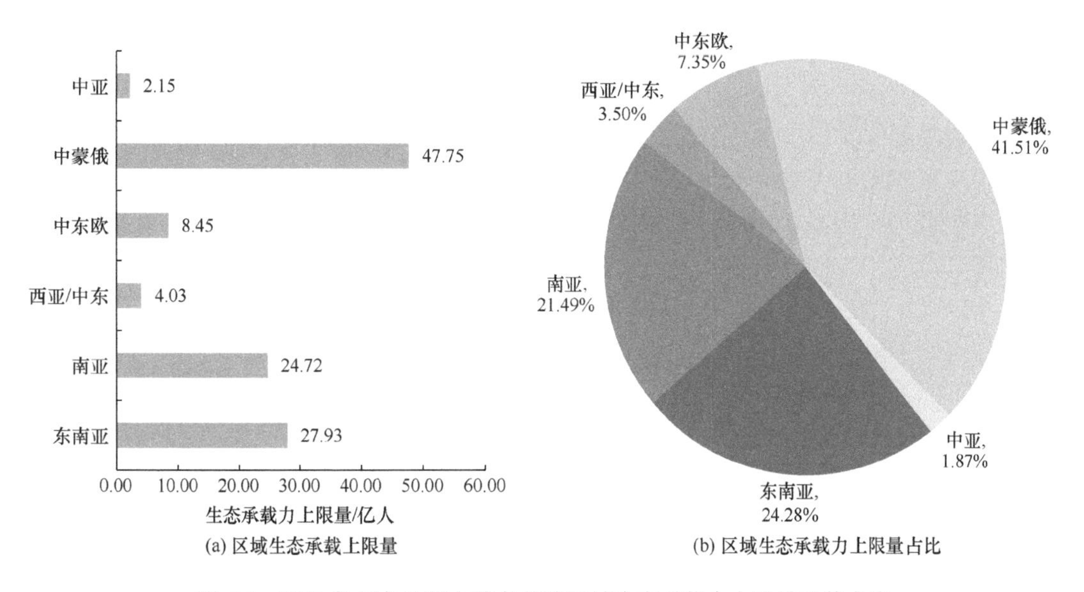

图 7-3　2019 年绿色丝绸之路各共建区域生态承载力上限量及其占比

2019 年，绿色丝绸之路共建地区生态承载力适宜量空间分布差异也很明显，中蒙俄地区和南亚地区生态承载力适宜量处于第一梯队，依次为 21.16 亿人和 21.14 亿人，生态承载力适宜量合计占全域生态承载力适宜量的 65.19%；东南亚地区生态承载力适宜量为 12.86 亿人，处于第二梯队，占全域生态承载力适宜量的 19.82%；中东欧地区、西亚/中东地区和中亚地区生态承载力适宜量均不足 10 亿人，依次为 5.62 亿人、2.97 亿人和 1.14 亿人，分别占全域生态承载力适宜量的 8.66%、4.58%和 1.75%（图 7-4）。

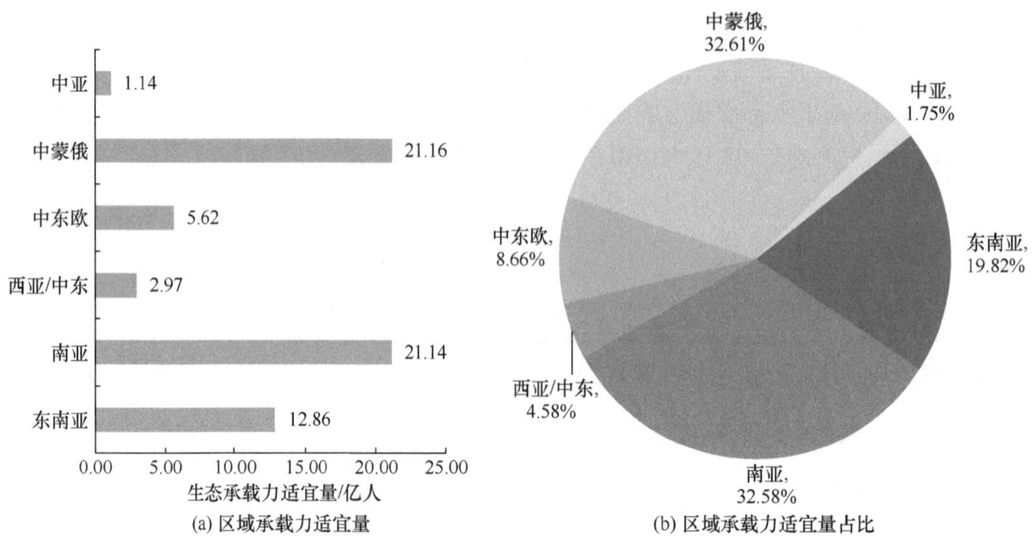

图 7-4　2019 年绿色丝绸之路各共建区域生态承载力适宜量及其占比

2. 与 2019 年人口数量相比，绿色丝绸之路共建区域剩余生态承载空间主要分布在中蒙俄和东南亚地区，西亚/中东地区已不存在剩余生态承载空间

对比生态承载力上限量与人口数量，2019 年，中蒙俄地区、东南亚地区、中东欧地区、南亚地区和中亚地区生态承载力上限量高于人口数量，尚存在生态承载空间；剩余生态承载空间依次为 31.94 亿人、21.31 亿人、6.68 亿人、6.36 亿人和 1.42 亿人；中蒙俄地区和东南亚地区剩余生态承载空间远高于其他区域。西亚/中东地区人口数量已略高于生态承载力上限量，已不存在剩余生态承载空间（剩余生态承载空间为–0.54 亿人）[图 7-5（a）]。

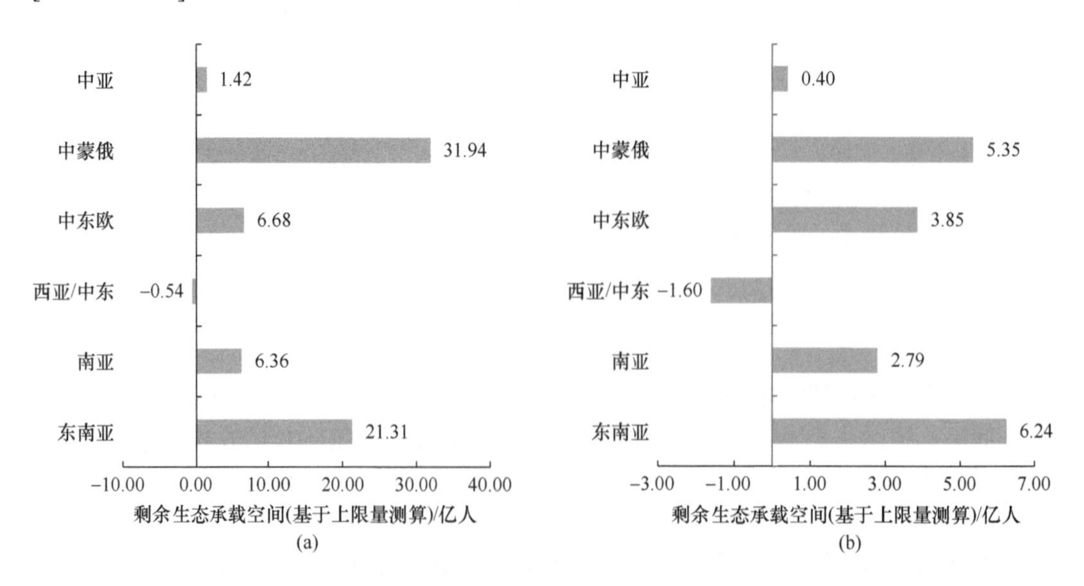

图 7-5　2019 年绿色丝绸之路各共建区域剩余生态承载空间

对比生态承载力适宜量与人口数量，2019 年，东南亚地区、中蒙俄地区、中东欧地区、南亚地区和中亚地区生态承载力适宜量高于人口数量，尚存在生态承载空间；剩余生态承载空间依次为 6.24 亿人、5.35 亿人、3.85 亿人、2.79 亿人和 0.40 亿人。西亚/中东地区人口数量已高于生态承载力上限量，已不存在剩余生态承载空间（剩余生态承载空间为–1.60 亿人）[图 7-5（b）]。

3. 2019 年，绿色丝绸之路共建区域间单位面积生态承载空间分布差异明显，东南亚、南亚和中东欧地区单位面积生态承载力高于全域平均水平

2019 年，绿色丝绸之路共建区域间单位面积生态承载力空间分布差异明显。从单位面积生态承载力上限量角度来看，东南亚地区、南亚地区和中东欧地区单位面积生态承载力上限量依次为 633.95 人/ km^2、518.11 人/ km^2 和 397.45 人/ km^2，高于全域单位面积生态承载力上限量平均水平（230.02 人/ km^2）；中蒙俄地区、中亚地区和西亚/中东地区单位面积生态承载力上限量依次为 174.51 人/ km^2、54.68 人/ km^2 和 54.40 人/ km^2（图 7-6）。从单位面积生态承载力适宜量角度来看，南亚地区、东南亚地区和中东欧地区单位面积生态承载力适宜量依次为 443.09 人/ km^2、291.84 人/ km^2 和 264.49 人/ km^2，高于全域单位面积生态承载力适宜量平均水平（129.75 人/ km^2）；中蒙俄地区、西亚/中东地区和中亚地区单位面积生态承载力适宜量依次为 77.34 人/ km^2、40.09 人/ km^2 和 28.85 人/ km^2（图 7-6）。

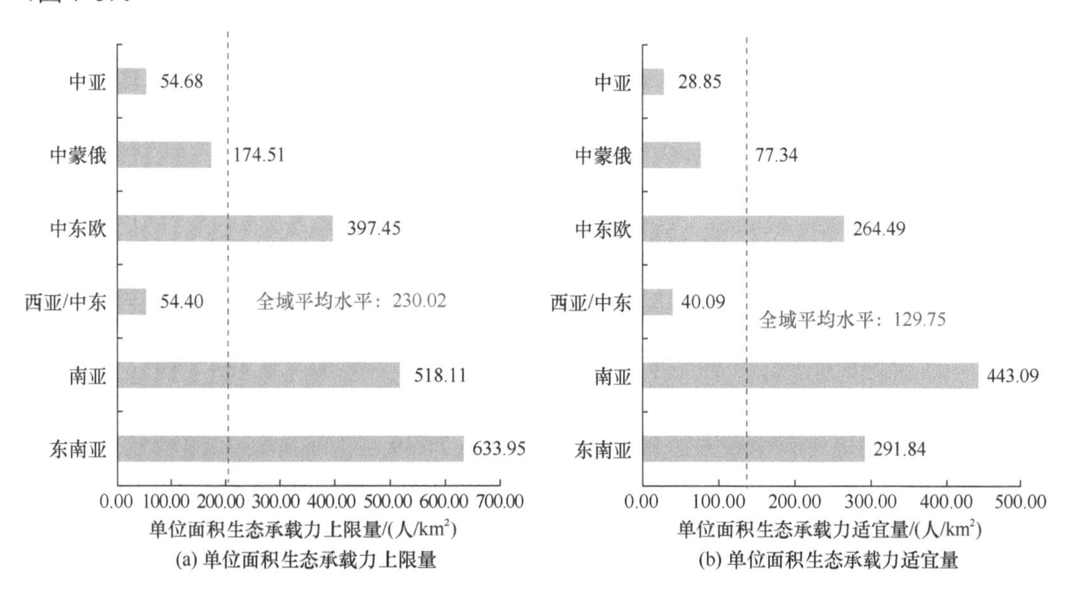

图 7-6　2019 年绿色丝绸之路各共建区域单位面积生态承载力

4. 2000～2019 年，中东欧地区生态承载力处于波动状态，其他区域生态承载力处于波动下降状态

从生态承载力上限量角度来看，2000～2019 年，东南亚地区、南亚地区、西亚/中东地区、中蒙俄地区和中亚地区生态承载力上限量呈波动下降态势（图7-7）。东南亚地区生态承载力上限量从2000年的39.41亿人下降到2019年的27.93亿人，降幅约为29.13%；南亚地区生态承载力上限量从2000年的25.06亿人下降到2019年的24.72亿人，降幅约为1.36%；西亚/中东地区生态承载力上限量从2000年的4.65亿人下降到2019年的4.03亿人，降幅约为13.33%；中蒙俄地区生态承载力上限量从2000年的56.10亿人下降到2019年的47.75亿人，降幅约为14.88%；中亚地区生态承载力上限量从2000年的3.34亿人下降到2019年的2.15亿人，降幅约为35.63%；中亚地区生态承载力上限量下降幅度最大，南亚地区生态承载力上限量下降幅度最小。中东欧地区生态承载力上限量处于宽幅波动态势，2000～2019年，生态承载力上限量在7.14亿～11.14亿人之间波动，生态承载上限量多年均值为8.75亿人。

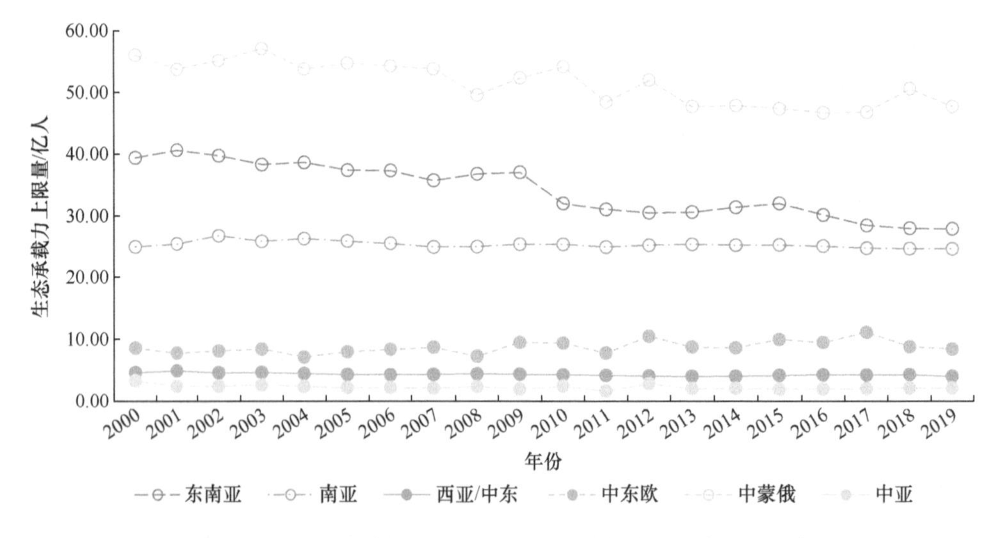

图7-7　2000～2019年绿色丝绸之路各共建区域生态承载力上限量变化曲线

从生态承载力适宜量角度来看，2000～2019年，东南亚地区、南亚地区、西亚/中东地区、中蒙俄地区和中亚地区生态承载力适宜量呈波动下降态势（图7-8）。东南亚地区生态承载力适宜量从2000年的17.63亿人下降到2019年的12.86亿人，降幅约为27.06%；南亚地区生态承载力适宜量从2000年的21.39亿人下降到2019年的21.14亿人，降幅约为1.17%；西亚/中东地区生态承载力适宜量从2000年的3.42亿人下降到2019年的2.97亿人，降幅约为13.16%；中蒙俄地区生态承载力适宜量从2000年的26.42亿人下降到2019年的21.16亿人，降幅约为19.91%；中亚地区生态承载力适宜量从2000年的1.75亿人下降到2019年的1.14亿人，降幅约为34.86%。中亚地区生态承载力适宜量下降幅度最大，南亚地区生态承载力适宜量下降幅度最小。中东欧地区生态承载力适宜量处于宽幅波动态势，2000～2019年，生态承载力适宜量在4.71亿～6.75亿人波动，生态承载适宜量多年均值为5.81亿人。

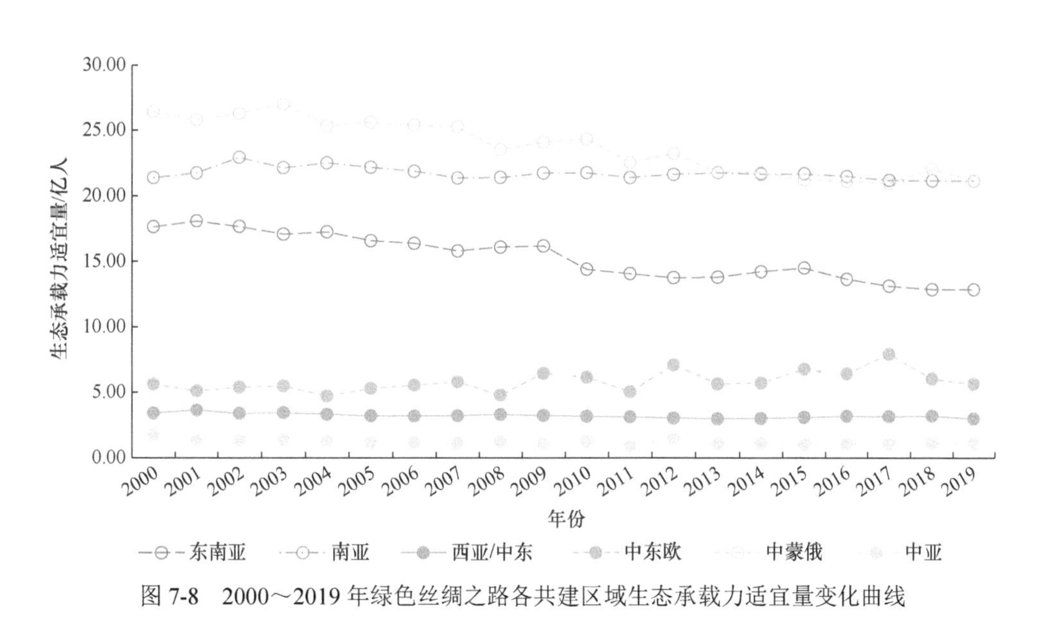

图 7-8　2000～2019 年绿色丝绸之路各共建区域生态承载力适宜量变化曲线

7.1.3　国家尺度

1. 2019 年，绿色丝绸之路共建国家之间生态承载力差异悬殊，俄罗斯、中国、印度和印度尼西亚生态承载力占全域比例在 70%左右，有超过 50 个国家生态承载力占比不足 1%

从生态承载力上限量来看：2019 年，绿色丝绸之路共建国家中，有 4 个国家生态承载力上限量占全域生态承载力上限量的比例超过 10%（第一梯队）；俄罗斯生态承载力上限量最高达 25.39 亿人，占全域 22.07%；中国、印度和印度尼西亚生态承载力上限量分别为 22.23 亿人、20.86 亿人和 12.23 亿人，分别占全域的 19.32%、18.13%和 10.64%；上述 4 个国家生态承载力上限量合计占全域生态承载力上限量的 70.16%，是全域生态承载力主要分布国家。有 9 个国家生态承载力上限量占比介于 1%～5%（第二梯队），生态承载力上限量介于 1.19 亿～3.84 亿人；对应国家为菲律宾、泰国、缅甸、乌克兰、越南、土耳其、哈萨克斯坦、马来西亚、巴基斯坦，生态承载力上限量合计占全域生态承载力上限量的 17.93%。有 9 个国家生态承载力上限量介于 0.5%～1%（第三梯队），生态承载力上限量介于 0.63 亿～1.03 亿人；对应国家为孟加拉国、老挝、波兰、伊朗、柬埔寨、罗马尼亚、保加利亚、斯里兰卡、尼泊尔，生态承载力上限量合计占全域生态承载力上限量的 6.45%。有 20 个国家生态承载力上限量介于 0.1%～0.5%（第四梯队），生态承载力上限量介于 0.13 亿～0.50 亿人；对应国家为白俄罗斯、克罗地亚、拉脱维亚、匈牙利、格鲁吉亚、塞尔维亚、埃及、阿富汗、乌兹别克斯坦、捷克、斯洛伐克、伊拉克、吉尔吉斯斯坦、波黑、阿塞拜疆、东帝汶、也门、蒙古国、立陶宛、叙利亚，生态承载力上限量合计占全域生态承载力上限量的 4.50%。有 23 个国家生态承载力上限量不足 0.1%（第五梯队），生态承载力上限量低于 0.12 亿人；对应国家为北马其顿、摩尔多瓦、阿尔巴尼亚、塔吉克斯坦、爱沙尼亚、土库曼斯坦、斯洛文尼亚、亚美尼亚、黑山、不丹、文莱、沙特阿拉伯、黎巴嫩、巴勒斯坦、以色列、约旦、阿曼、马尔代夫、新加坡、阿联酋、科威特、卡塔尔、巴林，生态承载力上限量合计仅占全域生态承载力上限量的 0.96%（图 7-9 和图 7-10）。

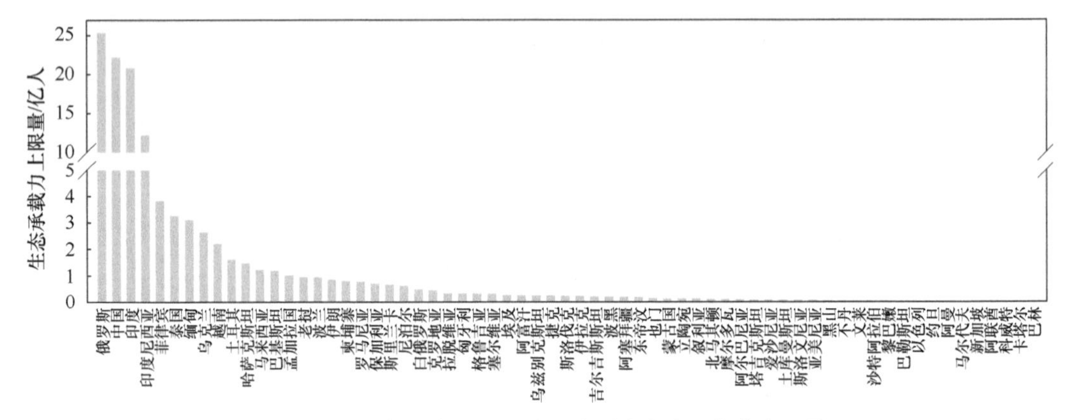

图 7-9　2019 年绿色丝绸之路共建国家生态承载力上限量

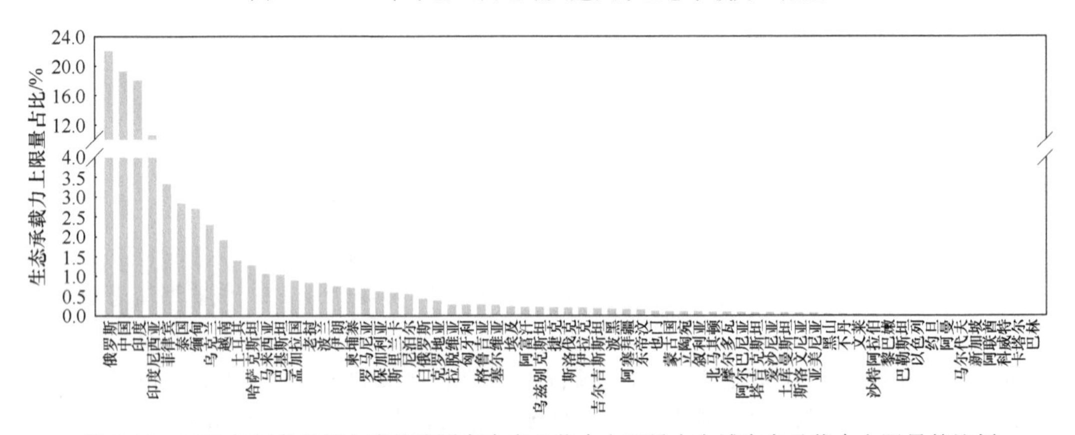

图 7-10　2019 年绿色丝绸之路共建国家生态承载力上限量占全域生态承载力上限量的比例

从生态承载力适宜量来看：2019 年，绿色丝绸之路共建国家中，有 3 个国家生态承载力适宜量占全域生态承载力适宜量的比例超过 10%（第一梯队）；印度生态承载力适宜量最高达 18.36 亿人，占全域的 28.29%；中国和俄罗斯生态承载力适宜量分别为 14.00 亿人和 7.11 亿人，分别占全域的 21.58%和 10.96%；上述 3 个国家生态承载力适宜量合计占全域生态承载力适宜量的 60.83%，是全域生态承载力主要分布国家。印度尼西亚生态承载力适宜量为 4.16 亿人，占全域的 6.41%，处于第二梯队。有 10 个国家生态承载力适宜量占比介于 1%～5%（第三梯队），生态承载力适宜量介于 0.70 亿～2.33 亿人；对应国家为泰国、乌克兰、菲律宾、缅甸、越南、土耳其、巴基斯坦、孟加拉国、哈萨克斯坦、伊朗，生态承载力适宜量合计占全域生态承载力适宜量的 21.84%。有 8 个国家生态承载力适宜量介于 0.5%～1%（第四梯队），生态承载力适宜量介于 0.34 亿～0.51 亿人；对应国家为波兰、柬埔寨、罗马尼亚、马来西亚、老挝、尼泊尔、保加利亚、白俄罗斯，生态承载力适宜量合计占全域生态承载力适宜量的 5.09%。有 23 个国家生态承载力适宜量介于 0.1%～0.5%（第五梯队），生态承载力适宜量介于 0.07 亿～0.28 亿人；对应国家为斯里兰卡、匈牙利、塞尔维亚、克罗地亚、拉脱维亚、埃及、伊拉克、格鲁吉亚、阿富汗、乌兹别克斯坦、捷克、阿塞拜疆、吉尔吉斯斯坦、东帝汶、波黑、叙利亚、斯洛伐克、摩尔多瓦、也门、立陶宛、阿尔巴尼亚、北马其顿、土库曼斯坦，生态承载力适宜量合计占全域生态承载力适宜量的 5.23%。有 20 个国家生态承载力适宜量不足 0.1%（第六梯队），生态承载力适宜量低于 0.06 亿人；对应国家为塔吉克斯坦、亚美尼亚、爱沙尼亚、蒙古国、黑山、黎巴嫩、斯洛文尼亚、沙特阿拉伯、巴勒斯坦、以色列、不丹、约旦、文莱、阿曼、马尔代夫、新加坡、阿联酋、科威特、卡塔尔、巴林，生态承载力适宜量合计仅占全域生态承载力适宜量的 0.60%（图 7-11 和图 7-12）。

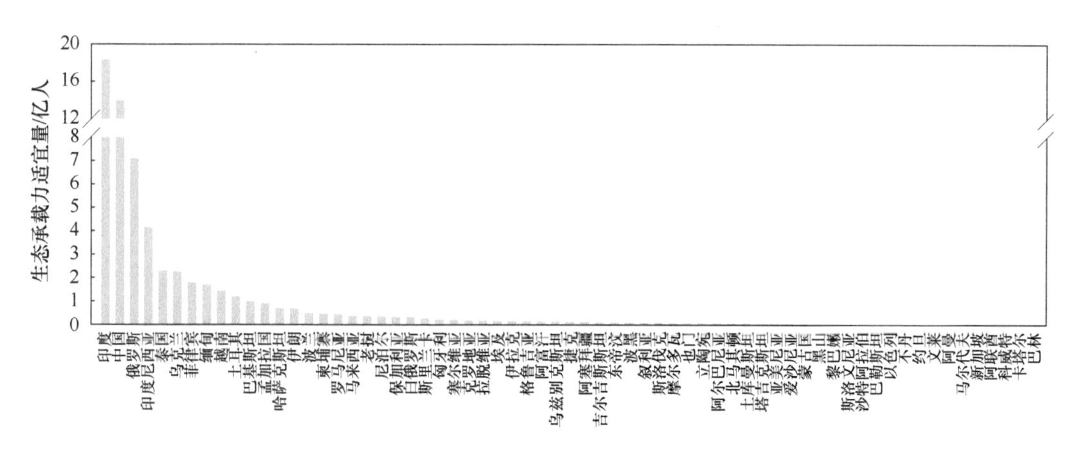

图 7-11　2019 年绿色丝绸之路共建国家生态承载力适宜量

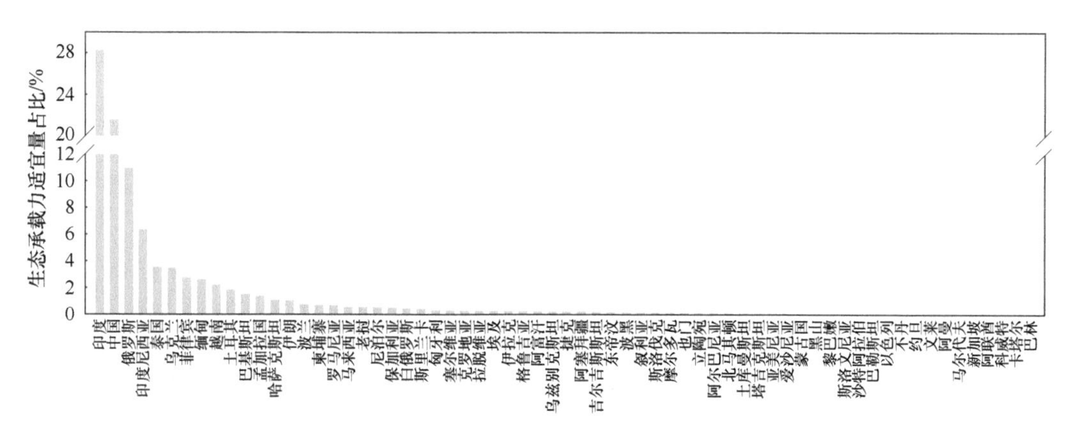

图 7-12　2019 年绿色丝绸之路共建国家生态承载力适宜量占全域生态承载力适宜量的比例

2. 2019 年，绿色丝绸之路共建国家中有超过 40 个国家存在剩余生态承载空间，主要分布在中东欧和东南亚地区

通过比较 2019 年各国生态承载力上限量与人口数量，绿色丝绸之路共建国家中：有 45 个国家人口数量小于生态承载力上限量，存在剩余生态承载空间；有 20 个国家人口数量超过生态承载力上限量，不存在剩余生态承载空间（图 7-13）。在存在剩余生态承载空间的国家中，有 10 个国家剩余生态承载空间超过 1 亿人，分别为俄罗斯、印度尼西亚、中国、印度、菲律宾、泰国、缅甸、乌克兰、哈萨克斯坦和越南；其中，俄罗斯剩余生态承载空间最高，为 23.93 亿人。有 7 个国家剩余生态承载空间介于 0.5 亿～1 亿人，分别为马来西亚、老挝、土耳其、柬埔寨、保加利亚、罗马尼亚和波兰；有 15 个国家剩余生态承载空间介于 0.1 亿～0.5 亿人，分别为斯里兰卡、克罗地亚、白俄罗斯、尼泊尔、拉脱维亚、格鲁吉亚、匈牙利、塞尔维亚、斯洛伐克、东帝汶、波黑、吉尔吉斯斯坦、捷克、立陶宛和阿塞拜疆，有 13 个国家剩余生态承载空间不足 0.1 亿人，分别为蒙古国、北马其顿、爱沙尼亚、阿尔巴尼亚、摩尔多瓦、斯洛文尼亚、亚美尼亚、黑山、不丹、文莱、土库曼斯坦、伊朗和塔吉克斯坦。

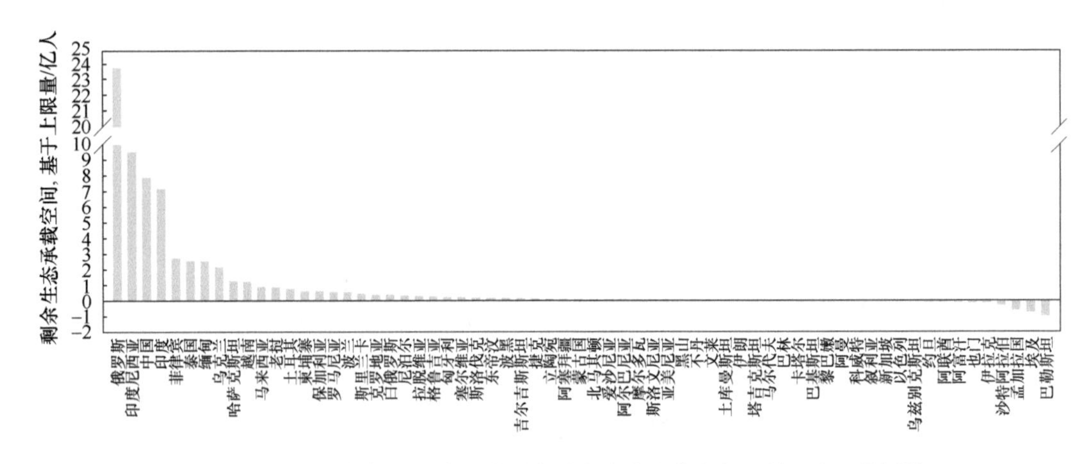

图 7-13　2019 年绿色丝绸之路共建国家剩余生态承载空间（基于上限量测算）

从存在剩余生态承载空间国家的空间分布看，存在剩余生态承载空间的国家主要分布在中东欧地区（42.22%）和东南亚地区（22.22%），西亚/中东国家、南亚国家、中亚国家和中蒙俄国家占比分别为 11.11%、8.89%、8.89%和 6.67%（图 7-14）。从区域内部国家数量统计来看，全部的中东欧国家和中蒙俄国家都存在剩余生态承载空间，90.91%的东南亚国家和 80%的中亚国家存在剩余生态承载空间，50.00%南亚国家存在生态承载空间，而仅有约 26.32%的西亚/中东国家存在剩余生态承载空间（图 7-14）。

通过比较 2019 年生态承载力适宜量与人口数量，绿色丝绸之路共建国家中：有 42 个国家人口数量小于生态承载力适宜量，存在剩余生态承载空间；有 23 个国家人口数量超过生态承载力适宜量，不存在剩余生态承载空间（图 7-15）。在存在剩余生态承载空间的国家中，有 6 个国家剩余生态承载空间超过 1 亿人，分别为俄罗斯、印度、乌克兰、泰国、印度尼西亚和缅甸；其中，俄罗斯剩余生态承载空间最高为 5.65 亿人。有 2 个国家剩余生态承载空间介于 0.5 亿～1 亿人，分别为菲律宾和哈萨克斯坦；有 14 个国家剩余生态承载空间介于 0.1 亿～0.5 亿人，分别为越南、土耳其、柬埔寨、老挝、保加利亚、罗马尼亚、白俄罗斯、拉脱维亚、克罗地亚、格鲁吉亚、匈牙利、塞尔维亚、波兰和

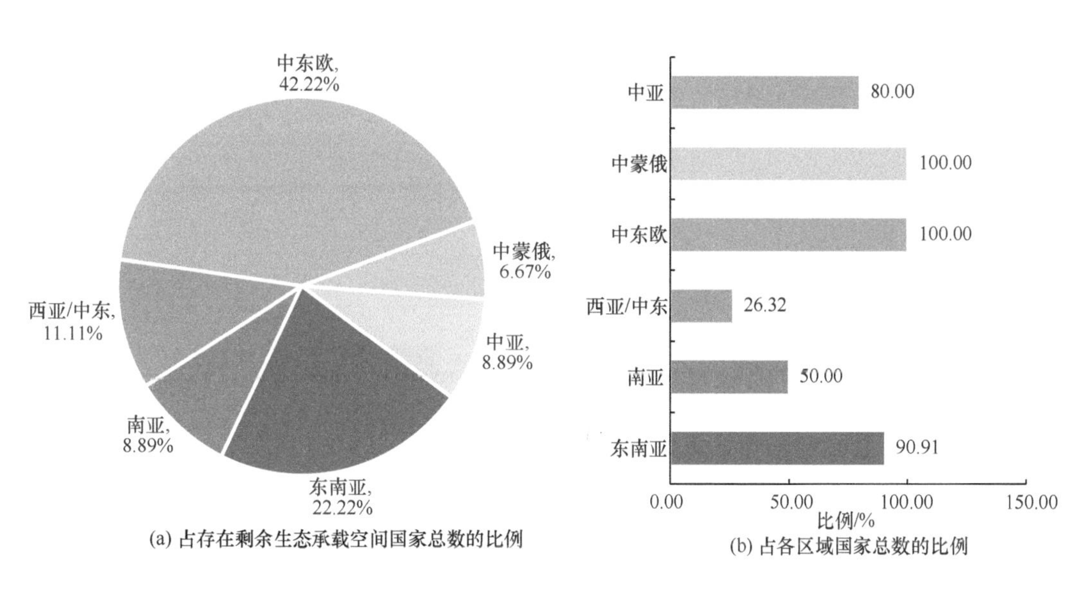

图 7-14　2019 年绿色丝绸之路共建国家中存在剩余生态承载空间国家分区统计（基于上限量测算）

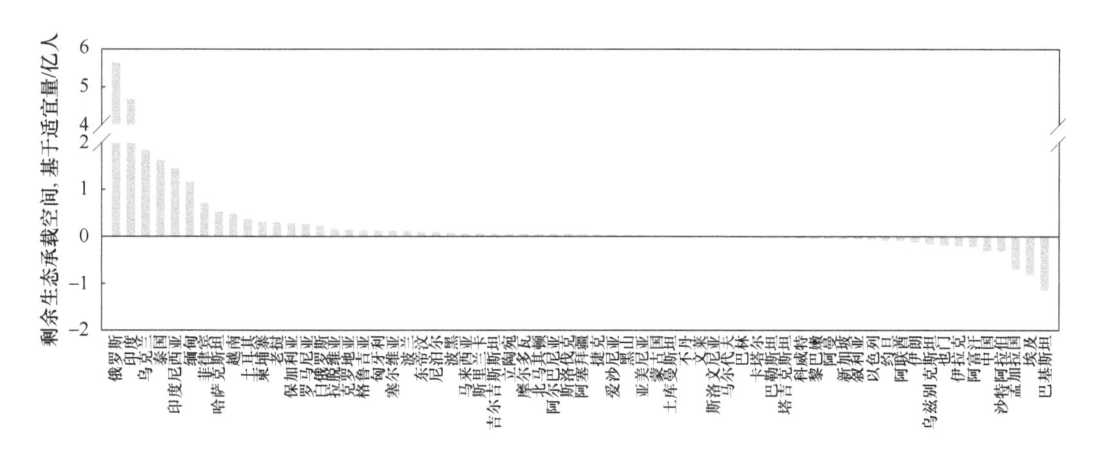

图 7-15　2019 年绿色丝绸之路共建国家剩余生态承载空间（基于适宜量测算）

东帝汶；有 20 个国家剩余生态承载空间不足 0.1 亿人，分别为尼泊尔、波黑、马来西亚、斯里兰卡、吉尔吉斯斯坦、立陶宛、摩尔多瓦、北马其顿、阿尔巴尼亚、斯洛伐克、阿塞拜疆、捷克、爱沙尼亚、黑山、亚美尼亚、蒙古国、土库曼斯坦、不丹、文莱和斯洛文尼亚。

从存在剩余生态承载空间国家的空间分来看，存在剩余生态承载空间的国家主要分布在中东欧地区（45.25%）和东南亚地区（23.81%），西亚/中东国家、南亚国家、中亚国家和中蒙俄国家占比分别为 9.52%、9.52%、7.14%和 4.76%（图 7-16）。从区域内部国家数量统计来看，全部的中东欧国家都存在剩余生态承载空间，90.91%的东南亚国家、66.67%的中蒙俄国家和 60.00%的中亚国家存在剩余生态承载空间，50.00%的南亚国家存在生态承载空间，而仅有约 21.05%的西亚/中东国家存在剩余生态承载空间（图 7-16）。

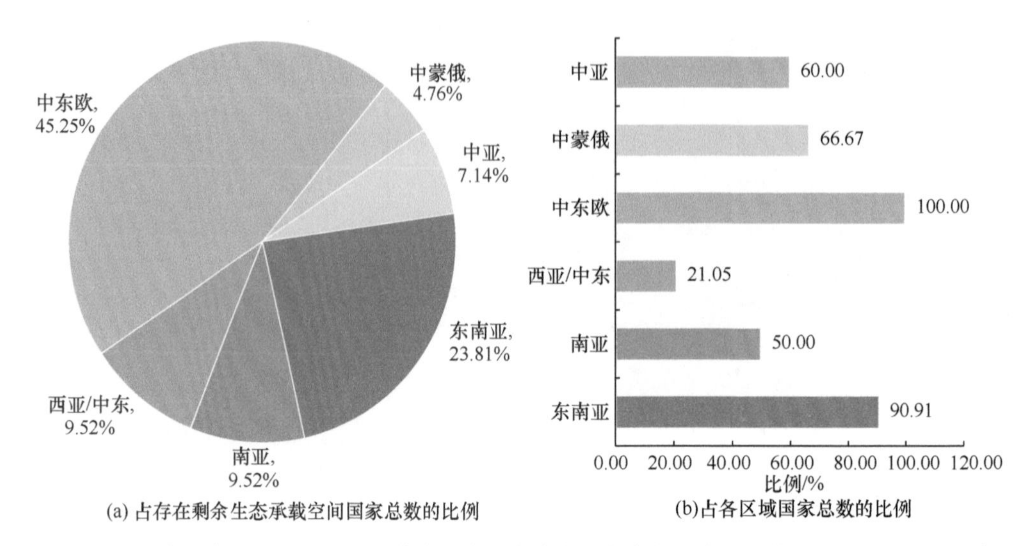

图 7-16 2019 年绿色丝绸之路共建国家中存在剩余生态承载空间国家分区统计（基于适宜量测算）

3. 2019 年，绿色丝绸之路大多共建国家单位面积生态承载力介于 100～500 人/km^2，近 60%共建国家单位面积生态承载力高于全域平均水平，主要分布在东南亚和中东欧地区

从单位面积生态承载力上限量来看：2019 年，绿色丝绸之路共建国家中，有 5 个国家单位面积生态承载力上限量超过 1000 人/km^2（第一梯队），分别为东帝汶、菲律宾、马尔代夫、斯里兰卡、文莱；其中，东帝汶单位面积生态承载力上限量最高，为 1312.36 人/km^2。有 9 个国家单位面积生态承载力上限量介于 500～1000 人/km^2（第二梯队），对应国家为克罗地亚、孟加拉国、越南、印度、保加利亚、印度尼西亚、泰国、拉脱维亚和斯洛伐克。有 32 个国家单位面积生态承载力上限量介于 100～500 人/km^2（第三梯队），对应国家为缅甸、格鲁吉亚、柬埔寨、乌克兰、黑山、尼泊尔、北马其顿、斯洛文尼亚、老挝、波黑、阿尔巴尼亚、马来西亚、匈牙利、塞尔维亚、罗马尼亚、摩尔多瓦、巴勒斯坦、捷克、新加坡、波兰、亚美尼亚、黎巴嫩、白俄罗斯、阿塞拜疆、中国、爱沙尼亚、土耳其、立陶宛、俄罗斯、巴基斯坦、不丹和吉尔吉斯斯坦。有 7 个国家单位面积生态承载力上限量介于 50～100 人/km^2（第四梯队），对应国家为以色列、叙利亚、塔吉克斯坦、乌兹别克斯坦、伊拉克、哈萨克斯坦和伊朗。有 12 个国家单位面积生态承载力上限量不足 50 人/km^2（第五梯队），对应国家为阿富汗、也门、埃及、土库曼斯坦、约旦、蒙古国、巴林、阿曼、沙特阿拉伯、阿联酋、科威特和卡塔尔；其中，卡塔尔单位面积生态承载力上限量最低，仅为 0.51 人/km^2（图 7-17）。

对比全域单位面积生态承载力上限量平均水平（230.02 人/ km^2），绿色丝绸之路共建国家中，有 39 个国家单位面积生态承载力上限量高于全域平均水平，有 26 个国家单位面积生态承载力上限量低于全域平均水平（图 7-17）。从单位面积生态承载力上限量高于全域平均水平国家的空间分来看，单位面积生态承载力上限量高于全域平均水平的国家主要分布在中东欧地区（43.59%）和东南亚地区（28.21%），西亚/中东国家、南亚

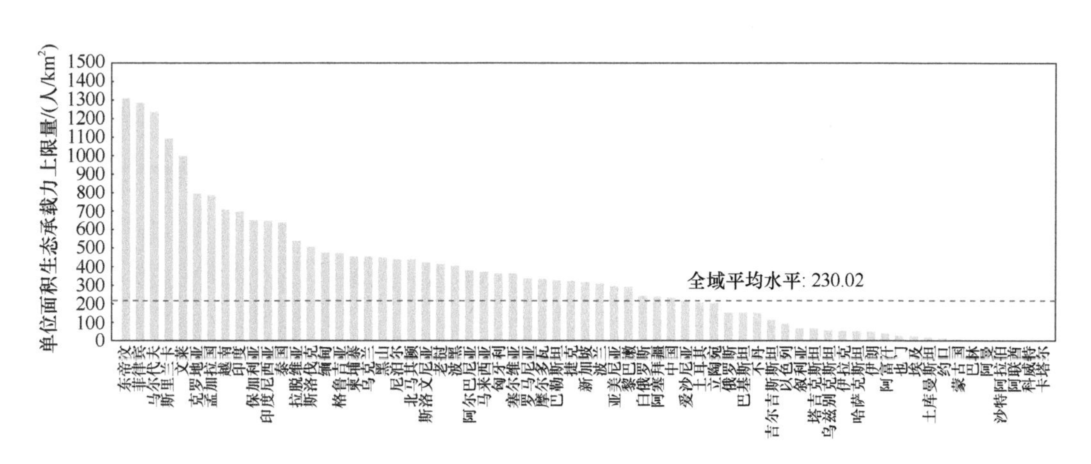

图 7-17　2019 年绿色丝绸之路共建国家单位面积生态承载力上限量

国家和中蒙俄国家占比分别为 12.82%、12.82%和 2.56%（图 7-18）。从区域内部国家数量统计来看，100%的东南亚国家单位面积生态承载力上限量均高于全域平均水平，89.47%的中东欧国家和 62.50%的南亚国家单位面积生态承载力上限量高于全域平均水平，33.33%的中蒙俄国家和 26.32%的西亚/中东国家单位面积生态承载力上限量高于全域平均水平，所有中亚国家单位面积生态承载力上限量均低于全域平均水平（图 7-18）。

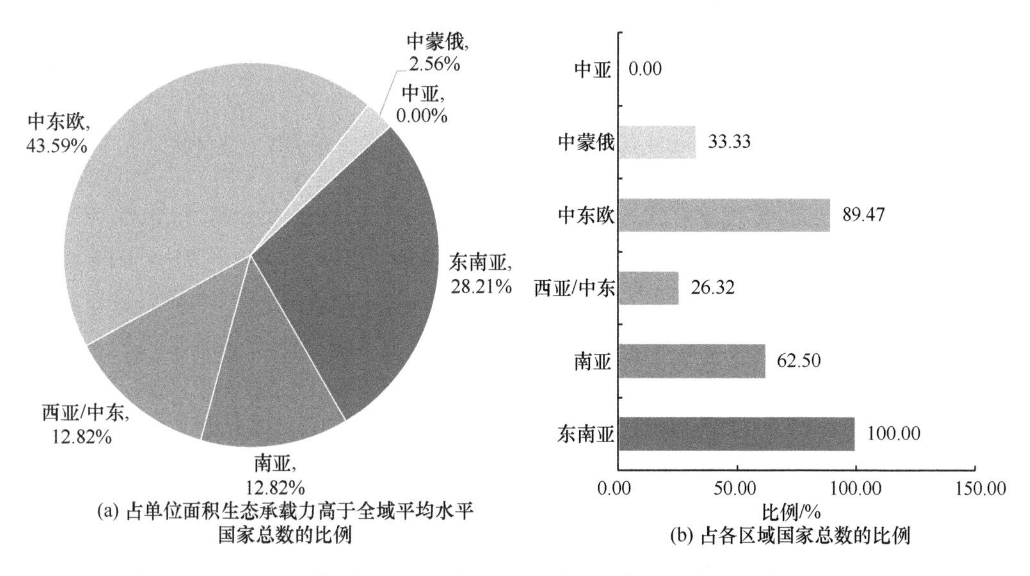

图 7-18　2019 年单位面积生态承载力上限量高于全域平均水平的国家分区统计

从单位面积生态承载力适宜量来看：2019 年，绿色丝绸之路共建国家中，只有马尔代夫单位面积生态承载力适宜量超过 1000 人/km^2（第一梯队），单位面积生态承载力适宜量为 1226.76 人/ km^2。有 4 个国家单位面积生态承载力适宜量介于 500～1000 人/km^2（第二梯队），对应国家为东帝汶、孟加拉国、印度和菲律宾。有 38 个国家单位面积生态承载力适宜量介于 100～500 人/km^2（第三梯队），对应国家为越南、斯里兰卡、泰国、乌克兰、克罗地亚、保加利亚、阿尔巴尼亚、北马其顿、摩尔多瓦、拉脱维亚、黑山、柬埔寨、巴勒斯坦、尼泊尔、缅甸、格鲁吉亚、匈牙利、塞尔维亚、黎巴嫩、波黑、斯洛伐克、印度尼西亚、捷克、罗马尼亚、亚美尼亚、阿塞拜疆、老挝、白俄罗斯、波兰、文莱、土耳其、新加坡、中国、立陶宛、巴基斯坦、马来西亚、爱沙尼亚和斯洛文尼亚。有 3 个国家单位面积生态承载力适宜量介于 50～100 人/km^2（第四梯队），对应国家为以色列、吉尔吉斯斯坦、叙利亚。有 19 个国家单位面积生态承载力适宜量不足 50 人/km^2（第五梯队），对应国家为俄罗斯、伊朗、塔吉克斯坦、伊拉克、不丹、乌兹别克斯坦、哈萨克斯坦、阿富汗、埃及、也门、土库曼斯坦、约旦、巴林、蒙古国、阿曼、阿联酋、科威特、沙特阿拉伯和卡塔尔；其中，卡塔尔单位面积生态承载力适宜量最低，仅为 0.43 人/km^2（图 7-19）。

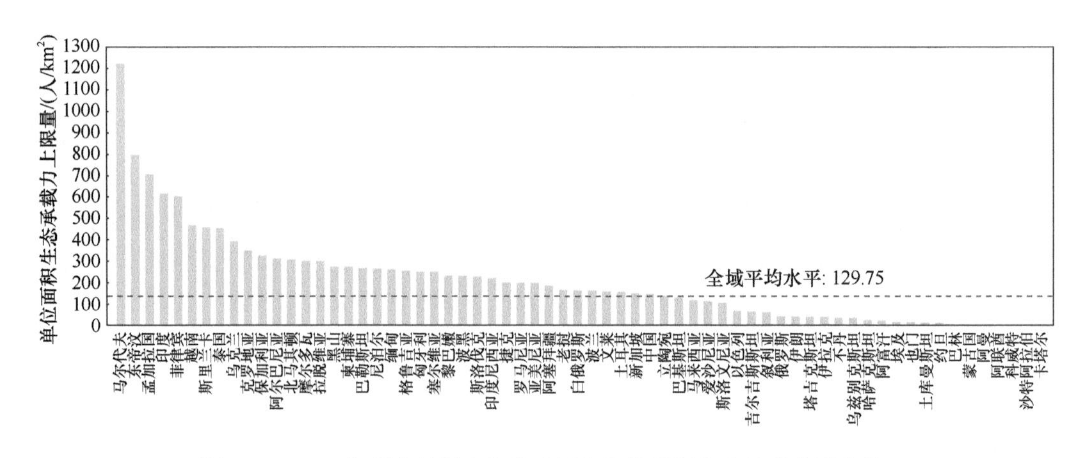

图 7-19　2019 年绿色丝绸之路共建国家单位面积生态承载力适宜量

对比全域单位面积生态承载力适宜量平均水平（129.75 人/km^2），绿色丝绸之路国家中，有 40 个国家单位面积生态承载力适宜量高于全域平均水平，有 25 个国家单位面积生态承载力适宜量低于全域平均水平（图 7-19）。从单位面积生态承载力适宜量高于全域平均水平国家的空间分来看，单位面积生态承载力适宜量高于全域平均水平的国家主要分布在中东欧地区（42.50%）和东南亚地区（25.00%），西亚/中东国家、南亚国家和中蒙俄国家占比分别为 15.00%、15.00%和 2.50%（图 7-20）。从区域内部国家数量统计来看，90.91%的东南亚国家、89.47%的中东欧国家和 75.00%的南亚国家单位面积生态承载力适宜量高于全域平均水平，33.33%的中蒙俄国家和 31.58%的西亚/中东国家单位面积生态承载力适宜量高于全域平均水平，所有中亚国家单位面积生态承载力适宜量均低于全域平均水平（图 7-20）。

4. 与 2000 年相比，2019 年 75.38%的绿色丝绸之路共建国家生态承载力下降，生态承载力上升的国家主要位于经济较为发达的西亚/中东地区和东南亚地区

通过对比 2000 年和 2019 年绿色丝绸之路共建国家生态承载力来反映 20 年间生态承载力整体变化情况。由于本研究基于生态资源供给与消耗之间的动态平衡关系来测算生态承载力，生态资源供给量取多年均值且生态保护情景保持不变，生态承载力上限量

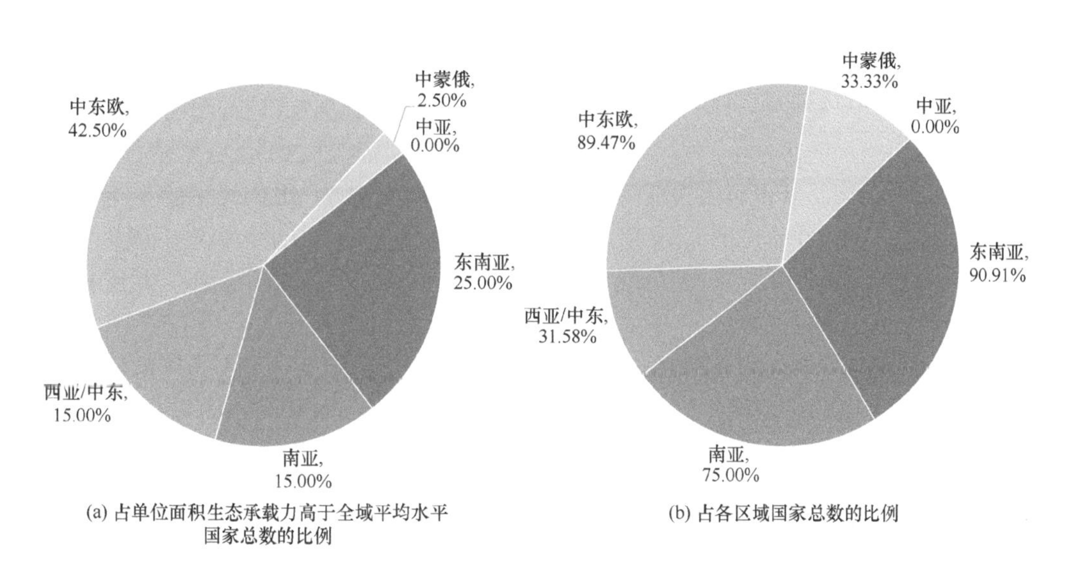

(a) 占单位面积生态承载力高于全域平均水平国家总数的比例　　(b) 占各区域国家总数的比例

图 7-20　2019 年单位面积生态承载力适宜量高于全域平均水平的国家分区统计

和适宜量变化绝对值虽然不同，但是二者变化幅度相同，因此本研究从生态承载力变化幅度的角度来分析 2000～2019 年生态承载力整体变化情况。

与 2000 年相比，2019 年有 49 个绿色丝绸之路共建国家生态承载力下降，占全域国家数量的 75.38%；有 16 个共建国家生态承载力增加，占全域的 24.62%（图 7-21）。在生态承载力下降的国家中，有 8 个国家生态承载力降幅超过 30%，分别为塔吉克斯坦、阿塞拜疆、亚美尼亚、印度尼西亚、乌兹别克斯坦、哈萨克斯坦、罗马尼亚和波黑，其中，塔吉克斯坦生态承载力下降幅度最大，约为 48.36%；有 7 个国家生态承载力降幅介于 20%～30%，分别为越南、中国、立陶宛、阿曼、柬埔寨、缅甸和老挝；有 18 个国家生态承载力降幅介于 10%～20%，分别为泰国、伊拉克、马尔代夫、克罗地亚、孟加拉国、爱沙尼亚、格鲁吉亚、斯洛伐克、尼泊尔、文莱、捷克、吉尔吉斯斯坦、蒙古国、土耳其、马来西亚、埃及、阿尔巴尼亚和菲律宾；有 16 个国家生态承载力降幅低

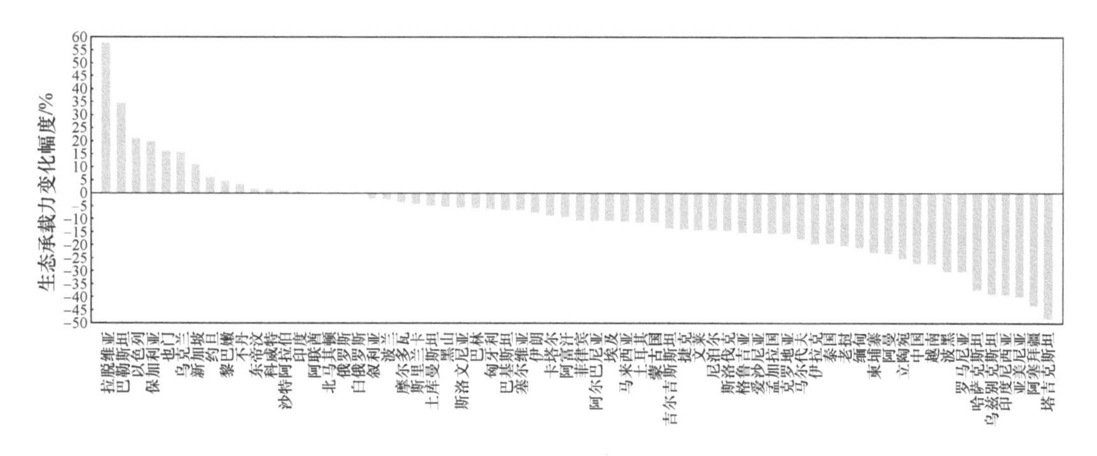

图 7-21　2000～2019 年绿色丝绸之路共建国家生态承载力变化幅度

于 10%，分别为阿富汗、卡塔尔、伊朗、塞尔维亚、巴基斯坦、匈牙利、巴林、斯洛文尼亚、黑山、土库曼斯坦、斯里兰卡、摩尔多瓦、波兰、叙利亚、白俄罗斯和俄罗斯。在生态承载力增加的国家中，有 3 个国家生态承载力增幅超过 20%，分别是拉脱维亚、巴勒斯坦和以色列，其中拉脱维亚生态承载力增幅最大，约为 58.04%；有 4 个国家生态承载力增幅介于 10%～20%，分别为新加坡、乌克兰、也门和保加利亚；有 9 个国家生态承载力增幅低于 10%，分别为北马其顿、阿联酋、印度、沙特阿拉伯、科威特、东帝汶、不丹、黎巴嫩、约旦。

从空间分布上来看（图 7-22），2019 年生态承载力较 2000 年有所下降的国家遍布绿色丝绸之路各个共建区域，中东欧国家、西亚/中东国家、东南亚国家、南亚国家、中亚国家和中蒙俄国家占比分别为 30.61%、22.45%、18.37%、12.24%、10.20%和 6.12%。而 2019 年生态承载力较 2000 年有所增加的国家主要分布在西亚/中东地区（占比 50.00%）和中东欧地区（占比 25%）；此外，东南亚国家和南亚国家占比都为 12.50%，中蒙俄地区和中亚地区不存在生态承载力增加的国家。

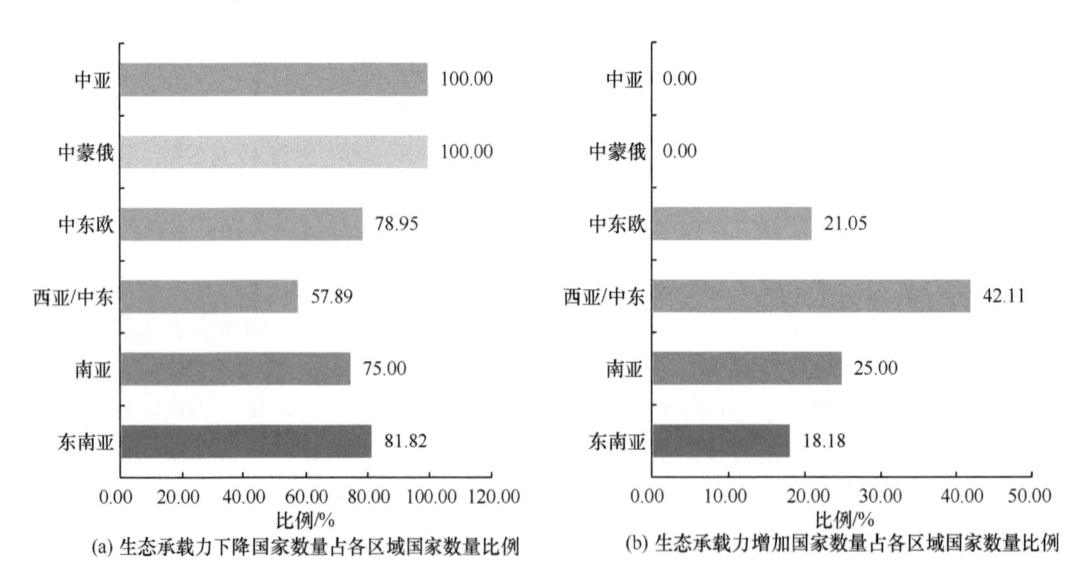

图 7-22　2000～2019 年绿色丝绸之路共建国家生态承载力整体增加和下降国家分区统计

5. 2000～2019 年，绿色丝绸之路共建国家，有 43 个国家生态承载力处于下降态势，其中 39 个国家生态承载力处于显著下降态势

从绿色丝绸之路共建国家生态承载变化态势来看（表 7-1 和图 7-23）：2000～2019 年，绿色丝绸之路共建国家中，有 22 个国家生态承载力处于增加态势，其中有 15 个国家生态承载力处于显著增加态势；生态承载力显著增加的国家集中分布于中东欧地区（约 86.66%）。相对应地，有 43 个国家生态承载力处于下降态势，其中有 39 个国家生态承载力处于显著下降态势；84.61%的生态承载力显著下降国家分布在西亚/中东地区、东南亚地区和南亚地区（表 7-1 和图 7-23）。

表 7-1　绿色丝绸之路共建国家生态承载力变化态势分类统计

变化态势	显著性	国家名单
增加态势	显著	阿尔巴尼亚、保加利亚、格鲁吉亚、匈牙利、克罗地亚、拉脱维亚、摩尔多瓦、北马其顿、捷克、波兰、罗马尼亚、俄罗斯联邦、斯洛伐克、乌克兰、塞尔维亚
	不显著	白俄罗斯、爱沙尼亚、波黑、立陶宛、斯洛文尼亚、叙利亚、黑山
下降态势	显著	亚美尼亚、巴林、孟加拉国、不丹、文莱、缅甸、斯里兰卡、阿塞拜疆、埃及、印度、印度尼西亚、伊拉克、以色列、哈萨克斯坦、约旦、吉尔吉斯斯坦、柬埔寨、科威特、老挝、黎巴嫩、马来西亚、马尔代夫、蒙古国、尼泊尔、巴基斯坦、菲律宾、东帝汶、卡塔尔、沙特阿拉伯、新加坡、塔吉克斯坦、泰国、阿曼、土耳其、阿联酋、乌兹别克斯坦、越南、也门、中国
	不显著	阿富汗、伊朗、土库曼斯坦、巴勒斯坦

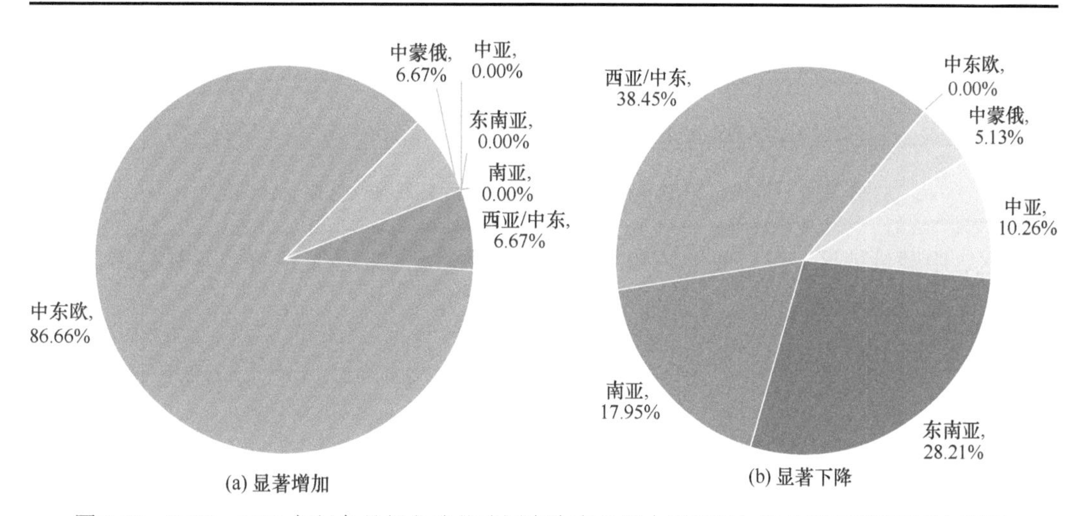

图 7-23　2000～2019 年绿色丝绸之路共建国家生态承载力显著增加和显著下降国家分区统计

7.2　生态承载指数

7.2.1　全域尺度

2000～2019 年绿色丝绸之路全域生态承载指数处于波动增加态势：基于生态承载力上限量测算的生态承载指数从 0.29 增加到 0.42，增幅约为 44.83%；基于生态承载力适宜量测算的生态承载指数从 0.51 增加到 0.74，增幅约为 45.10%（图 7-24）。

7.2.2　分区尺度

1. 绿色丝绸之路区域中，西亚/中亚和南亚地区生态承载指数高于全域平均水平

基于生态承载力上限量测算的生态承载指数结果表明：2019 年，绿色丝绸之路共建区域中，西亚/中东地区生态承载指数最高，中东欧地区生态承载指数最低；西亚/中东地区和南亚地区生态承载指数高于绿色丝绸之路全域平均水平，依次为 1.14 和 0.74；中

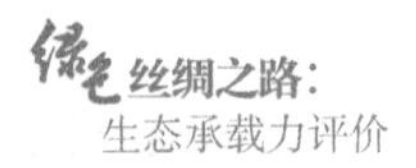

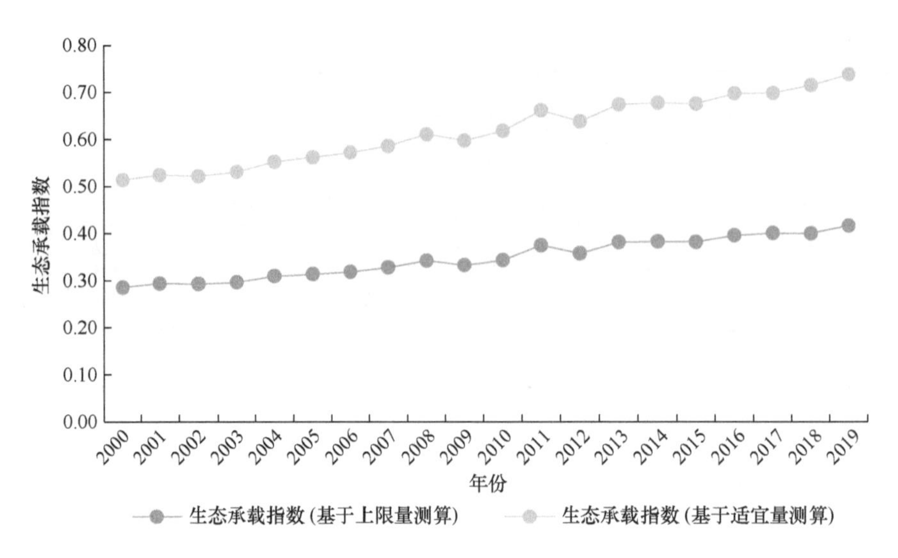

图 7-24　2000～2019 年绿色丝绸之路全域生态承载指数变化曲线

亚地区、中蒙俄地区、东南亚地区和中东欧地区生态承载指数低于绿色丝绸之路全域平均水平，依次为 0.34、0.33、0.24 和 0.21（图 7-25）。

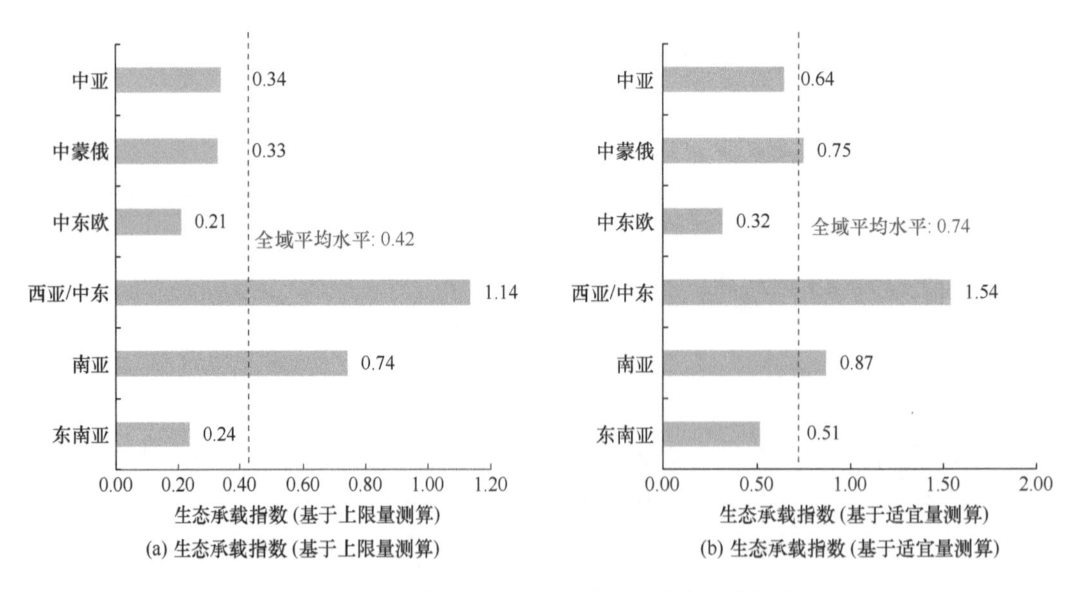

图 7-25　2019 年绿色丝绸之路各区域生态承载指数

基于生态承载力适宜量测算的生态承载指数结果表明：2019 年，绿色丝绸之路区域中，西亚/中东地区生态承载指数最高，中东欧地区生态承载指数最低；西亚/中东地区、南亚地区和中蒙俄地区生态承载指数高于绿色丝绸之路全域平均水平，依次为 1.54、0.87 和 0.75；中亚地区、东南亚地区和中东欧地区生态承载指数低于绿色丝绸之路全域平均水平，依次为 0.64、0.51 和 0.32（图 7-25）。

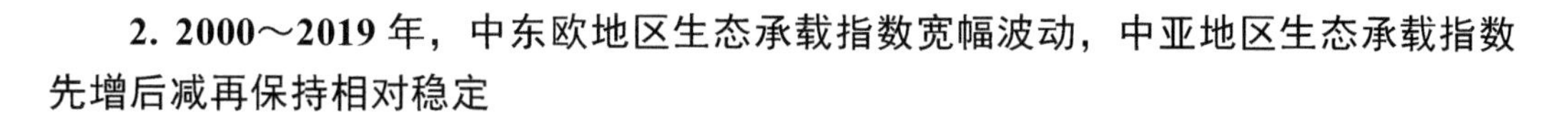

2. 2000～2019 年，中东欧地区生态承载指数宽幅波动，中亚地区生态承载指数先增后减再保持相对稳定

基于生态承载力上限量测算的生态承载指数结果表明：与 2000 年相比，2019 年东南亚地区、南亚地区、西亚/中东地区、中蒙俄地区和中亚地区生态承载指数均有所增加（图 7-26）。东南亚地区生态承载指数从 0.13 增加到 0.24，增幅约为 84.62%；南亚地区生态承载指数从 0.56 增加到 0.74，增幅约为 32.14%；西亚/中东地区生态承载指数从 0.68 增加到 1.14，增幅约为 67.65%；中蒙俄地区生态承载指数从 0.26 增加到 0.33，增幅约为 26.92%；中亚地区生态承载指数从 0.17 增加到 0.34，增幅约为 100%。其中，中蒙俄地区生态承载指数增幅最小，中亚地区生态承载指数增幅最大。中东欧地区 2019 年生态承载指数较 2000 年略有下降，从 2000 年的 0.22 下降到 2019 年的 0.21，降幅约为 4.55%。从 2000～2019 年生态承载指数变化趋势来看，东南亚地区、南亚地区、西亚/中东地区和中蒙俄地区生态承载指数处于波动增加态势；中东欧地区生态承载指数处于波动状态，生态承载指数多年均值约为 0.21；中亚地区生态承载指数先增加后减少再保持相对稳定：2000～2011 年增加，2011～2015 年减少，2015 年开始在 0.34 左右小幅波动（图 7-26）。

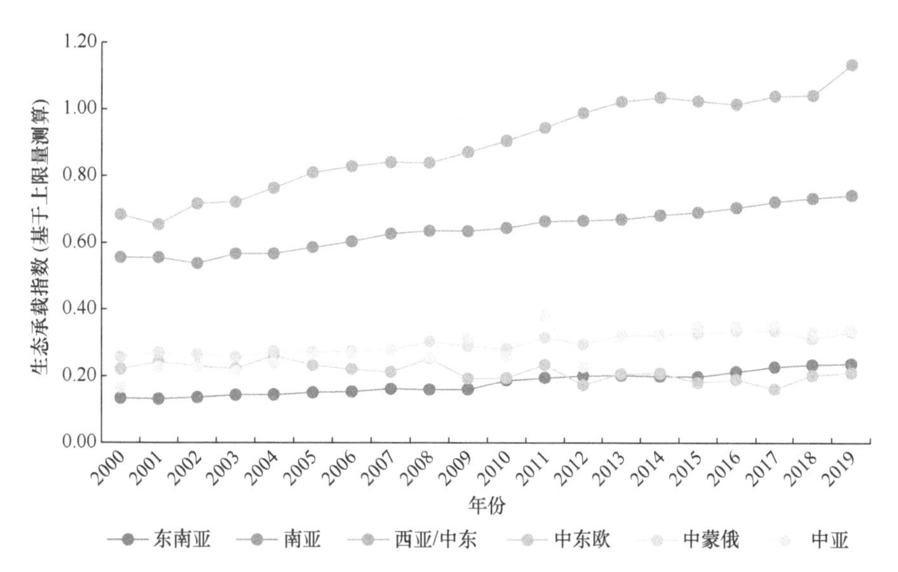

图 7-26　2000～2019 年绿色丝绸之路各共建区域生态承载指数（基于上限量测算）变化曲线

基于生态承载力适宜量测算的生态承载指数结果表明：与 2000 年相比，2019 年东南亚地区、南亚地区、西亚/中东地区、中蒙俄地区和中亚地区生态承载指数均有所增加（图 7-27）。东南亚地区生态承载指数从 0.30 增加到 0.51，增幅约为 70%；南亚地区生态承载指数从 0.65 增加到 0.87，增幅约为 33.85%；西亚/中东地区生态承载指数从 0.93 增加到 1.54，增幅约为 65.59%；中蒙俄地区生态承载指数从 0.55 增加到 0.75，增幅约为 36.36%；中亚地区生态承载指数从 0.32 增加到 0.64，增幅约为 100%。其中，南亚地区生态承载指数增幅最小，中亚地区生态承载指数增幅最大。中东欧地区 2019 年生态承载指数较 2000 年略有下降，从 2000 年的 0.34 下降到 2019 年的 0.32，降幅约为 5.88%。

从 2000～2019 年生态承载指数变化趋势来看，东南亚地区、南亚地区、西亚/中东地区和中蒙俄地区生态承载指数处于波动增加态势；中东欧地区生态承载指数处于波动状态，生态承载指数多年均值约为 0.32；中亚地区生态承载指数先增加后减少再保持相对稳定：2000～2011 年增加，2011～2015 年减少，2015 年开始在 0.65 左右小幅波动（图 7-27）。

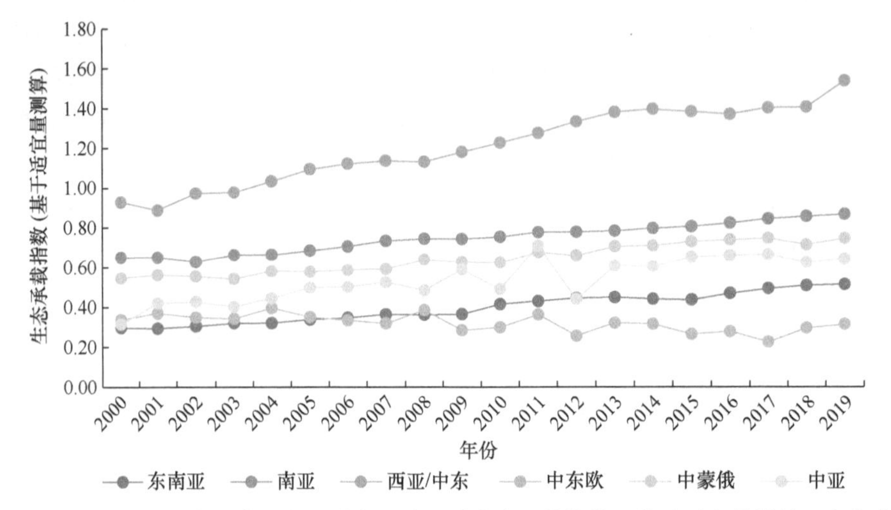

图 7-27　2000～2019 年绿色丝绸之路各共建区域生态承载指数（基于适宜量测算）变化曲线

7.2.3　国家尺度

1. 绿色丝绸之路共建国家生态承载指数差异悬殊，有 30 个共建国家生态承载指数超过全域平均水平

基于生态承载力上限量测算的生态承载指数结果表明（图 7-28）：2019 年，绿色丝绸之路共建国家生态承载指数差异悬殊；有 5 个国家生态承载指数超过 10，分别是巴林、卡塔尔、科威特、阿联酋和新加坡；其中，巴林和卡塔尔生态承载指数超过 200，巴林生态承载指数最高，达到 649.52。有 7 个国家生态承载指数不足 0.10，分别是保加利亚、

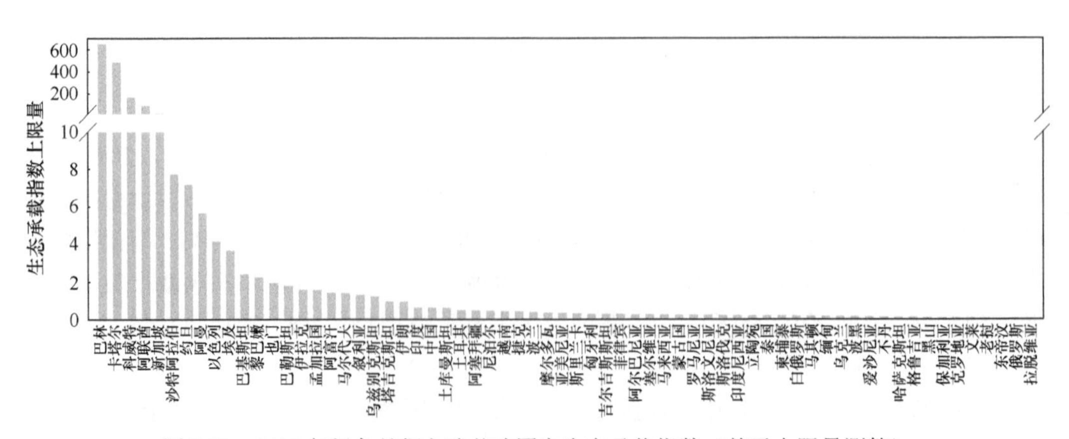

图 7-28　2019 年绿色丝绸之路共建国家生态承载指数（基于上限量测算）

克罗地亚、文莱、老挝、东帝汶、俄罗斯和拉脱维亚；拉脱维亚生态承载指数最低，为 0.06；巴林的生态承载指数约为拉脱维亚的生态承载指数的 10825 倍。

以绿色丝绸之路全域生态承载指数（0.42）作为划分依据，有 30 个共建国家生态承载指数超过全域平均水平；相对应地，有 35 个国家生态承载指数低于全域平均水平。从空间分布来看（图 7-29），生态承载指数高于全域平均水平的国家主要分布在西亚/中东地区（56.67%）和南亚地区（20%），中亚国家、东南亚国家、中蒙俄国家和中东欧国家占比分别为 10.00%、6.67%、3.33%和 3.33%；生态承载指数低于全域平均水平的国家主要分布在中东欧地区（51.45%）和东南亚地区（25.71%），南亚地区、西亚/中东地区、中蒙俄地区和中亚地区各有两个国家生态承载指数低于全域平均水平，占比均为 5.71%。

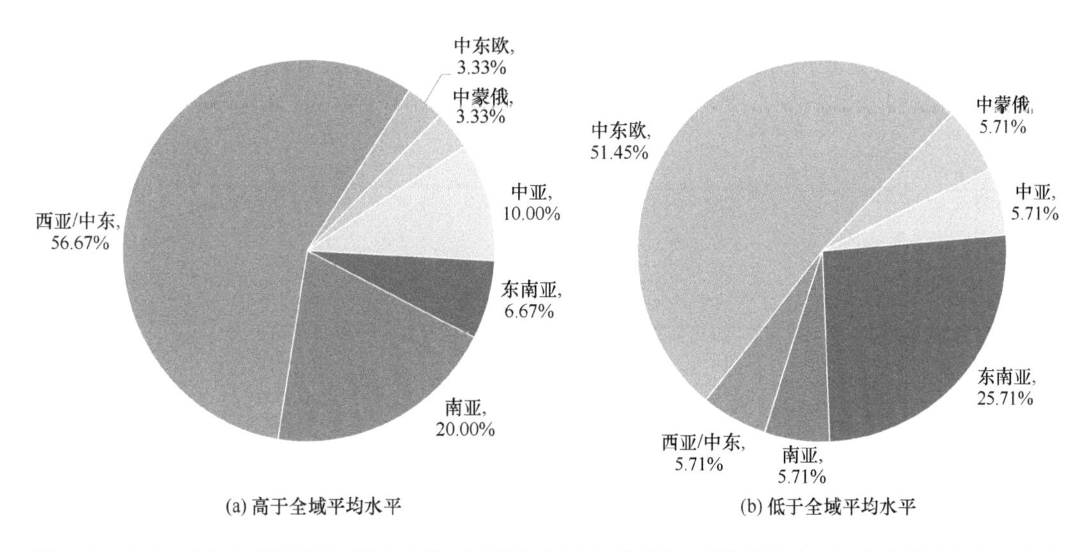

图 7-29　2019 年生态承载指数（基于上限量测算）高于全域平均水平和低于全域平均水平国家分区统计

基于生态承载力适宜量测算的生态承载指数结果表明（图 7-30）：2019 年，绿色丝绸之路共建国家生态承载指数差异悬殊；有 7 个国家生态承载指数超过 10，分别是巴林、

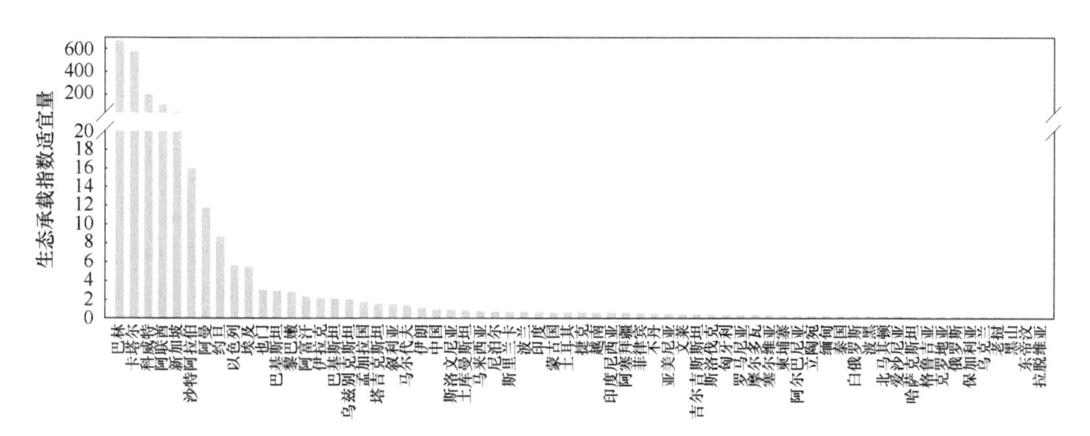

图 7-30　2019 年绿色丝绸之路共建国家生态承载指数（基于适宜量测算）

卡塔尔、科威特、阿联酋、新加坡、沙特阿拉伯和阿曼；其中，巴林和卡塔尔生态承载指数超过 400，巴林生态承载指数最高，达到 669.61。有 6 个国家生态承载指数不足 0.20，分别是保加利亚、乌克兰、老挝、黑山、东帝汶和拉脱维亚；拉脱维亚生态承载指数最低，为 0.10；巴林的生态承载指数约为拉脱维亚的生态承载指数的 6696 倍。

以绿色丝绸之路全域生态承载指数（0.74）作为划分依据，有 30 个共建国家生态承载指数超过全域平均水平；相对应地，有 35 个国家生态承载指数低于全域平均水平。从空间分布来看（图 7-31），生态承载指数高于全域平均水平的国家主要分布在西亚/中东地区（50%）和南亚地区（23.33%），中亚国家、中东欧国家、东南亚国家和中蒙俄国家占比分别为 10.00%、6.67%、6.67%和 3.33%；生态承载指数低于全域平均水平的国家主要分布在中东欧地区（48.58%）和东南亚地区（25.71%），西亚/中东国家、中蒙俄国家、中亚国家和南亚国家占比分别为 11.43%、5.71%、5.71%和 2.86%。

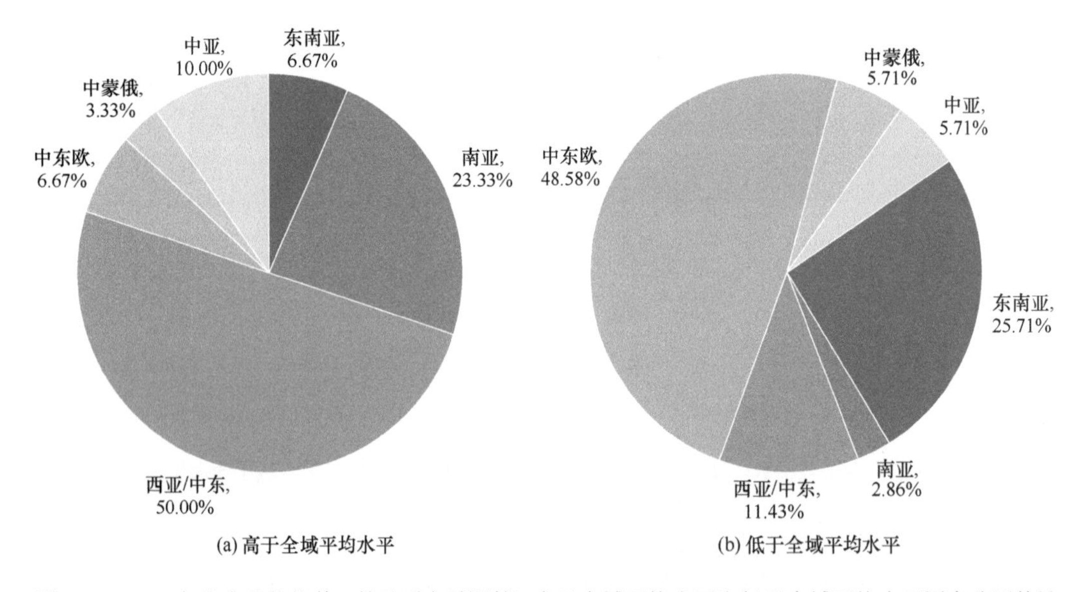

图 7-31　2019 年生态承载指数（基于适宜量测算）高于全域平均水平和低于全域平均水平国家分区统计

2. 与 2000 年相比，2019 年近 90%共建国家生态承载指数增加，而生态承载指数下降的国家全部分布在中东欧地区

与 2000 年相比，2019 年有 58 个绿色丝绸之路共建国家生态承载指数增加，占全域国家数量的 89.23%；有 7 个共建国家生态承载指数下降，占全域的 10.77%（图 7-32）。在 58 个生态承载指数增加的国家中，有 12 个国家生态承载指数增幅超过 100%，分别是卡塔尔、阿联酋、塔吉克斯坦、阿曼、巴林、马尔代夫、乌兹别克斯坦、阿塞拜疆、印度尼西亚、伊拉克、科威特和阿富汗；其中，卡塔尔生态承载指数增幅最大，为 425.47%。有 17 个国家生态承载指数增幅介于 50%～100%，分别为哈萨克斯坦、约旦、柬埔寨、黎巴嫩、老挝、越南、沙特阿拉伯、埃及、巴基斯坦、亚美尼亚、菲律宾、马

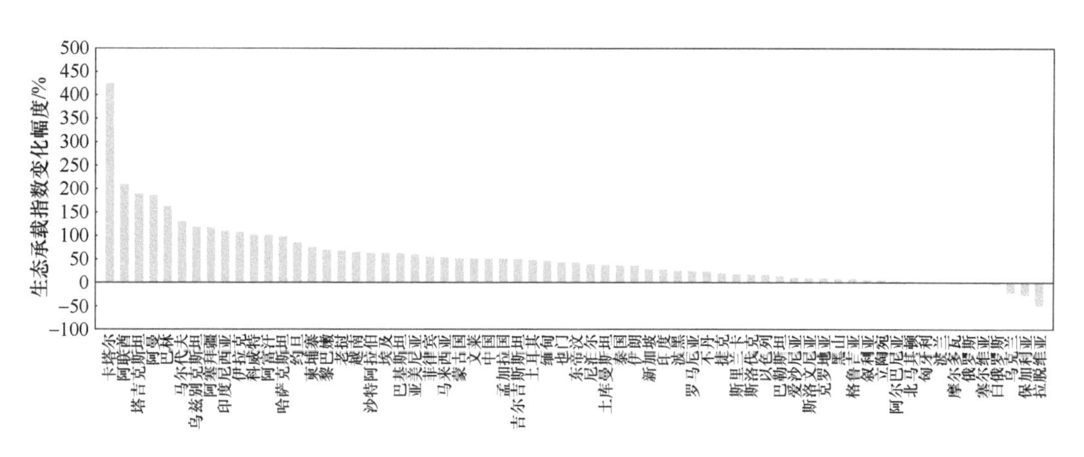

图 7-32　2000～2019 年绿色丝绸之路共建国家生态承载指数变化幅度

来西亚、蒙古国、文莱、中国、孟加拉国和吉尔吉斯斯坦；有 21 个国家生态承载指数增幅介于 10%～50%，分别为土耳其、缅甸、也门、东帝汶、尼泊尔、土库曼斯坦、泰国、伊朗、新加坡、印度、波黑、罗马尼亚、不丹、捷克、斯里兰卡、斯洛伐克、以色列、巴勒斯坦、爱沙尼亚、斯洛文尼亚和克罗地亚；有 8 个国家生态承载指数增幅不超过 10%，分别为黑山、格鲁吉亚、叙利亚、立陶宛、阿尔巴尼亚、北马其顿、匈牙利、波兰，其中波兰生态承载力指数增幅仅为 0.76%。在 7 个生态承载指数下降的国家中，摩尔多瓦、俄罗斯、塞尔维亚和白俄罗斯生态承载指数降幅不超过 5%，乌克兰、保加利亚和拉脱维亚生态承载指数降幅超过 20%，其中拉脱维亚生态承载指数降幅最大，为 49.40%。生态承载指数下降的国家全部是中东欧国家，这也表明东南亚国家、南亚国家、西亚/中东国家、中蒙俄国家和中亚国家 2019 年生态承载指数较 2000 年都增加。

7.3　生态承载状态

7.3.1　全域尺度

根据生态承载状态分级标准[①]，在不考虑生态保护情景下，2000～2019 年绿色丝绸之路全域生态承载指数小于 0.60（图 7-24），因此全域生态承载力始终处于富富有余状态。在考虑生态保护情景下，绿色丝绸之路全域生态承载指数在 2008 年前小于 0.60，生态承载力处于富富有余状态；从 2008 年起，全域生态承载指数超过 0.60，生态承载力从富富有余状态过渡到盈余状态；2019 年，全域生态承载指数为 0.74，生态承载力仍处于盈余状态，其他地区生态承载力始终处于富富有余状态。

① 生态承载状态分级标准：生态承载指数划分为 0～0.6、0.6～0.8、0.8～1.0、1.0～1.2、1.2～1.4、>1.4 六个级别，依次对应生态承载状态：富富有余、盈余、平衡有余、临界超载、超载、严重超载。

7.3.2 分区尺度

1. 不考虑生态保护情景，南亚地区生态承载力从富富有余转变为盈余状态，西亚/中东地区生态承载力从盈余状态最终过渡到超载状态

根据生态承载状态分级标准，在不考虑生态保护情景下：2000～2019 年，东南亚地区、中东欧地区、中蒙俄地区和中亚地区生态承载指数小于 0.60，上述四个区域生态承载力始终处于富富有余状态。2000～2005 年，南亚地区生态承载指数小于 0.60，生态承载力处于富富有余状态；2006～2019 年，南亚地区生态承载指数介于 0.60～0.80，生态承载力处于盈余状态。2000～2004 年，西亚/中东地区生态承载指数介于 0.60～0.80，生态承载力处于盈余状态；2005～2012 年，西亚/中东地区生态承载指数介于 0.80～1.00，生态承载力处于平衡有余状态；2013～2018 年，西亚/中东地区生态承载指数介于 1.00～1.20，生态承载力处于临界超载状态；2019 年，西亚/中东地区生态承载指数超过 1.20，生态承载力处于超载状态（图 7-33）。

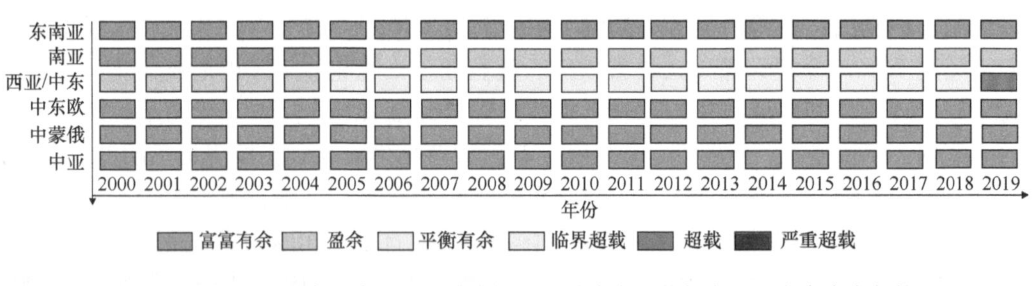

图 7-33 2000～2019 年绿色丝绸之路各共建区域生态承载状态（不考虑生态保护）

2. 考虑生态保护情景，东南亚和中东欧地区生态承载力始终处于富富有余状态，中蒙俄和中亚地区生态承载力从富富有余转变为盈余状态，南亚地区生态承载力从盈余最终过渡到平衡有余状态，西亚/中东地区生态承载力从平衡有余最终过渡到严重超载状态

根据生态承载状态分级标准，在考虑生态保护情景下：2000～2019 年，东南亚地区和中东欧地区生态承载指数小于 0.60，生态承载力始终处于富富有余状态。2000～2007 年，中蒙俄地区生态承载指数小于 0.60，生态承载力处于富富有余状态；2008～2019 年，中蒙俄地区生态承载指数介于 0.60～0.80，生态承载力处于盈余状态。2000～2010 年，中亚地区生态承载指数小于 0.60，生态承载力处于富富有余状态；从 2011 年起（2012 年除外），中亚地区生态承载指数超过 0.60，生态承载力处于盈余状态；2019 年，中亚地区全域生态承载指数为 0.64，生态承载力仍处于盈余状态。2000～2014 年，南亚地区生态承载指数介于 0.60～0.80，生态承载力处于盈余状态；2015～2019 年，南亚地区生态承载指数介于 0.80～1.00，生态承载力处于平衡有余状态。2000～2003 年，西亚/中东地区生态承载指数介于 0.80～1.00，生态承载力处于平衡有余状态；2004～2009 年，西亚/

中东地区生态承载指数介于 1.00～1.20，生态承载力处于临界超载状态；2010～2016 年，西亚/中东地区生态承载指数介于 1.20～1.40，生态承载力处于超载状态；从 2017 年开始，西亚/中东地区生态承载指数超过 1.40，生态承载力处于严重超载状态（图 7-34）。

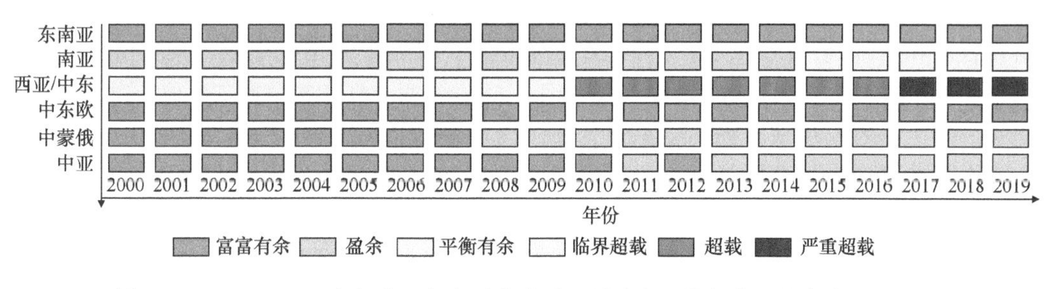

图 7-34　2000～2019 年绿色丝绸之路各共建区域生态承载状态（考虑生态保护）

7.3.3　国家尺度

1. 不考虑生态保护情景，2019 年绿色丝绸之路共建国家中有 45 个共建国家生态承载力处于盈余状态，生态承载力处于严重超载状态的国家主要集中分布在西亚/中东地区

根据生态承载状态分级标准，在不考虑生态保护情景下：2019 年，绿色丝绸之路共建国家中，有 45 个国家生态承载力处于盈余状态（包括富富有余、盈余和平衡有余状态），有 20 个国家生态承载力处于超载状态（包括临界超载、超载和严重超载状态）（图 7-35）。

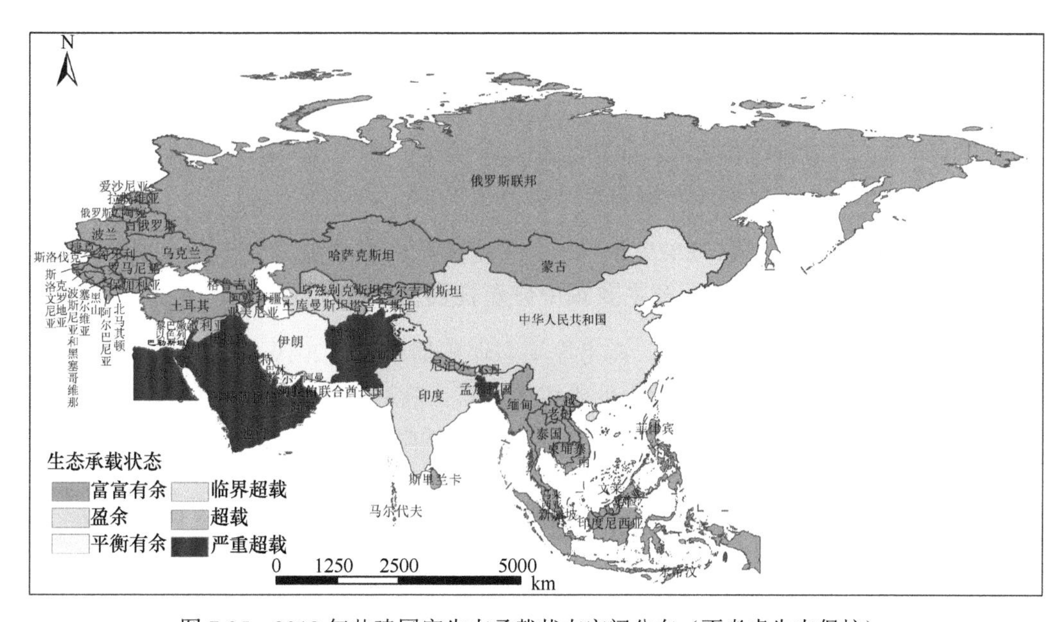

图 7-35　2019 年共建国家生态承载状态空间分布（不考虑生态保护）

在45个生态承载力处于盈余状态的国家中：有40个国家生态承载力处于富富有余状态，其中10个国家分布在东南亚地区，分别是文莱、缅甸、印度尼西亚、柬埔寨、老挝、马来西亚、菲律宾、东帝汶、泰国和越南；3个国家分布在南亚地区，分别是不丹、斯里兰卡和尼泊尔；4个国家分布在西亚/中东地区，分别是亚美尼亚、阿塞拜疆、格鲁吉亚和土耳其；19个国家分布在中东欧地区，分别是阿尔巴尼亚、保加利亚、白俄罗斯、爱沙尼亚、波黑、匈牙利、克罗地亚、拉脱维亚、立陶宛、摩尔多瓦、北马其顿、捷克、波兰、罗马尼亚、斯洛文尼亚、斯洛伐克、乌克兰、塞尔维亚和黑山；2个国家分布在中蒙俄地区，分别是蒙古国和俄罗斯；2个国家分布在中亚地区，分别是哈萨克斯坦和吉尔吉斯斯坦。有3个国家生态承载力处于盈余状态，分别是南亚地区的印度、中蒙俄地区的中国和中亚地区的土库曼斯坦。有2个国家生态承载力处于平衡有余状态，分别是西亚/中东地区的伊朗和中亚地区的塔吉克斯坦（图7-35和表7-2）。

表7-2　2019年绿色丝绸之路共建国家生态承载状态分区统计（不考虑生态保护）（单位：个）

区域	富富有余	盈余	平衡有余	临界超载	超载	严重超载	总计
东南亚	10	0	0	0	0	1	11
南亚	3	1	0	0	0	4	8
西亚/中东	4	0	1	0	1	13	19
中东欧	19	0	0	0	0	0	19
中蒙俄	2	1	0	0	0	0	3
中亚	2	1	1	0	1	0	5
总计	40	3	2	0	2	18	65

在20个生态承载力处于超载状态的国家中：不存在生态承载力处于临界超载的国家；有2个国家生态承载力处于超载状态，分别是西亚/中东的叙利亚和中亚的乌兹别克斯坦；有18个国家生态承载力处于严重超载状态，其中13个国家分布在西亚/中东地区，分别是巴林、埃及、伊拉克、以色列、约旦、科威特、黎巴嫩、卡塔尔、沙特阿拉伯、阿曼、阿联酋、也门和巴勒斯坦，除此之外，还有南亚地区的阿富汗、孟加拉国、马尔代夫、巴基斯坦和东南亚地区的新加坡（图7-35和表7-2）。

2. 考虑生态保护情景，2019年42个共建国家生态承载力处于盈余状态，生态承载力处于严重超载状态的国家主要集中分布在西亚/中东地区

根据生态承载状态分级标准，在考虑生态保护情景下：2019年，绿色丝绸之路共建国家中，有42个国家生态承载力处于盈余状态（包括富富有余、盈余和平衡有余状态），有23个国家生态承载力处于超载状态（包括临界超载、超载和严重超载状态）（图7-36）。

在42个生态承载力处于盈余状态的国家中：有29个国家生态承载力处于富富有余状态，其中7个国家分布在东南亚地区，分别是文莱、缅甸、柬埔寨、老挝、菲律宾、东帝汶和泰国；1个国家分布在南亚地区，是不丹；2个国家分布于西亚/中东地区，分别是亚美尼亚和格鲁吉亚；16个国家分布于中东欧地区，分别是阿尔巴尼亚、保加利亚、白俄罗斯、爱沙尼亚、波黑、匈牙利、克罗地亚、拉脱维亚、立陶宛、摩尔多瓦、北马其顿、罗马尼亚、斯洛伐克、乌克兰、塞尔维亚和黑山；1 个国家分布于中蒙俄地区，是俄罗斯；2 个国家分布于中亚地区，分别是哈萨克斯坦和吉尔吉斯斯坦。有 10 个国家生态承载力处于盈余状态，分别是东南亚地区的印度尼西亚和越南、南亚地区的斯里兰卡、尼泊尔和印度，西亚/中东地区的阿塞拜疆和土耳其，中东欧地区的捷克和波兰，以及中蒙俄地区的蒙古国。有 3 个国家生态承载力处于平衡有余状态，分别是东南亚地区的马来西亚、中东欧地区的斯洛文尼亚和中亚地区的土库曼斯坦（图 7-36 和表 7-3）。

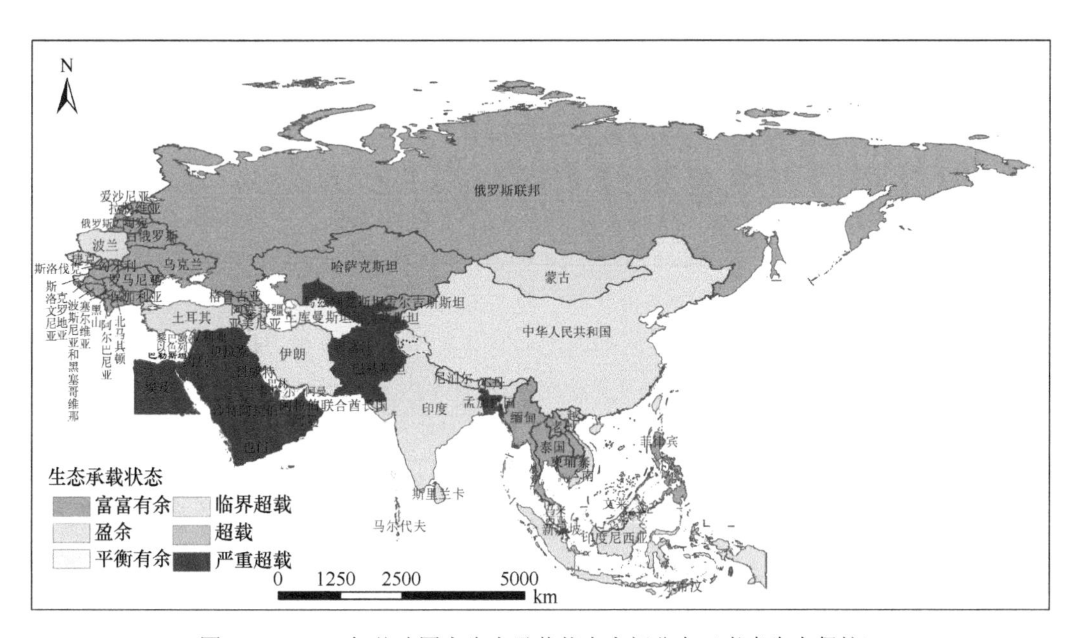

图 7-36　2019 年共建国家生态承载状态空间分布（考虑生态保护）

表 7-3　2019 年绿色丝绸之路共建国家生态承载状态分区统计（考虑生态保护）（单位：个）

区域	富富有余	盈余	平衡有余	临界超载	超载	严重超载	总计
东南亚	7	2	1	0	0	1	11
南亚	1	3	0	0	0	4	8
西亚/中东	2	2	0	1	0	14	19
中东欧	16	2	1	0	0	0	19
中蒙俄	1	1	0	1	0	0	3
中亚	2	0	1	0	0	2	5
总计	29	10	3	2	0	21	65

在 23 个生态承载力处于超载状态的国家中：有 2 个国家生态承载力处于临界超载状态，分别是西亚/中东地区的伊朗和中蒙俄地区的中国。不存在生态承载力处于超载状态的国家。有 21 个国家生态承载力处于严重超载状态，其中 14 个国家分布在西亚/中东地区，分别是叙利亚、巴林、埃及、伊拉克、以色列、约旦、科威特、黎巴嫩、卡塔尔、

沙特阿拉伯、阿曼、阿联酋、也门和巴勒斯坦，除此之外，还有南亚地区的阿富汗、孟加拉国、马尔代夫、巴基斯坦，东南亚地区的新加坡，以及中亚地区的乌兹别克斯坦和塔吉克斯坦（图 7-36 和表 7-3）。

3. 不考虑生态保护情景，2000～2019 年，有 40 个共建国家始终处于富富有余状态，有 11 个国家始终处于严重超载状态，其他国家生态承载状态由好变坏

根据对 2000～2019 年绿色丝绸之路共建国家生态承载状态转变模式的总结（表 7-4）：有 40 个国家生态承载力始终处于富富有余状态，有 11 个国家生态承载力始终处于严重超载状态。除叙利亚外的其余国家生态承载状态由好级别向差级别转变：南亚地区的印度、中亚地区的土库曼斯坦和中蒙俄地区的中国生态承载力从富富有余状态转变为盈余状态；中亚地区的塔吉克斯坦生态承载力从富富有余状态转变为盈余状态最终处于平衡有余状态；中亚地区的乌兹别克斯坦生态承载力从富富有余状态，经过盈余状态、平衡有余状态、临界超载状态，最终转变为超载状态；西亚/中东地区的伊朗生态承载力从盈余状态转变为平衡有余状态；南亚地区的阿富汗、马尔代夫和西亚/中东地区的伊拉克生态承载力从盈余状态，经过平衡有余状态、临界超载状态、超载状态，最后转变为严重超载状态；南亚地区的孟加拉国、巴基斯坦从临界超载状态转变为超载状态，最终处于严重超载状态；西亚/中东地区的黎巴嫩和也门从超载状态转变为严重超载状态。

表 7-4　2000～2019 年绿色丝绸之路共建国家生态承载状态转变模式（不考虑生态保护）

转变模式	国家名单
始终处于富富有余	东南亚：文莱、缅甸、印度尼西亚、柬埔寨、老挝、马来西亚、菲律宾、东帝汶、泰国和越南； 南亚：不丹、斯里兰卡、尼泊尔； 西亚/中东：亚美尼亚、阿塞拜疆、格鲁吉亚、土耳其； 中东欧：阿尔巴尼亚、保加利亚、白俄罗斯、爱沙尼亚、波黑、匈牙利、克罗地亚、拉脱维亚、立陶宛、摩尔多瓦、北马其顿、捷克、波兰、罗马尼亚、斯洛文尼亚、斯洛伐克、乌克兰、塞尔维亚、黑山； 中蒙俄：蒙古国、俄罗斯； 中亚：哈萨克斯坦、吉尔吉斯斯坦
富富有余-盈余	南亚：印度； 中亚：土库曼斯坦； 中蒙俄：中国
富富有余-盈余-平衡有余	中亚：塔吉克斯坦
富富有余-盈余-平衡有余-临界超载-超载	中亚：乌兹别克斯坦
盈余-平衡有余	西亚/中东：伊朗
盈余-平衡有余-临界超载-超载-严重超载	南亚：阿富汗、马尔代夫； 西亚/中东：伊拉克
临界超载-超载-严重超载	南亚：孟加拉国、巴基斯坦
超载-严重超载	西亚/中东：黎巴嫩、也门
始终处于严重超载	东南亚：新加坡； 西亚/中东：巴林、埃及、以色列、约旦、科威特、卡塔尔、沙特阿拉伯、阿曼、阿联酋、巴勒斯坦

注：西亚/中东地区的叙利亚在多种生态承载状态中切换，无法总结出转变模式

4. 考虑生态保护情景，2000～2019 年，有 26 个共建国家始终处于富富有余状态，有 13 个国家始终处于严重超载状态，其他国家生态承载状态由好变坏

根据对 2000～2019 年绿色丝绸之路共建国家生态承载状态转变模式的总结（表 7-5）：绿色丝绸之路有 26 个国家生态承载力始终处于富富有余状态，南亚地区的斯里兰卡生态承载力始终处于盈余状态，有 13 个国家生态承载力始终处于严重超载状态。其余 25 个国家生态承载状态基本由好级别向差级别转变：西亚/中东地区的亚美尼亚和中东欧地区的匈牙利、斯洛伐克生态承载力从富富有余状态转变为盈余状态，最终又回到富富有余状态；东南亚地区的印度尼西亚、越南，南亚地区的印度、尼泊尔，西亚/中东地区的土耳其、阿塞拜疆，中东欧地区的捷克，以及中蒙俄地区的蒙古国生态承载力从富富有余状态转变为盈余状态；东南亚地区的马来西亚生态承载力先从富富有余状态转变为盈余状态再转变为平衡有余状态，中亚地区的塔吉克斯坦生态承载力从富富有余状态，经过盈余状态、平衡有余状态、临界超载状态、超载状态，最终转变为严重超载状态；中东欧地区的波兰生态承载力从盈余状态转变为平衡有余状态，最终又回到盈余状态；中亚地区的土库曼斯坦生态承载力从盈余状态转变为平衡有余状态；中蒙俄地区的中国生态承载力从盈余状态转变为平衡有余状态，再转变为临界超载状态；南亚地区的马尔代夫生态承载力从盈余状态，经过平衡有余状态、临界超载状态、超载状态，最终转变为严重超载状态；西亚/中东地区的伊朗和中东欧地区的斯洛文尼亚生态承载力从平衡有余状态转变为临界超载状态；中亚地区的乌兹别克斯坦从平衡有余状态，经过临界超载状态、超载状态，最终转变为严重超载状态；南亚地区的阿富汗、孟加拉国和西亚/中东地区的伊拉克生态承载力从临界超载状态转变为超载状态，再转变为严重超载状态；南亚地区的巴基斯坦生态承载力从超载状态转变为严重超载状态；西亚/中东地区的叙利亚生态承载力从严重超载状态转变为超载状态，最终又回到严重超载状态。

表 7-5　2000～2019 年绿色丝绸之路共建国家生态承载状态转变模式（考虑生态保护）

转变模式	国家名单
始终处于富富有余	东南亚：文莱、缅甸、柬埔寨、老挝、菲律宾、东帝汶、泰国； 南亚：不丹； 西亚/中东：格鲁吉亚； 中东欧：阿尔巴尼亚、保加利亚、白俄罗斯、爱沙尼亚、波黑、克罗地亚、拉脱维亚、立陶宛、摩尔多瓦、北马其顿、罗马尼亚、乌克兰、塞尔维亚、黑山； 中蒙俄：俄罗斯； 中亚：哈萨克斯坦、吉尔吉斯斯坦
富富有余-盈余-富富有余	西亚/中东：亚美尼亚； 中东欧：匈牙利、斯洛伐克
富富有余-盈余	东南亚：印度尼西亚、越南； 南亚：印度、尼泊尔； 西亚/中东：土耳其、阿塞拜疆； 中东欧：捷克； 中蒙俄：蒙古国
富富有余-盈余-平衡有余	东南亚：马来西亚

续表

转变模式	国家名单
富富有余-盈余-平衡有余-临界超载-超载-严重超载	中亚：塔吉克斯坦
始终处于盈余	南亚：斯里兰卡
盈余-平衡有余-盈余	中东欧：波兰
盈余-平衡有余	中亚：土库曼斯坦
盈余-平衡有余-临界超载	中蒙俄：中国
盈余-平衡有余-临界超载-超载-严重超载	南亚：马尔代夫
平衡有余-临界超载	西亚/中东：伊朗； 中东欧：斯洛文尼亚
平衡有余-临界超载-超载-严重超载	中亚：乌兹别克斯坦
临界超载-超载-严重超载	南亚：阿富汗、孟加拉国； 西亚/中东：伊拉克
超载-严重超载	南亚：巴基斯坦
严重超载-超载-严重超载	西亚/中东：叙利亚
始终处于严重超载	东南亚：新加坡； 西亚/中东：巴林、埃及、以色列、约旦、科威特、黎巴嫩、卡塔尔、沙特阿拉伯、阿曼、阿联酋、也门、巴勒斯坦

7.4 生态承载力存在问题

7.4.1 承载力与常住人口空间不匹配

1. 绿色丝绸之路共建区域生态承载力呈“总体盈余、局部超载”的现象，生态承载力与现有人口空间分布严重不匹配

2019 年，绿色丝绸之路全域生态承载力上限量约为 115.03 亿人，与现有人口（47.86 亿人）相比，尚存在 67.17 亿人的生态承载空间，生态承载力处于富富有余状态；从国家尺度来看，有 20 个国家生态承载力处于超载或严重超载状态，生态承载力严重超载的国家主要集中分布在西亚/中东地区；有 40 个国家生态承载力处于富富有余状态，主要分布在中东欧地区和东南亚地区。由此可见，绿色丝绸之路共建区域生态承载力呈“总体盈余、局部超载”的现象且国家之间生态承载状态存在两极分化现象，即生态承载力与现有人口空间分布严重不匹配，其背后揭示的是绿色丝绸之路共建区域生态资源供给与需求之间的不匹配问题。

2. 建立包容开放的生态资源贸易网络，解决生态资源供需不匹配带来的局部区域和部分国家生态承载力超载的问题

国际贸易通过促进生态资源在全球范围内流动与配置，来解决区域间人口、经济与资源不匹配的问题（Kastner et al.，2014；Schaffartzik et al.，2015）。针对生态资源供给与需求之间不匹配导致的绿色丝绸之路共建区域生态承载力呈“总体盈余、局部超载”的问题，通过构建包容开放的生态资源贸易网络，能够使得生态超载国家通过进口生态资源兼顾生态保护与居民福祉，生态盈余国家通过出口生态资源将资源优势转化为经济优势。现阶段，国家之间贸易摩擦不断，贸易壁垒严重与贸易关税高，是导致生态资源匮乏且经济落后国家无法通过进口生态资源来完全解决生态资源供需矛盾的主要原因之一。因此，绿色丝绸之路建设愿景需要增强国际贸易网络的包容开放性（打破贸易壁垒、降低贸易关税等），制定向生态资源匮乏且经济落后国家倾斜的贸易优惠政策，降低其进口生态资源的经济成本，使得更多国家可以通过进口生态资源来实现生态系统可持续发展（Yan et al.，2022）。

7.4.2　未来超载风险大

1. 在生态保护需求、人口增长与经济发展驱动下，未来绿色丝绸之路共建区域生态承载力超载风险大

在考虑生态保护情景下，2019 年绿色丝绸之路全域生态承载力约为 64.89 亿人，仅为全域生态承载力上限量的 56.41%。2000～2019 年，绿色丝绸之路全域人口数量增加 8.61 亿人，经济发展水平提高导致居民消费水平提高，进而使得生态承载空间减少 11.35 亿人，全域剩余生态承载空间从 2000 年的 36.99 亿人下降到 17.03 亿人，减少 19.96 亿人。结合绿色丝绸之路共建国家未来人口与经济发展预测数据来看，到 2060 年共建国家人口较 2016 年将增加 3.30 亿～18.30 亿人，经济总量将增加 3.0～6.4 倍（姜彤等，2018）；以发展中国家为主的绿色丝绸之路共建区域经济增长将带动居民消费水平的提高，必将使其成为未来生态资源需求增长的热点区域（杜文鹏等，2022）。再结合近 20 年绿色丝绸之路共建区域剩余生态承载空间变化态势来看，全域未来有可能出现整体生态承载力处于超载状态的风险。

2. 以构建的国际贸易网络为纽带，促进共建国家在技术、资金、教育等领域的合作交流，降低共建国家生态资源需求强度，从根本上提升生态系统可持续发展水平

从全球尺度来看，国际贸易并没有降低人类需求给生态系统带来的压力，只是使生态系统压力在空间上发生转移，降低生态系统压力根本上还要从降低生态资源需求入手。绿色丝绸之路共建国家大多为发展中国家，生态资源在带动经济发展中起着重要作用（Schandl et al.，2009；Haberl et al.，2012）。只有通过产业升级等途径加速发展中国家资源代谢转型进程，才能降低共建国家经济发展对生态资源的依赖程度，进而降低社会系统对生态资源的需求水平。因此，绿色丝绸之路建设愿景构建的国际贸易网络不能仅停留在促进共建国家生态资源流通层面。更重要的是，要通过技术转移和产业园区建设促进技术流动，通过扩大海外金融合作和海外融资促进资金流动，通过培训研讨会、留学交流等促进教育文化合作。这些措施将促进共建国家生态资源生产和消费方式的调整和转变，进而促进共建国家资源代谢转型进程，最终在不威胁居民福祉的前提下，降低社会系统对生态资源需求的水平，从根本上推动共建国家生态系统可持续发展进程（Yan et al.，2022）。

参 考 文 献

杜文鹏, 闫慧敏, 封志明, 等. 2022. “一带一路”共建国家生态承载力评估(英文). 资源与生态学报, 13(2): 338-346.

姜彤, 王艳君, 袁佳双, 等. 2018. “一带一路”共建国家 2020—2060 年人口经济发展情景预测. 气候变化研究进展, 14(2): 155-164.

Haberl H, Steinberger J K, Plutzar C, et al. 2012. Natural and socioeconomic determinants of the embodied human appropriation of net primary production and its relation to other resource use indicators. Ecological Indicators, 23: 222-231.

Kastner T, Erb K H, Haberl H. 2014. Rapid growth in agricultural trade: effects on global area efficiency and the role of management. Environmental Research Letters, 9(3): e034015.

Schaffartzik A, Haberl H, Kastner T, et al. 2015. Trading land: a review of approaches to accounting for upstream land requirements of traded products. Journal of Industrial Ecology, 19(5): 703-714.

Schandl H, Fischer K M, Grunbuhel C, et al. 2009. Socio-metabolic transitions in developing Asia. Technological Forecasting and Social Change, 76(2): 267-281.

Yan H, Du W, Feng Z, et al. 2022. Exploring adaptive approaches for social-ecological sustainability in the Belt and Road countries: from the perspective of ecological resource flow. Journal of Environmental Management, 311: e114898.

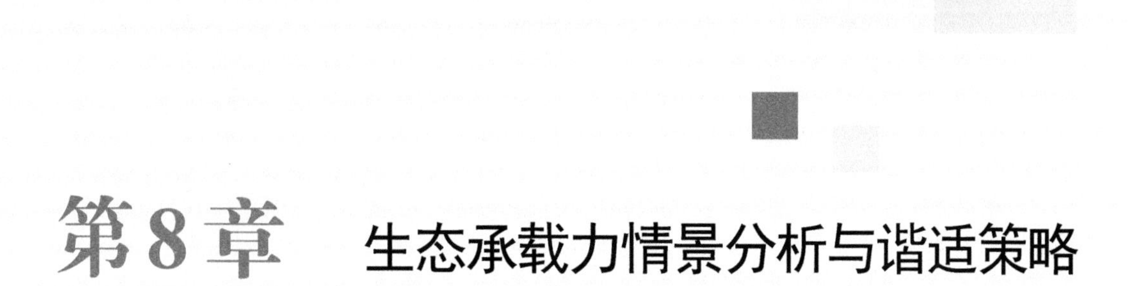

第8章 生态承载力情景分析与谐适策略

生态系统自身演变规律、人类对生态系统的利用方式和强度等因素对区域生态承载力产生重要影响。依托国际公认的气候变化情景、生态系统演变模型开展系统模拟，同时结合当地经济社会发展需求、国际上不同国家和地区间的合作愿景，评估一个国家和地区未来生态承载力与承载状态的可能变化与状态，并对其关键问题做出针对性政策调整。本章基于 2030 年、2040 年、2050 年三种情景下（基准情景、绿色发展情景、区域竞争情景），森林、农田、草地面积变化以及净初级生产力变化预估，分析生态供给变化趋势；依据人口变化预测，分析生态消耗变化趋势，进而分析生态承载状态的变化态势。基于重要国别、重点地区和典型案例区的生态承载状态评价，从自然、社会、经济等方面分析生态承载力预警等级及变化的影响因素，识别导致生态承载力超载的关键因子，找到目前存在的生态问题，提炼对缓解生态承载压力有效的模式与路径，进而提出生态保护恢复对策与建议。

8.1　生态供给变化情景

8.1.1　绿色发展情景

1. 绿色丝绸之路全域

1）*净初级生产力*

未来三种情景下，净初级生产力（NPP）分布总体呈现一致的分布规律，即从低纬度地区向高纬度地区、从沿海地区向内陆地区递减。NPP 高值区（$>450gC/m^2$）主要分布在东南亚地区、中国东南沿海地区，特别是马来西亚、新加坡等国 NPP 超过 $1500gC/m^2$；NPP 低值区（$<50gC/m^2$）主要分布在中国青藏高原区、南亚印巴交界区、西亚两伊交界区、中亚哈萨克斯坦西北部和俄罗斯环北冰洋地区，部分地区 NPP 不足 $10gC/m^2$。2040 年，绿色发展情景平均植被 NPP 值最高，约 $180gC/m^2$（图 8-1～图 8-3）。

2）*农田生态供给*

2030 年，中国、印度、马来西亚、俄罗斯等国家农田生态供给较高，超过 3×10^{14}kcal，生态供给较低的国家主要分布在中亚、西亚、东欧地中海等地区，特别是阿联酋、阿曼、斯洛文尼亚等国家农田生态供给不足 1×10^{12}kcal。2040 年，农田生态供给达到最高值，2050 年，哈萨克斯坦、伊朗等国农田生态供给在不同未来情景下均有增长（图 8-4～图 8-6）。

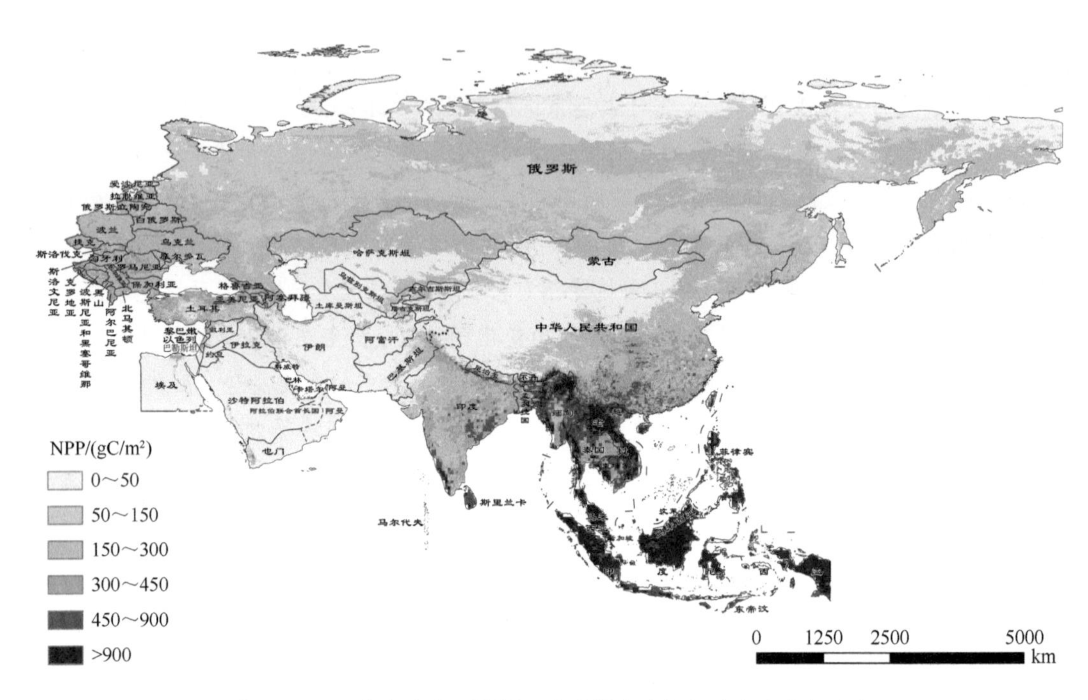

图 8-1　2030 年绿色发展情景下共建国家净初级生产力空间分布

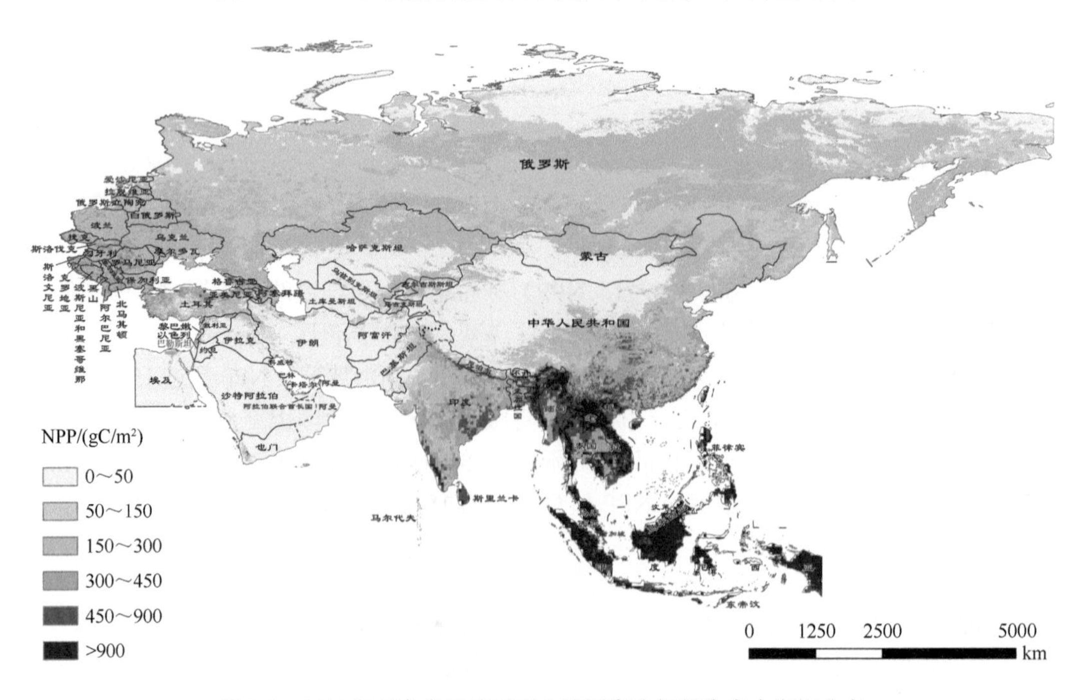

图 8-2　2040 年绿色发展情景下共建国家净初级生产力空间分布

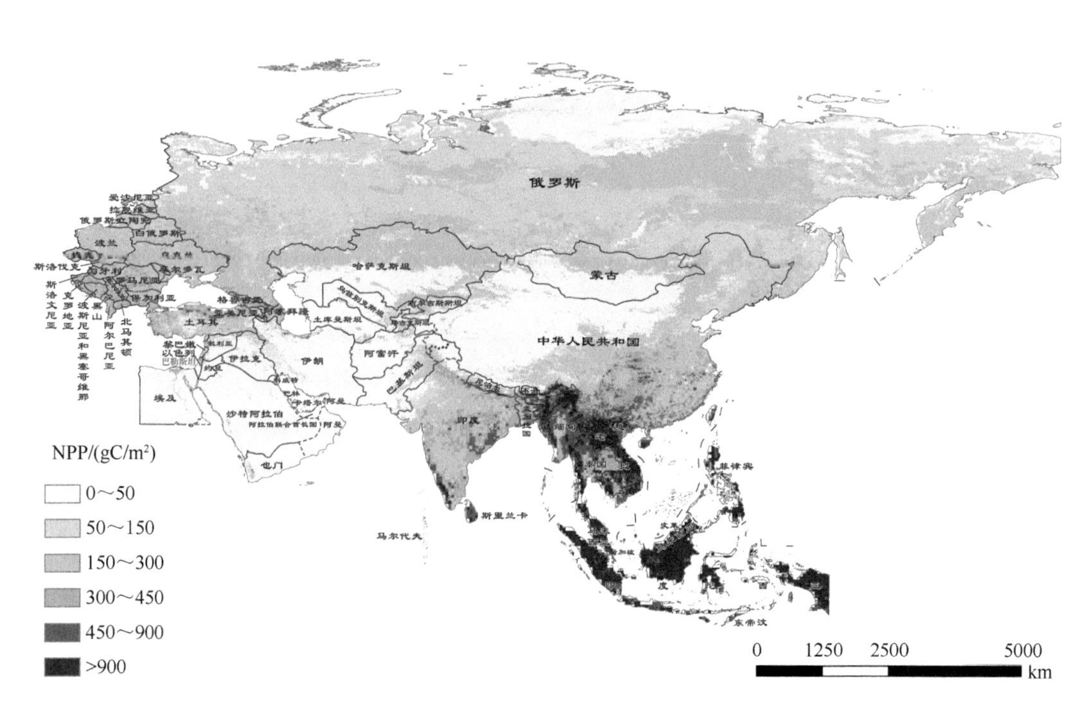

图 8-3　2050 年绿色发展情景下共建国家净初级生产力空间分布

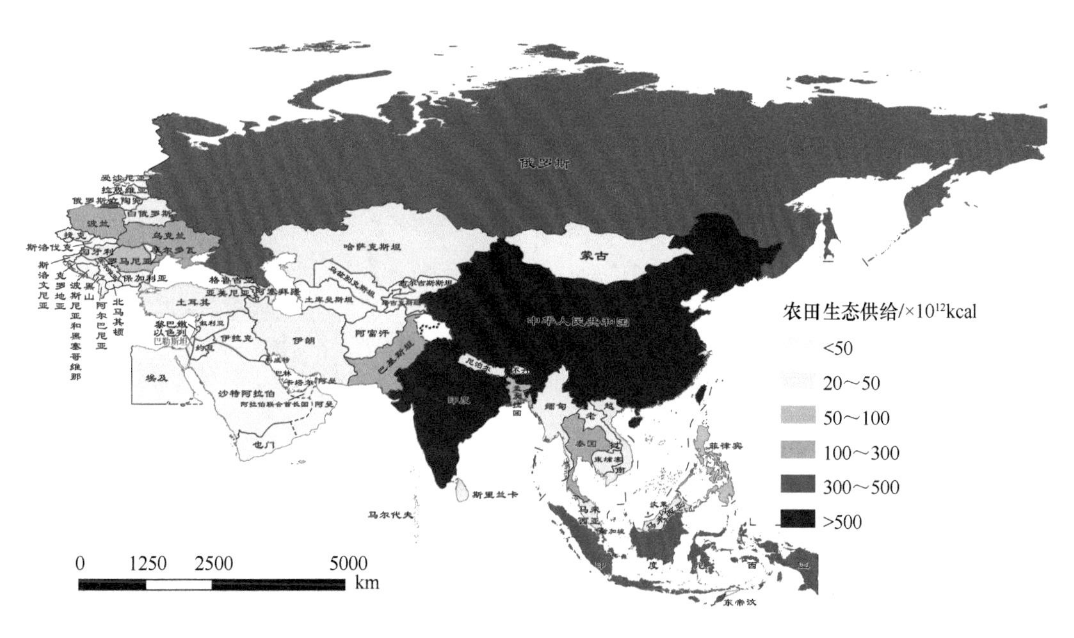

图 8-4　2030 年绿色发展情景下共建国家农田生态供给空间分布

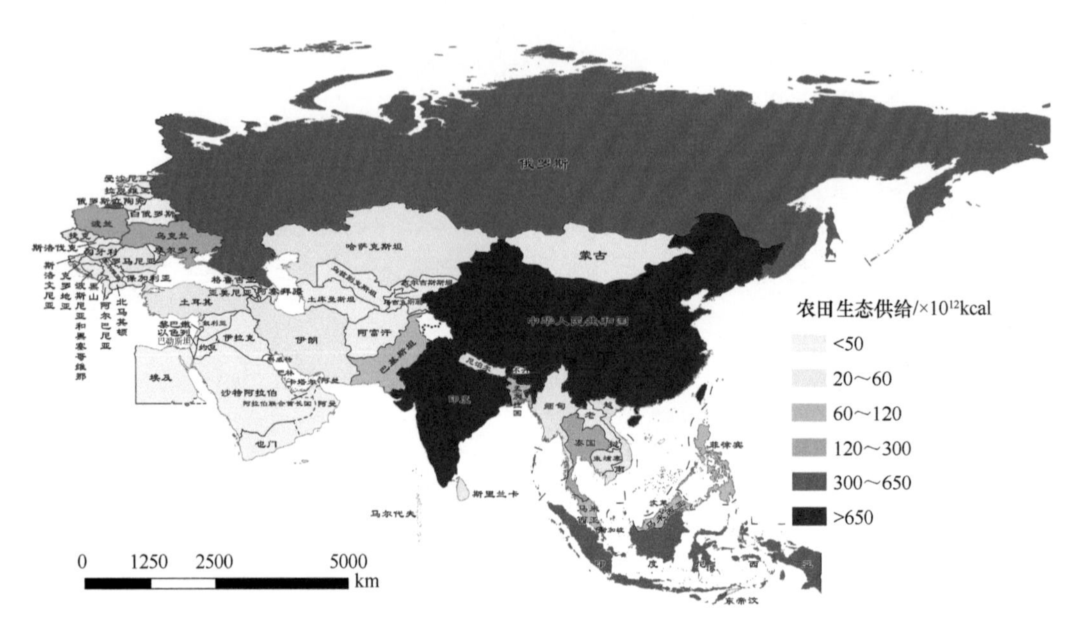

图 8-5　2040 年绿色发展情景下共建国家农田生态供给空间分布

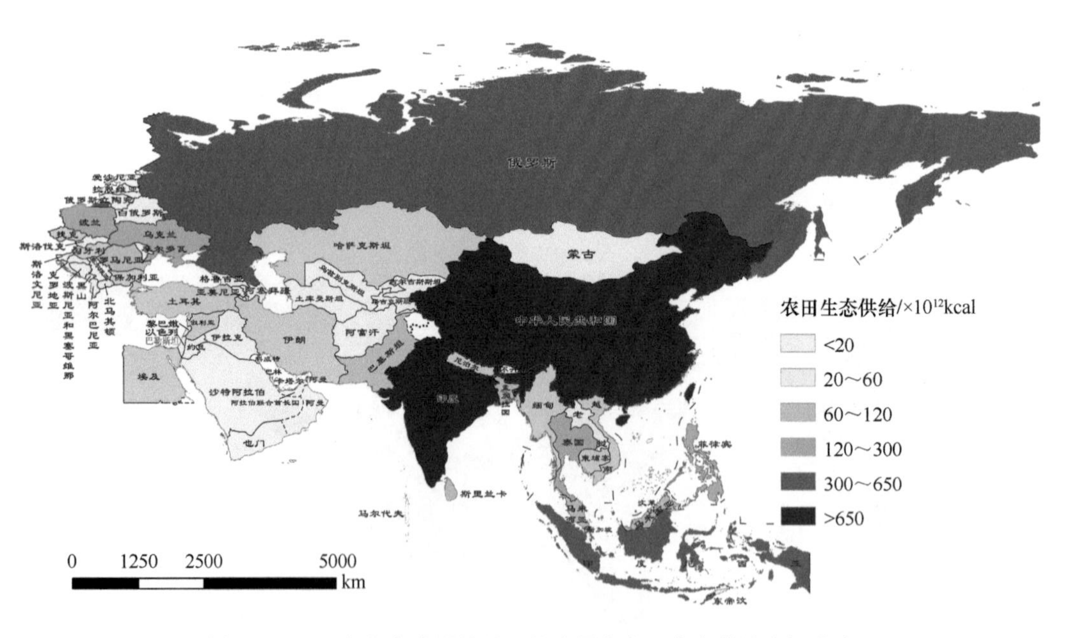

图 8-6　2050 年绿色发展情景下共建国家农田生态供给空间分布

3）森林生态供给

俄罗斯、印度和中国为森林生态供给高值区（$>1.30\times10^8\text{m}^3$），泰国和越南为中值区，蒙古国、缅甸与菲律宾最低。2030～2050 年，俄罗斯在基准情景下森林生态供给保持高值且稳定不变，其他情景下则有所波动（图 8-7～图 8-9）。

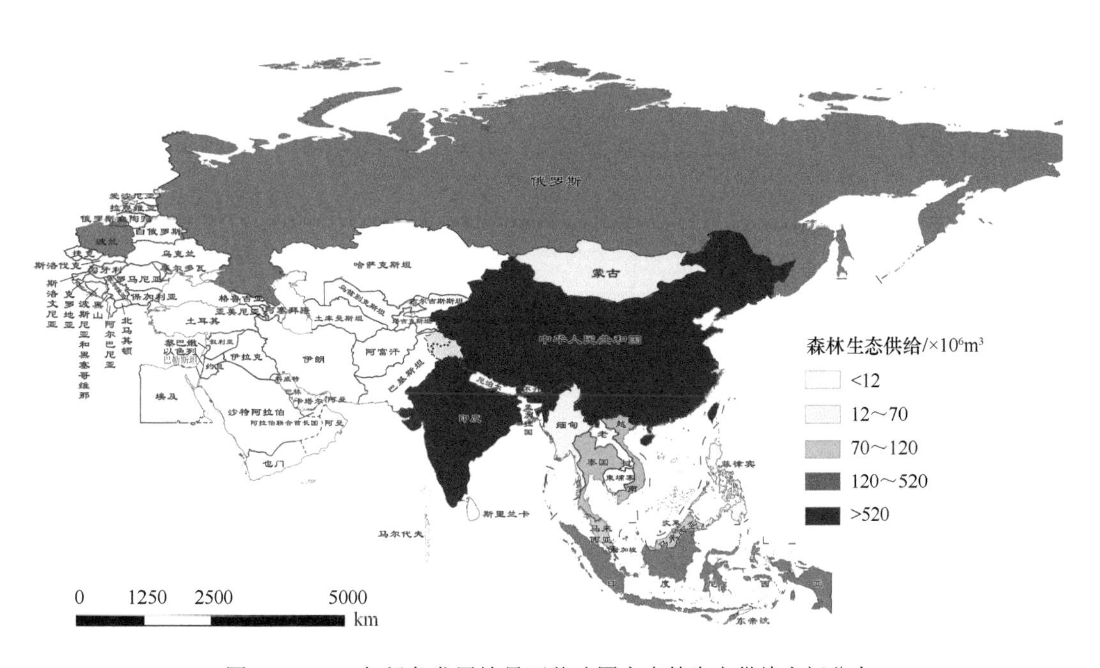

图 8-7　2030 年绿色发展情景下共建国家森林生态供给空间分布

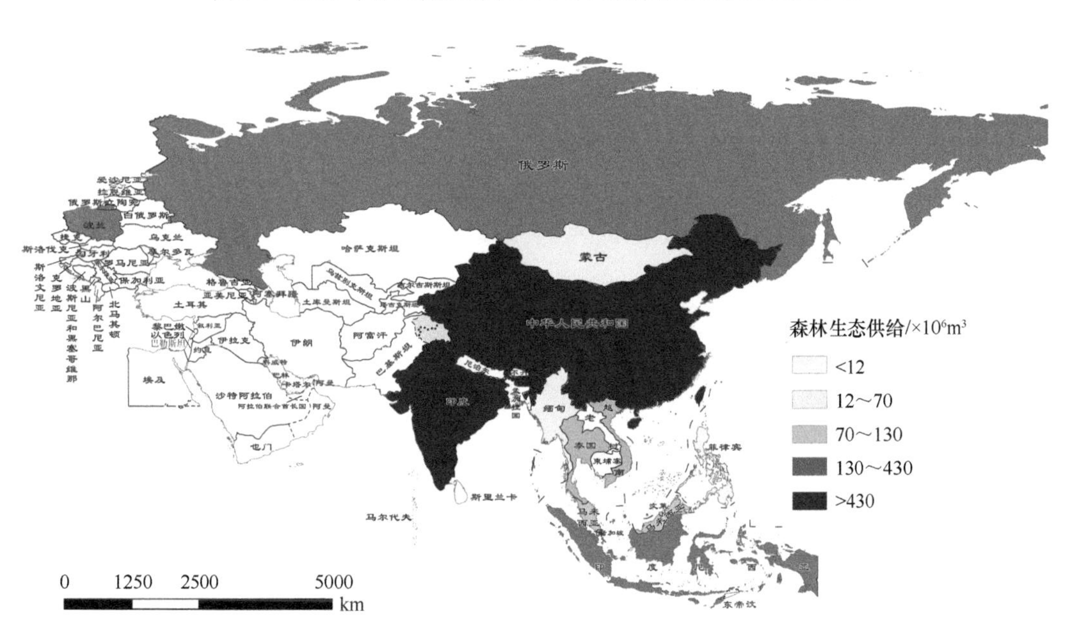

图 8-8　2040 年绿色发展情景下共建国家森林生态供给空间分布

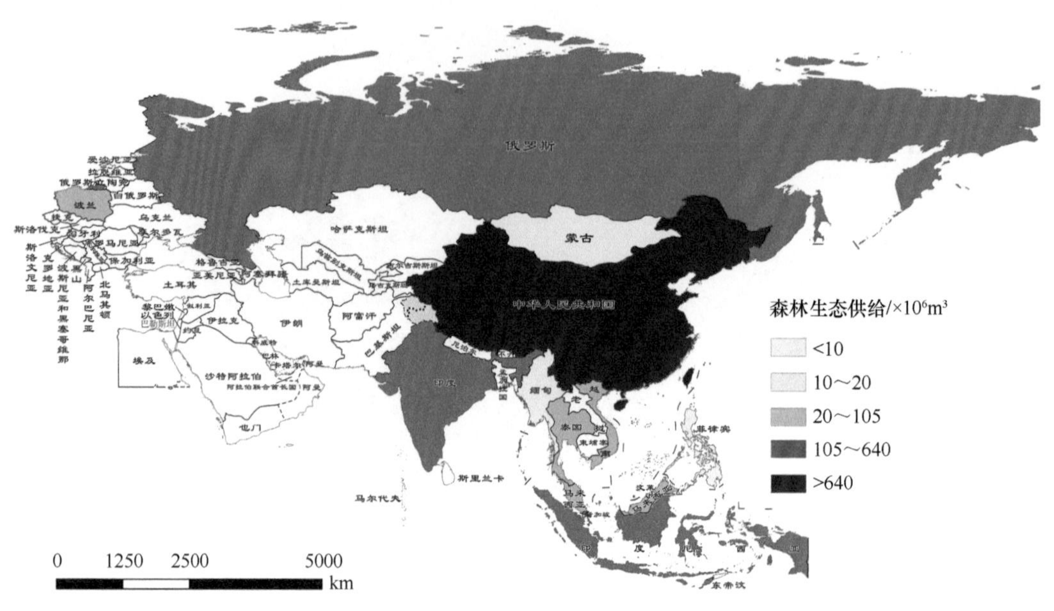

图 8-9　2050 年绿色发展情景下共建国家森林生态供给空间分布

4）草地生态供给

草地生态供给总体呈现一定的分布规律，即从沿海向内陆逐渐递减。巴基斯坦、沙特阿拉伯以及也门最低，不足 2×10^6tC，俄罗斯、中国和印度较高，均高于 2×10^7tC，蒙古国、缅甸、泰国和越南属于中值区（3.30×10^6～2.56×10^7tC）。2040 年、2050 年中国草地生态供给相对 2030 年较低。2030～2050 年，中国草地生态供给逐渐减少至 8×10^6tC（图 8-10～图 8-12）。

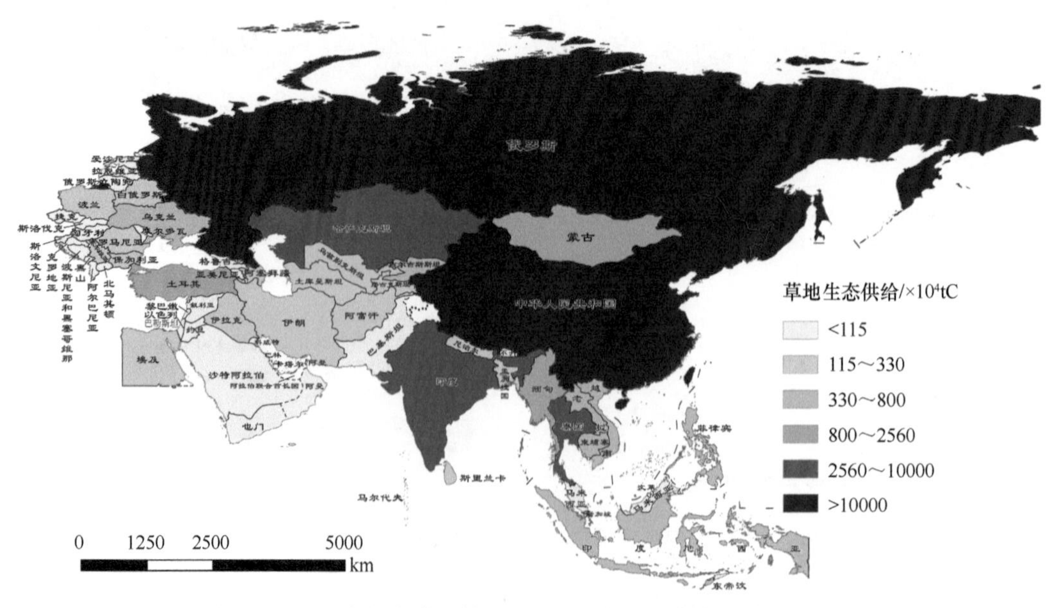

图 8-10　2030 年绿色发展情景下共建国家草地生态供给空间分布

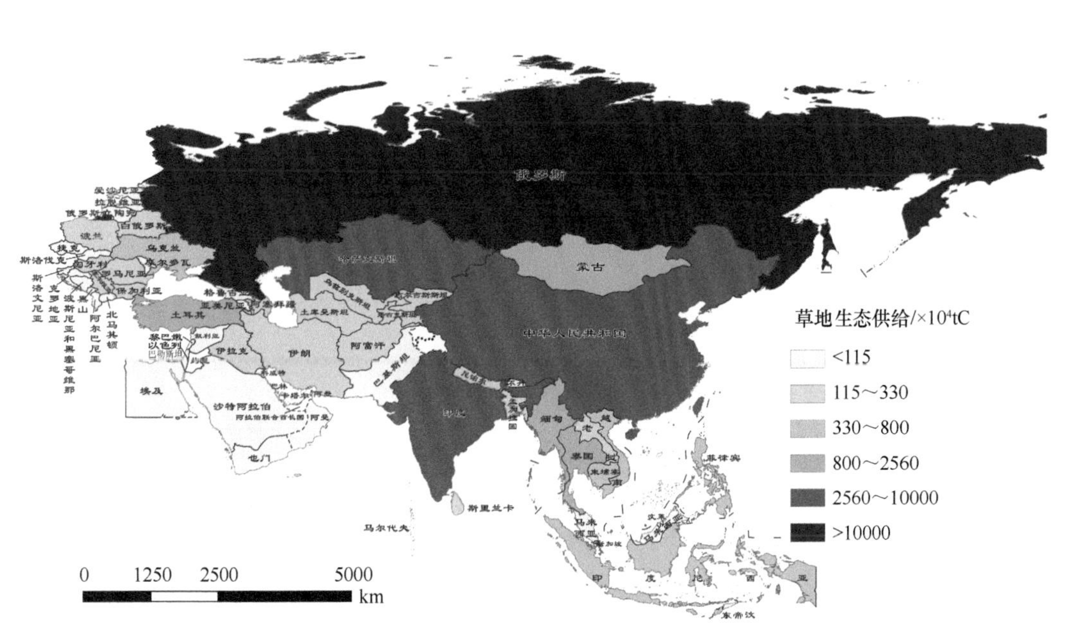

图 8-11 2040 年绿色发展情景下共建国家草地生态供给空间分布

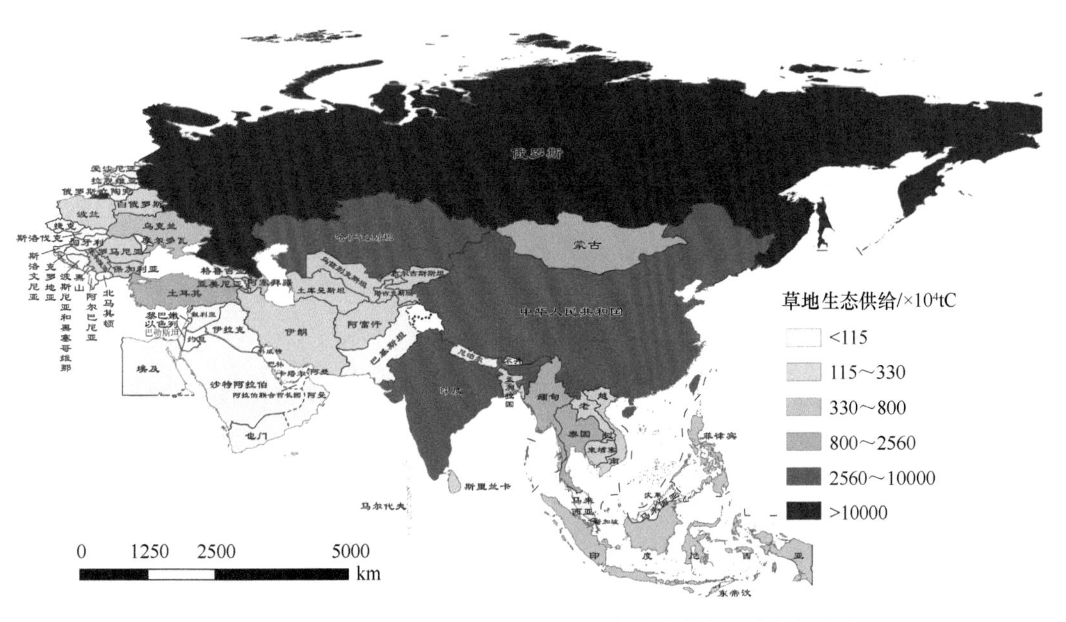

图 8-12 2050 年绿色发展情景下共建国家草地生态供给空间分布

2. 中巴经济走廊

2030 年，绿色发展情景下，巴基斯坦中南部省份单位面积生态供给较高，特别是旁遮普省单位面积生态供给超过了 80gC/m^2，中国新疆北部市区单位面积生态供给介于 5～20gC/m^2（图 8-13）。2020～2030 年，巴基斯坦北部地区生态供给将明显增加，增幅超过 20%，中巴经济走廊北部的中国新疆市区生态供给增长较缓慢，均低于 10%。

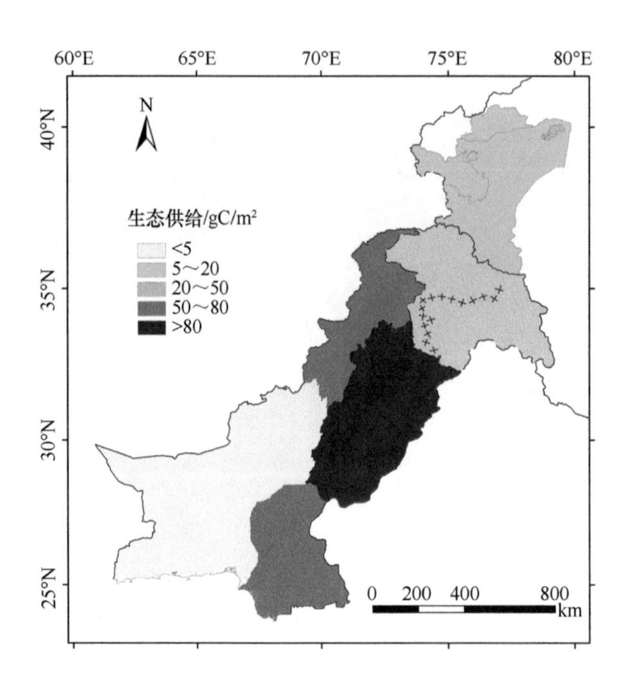

图 8-13　2030 年绿色发展情景下研究区域单位面积生态供给的空间分布

3. 孟加拉国

2020～2030 年，绿色发展情景下，孟加拉国 15 个县单位面积生态供给将明显增加，25 个县单位面积生态供给将轻度增加，其余 24 个县的单位面积生态供给将呈现基本不变状态（图 8-14）。

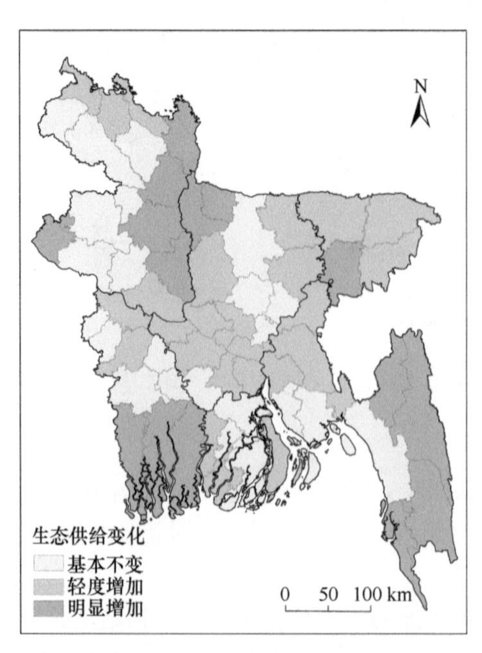

图 8-14　2020～2030 年绿色发展情景下孟加拉国单位面积生态供给变化的空间分布

4. 老挝

2030 年，绿色发展情景下，老挝北部省份单位面积生态供给较高，特别是丰沙里省与华潘省单位面积生态供给超过了 1200gC/m^2，中部省份的单位面积生态供给介于 900～1000gC/m^2。2020～2030 年，南部地区单位面积生态供给将明显增加，增幅超过 10%，西北部省份的单位面积生态供给呈不同程度减少趋势，降低趋势大于 2%（图 8-15）。

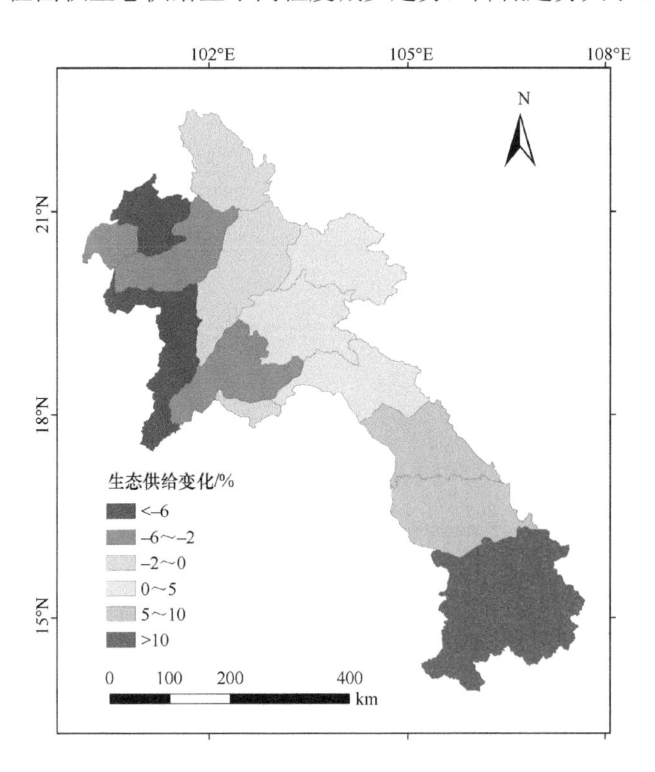

图 8-15　2020～2030 年绿色发展情景下老挝单位面积生态供给变化的空间分布

5. 越南

2030 年，绿色发展情景下，越南中部、北部各省单位面积生态供给超过 900gC/m^2。2020～2030 年，越南各省的单位面积生态供给变化呈现较明显的空间分异特征，南部朔庄省、茶荣省等省份的单位面积生态供给有所下降，北部广宁省的单位面积生态供给有所上升（图 8-16）。

6. 尼泊尔

2030 年，绿色发展情景下，尼泊尔各区县单位面积生态供给均呈现由北向南逐渐递减的空间分布规律，中部山区的科塘、博杰布尔、奥卡登加等县单位面积生态供给不足 50gC/m^2。除巴迪亚县外，其余区县均呈不同程度增加态势，其中尼泊尔中部区县增加显著，超过 4%；北部高山区西北部区县增速小于 1%（图 8-17）。

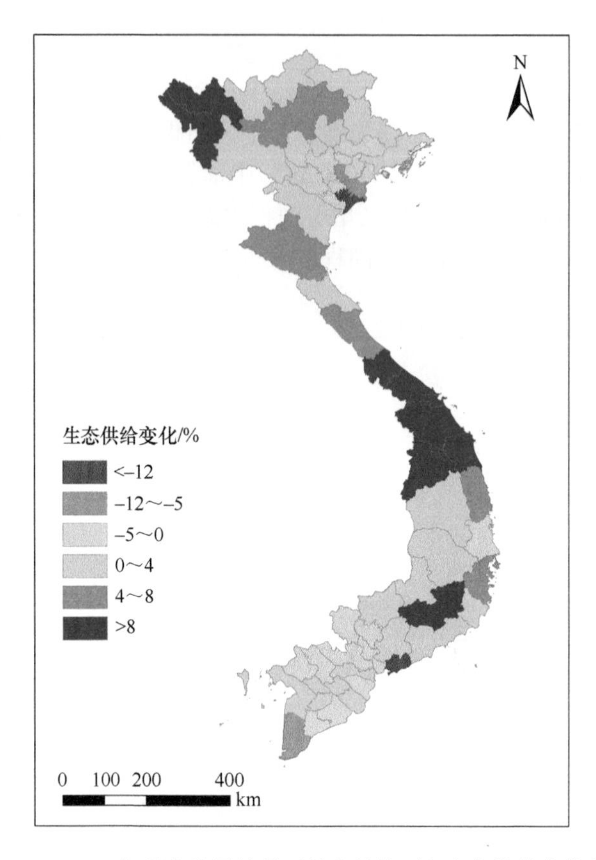

图 8-16　2020～2030 年绿色发展情景下越南单位面积生态供给变化的空间分布

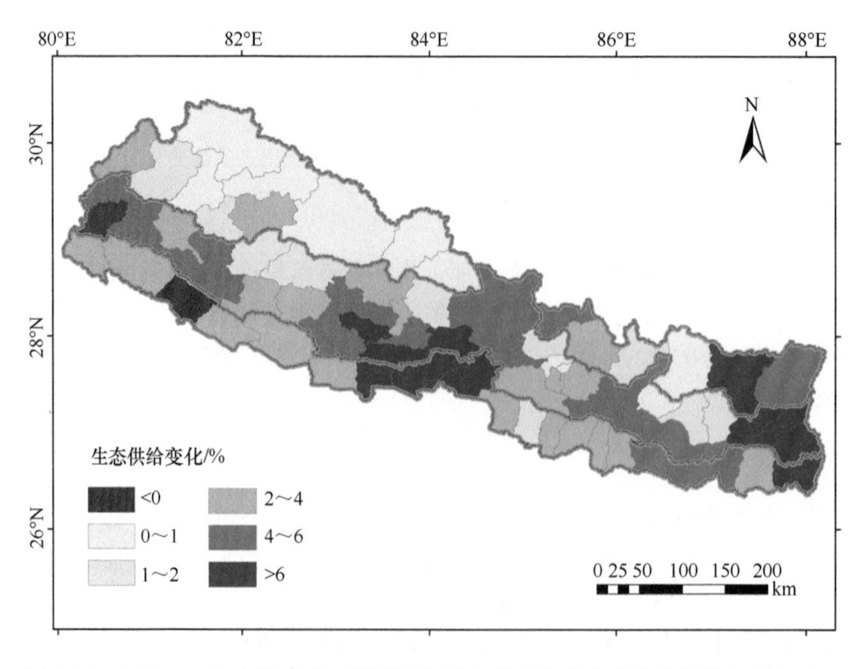

图 8-17　2020～2030 年绿色发展情景下尼泊尔单位面积生态供给变化的空间分布

7. 哈萨克斯坦

2020～2030 年，绿色发展情景下，哈萨克斯坦北部州单位面积生态供给超过 140gC/m²，南部省份单位面积生态供给不超过 100 gC/m²。各省份单位面积生态供给变化呈现较明显的空间分异特征，中部以及南部的曼格斯套州、克孜勒达奥尔州以及东哈萨克斯坦州单位面积生态供给有所下降，北部科斯塔奈州、阿克莫拉州以及巴甫洛达尔州有所上升（图 8-18）。

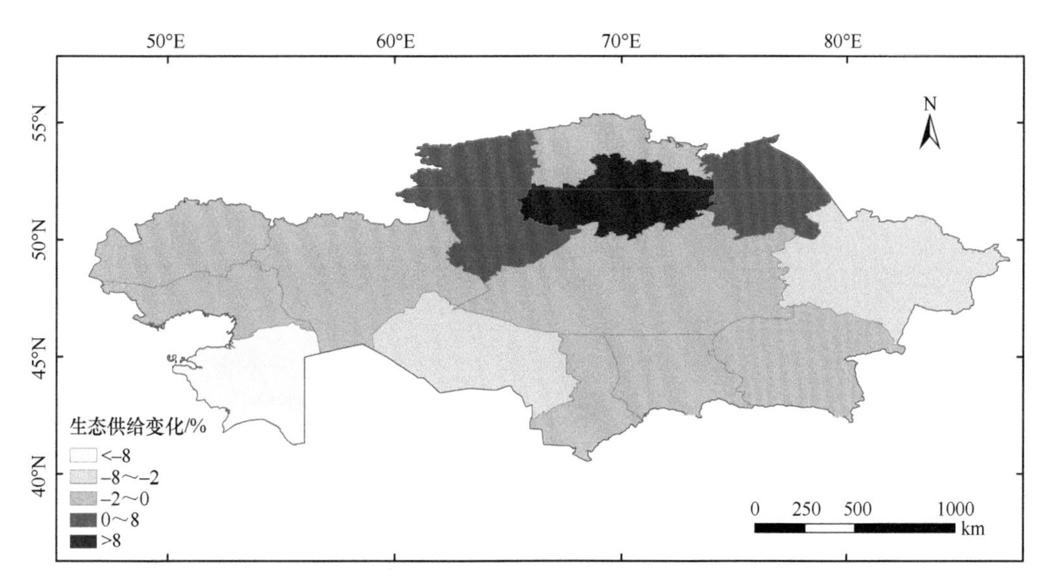

图 8-18　2000～2030 年绿色发展情景下哈萨克斯坦单位面积生态供给变化的空间分布

8. 乌兹别克斯坦

2020 年，绿色发展情景下，乌兹别克斯坦的塔什干市、塔什干州单位面积生态供给最高，超过 200 gC/m²，其次是苏尔汉河州、锡尔河州、费尔干纳州和安集延州。卡拉卡尔帕克斯坦自治共和国和纳沃伊州单位面积生态供给最低，不超过 10gC/m²（图 8-19）。2020～2030 年，布哈拉州单位面积生态供给减少到 10 gC/m² 以下，安集延州和吉扎克州单位面积生态供给均呈不同程度增加趋势。

8.1.2　基准情景

1. 绿色丝绸之路全域

1）*净初级生产力*

基准情景下，植被 NPP 分布总体呈现从低纬度地区向高纬度地区、从沿海地区向内陆地区递减的空间分布规律（图 8-20～图 8-22）。2040 年，全域平均植被 NPP 值最高，约 179gC/m²。2050 年全域平均植被 NPP 处于最低水平。

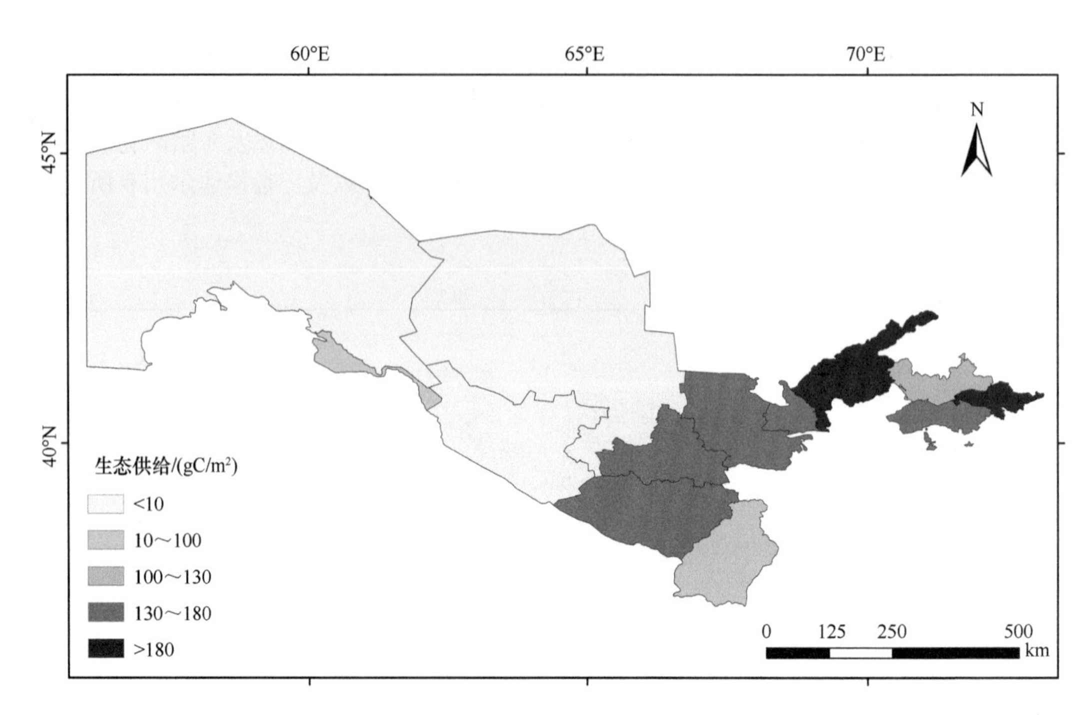

图 8-19　2020～2030 年绿色发展情景下乌兹别克斯坦单位面积生态供给的空间分布

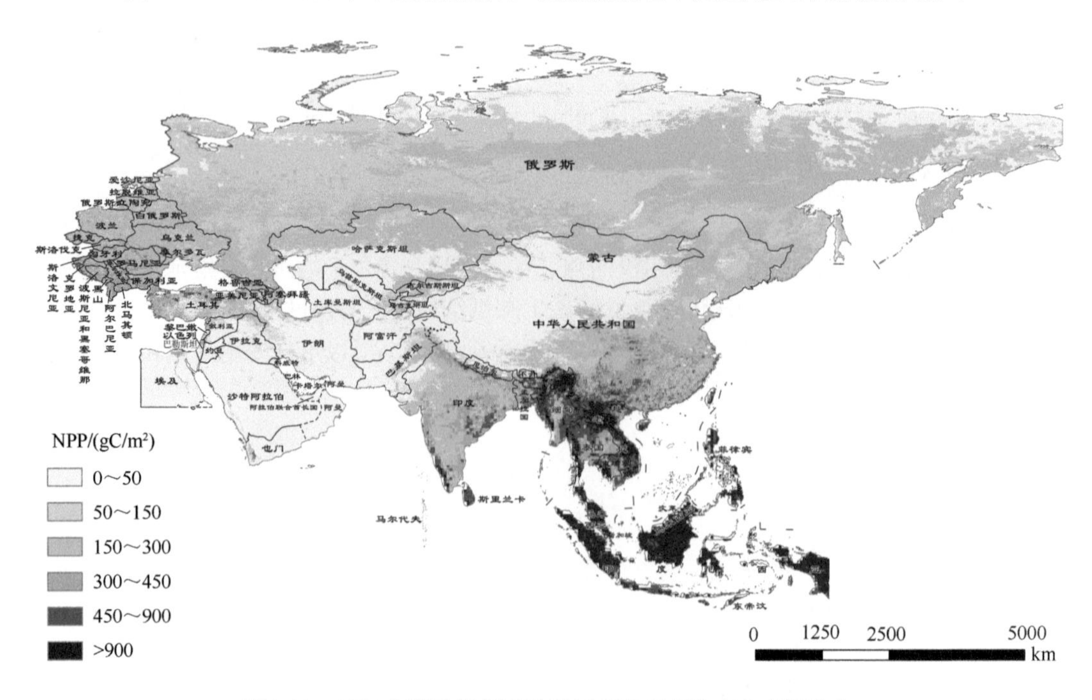

图 8-20　2030 年基准情景下共建国家净初级生产力空间分布

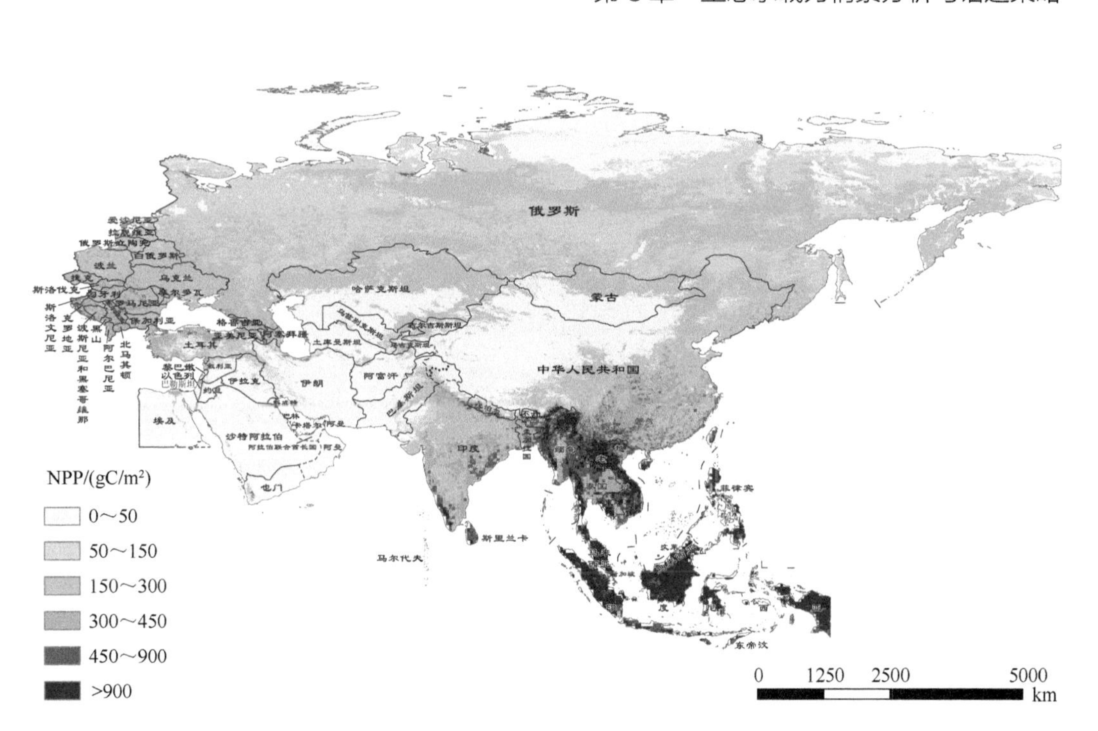

图 8-21　2040 年基准情景下共建国家净初级生产力空间分布

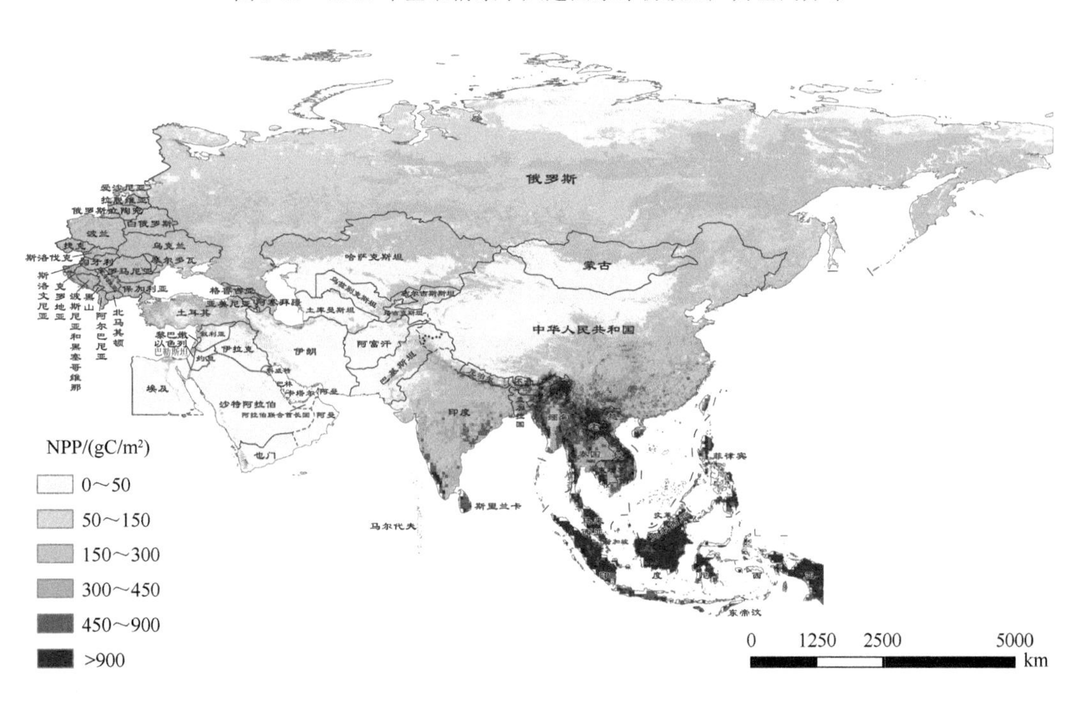

图 8-22　2050 年基准情景下共建国家净初级生产力空间分布

2）农田生态供给

2030～2040 年，基准情景下，俄罗斯农田生态供给基本维持不变；2050 年，哈萨克斯坦、伊朗等国农田生态供给有所增长，由于农田扩张，在基准情景下的增长比其他情景下的增长大（图 8-23～图 8-25）。

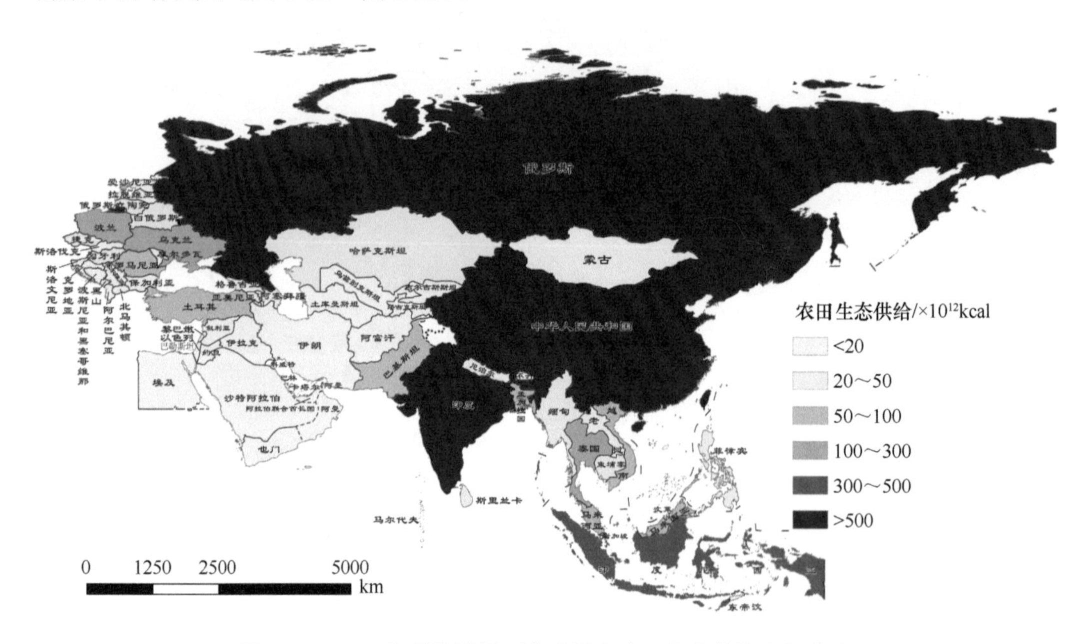

图 8-23　2030 年基准情景下共建国家农田生态供给空间分布

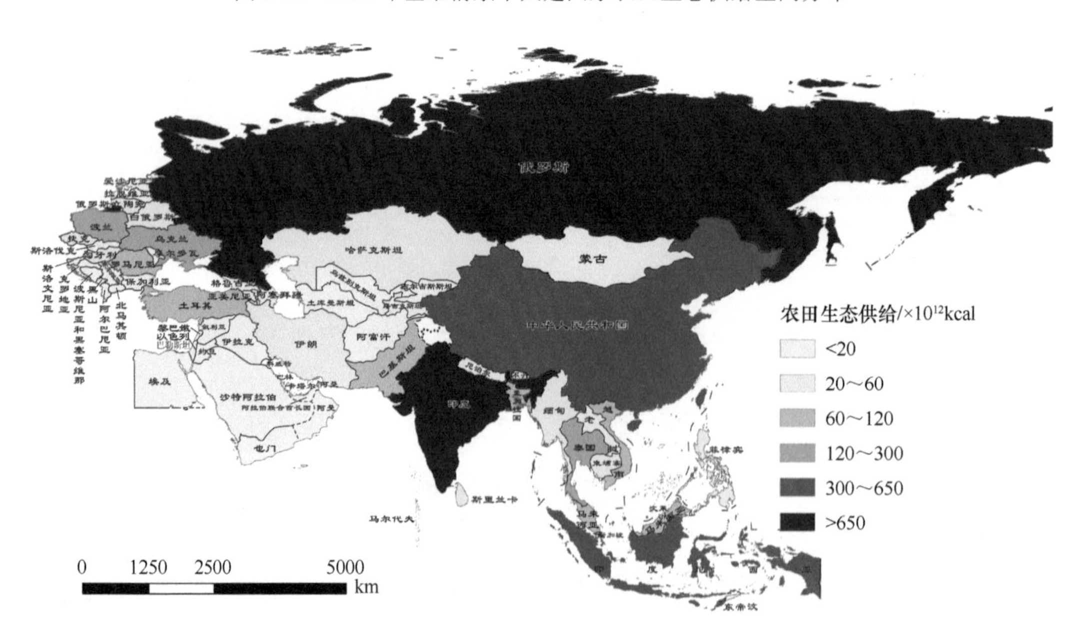

图 8-24　2040 年基准情景下共建国家农田生态供给空间分布

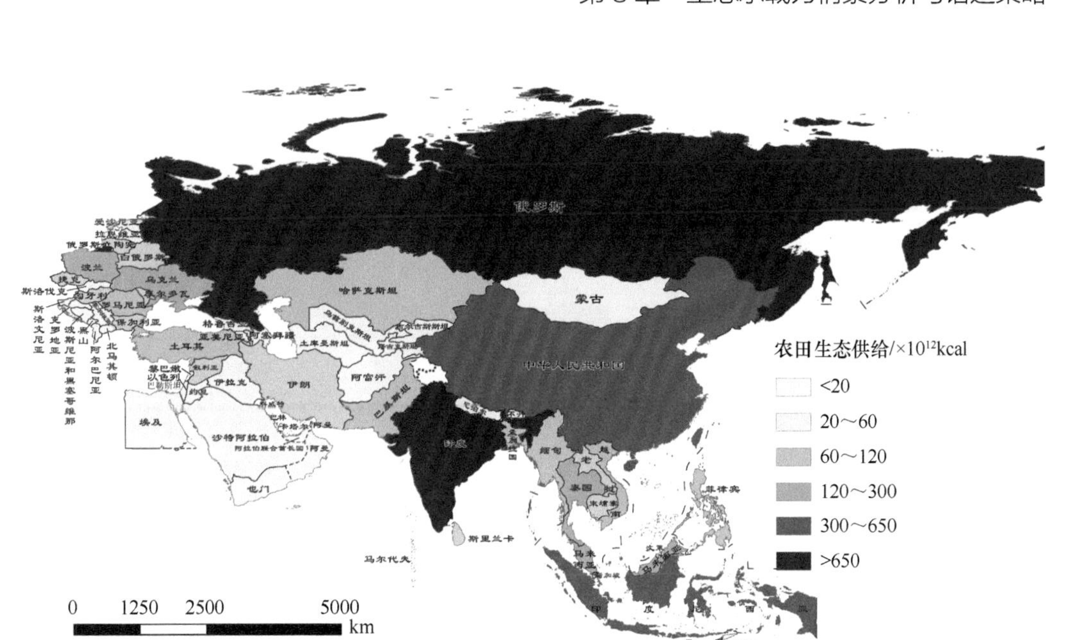

图 8-25　2050 年基准情景下共建国家农田生态供给空间分布

3）森林生态供给

2030～2050 年，基准情景下，中国和印度的森林生态供给均是绿色丝绸之路共建国家的最高水平，超过了 $4.3\times10^8\text{m}^3$（图 8-26～图 8-28）。2030～2050 年，俄罗斯森林生态供给在基准情景下保持高值且稳定不变，在其他情景下则有所波动。

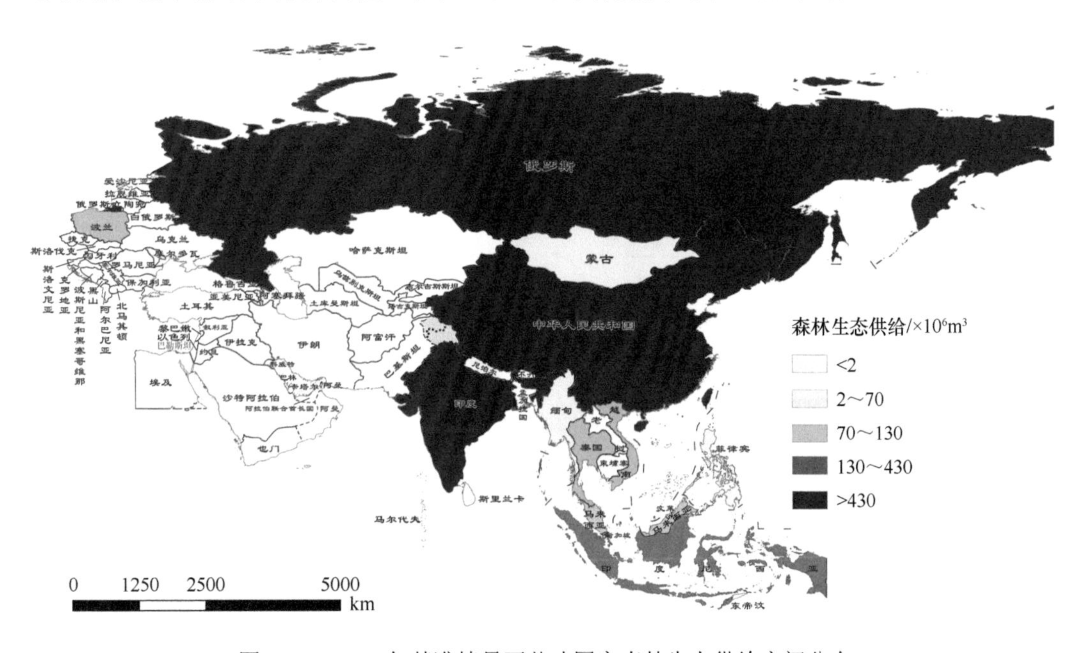

图 8-26　2030 年基准情景下共建国家森林生态供给空间分布

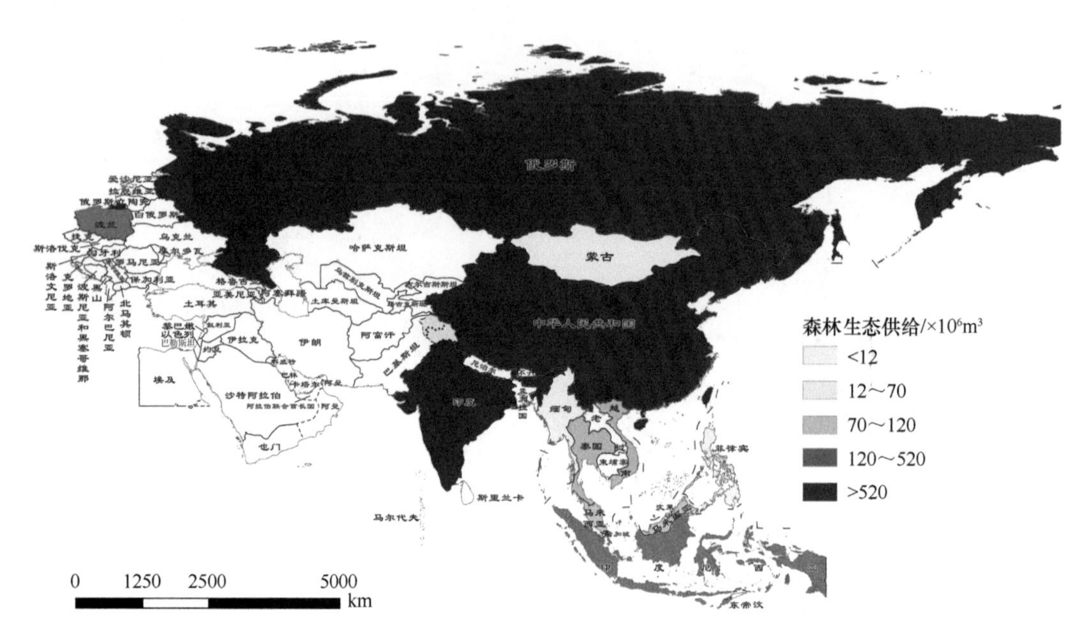

图 8-27　2040 年基准情景下共建国家森林生态供给空间分布

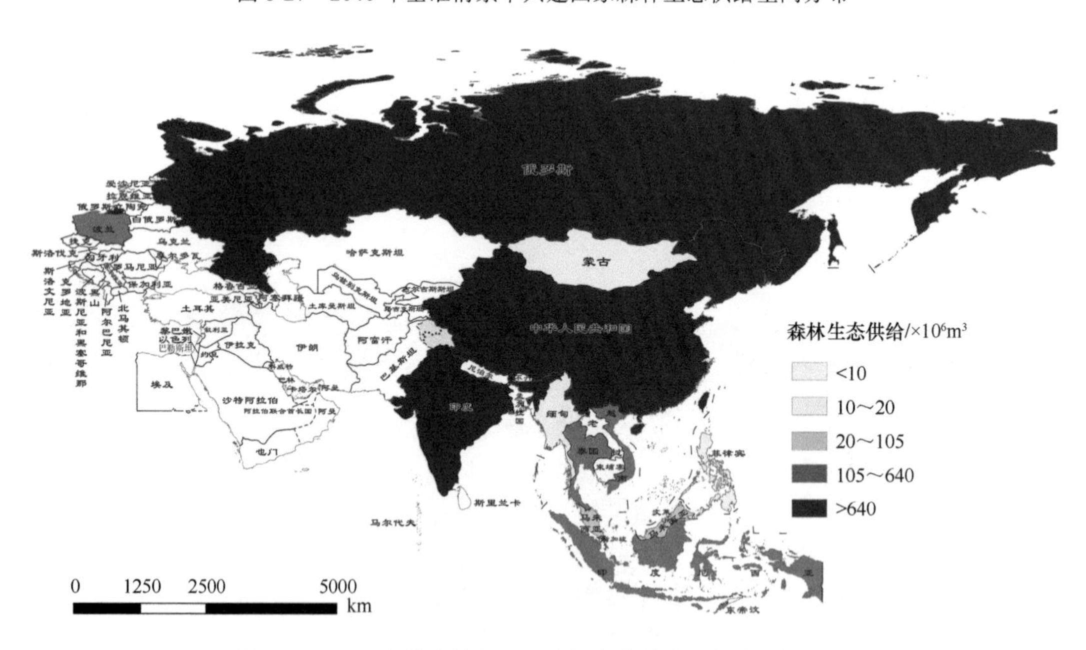

图 8-28　2050 年基准情景下共建国家森林生态供给空间分布

4）草地生态供给

2030～2050 年，基准情境下，绿色丝绸之路共建国家草地生态供给基本保持稳定（图 8-29～图 8-31）。

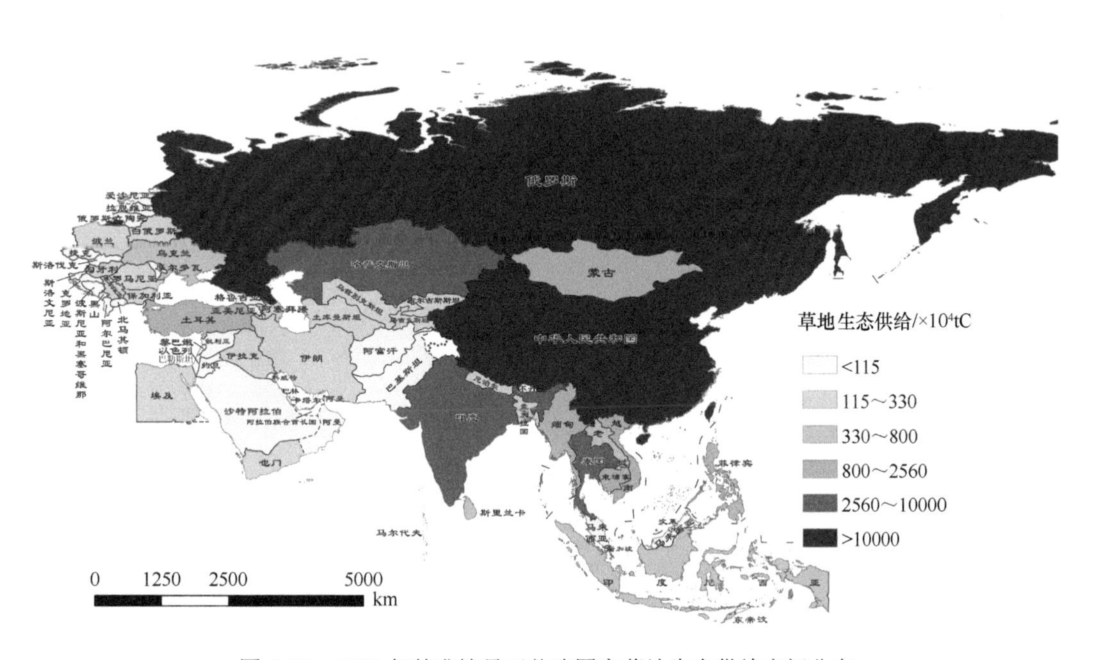

图 8-29　2030 年基准情景下共建国家草地生态供给空间分布

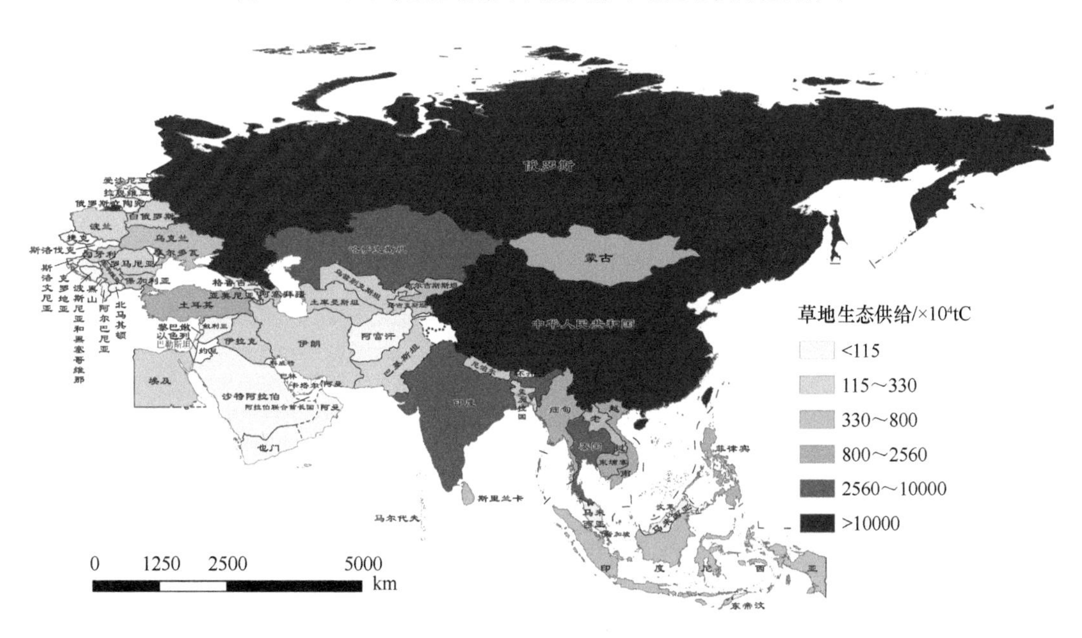

图 8-30　2040 年基准情景下共建国家草地生态供给空间分布

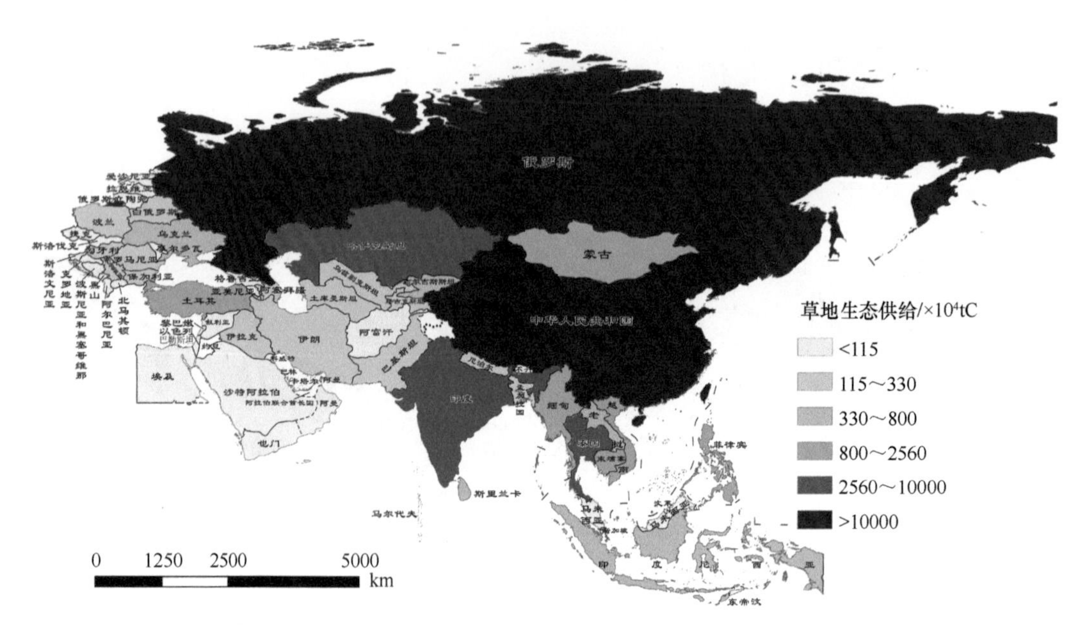

图 8-31　2050 年基准情景下共建国家草地生态供给空间分布

2. 中巴经济走廊

2030 年，基准情景下，巴基斯坦旁遮普省单位面积生态供给最高，超过了 80gC/m^2，其次是西北边境省，中国新疆市区单位面积生态供给介于 5～20gC/m^2。2020～2030 年，巴基斯坦北部地区与西北边境省的单位面积生态供给将明显增加，增幅超过 20%，南部信德省的单位面积生态供给增长较缓慢；俾路支省单位面积生态供给有所降低（图 8-32）。

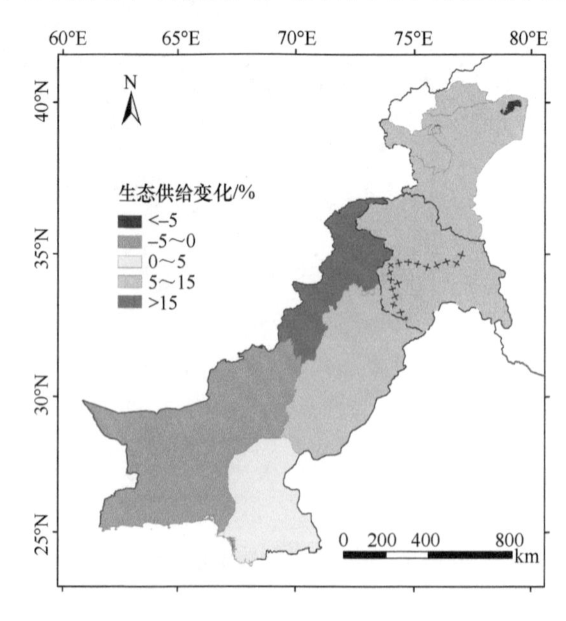

图 8-32　2020～2030 年基准情景下研究区域单位面积生态供给变化的空间分布

3. 孟加拉国

2020～2030 年，基准情景下，孟加拉国吉大港专区、锡尔赫特专区等区域的 12 个县单位面积生态供给将明显减少；达卡专区北部、吉大港专区西部等区域的 12 个县单位面积生态供给将轻度减少。此外，16 个县单位面积生态供给将明显增加，24 个县单位面积生态供给将轻度增加（图 8-33）。

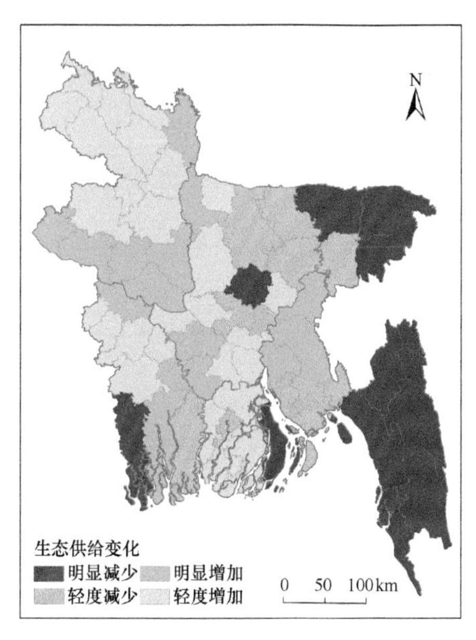

图 8-33　2020～2030 年基准情景下孟加拉国单位面积生态供给变化的空间分布

4. 老挝

2030 年，基准情景下，老挝丰沙里省与塞公省单位面积生态供给最高，超过了 1200gC/m^2，其次是阿速坡省、华潘省等，南部省份单位面积生态供给较低，低于 700gC/m^2。2020～2030 年，老挝中北部地区省份单位面积生态供给均呈降低趋势，特别是沙耶武里省与乌多姆塞省的单位面积生态供给将明显降低，降幅超过 4%，南部占巴塞省与塞公省的单位面积生态供给增长较缓慢；阿速坡省单位面积生态供给增长明显（图 8-34）。

5. 越南

2030 年，基准情景下，越南中部省份单位面积生态供给较高，超过了 1000gC/m^2，特别是广治省与广南省；南部金瓯省、薄辽省等省单位面积生态供给略低，不足 400gC/m^2。2020～2030 年，各省的单位面积生态供给变化呈现较明显的空间分异特征。南部各省的单位面积生态供给显著降低，特别是巴地头顿省，生态供给降低趋势超过 12%；北部各省单位面积生态供给以增加为主，莱州省、奠边省生态供给增速超过 8%（图 8-35）。

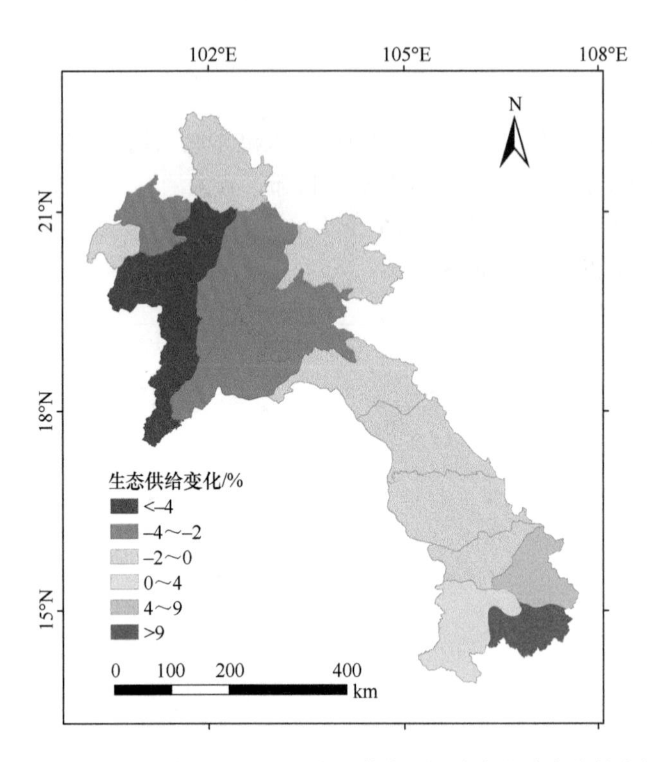

图 8-34　2020～2030 年基准情景下老挝单位面积生态供给变化的空间分布

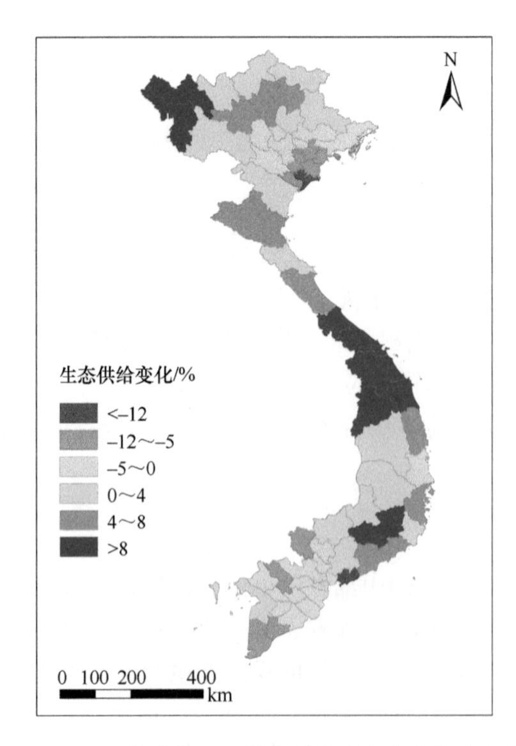

图 8-35　2020～2030 年基准情景下越南单位面积生态供给变化的空间分布

6. 尼泊尔

2030 年，基准情景下，尼泊尔南部特莱平原区的大部分区县单位面积生态供给较高，超过了 450gC/m^2；中部山区的苏尔凯德、萨利亚那等区县单位面积生态供给较高，加德满都、奥卡登加、帕巴特等区县单位面积生态供给较低，不足 100gC/m^2；北部高山区单位面积生态供给较低，大部分区域不足 50gC/m^2。2020～2030 年，中部与东南部区县单位面积生态供给降低显著，特别是科塘、博杰布尔等区县单位面积生态供给降低趋势超过 2%；西南部区县单位面积生态供给以增加为主，凯拉利、巴迪亚、苏尔凯德等区县生态供给增速超过 4%（图 8-36）。

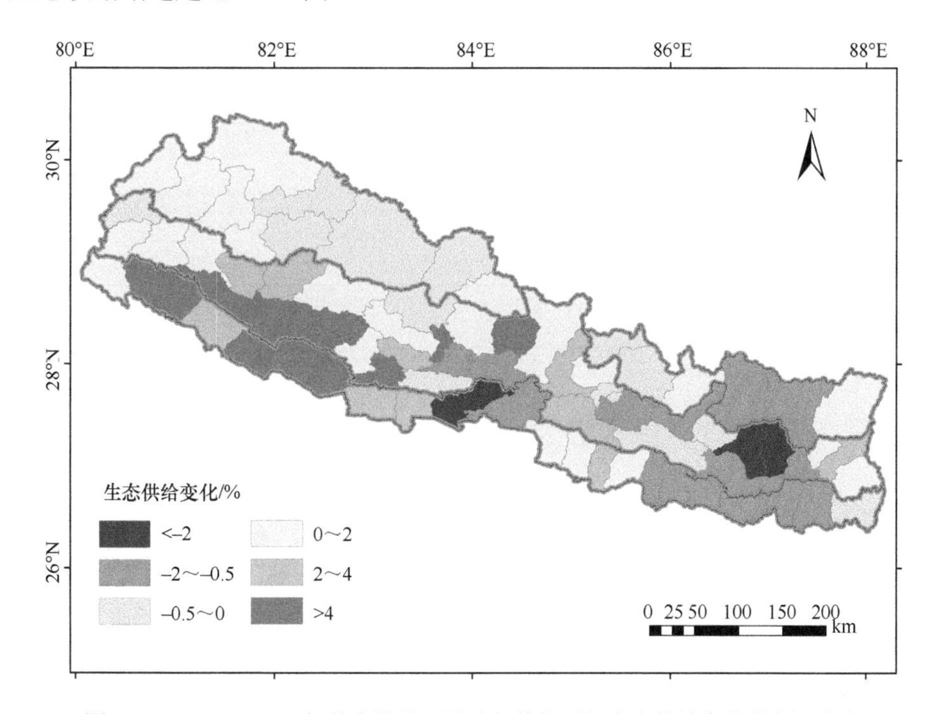

图 8-36　2020～2030 年基准情景下尼泊尔单位面积生态供给变化的空间分布

7. 哈萨克斯坦

2020～2030 年，基准情景下，哈萨克斯坦各省份单位面积生态供给变化呈现较明显的空间分异特征。南部省份单位面积生态供给降低显著，特别是曼格斯套州、南哈萨克斯坦州等省份单位面积生态供给降低超过 5%；北部省份单位面积生态供给以增加为主，科斯塔奈州、阿克莫拉州单位面积生态供给增速超过 4%（图 8-37）。

8. 乌兹别克斯坦

2020～2030 年，基准情景下，乌兹别克斯坦布哈拉州单位面积生态供给减少到 10 gC/m^2 以下，安集延州和吉扎克州单位面积生态供给均呈不同程度增加趋势；撒马尔罕州和卡什卡达里亚州单位面积生态供给减少到 130 gC/m^2 以下（图 8-38）。

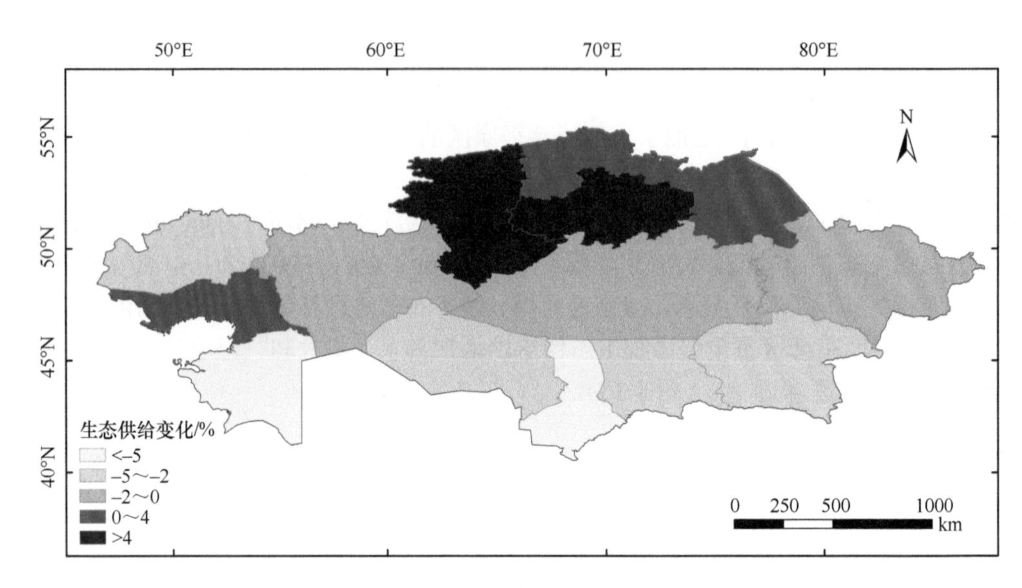

图 8-37 2020～2030 年基准情景下哈萨克斯坦单位面积生态供给变化的空间分布

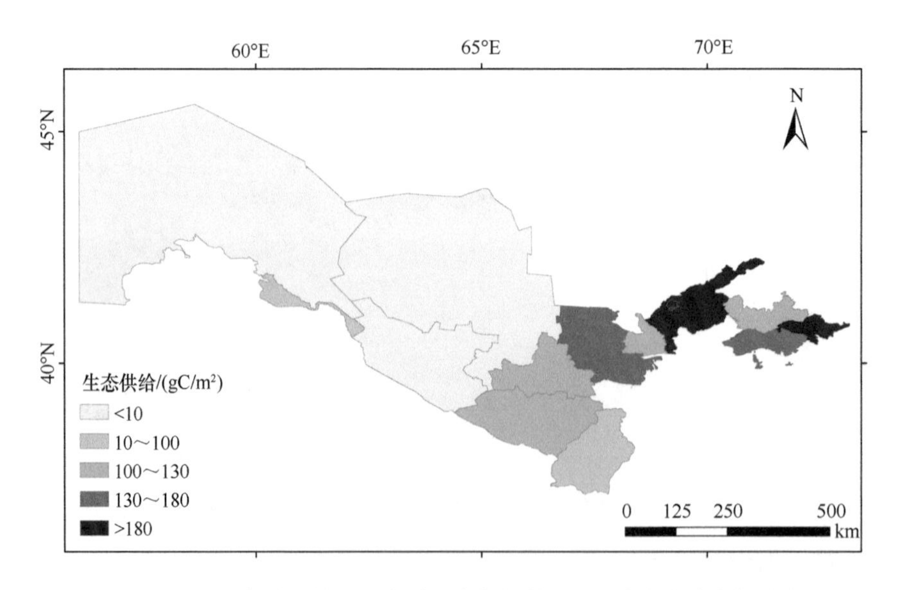

图 8-38 2030 年基准情景下乌兹别克斯坦单位面积生态供给空间分布

8.1.3 区域竞争情景

1. 绿色丝绸之路全域

1）净初级生产力

区域竞争情景下，全域平均植被 NPP 相对于其余两种情景最低，不足 180gC/m^2，这与该情景下环境破坏较严重，植被生产力较低有关；2050 年植被 NPP 均处于 3 年中最低水平（图 8-39～图 8-41）。

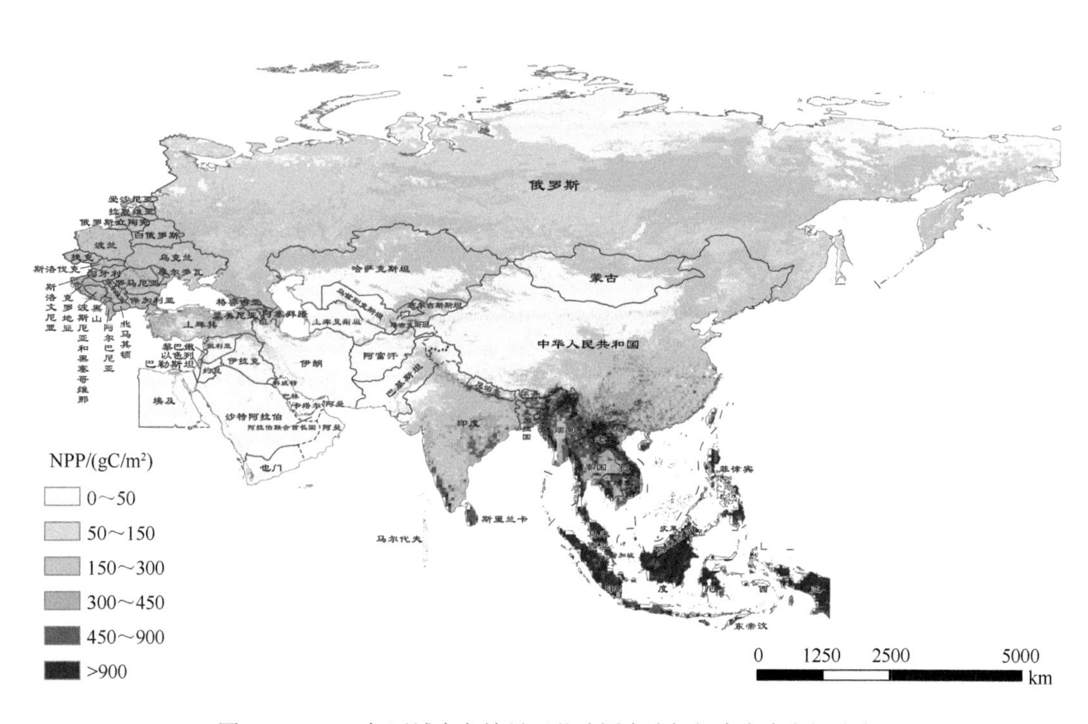

图 8-39　2030 年区域竞争情景下共建国家净初级生产力空间分布

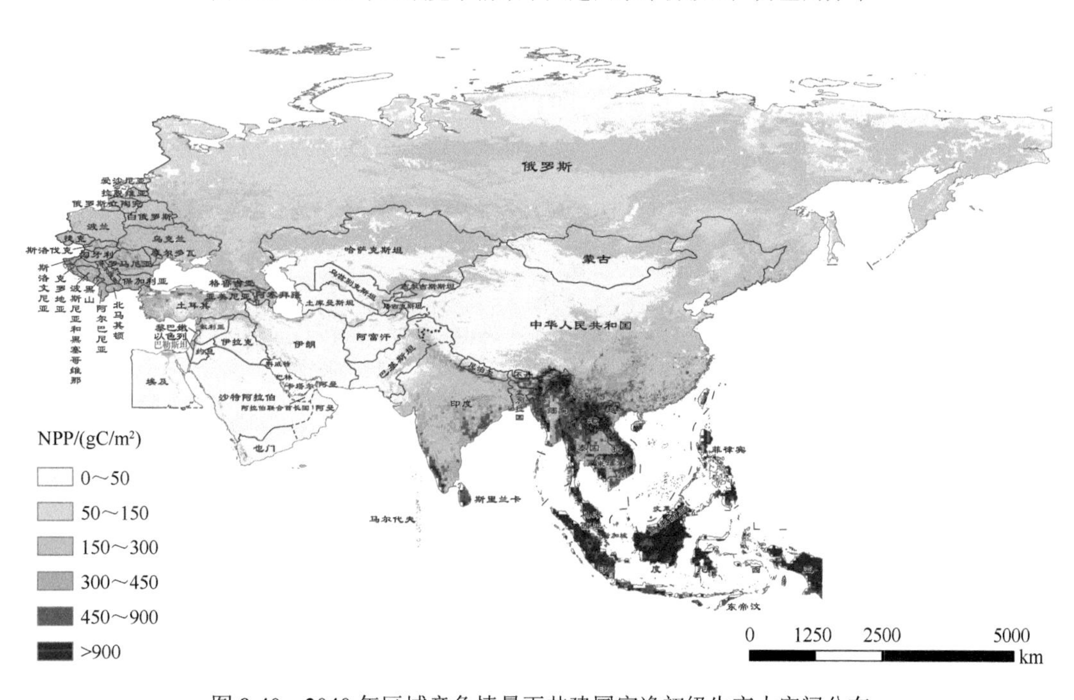

图 8-40　2040 年区域竞争情景下共建国家净初级生产力空间分布

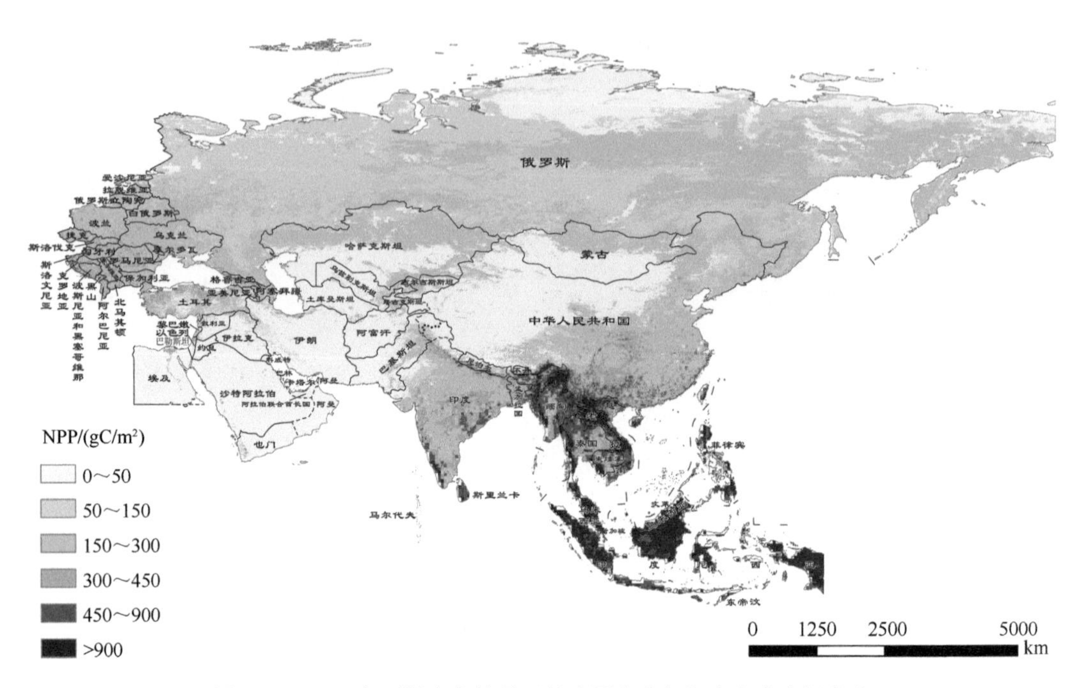

图 8-41　2050 年区域竞争情景下共建国家净初级生产力空间分布

2）农田生态供给

2030 年，区域竞争情景下哈萨克斯坦、东南亚部分国家农田生态供给在三种情景中最高；2050 年哈萨克斯坦、伊朗等国农田生态供给增长较大；农田平均供给较高，超过 8×10^{13}kcal。2030～2050 年农田生态供给呈逐渐上升趋势（图 8-42～图 8-44）。

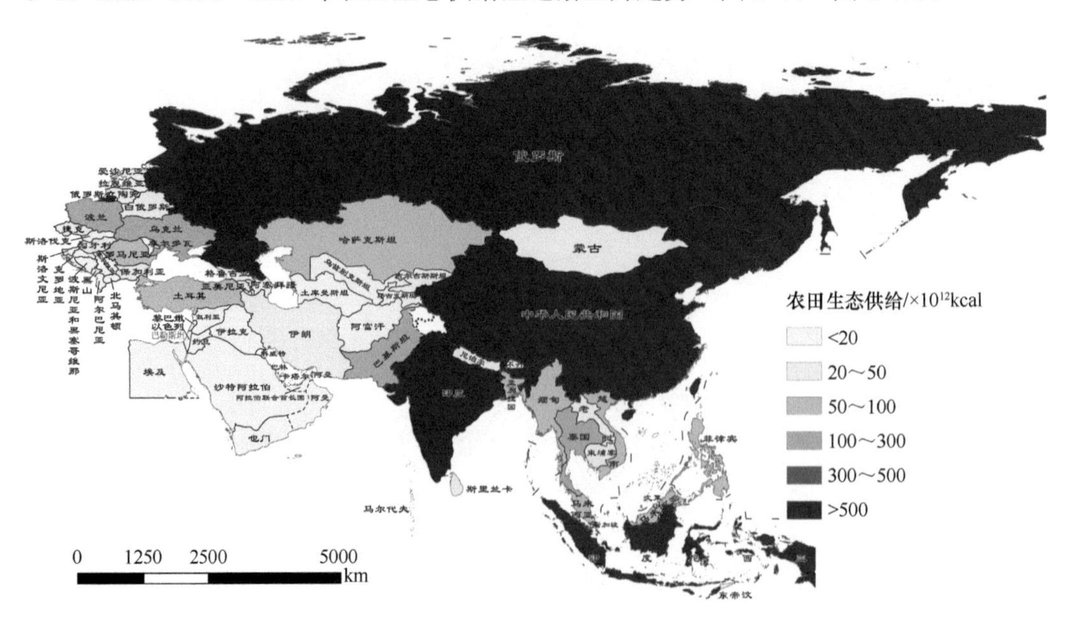

图 8-42　2030 年区域竞争情景下共建国家农田生态供给空间分布

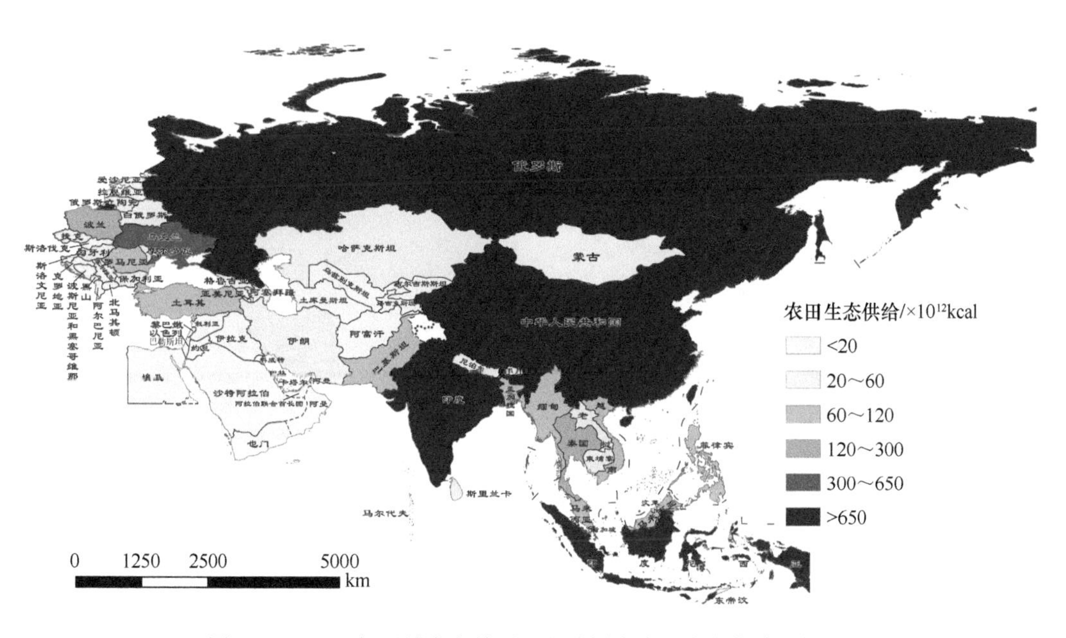

图 8-43　2040 年区域竞争情景下共建国家农田生态供给空间分布

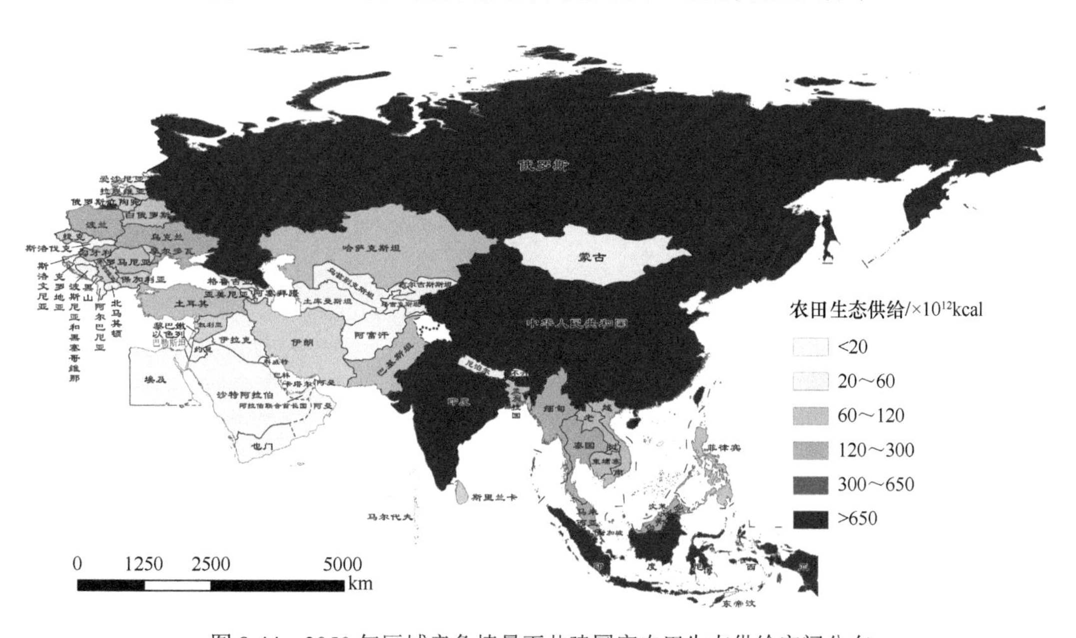

图 8-44　2050 年区域竞争情景下共建国家农田生态供给空间分布

3）森林生态供给

2050 年，区域竞争情景下，全域森林生态供给在三种情景中最高，约 $4\times10^9\mathrm{m}^3$，2030～2050 年，中国、印度与俄罗斯森林生态供给水平在绿色丝绸之路共建国家中较高（图 8-45～图 8-47）。

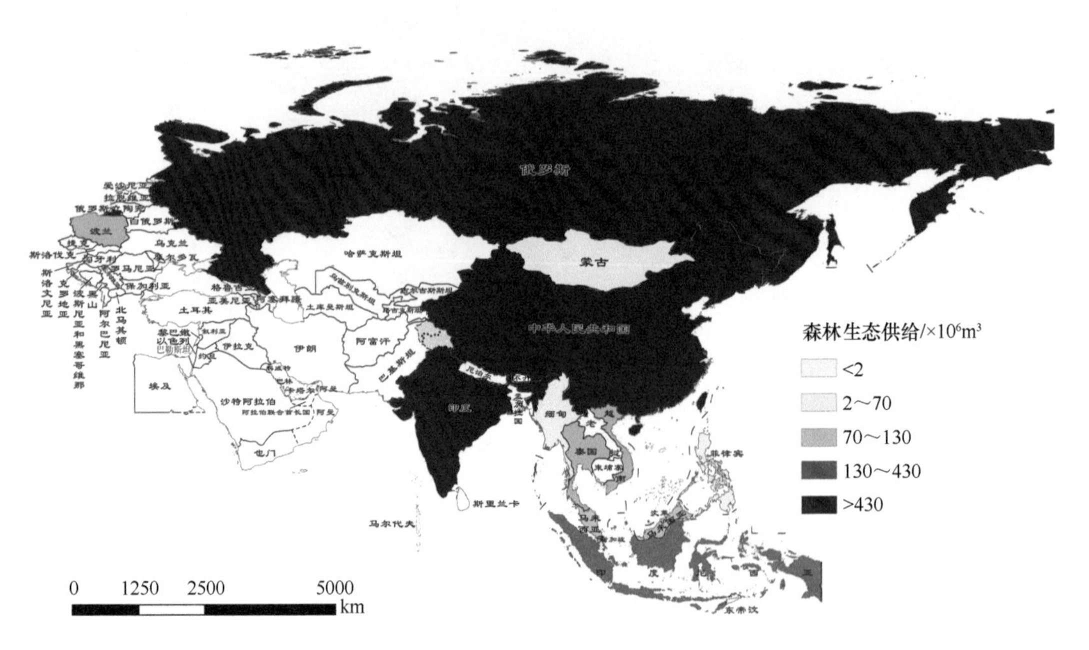

图 8-45　2030 年区域竞争情景下共建国家森林生态供给空间分布

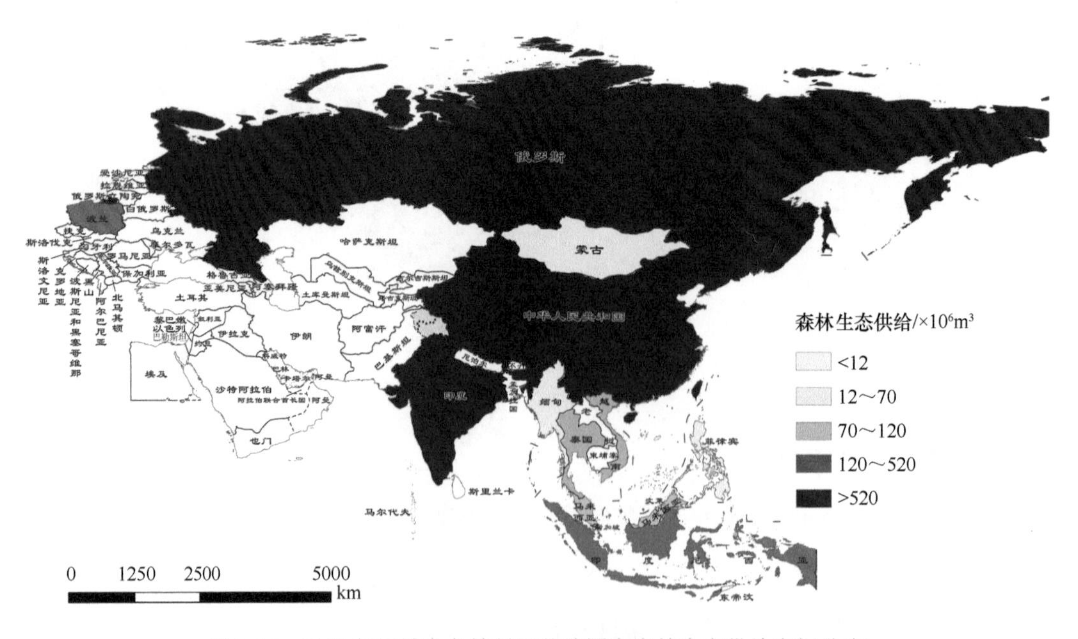

图 8-46　2040 年区域竞争情景下共建国家森林生态供给空间分布

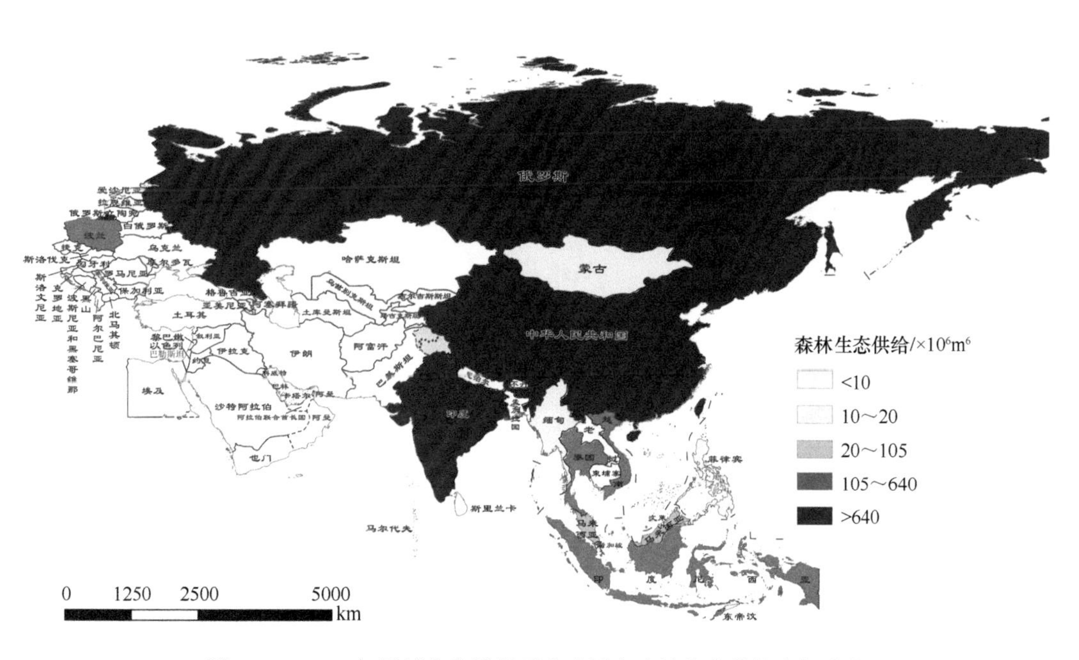

图 8-47　2050 年区域竞争情景下共建国家森林生态供给空间分布

4）草地生态供给

2040 年、2050 年中国草地生态供给相对 2030 年较低，2030～2050 年，吉尔吉斯斯坦草地生态供给有所增长，其余国家基本维持不变（图 8-48～图 8-50）。

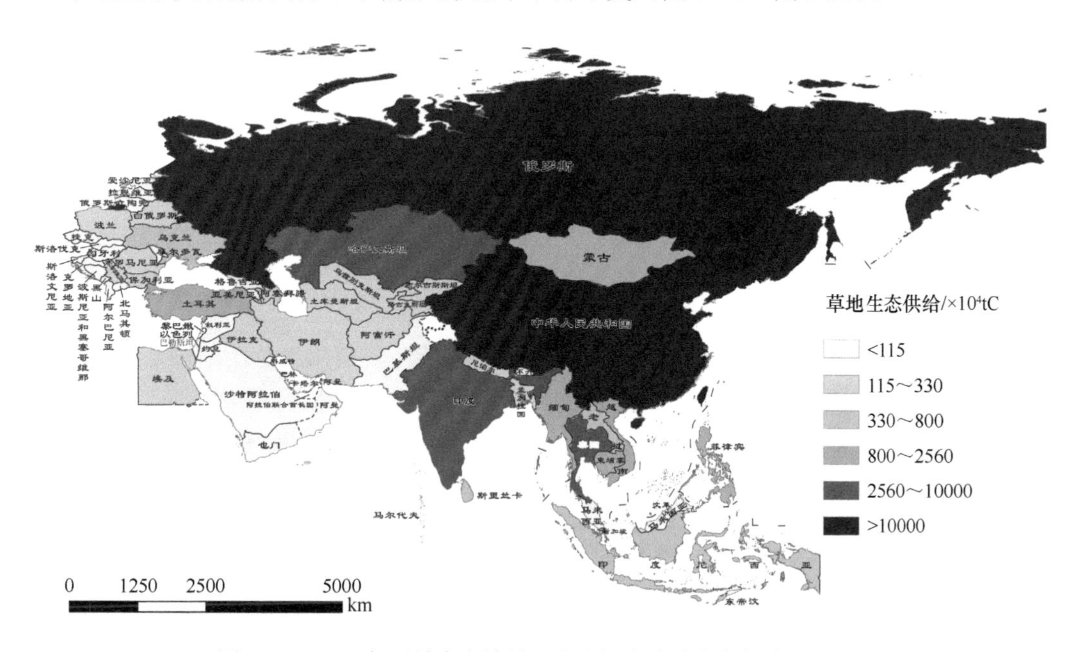

图 8-48　2030 年区域竞争情景下共建国家草地生态供给空间分布

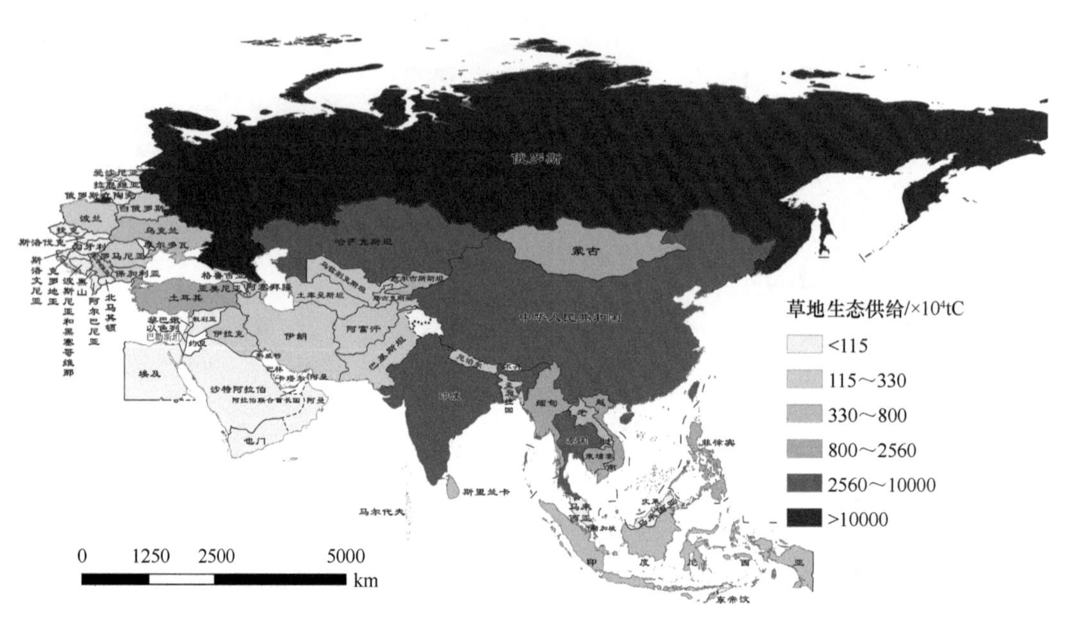

图 8-49　2040 年区域竞争情景下共建国家草地生态供给空间分布

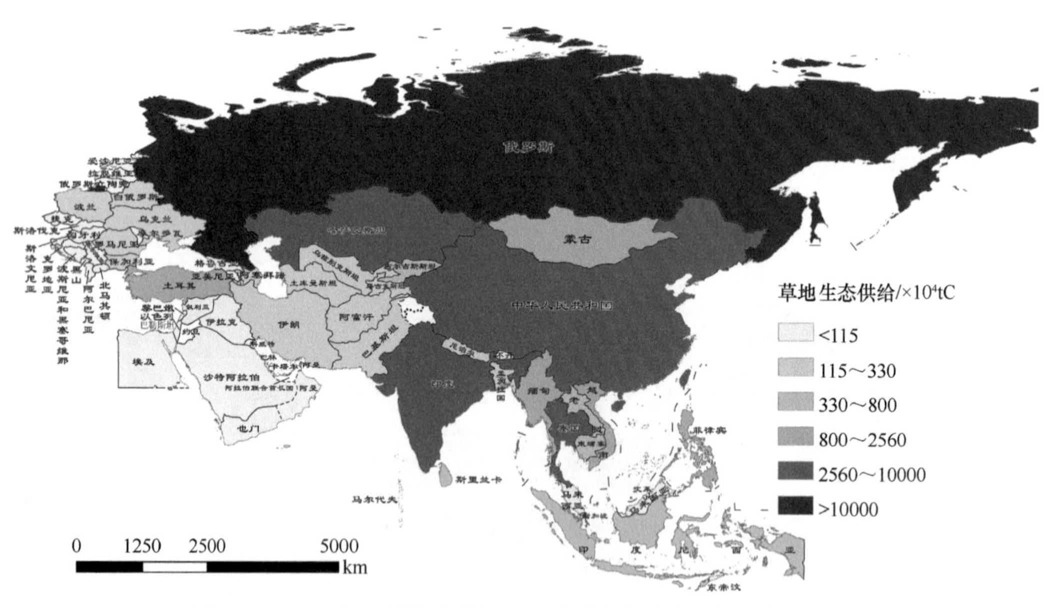

图 8-50　2050 年区域竞争情景下共建国家草地生态供给空间分布

2. 中巴经济走廊

2030 年，区域竞争情景下，巴基斯坦旁遮普省单位面积生态供给最高，其次是西北边境省，中国新疆的克孜勒苏柯尔克孜自治州单位面积生态供给较低，不足 $5gC/m^2$。2020～2030 年，巴基斯坦南部的俾路支省以及中国新疆的喀什地区单位面积生态供给降低较显著，降幅超过 10%；巴基斯坦信德省与中国新疆的克孜勒苏柯尔克孜自治州轻微降低（图 8-51）。

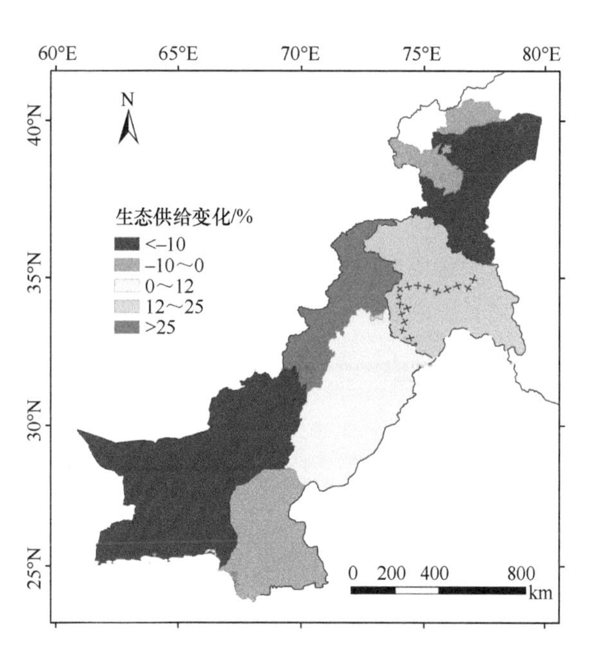

图 8-51　2020～2030 年区域竞争情景下研究区域单位面积生态供给变化的空间分布

3. 孟加拉国

2020～2030 年，区域竞争情景下，孟加拉国吉大港专区、锡尔赫特专区等区域单位面积生态供给降低较显著；达卡专区北部、吉大港专区西部等区域的 28 个县单位面积生态供给将轻度减少；而 5 个县单位面积生态供给将明显增加，21 个县单位面积生态供给将轻度增加（图 8-52）。

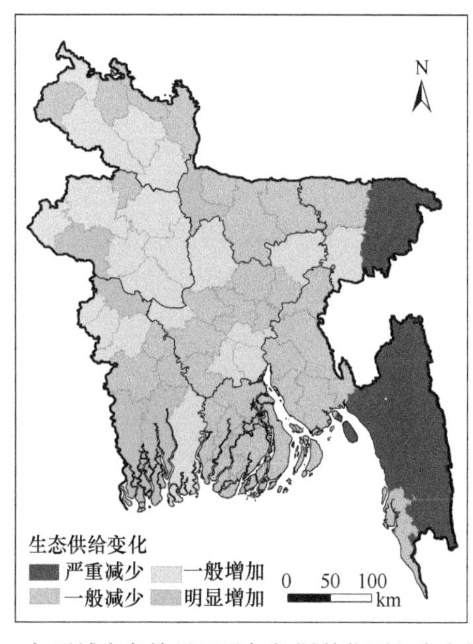

图 8-52　2020～2030 年区域竞争情景下孟加拉国单位面积生态供给变化的空间分布

4. 老挝

2030 年，区域竞争情景下，老挝丰沙里省与塞公省单位面积生态供给最高，超过了 $1200gC/m^2$，其次是阿速坡省、乌多姆塞省等，南部甘蒙省单位面积生态供给较低，低于 $700gC/m^2$。2020～2030 年，老挝大部分省份单位面积生态供给均呈降低趋势，特别是甘蒙省与丰沙里省等的单位面积生态供给将明显降低，降幅超过 7%，南部的占巴塞省与塞公省单位面积生态供给增长较缓慢；阿速坡省单位面积生态供给增长明显（图 8-53）。

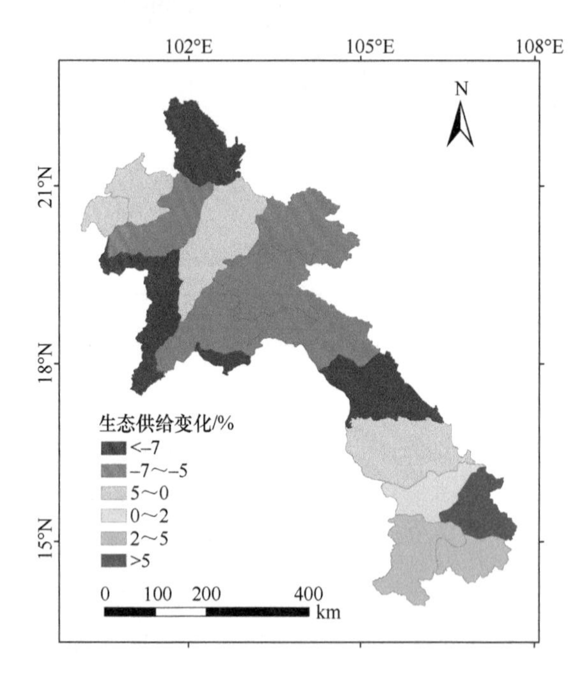

图 8-53　2020～2030 年区域竞争情景下老挝单位面积生态供给变化的空间分布

5. 越南

2030 年，区域竞争情景下，越南北部的太平省、南定省等省单位面积生态供给不足 $400gC/m^2$，中部的平定省、嘉莱省等单位面积生态供给较高，超过 $1000\ gC/m^2$。2020～2030 年，各省的单位面积生态供给变化呈现较明显的空间分异特征。区域竞争情景下，除中部的广治省、广南省等省份单位面积生态供给有所上升外，其余地区单位面积生态供给均有不同程度的下降，以南部安江省、金瓯省等省份单位面积生态供给下降最为明显，降低趋势超过 8%（图 8-54）。

6. 尼泊尔

2030 年，区域竞争情景下，尼泊尔各区县单位面积生态供给与在其他情景下基本相似，空间分布呈现西北低、东南高的规律。2020～2030 年，特莱平原区大部分区县单位面积生态供给有所减少，特别是班克、巴拉与帕萨等县单位面积生态供给减少趋势超过了 3%；西南与北部大部分区县单位面积生态供给增速介于 0%～4%（图 8-55）。

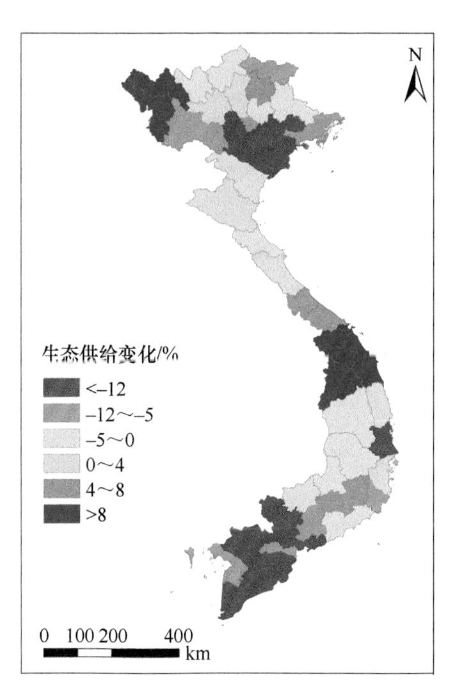

图 8-54　2020～2030 年区域竞争情景下越南单位面积生态供给变化的空间分布

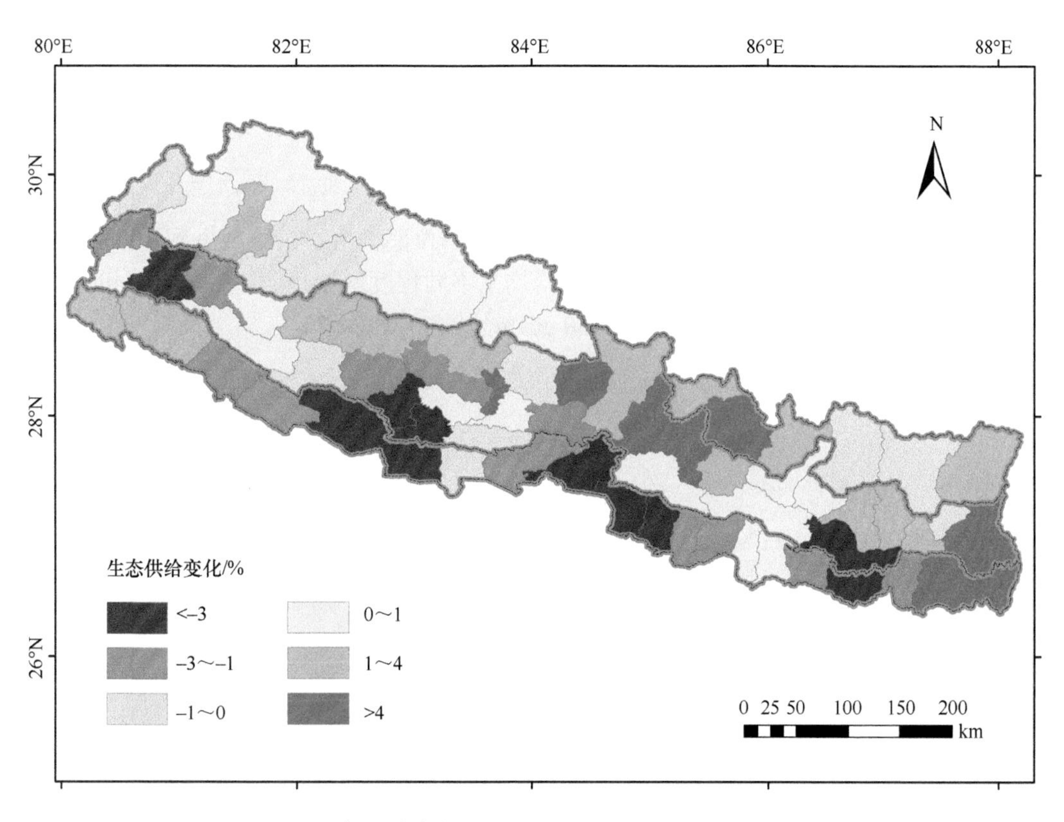

图 8-55　2020～2030 年区域竞争情景下尼泊尔单位面积生态供给变化的空间分布

7. 哈萨克斯坦

2030 年，区域竞争情景下，哈萨克斯坦各省份单位面积生态供给均呈现北高南低的空间分布规律。科斯塔奈州、巴甫洛达尔州、东哈萨克斯坦州单位面积生态供给不足 $180gC/m^2$。2020～2030 年，各省份单位面积生态供给变化呈现较明显的空间分异特征。除西哈萨克斯坦州、阿特劳州以及曼格斯套州有所上升外，其余地区均有不同程度的下降，以南部江布尔州下降最为明显，降低趋势超过 12%（图 8-56）。

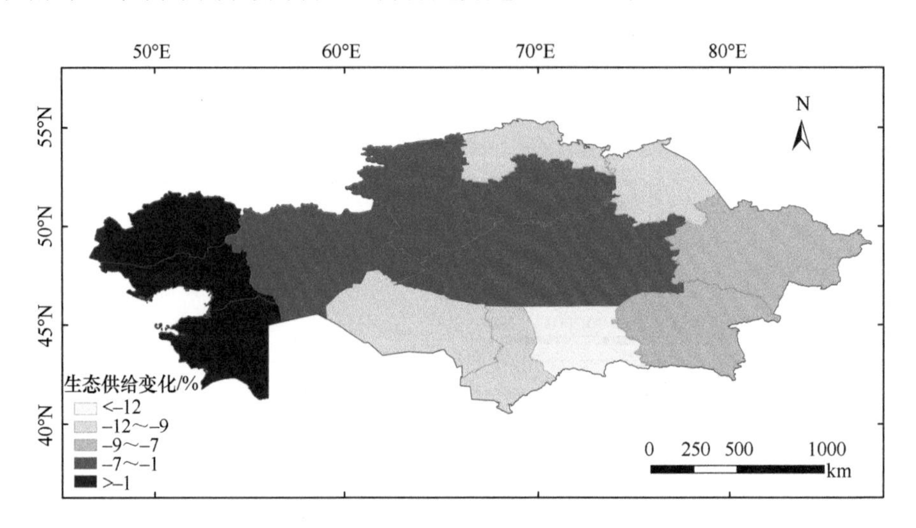

图 8-56　2020～2030 年区域竞争情景下哈萨克斯坦单位面积生态供给变化的空间分布

8. 乌兹别克斯坦

2020～2030 年，区域竞争情景下，布哈拉州单位面积生态供给减少到 10 gC/m^2 以下，安集延州和吉扎克州单位面积生态供给均呈不同程度增加趋势；撒马尔罕州和卡什卡达里亚州单位面积生态供给减少到 130 gC/m^2 以下（图 8-57）。

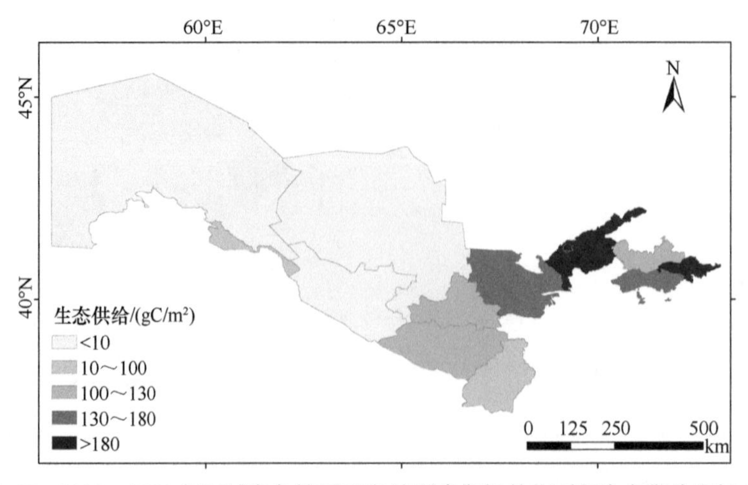

图 8-57　2020～2030 年区域竞争情景下乌兹别克斯坦单位面积生态供给空间分布

8.2　生态消耗变化情景

8.2.1　绿色发展情景

1. 绿色丝绸之路全域

1）农田生态消耗

俄罗斯、土耳其和埃及农田生态消耗明显高于其他国家，超过 3200kcal/（人·d），其次是中国、沙特阿拉伯以及伊朗，阿富汗、巴基斯坦和也门最低，小于 2600 kcal/（人·d）（图 8-58～图 8-60）。2030～2050 年，中国的农田生态消耗基本维持不变。绿色发展情景下农田消耗平均值最大，每年比其他情景高出至少 1×10^{12}kcal，2050 年绿色发展情景下农田生态消耗达到最高，接近 1.16×10^{14}kcal。

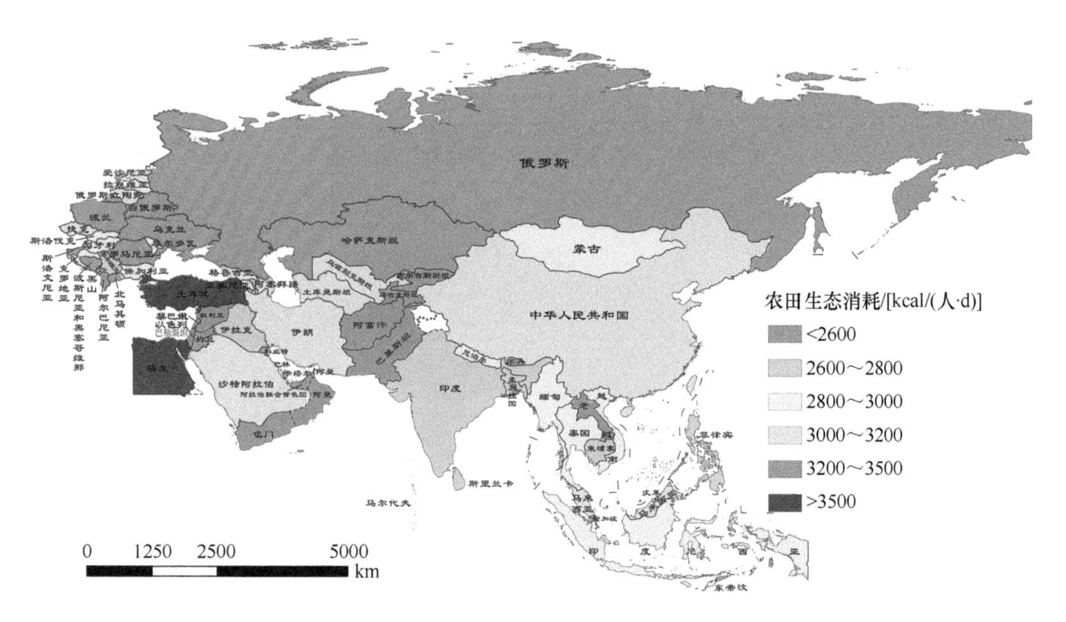

图 8-58　2030 年绿色发展情景下共建国家农田生态消耗空间分布

2）森林生态消耗

中国的森林生态消耗最高，保持在 $4.25\times10^{8}m^{3}$ 以上，其次是印度和俄罗斯，高于 $1.40\times10^{8}m^{3}$。2030～2050 年，印度尼西亚和印度的森林生态消耗有所增加，之后保持稳定（图 8-61～图 8-63）。

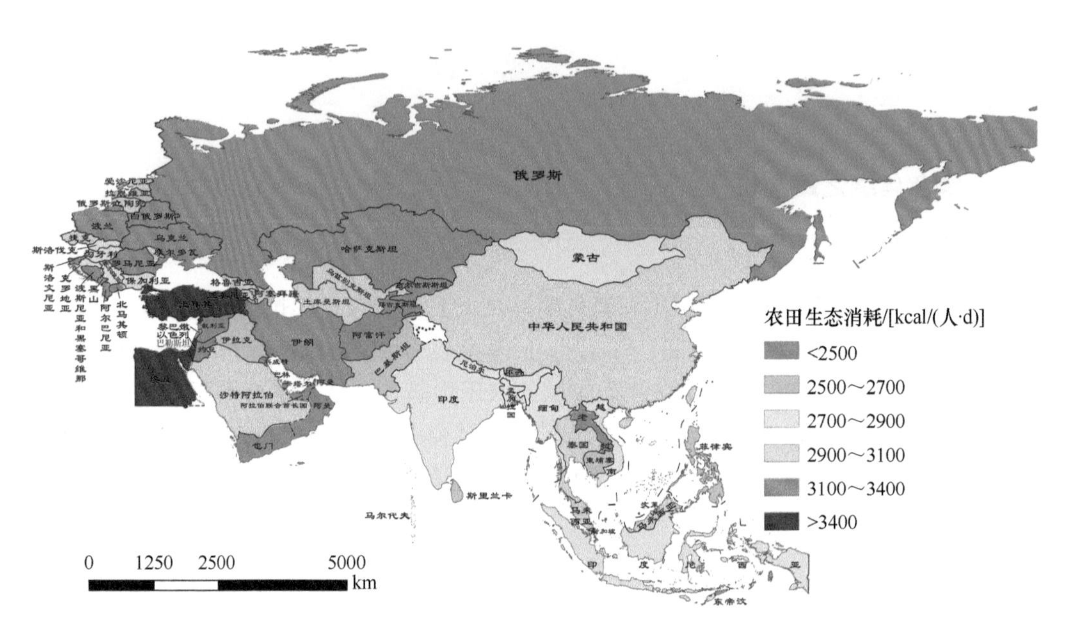

图 8-59　2040 年绿色发展情景下共建国家农田生态消耗空间分布

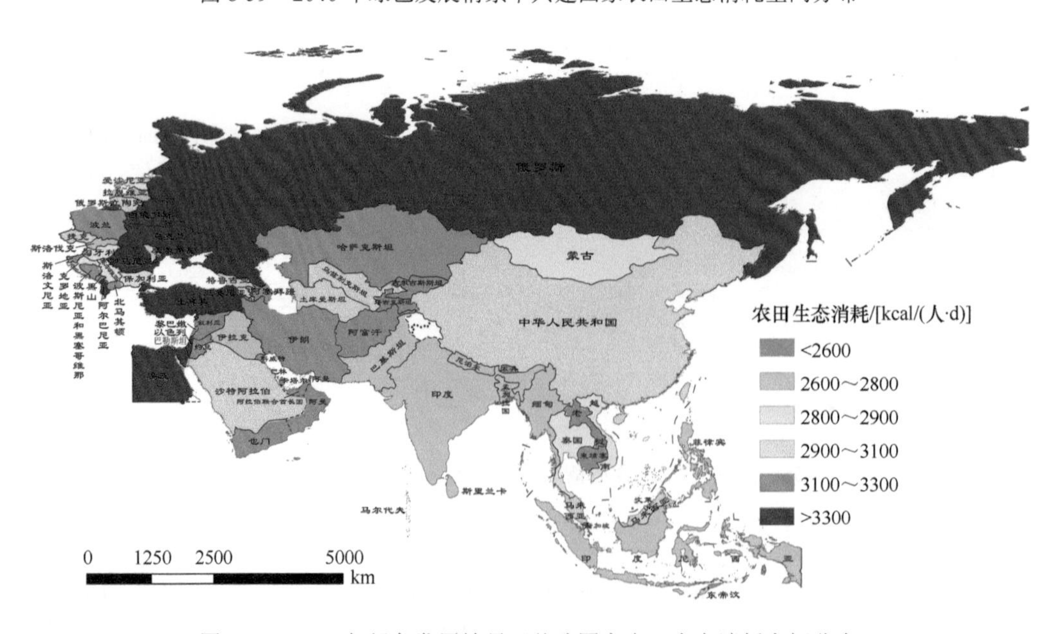

图 8-60　2050 年绿色发展情景下共建国家农田生态消耗空间分布

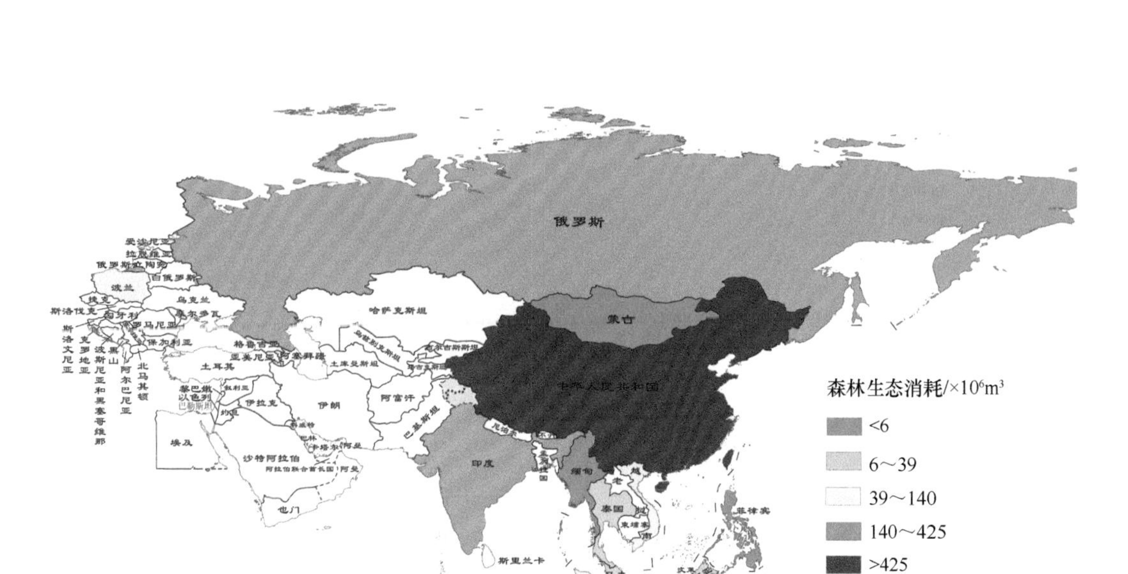

图 8-61　2030 年绿色发展情景下共建国家森林生态消耗空间分布

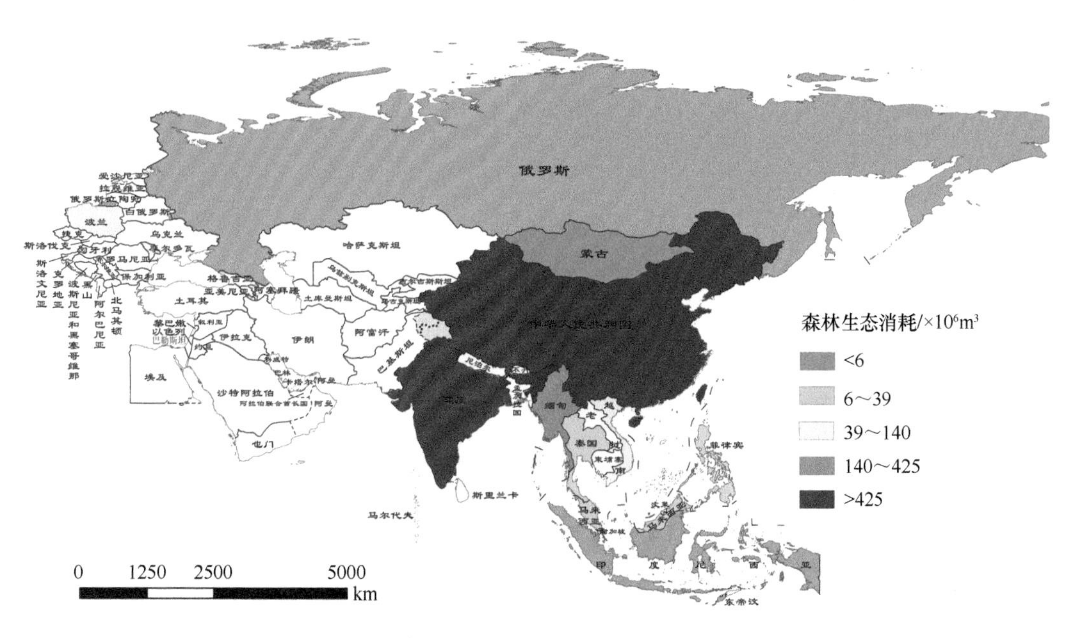

图 8-62　2040 年绿色发展情景下共建国家森林生态消耗空间分布

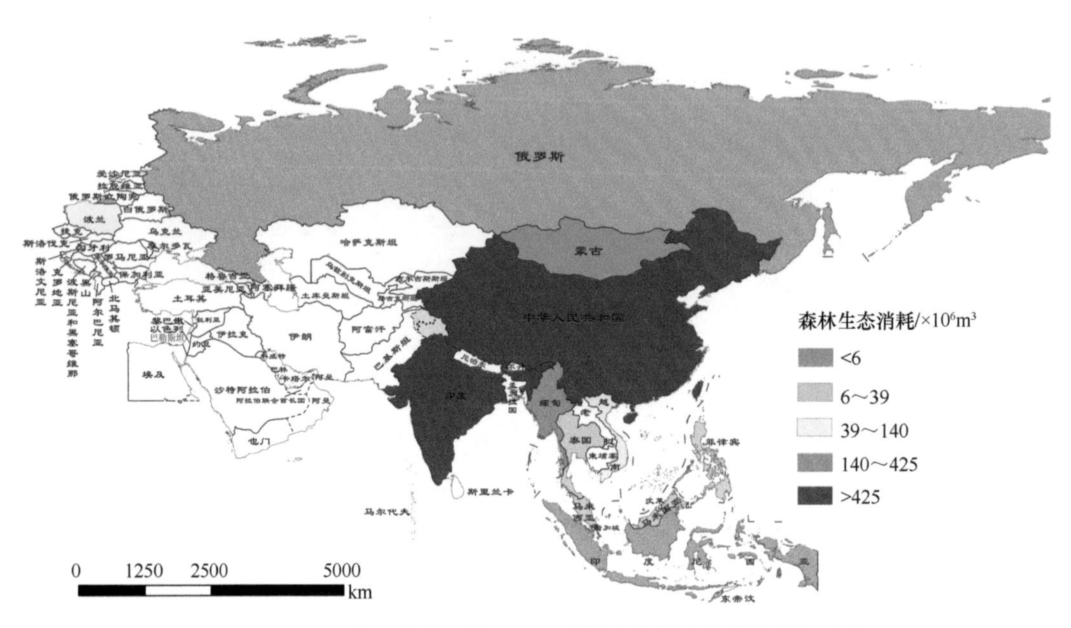

图 8-63　2050 年绿色发展情景下共建国家森林生态消耗空间分布

3）草地生态消耗

绿色发展情景下的草地生态消耗远低于其他两种情景，不超过 3200tC。中国和印度草地生态消耗最高，超过了 9000tC，沙特阿拉伯以及东欧地中海沿岸地区国家的草地生态消耗最低，保持在 1500tC 之下。2030～2040 年，印度尼西亚草地生态消耗增加到 9000tC 以上。蒙古国、哈萨克斯坦等国草地生态消耗随时间均有不同程度增加（图 8-64～图 8-66）。

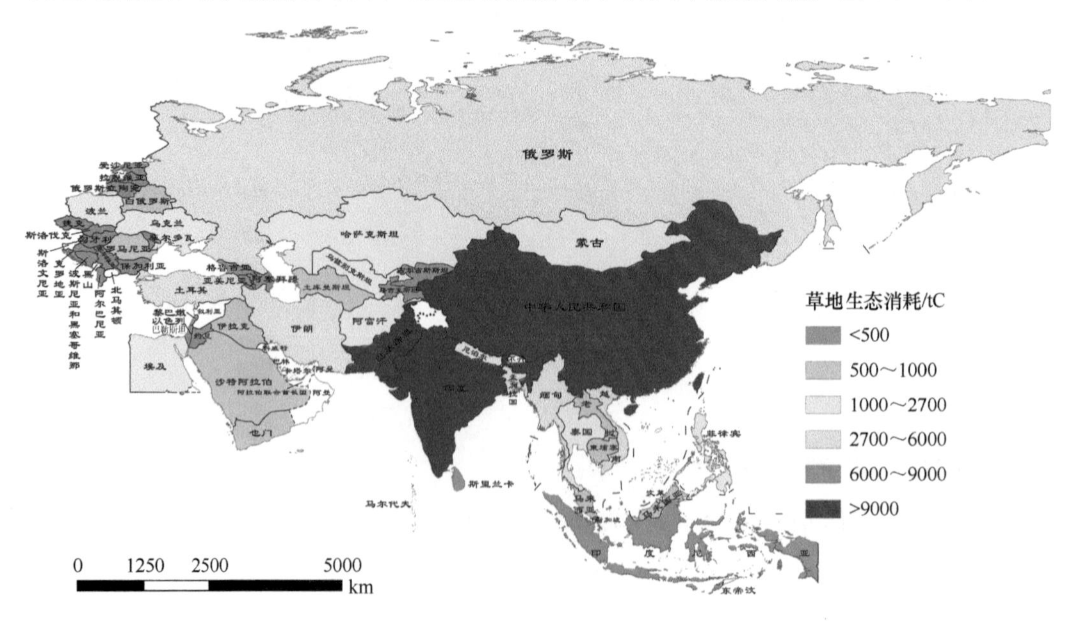

图 8-64　2030 年绿色发展情景下共建国家草地生态消耗空间分布

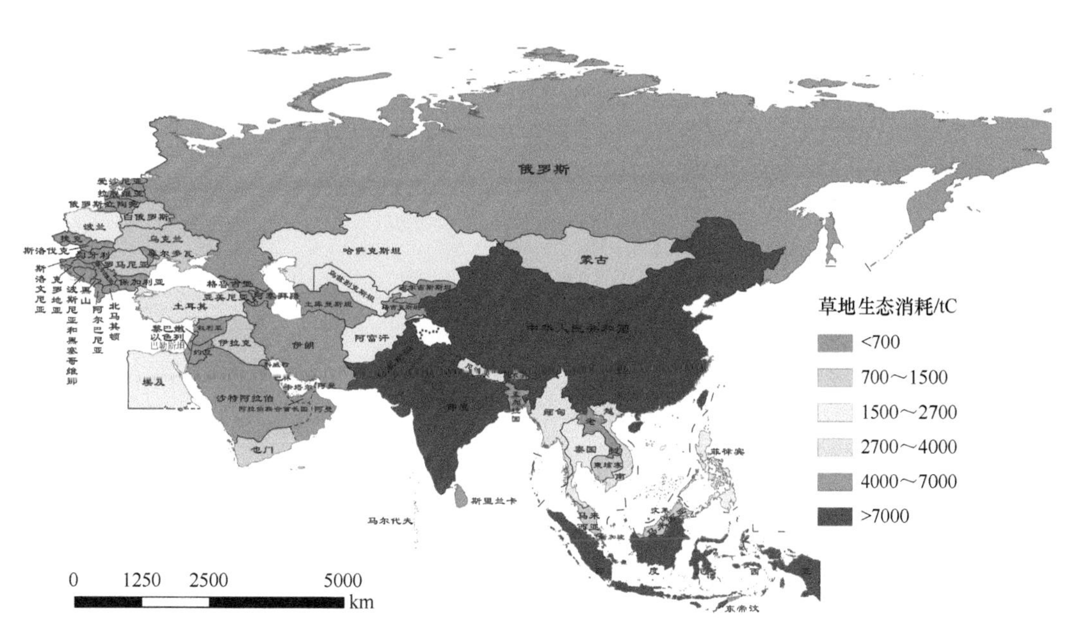

图 8-65　2040 年绿色发展情景下共建国家草地生态消耗空间分布

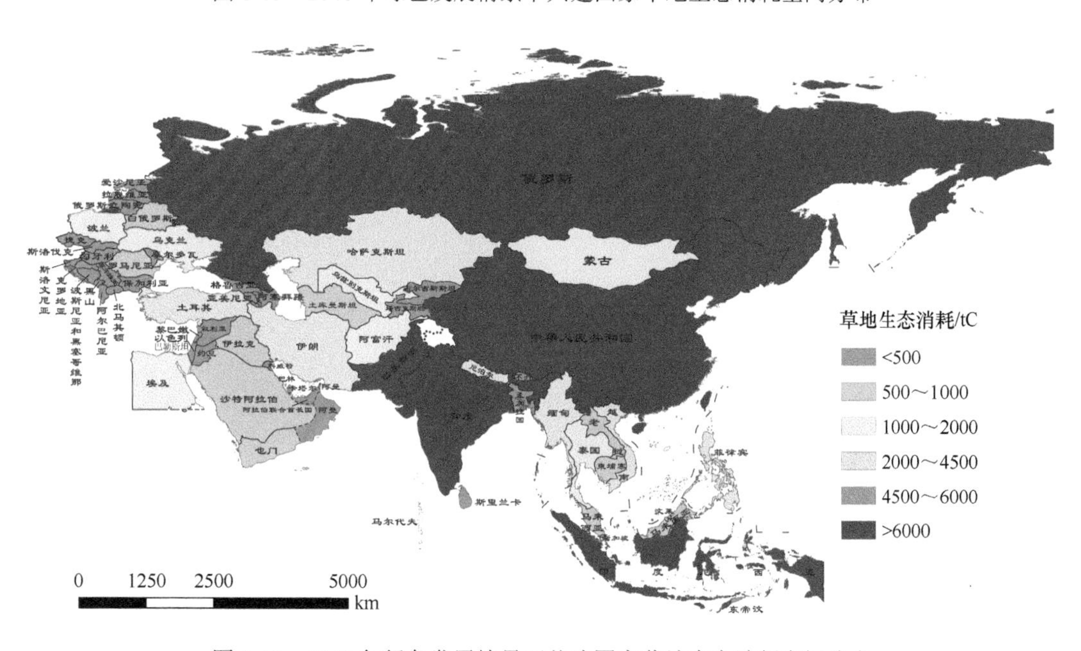

图 8-66　2050 年绿色发展情景下共建国家草地生态消耗空间分布

2. 中巴经济走廊

2030 年，绿色发展情景下，巴基斯坦的信德省、旁遮普省与伊斯兰堡首都区生态消耗增长较为明显，超过 7%，巴基斯坦北部地区及中国新疆部分区域呈现出下降的趋势，其中巴基斯坦北部地区下降最为明显，超过 8%（图 8-67）。

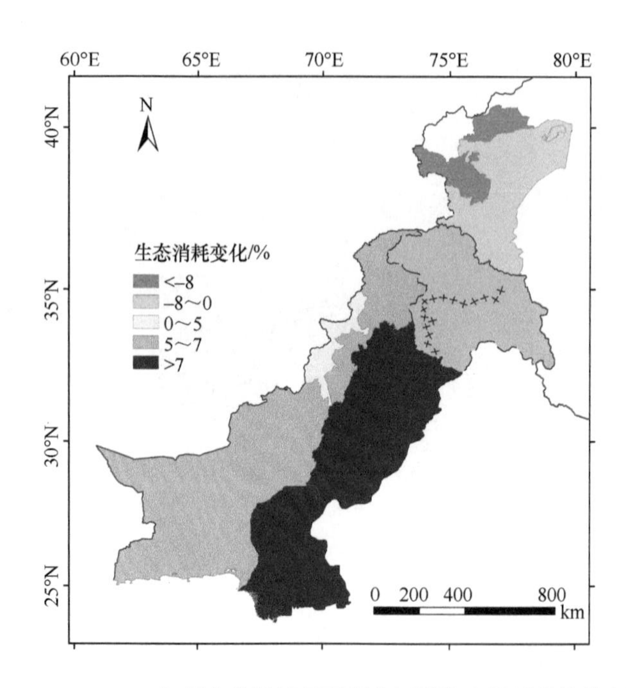

图 8-67　2020～2030 年绿色发展情景下研究区域生态消耗变化的空间分布

3. 孟加拉国

2030 年，绿色发展情景下，生态消耗增速显著加快的县主要为达卡、迈门辛、库米拉等县。其中，23 个县的生态消耗将轻度增加，4 个县的生态消耗将显著增加，以农业生产消耗为主（图 8-68）。

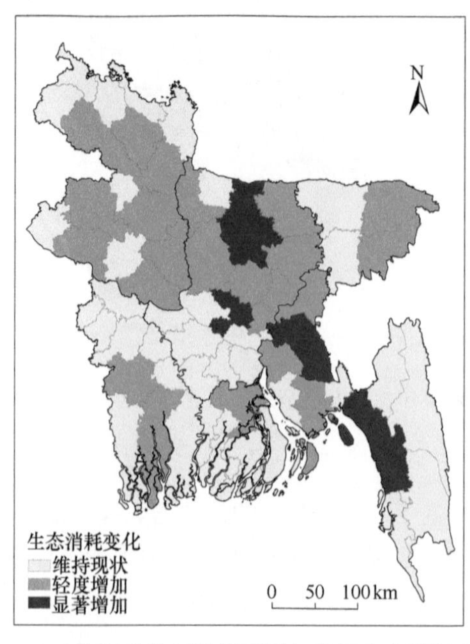

图 8-68　2020～2030 年绿色发展情景下孟加拉国生态消耗变化的空间分布

4. 老挝

2030 年，绿色发展情景下，老挝的沙湾拿吉省、沙拉湾省等省生态消耗明显增加，超过 19%，北部地区的华潘省、丰沙里省生态消耗增长不高于 15%（图 8-69）。

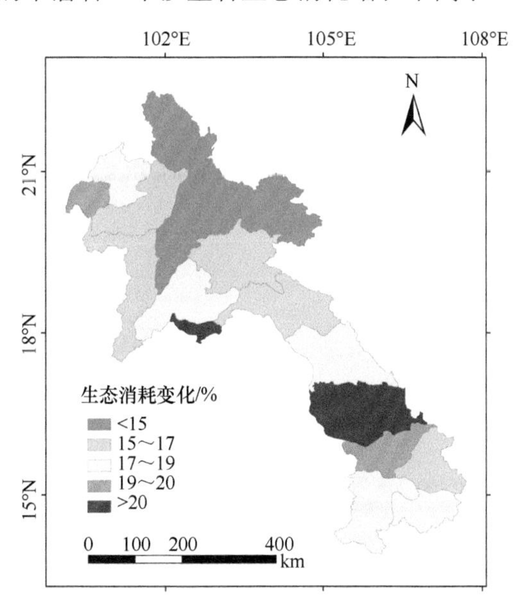

图 8-69　2020～2030 年绿色发展情景下老挝生态消耗变化的空间分布

5. 越南

2030 年，越南人口有望超过 3050 万，各省人口均呈现增长趋势。绿色发展情景下，平阳省、同奈省生态消耗增长较为明显，超过 10%，北部的莱州省、河江省等省份生态消耗呈现下降趋势，降低趋势大于 1%。平阳省、同奈省生态消耗增长较为明显，超过 2%，北部以及南部部分区域生态消耗呈现出下降的趋势，其中西北部省份生态消耗下降最为明显，超过 4%，中部大部分区域生态消耗变化不显著（图 8-70）。

6. 尼泊尔

2020～2030 年，除堪钱布尔县与加德满都市生态消耗降低以外，其余区县生态消耗均呈不同程度增加趋势。其中，中部的塔纳胡、帕罗帕等县及南部的科塘、博杰布尔与伊拉姆等县的生态消耗水平显著增加，增速超过 25%；其余大部分区县生态消耗增速介于 10%～20%，北部高山区的西北部区县生态消耗轻微增加，不超过 5%（图 8-71）。

7. 哈萨克斯坦

2020～2030 年，卡拉干达州生态消耗增长较为明显，超过 2%，北部以及南部部分区域生态消耗呈现出下降的趋势，其中以阿特劳州、曼格斯套州以及北哈萨克斯坦州生态消耗下降最为明显，超过 4%，东哈萨克斯坦州、阿拉木图州等大部分区域生态消耗变化不显著（图 8-72）。

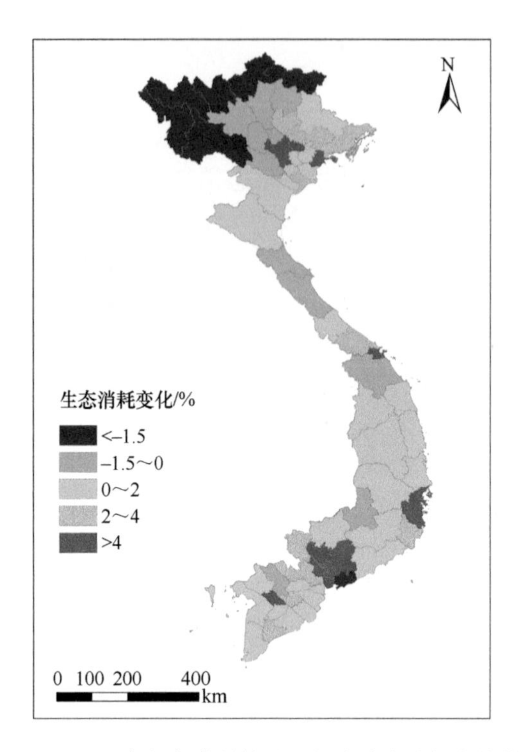

图 8-70　2020～2030 年绿色发展情景下越南生态消耗变化的空间分布

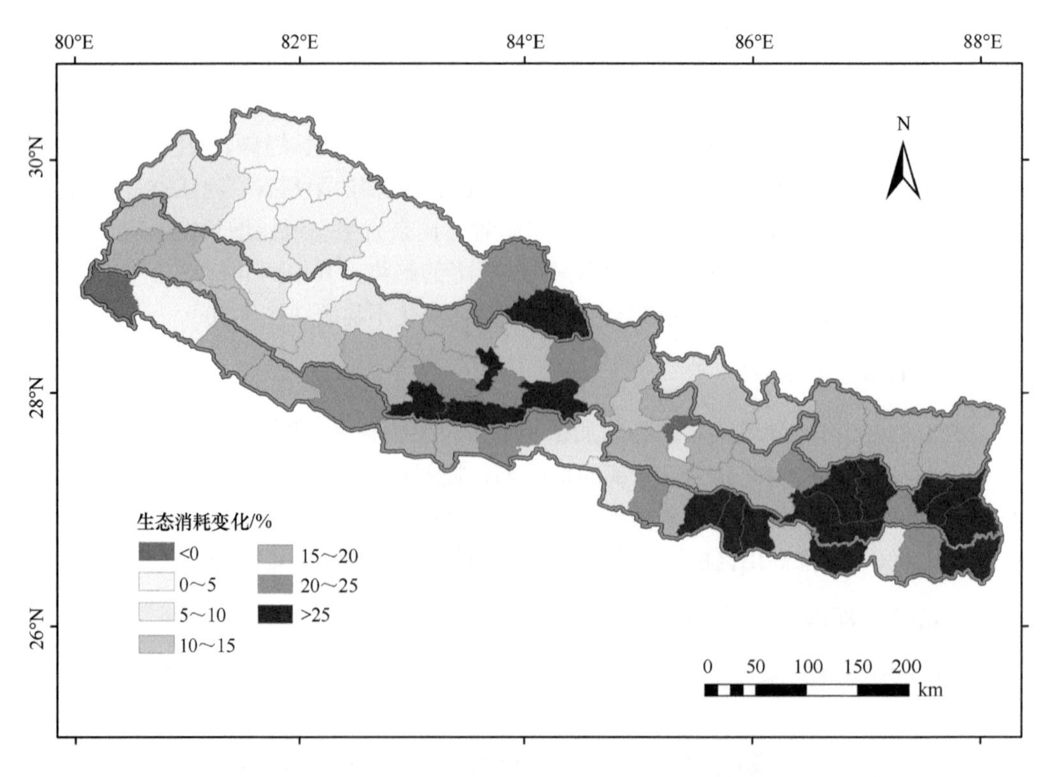

图 8-71　2020～2030 年绿色发展情景下尼泊尔生态消耗变化的空间分布

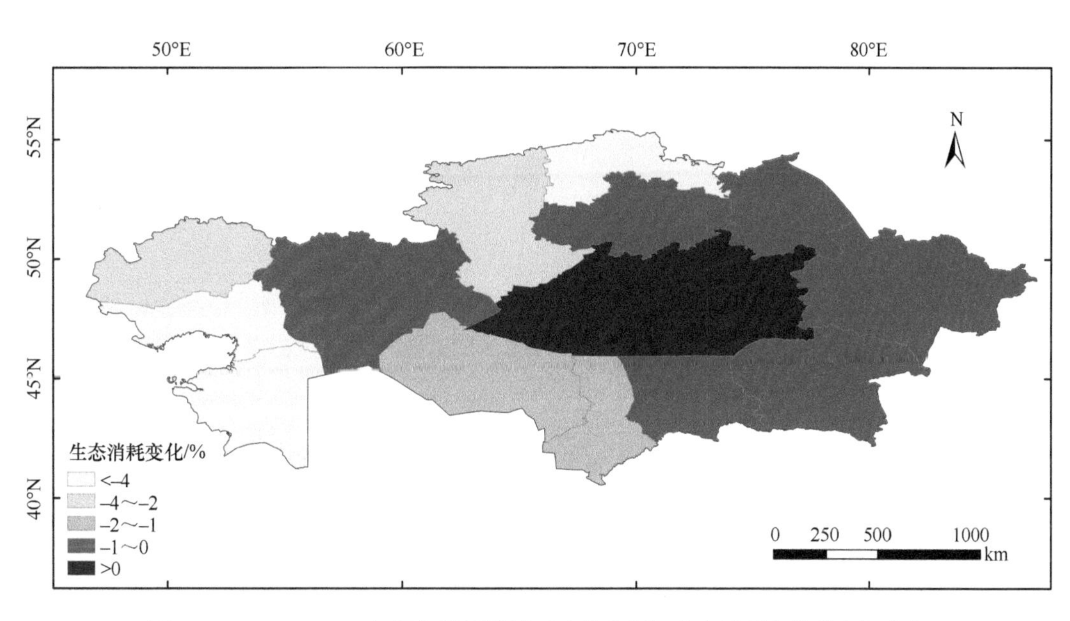

图 8-72　2020～2030 年绿色发展情景下哈萨克斯坦生态消耗变化的空间分布

8. 乌兹别克斯坦

2020～2030 年，乌兹别克斯坦各省份生态消耗整体变化在 39%左右。纳曼干州、费尔干纳州与塔什干市生态消耗变化最大，增幅超过 39.4%。卡拉卡尔帕克斯坦自治共和国、花拉子模州、吉扎克州、卡什卡达里亚州和苏尔汉河州生态消耗变化相对较小，增幅低于 38.5%（图 8-73）。

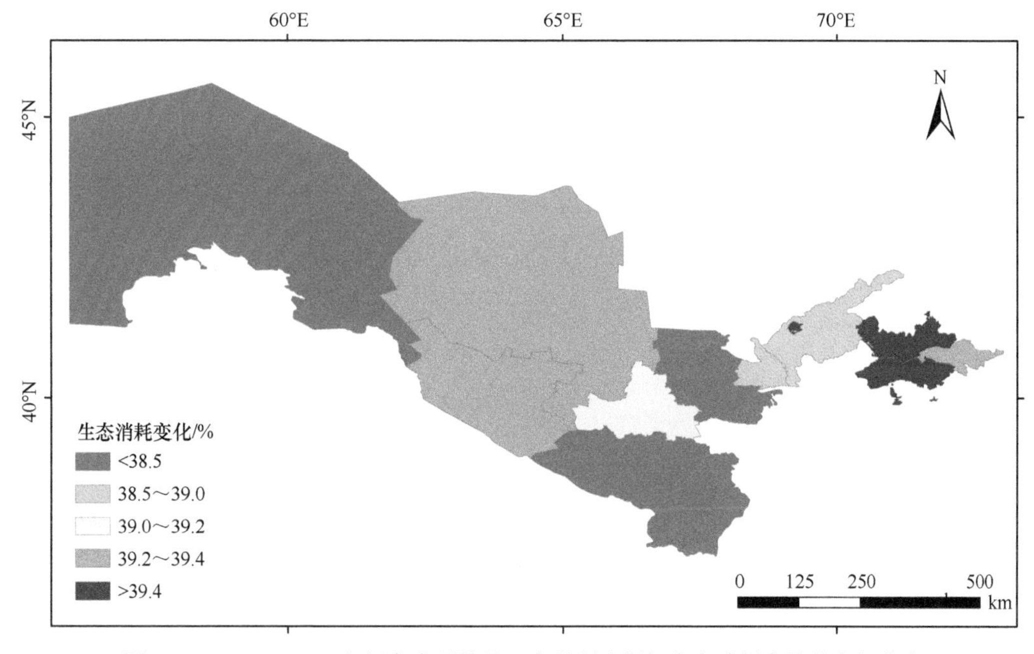

图 8-73　2020～2030 年绿色发展情景下乌兹别克斯坦生态消耗变化的空间分布

8.2.2 基准情景

1. 绿色丝绸之路全域

1）农田生态消耗

2030～2050 年，各国农田生态消耗整体呈增加趋势，特别是俄罗斯、哈萨克斯坦等国家增加较快；中国的农田生态消耗轻微增加（图 8-74～图 8-76）。

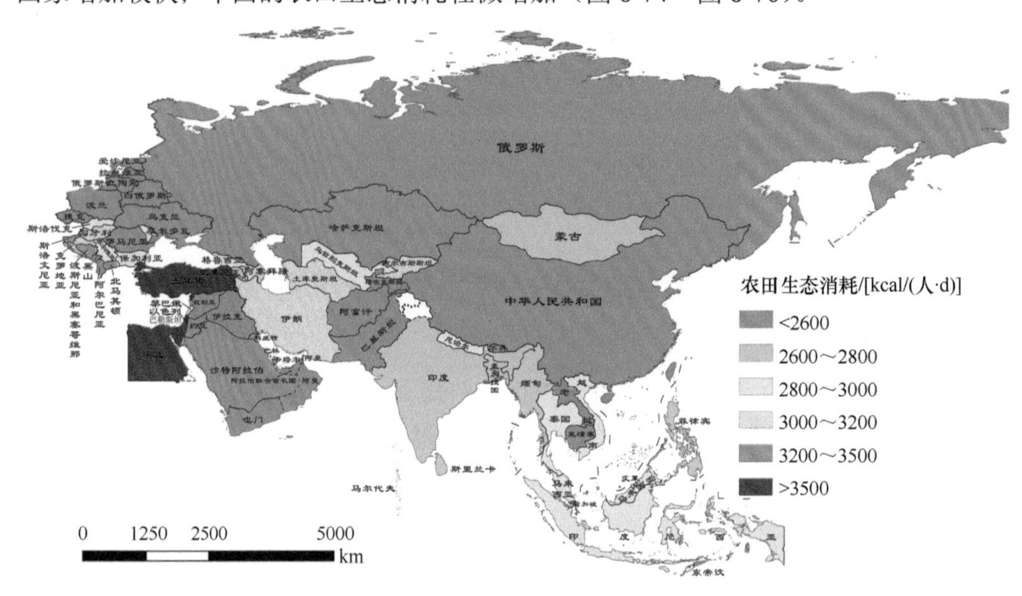

图 8-74 2030 年基准情景下共建国家农田生态消耗空间分布

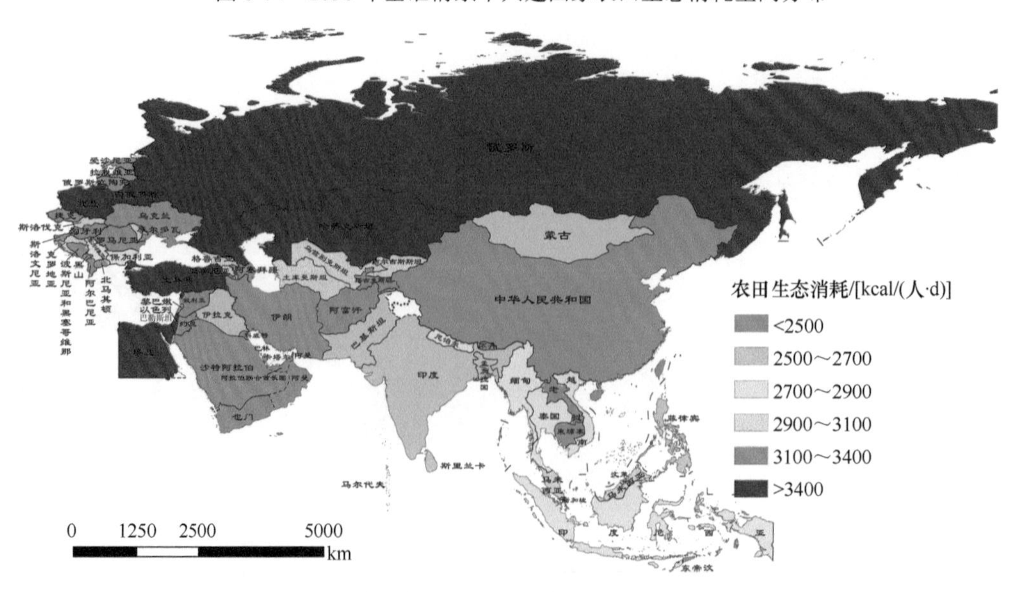

图 8-75 2040 年基准情景下共建国家农田生态消耗空间分布

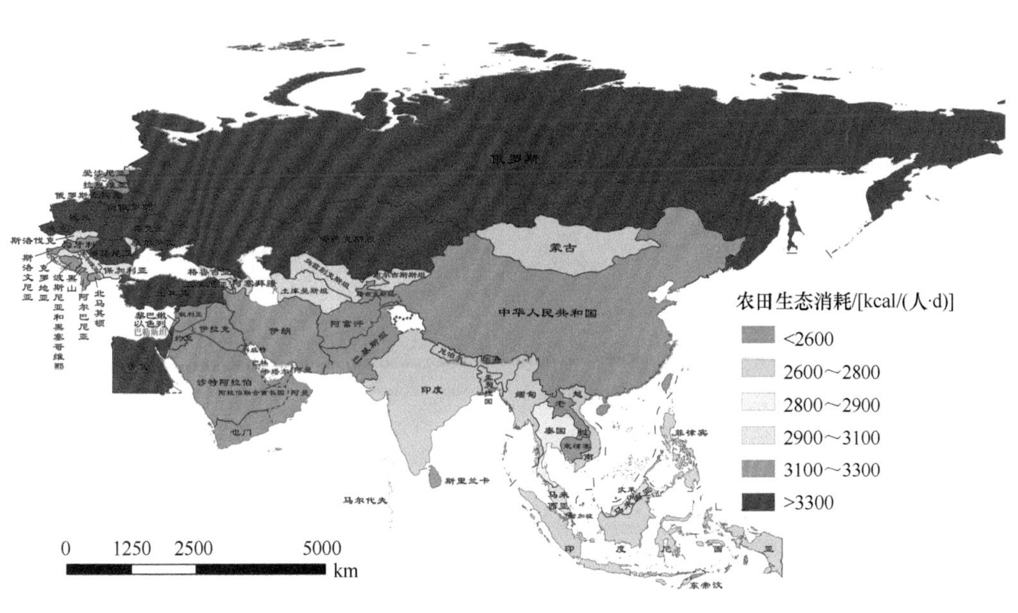

图 8-76 2050 年基准情景下共建国家农田生态消耗空间分布

2）森林生态消耗

2030～2050 年，中国森林生态消耗最高，保持在 $4.25\times10^8\text{m}^3$ 以上，其次是印度和俄罗斯，高于 $1.40\times10^8\text{m}^3$；印度尼西亚和印度的森林生态消耗有所增加，之后保持稳定（图 8-77～图 8-79）。

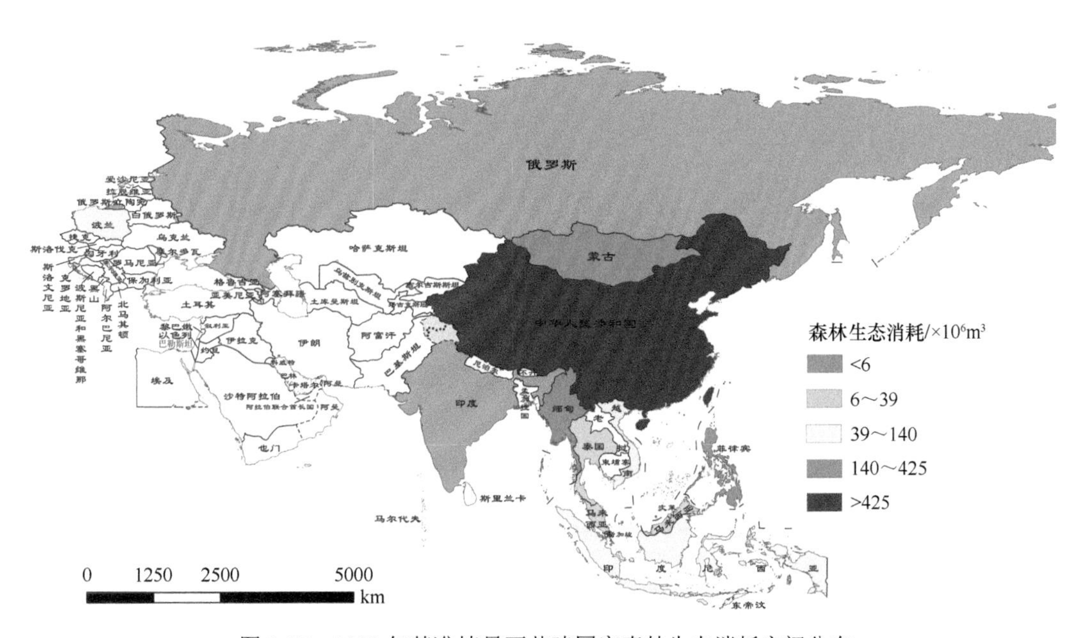

图 8-77 2030 年基准情景下共建国家森林生态消耗空间分布

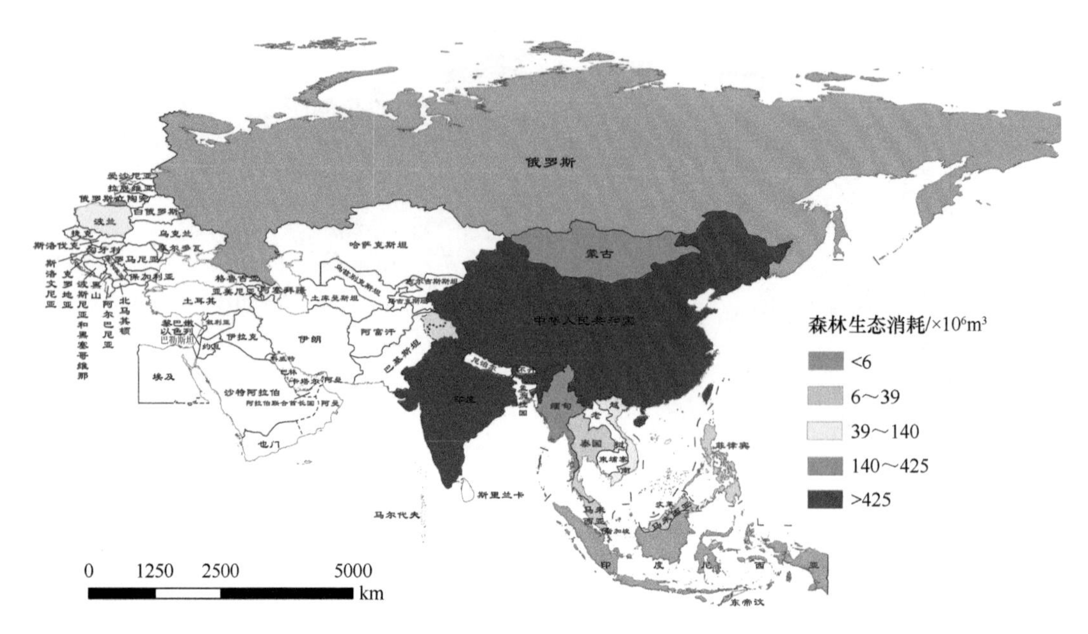

图 8-78　2040 年基准情景下共建国家森林生态消耗空间分布

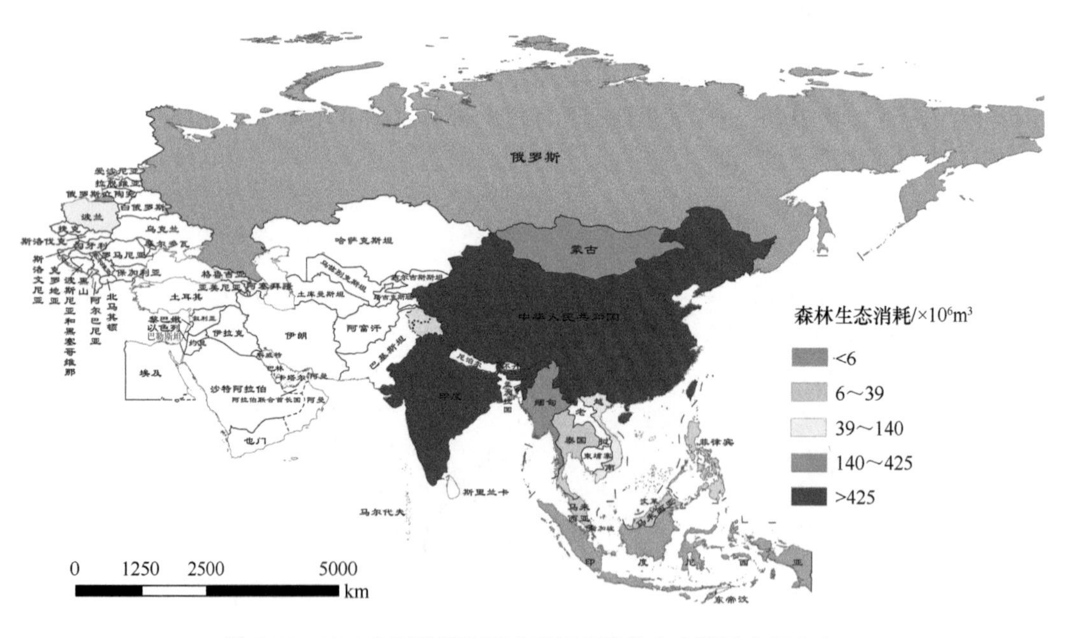

图 8-79　2050 年基准情景下共建国家森林生态消耗空间分布

3）草地生态消耗

2030 年，中国和印度草地生态消耗最高，超过了 9000tC，沙特阿拉伯以及东欧地中海沿岸地区国家的草地生态消耗最低，保持在 1500tC 之下。俄罗斯草地生态消耗呈现逐渐增加的趋势，增加到 9000tC 以上。2030～2040 年，印度尼西亚草地生态消耗增加到 9000tC 以上。蒙古国、哈萨克斯坦等国草地生态消耗随时间均有不同程度增加。2030～2050 年，草地生态消耗总体呈逐渐增加的趋势，且增长幅度不大（图 8-80～图 8-82）。

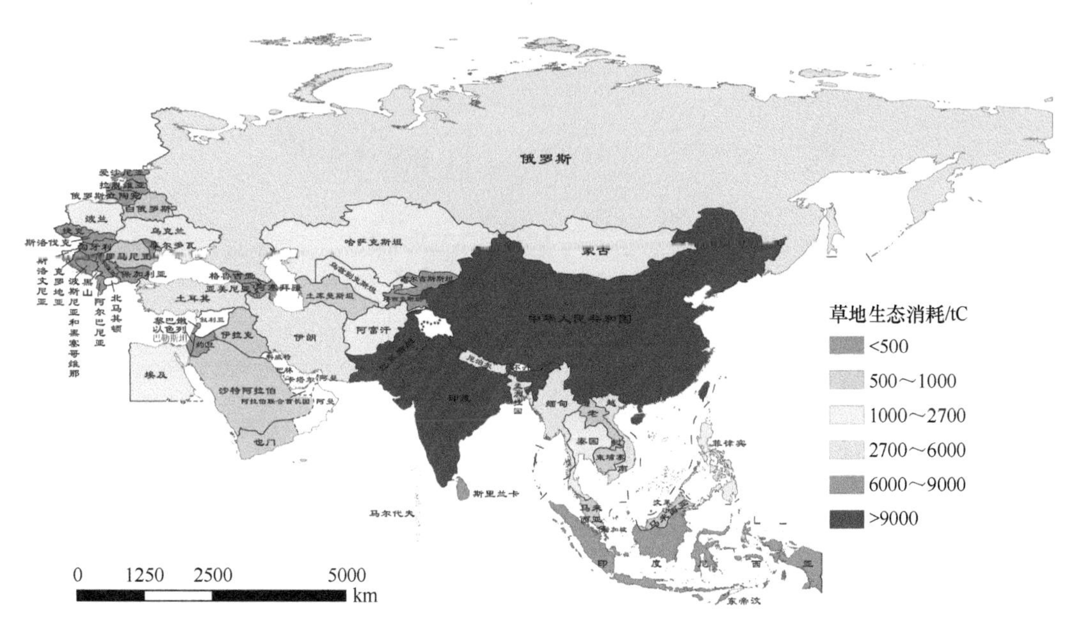

图 8-80　2030 年基准情景下共建国家草地生态消耗空间分布

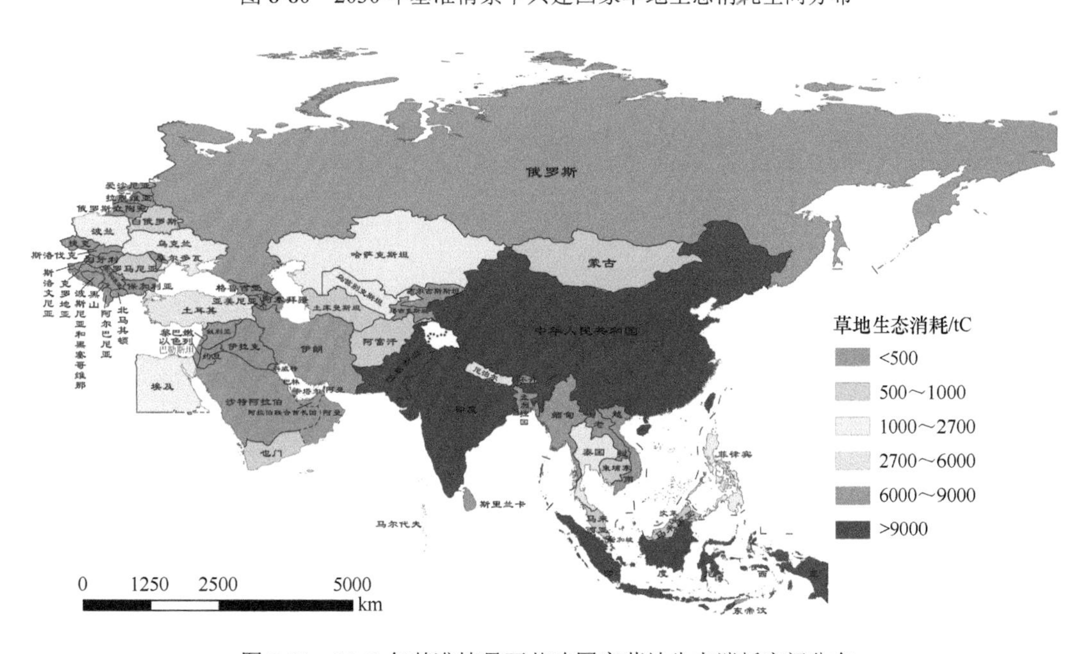

图 8-81　2040 年基准情景下共建国家草地生态消耗空间分布

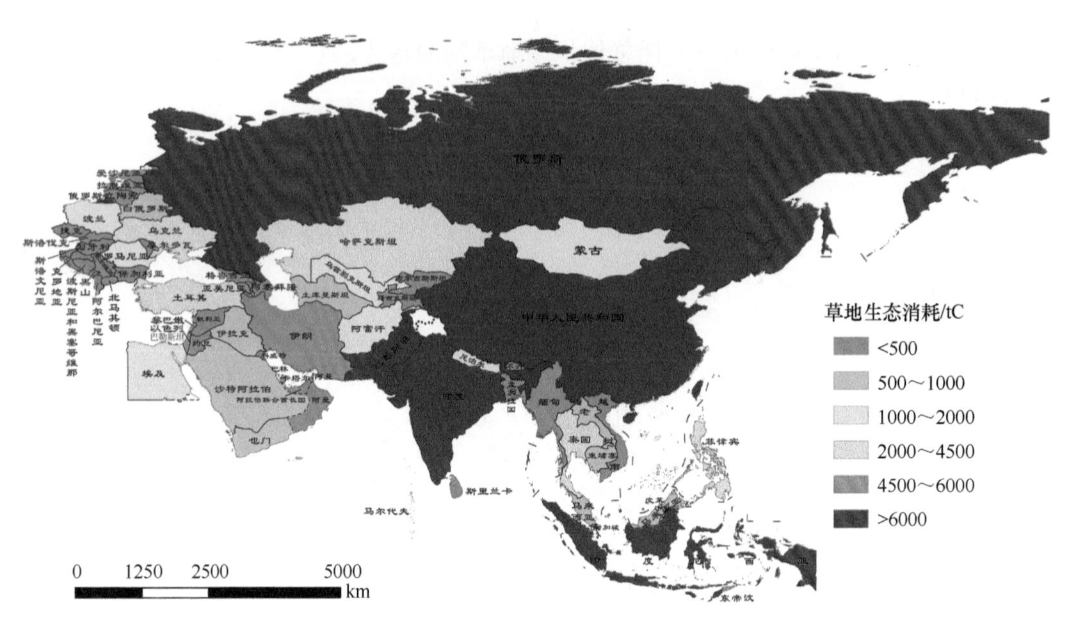

图 8-82　2050 年基准情景下共建国家草地生态消耗空间分布

2. 中巴经济走廊

2030 年，基准情景下，巴基斯坦的信德省、俾路支省与伊斯兰堡首都区生态消耗增长较为明显，超过 7%，北部地区及中国新疆部分区域生态消耗呈现出下降的趋势，联邦直辖部落地区生态消耗变化不明显（图 8-83）。

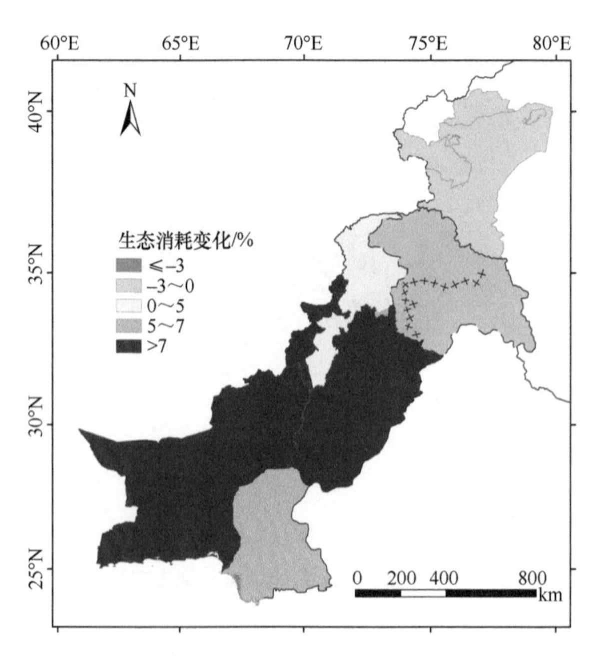

图 8-83　2020～2030 年基准情景下研究区域生态消耗变化的空间分布

3. 孟加拉国

生态消耗水平增速显著加快的县为达卡县、纳拉扬甘杰县、加济布尔县、吉大港县等，这些地区人口不断聚集导致生态消耗增幅极大，使得生态消耗明显增加。2030 年，35 个县的生态消耗将轻度增加，以农业生产消耗为主；19 个县将维持现状（图 8-84）。

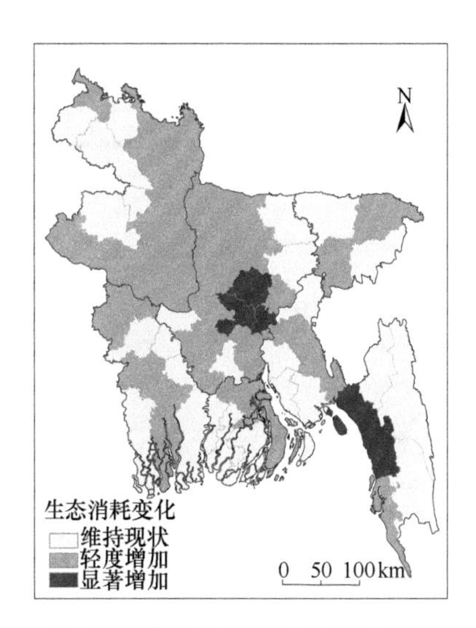

图 8-84　2020～2030 年基准情景下孟加拉国生态消耗变化的空间分布

4. 老挝

2020～2030 年，基准情景下，老挝的沙湾拿吉、沙拉湾等省生态消耗明显增加，增幅超过 19%，其次是万象省、阿速坡省；北部地区的华潘省、丰沙里省生态消耗增长不高于 15%（图 8-85）。

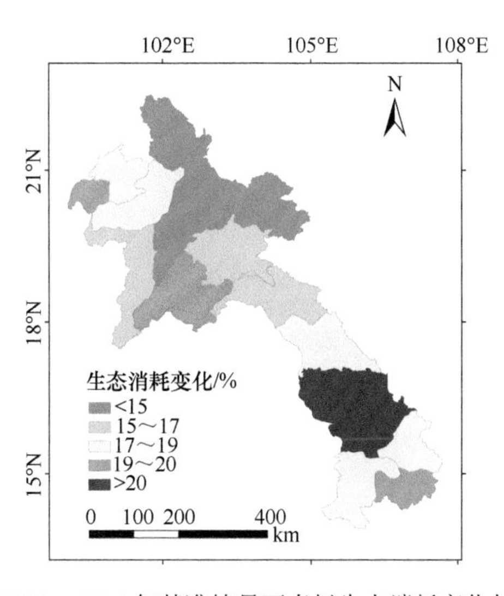

图 8-85　2020～2030 年基准情景下老挝生态消耗变化的空间分布

5. 越南

2020～2030 年，基准情景下，红河三角洲区域省份的生态消耗有所增长，西北部省份生态消耗有所下降，其中，莱州省、河江省下降较明显，降低趋势超过 1.5%（图 8-86）。

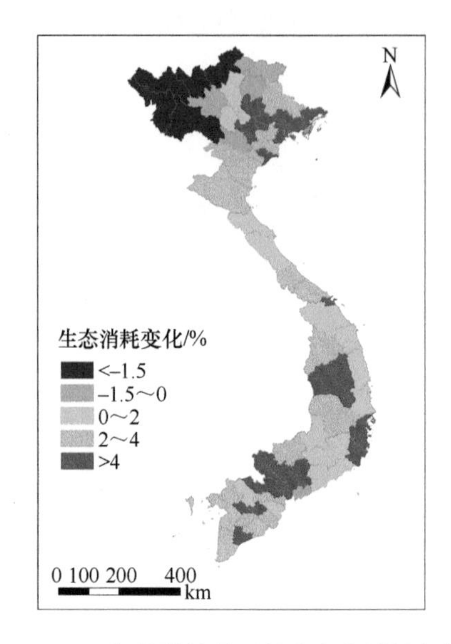

图 8-86　2020～2030 年基准情景下越南生态消耗变化的空间分布

6. 尼泊尔

2020～2030 年，除堪钱布尔县与加德满都市生态消耗降低以外，其余区县均呈不同程度增加趋势（图 8-87）。其中，中部的塔纳胡、帕罗帕等县及南部的科塘、博杰布尔与伊拉姆等县的消耗水平显著增加，增速超过 25%；其余大部分区县增速介于 10%～20%，北部高山区的西北部区县生态消耗轻微增加，不超过 5%。

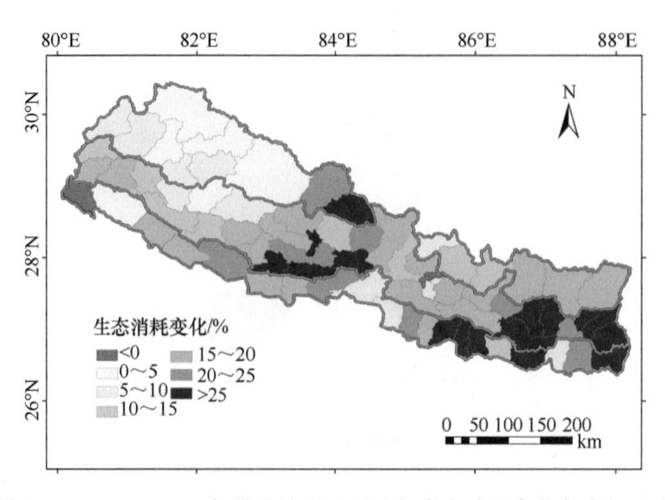

图 8-87　2020～2030 年基准情景下尼泊尔生态消耗变化的空间分布

7. 哈萨克斯坦

2020～2030 年，基准情景下，各省份人口均呈现增长趋势，以卡拉干达州和东哈萨克斯坦州增长最为明显，超过 6.5%。卡拉干达州和东哈萨克斯坦州的生态消耗有所增长，东部片区和北部片区的西哈萨克斯坦州、阿特劳州、曼格斯套州、科斯塔奈州以及北哈萨克斯坦州生态消耗有所下降，其中北哈萨克斯坦州和曼戈斯陶州下降较明显，降低趋势超过 1.5%（图 8-88）。

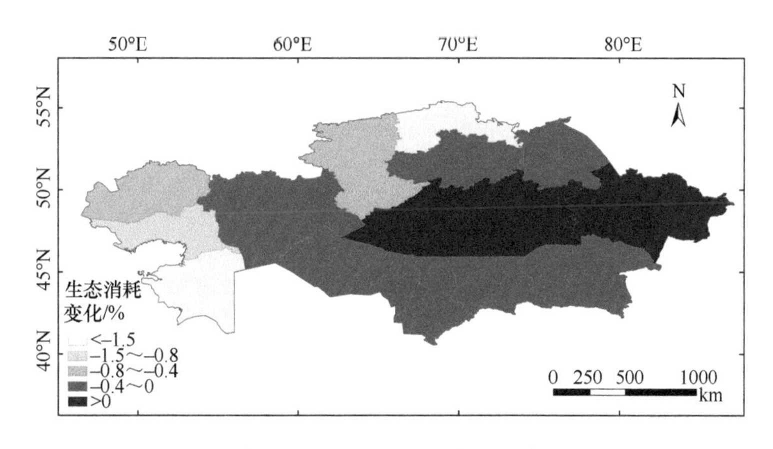

图 8-88　2000～2030 年基准情景下哈萨克斯坦生态消耗变化的空间分布

8. 乌兹别克斯坦

2020～2030 年，基准情景下，乌兹别克斯坦各省份生态消耗整体变化在 39%左右。纳曼干州和费尔干纳州生态消耗变化最大，增幅超过 39.4%。卡拉卡尔帕克斯坦自治共和国、花拉子模州、吉扎克州、卡什卡达里亚州和苏尔汉河州生态消耗变化相对较小，增幅低于 38.5%（图 8-89）。

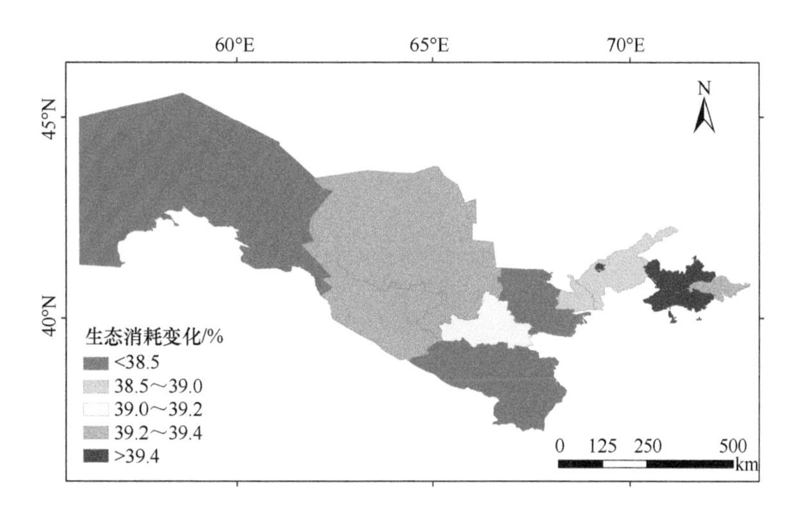

图 8-89　2020～2030 年基准情景下乌兹别克斯坦生态消耗变化的空间分布

8.2.3 区域竞争情景

1. 绿色丝绸之路全域

1）农田生态消耗

俄罗斯、土耳其和埃及农田生态消耗明显高于其他国家，超过 3200kcal/（人·d），其次是中国、沙特阿拉伯以及伊朗，阿富汗、巴基斯坦和也门最低，小于 2600 kcal/（人·d）。2030～2050 年，各国农田生态消耗整体呈增加趋势，特别是俄罗斯、哈萨克斯坦等国家增加较快；中国的农田生态消耗有所增加（图 8-90～图 8-92）。

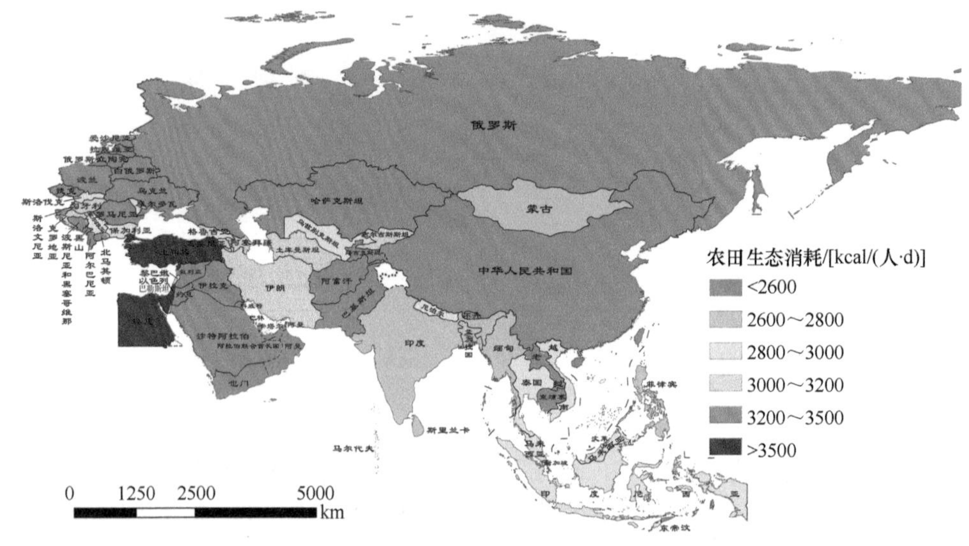

图 8-90　2030 年区域竞争情景下共建国家农田生态消耗空间分布

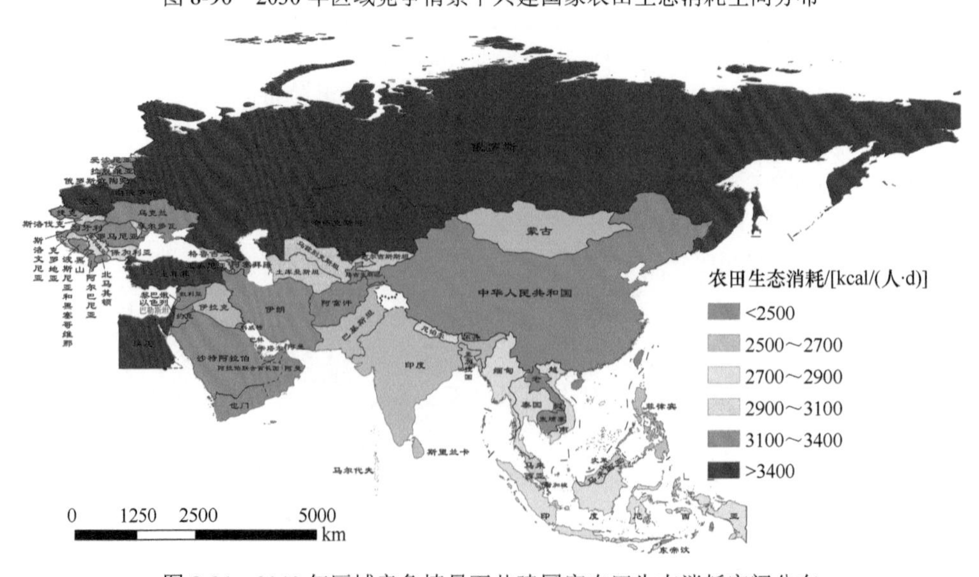

图 8-91　2040 年区域竞争情景下共建国家农田生态消耗空间分布

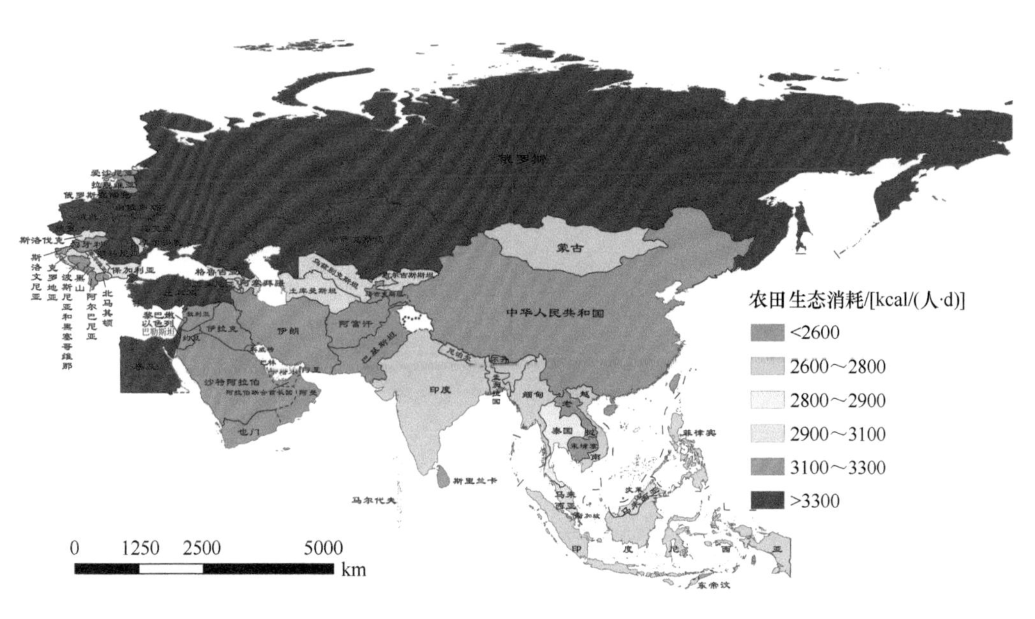

图 8-92　2050 年区域竞争情景下共建国家农田生态消耗空间分布

2）森林生态消耗

中国森林生态消耗最高，保持在 $4.25\times10^8\text{m}^3$ 以上，其次是印度和俄罗斯，高于 $1.40\times10^8\text{m}^3$。2030～2050 年，印度尼西亚和印度的森林生态消耗有所增加，之后保持稳定（图 8-93～图 8-95）。

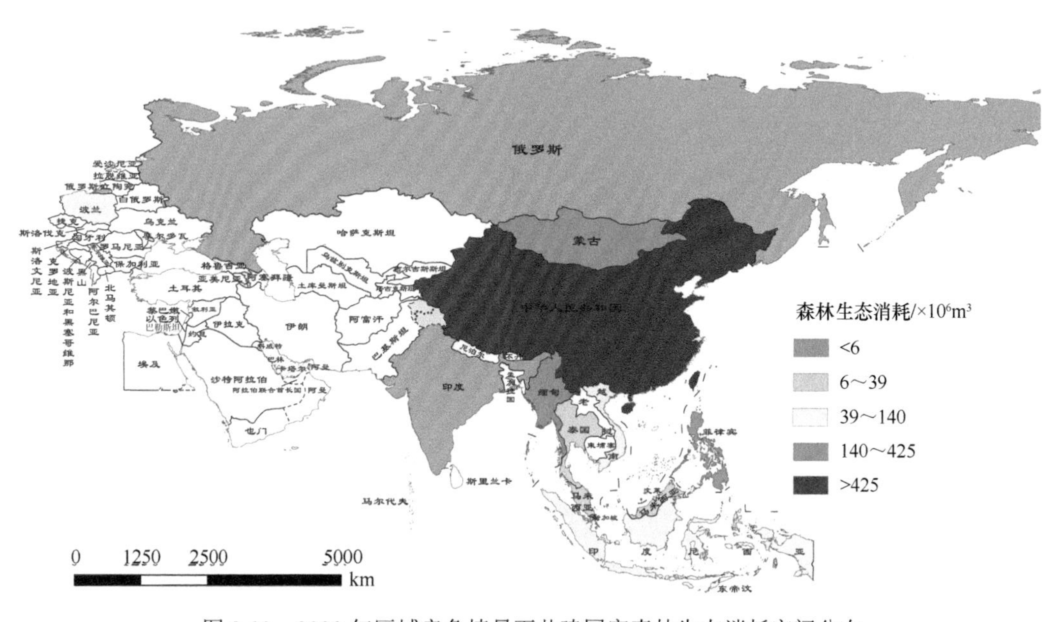

图 8-93　2030 年区域竞争情景下共建国家森林生态消耗空间分布

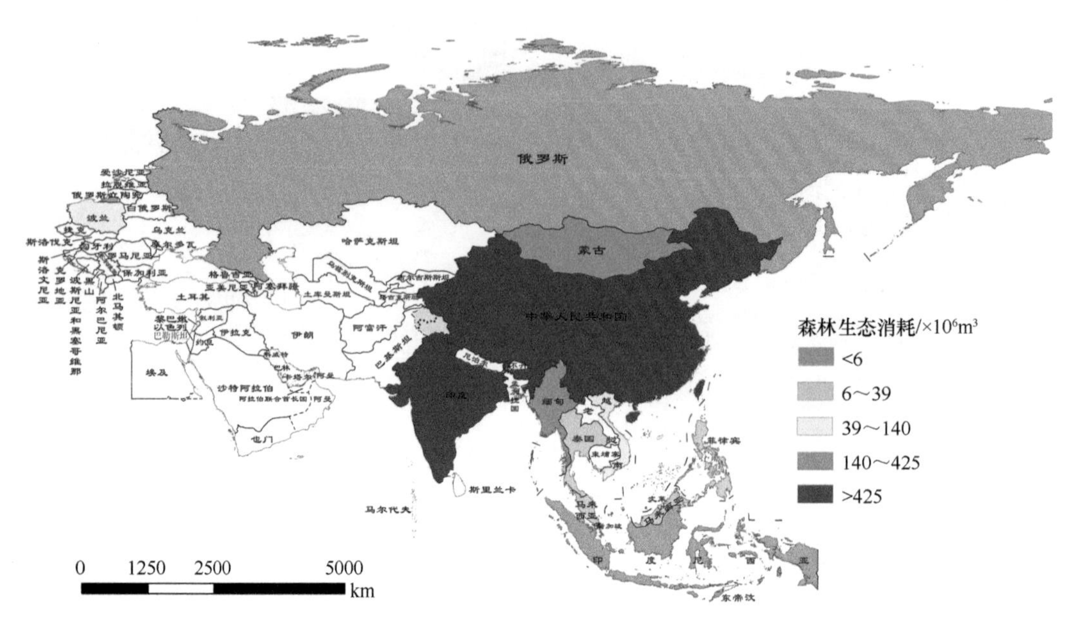

图 8-94　2040 年区域竞争情景下共建国家森林生态消耗空间分布

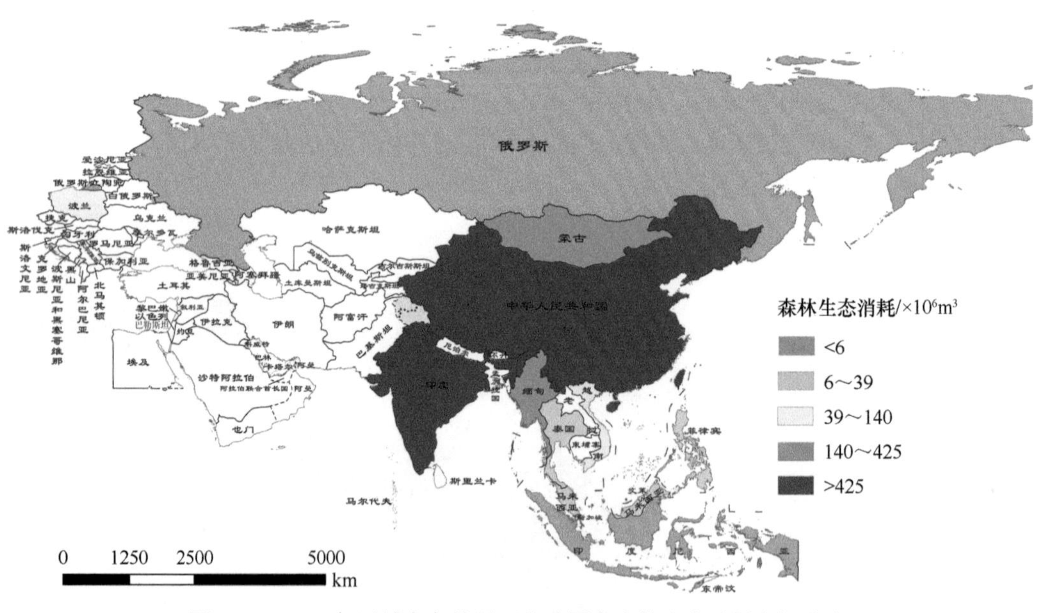

图 8-95　2050 年区域竞争情景下共建国家森林生态消耗空间分布

3）草地生态消耗

各国平均草地生态消耗值相近，最高值在 3500tC 以上。2030～2040 年，印度尼西亚草地消耗增加到 9000tC 以上。蒙古国、哈萨克斯坦等国草地生态消耗随时间均有不同程度增加。2030～2050 年，俄罗斯草地生态消耗呈现逐渐增加的趋势，增加到 9000tC 以上（图 8-96～图 8-98）。

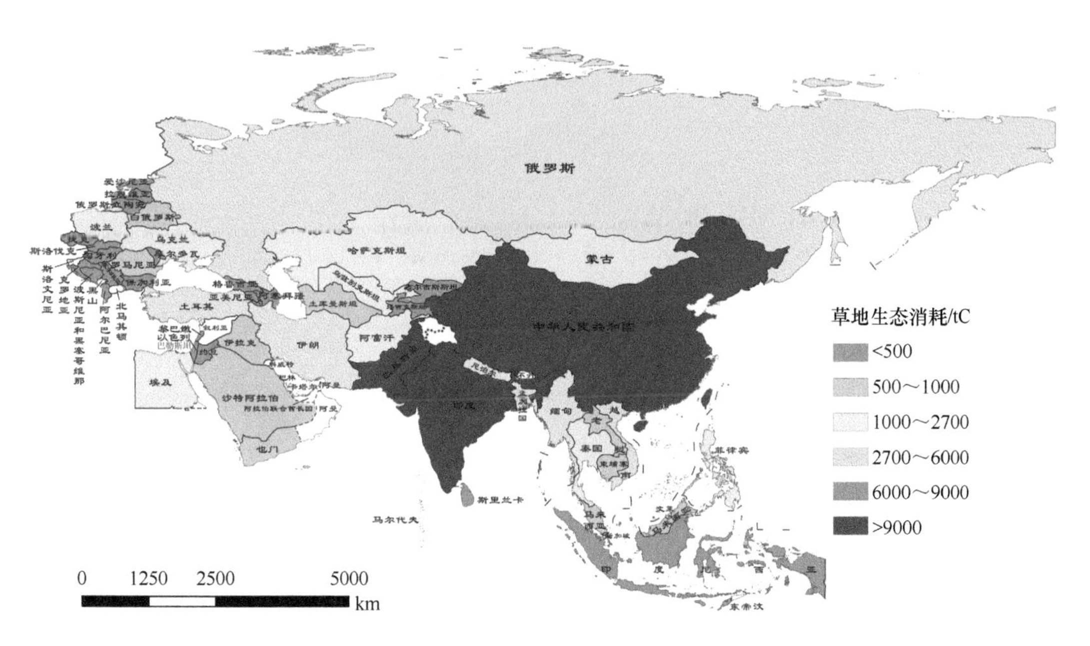

图 8-96　2030 年区域竞争情景下共建国家草地生态消耗空间分布

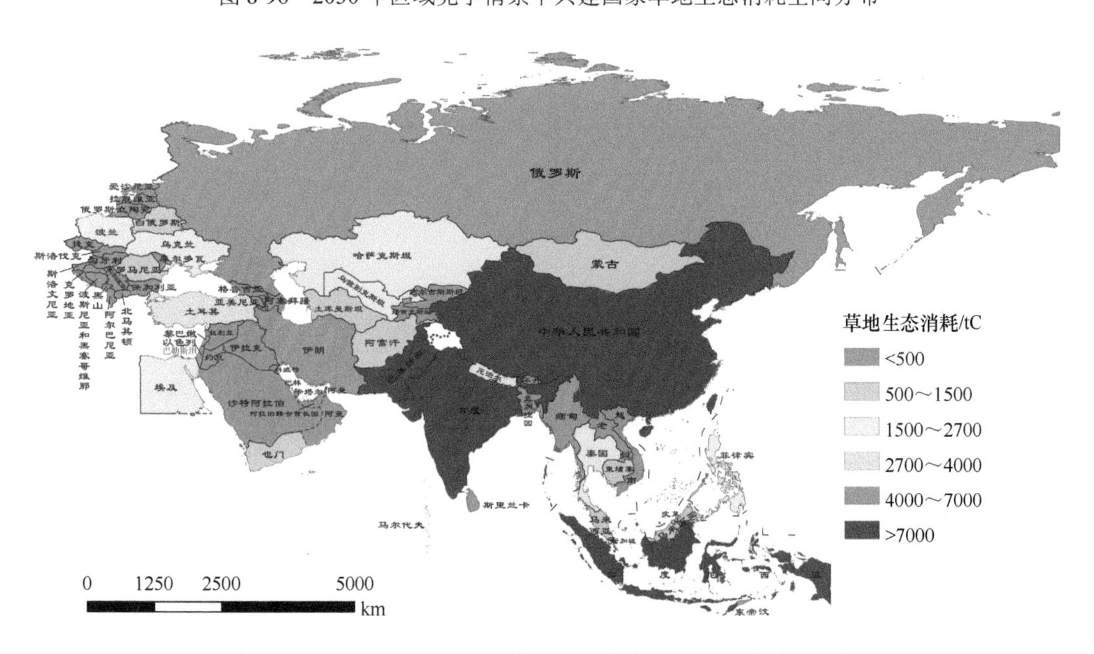

图 8-97　2040 年区域竞争情景下共建国家草地生态消耗空间分布

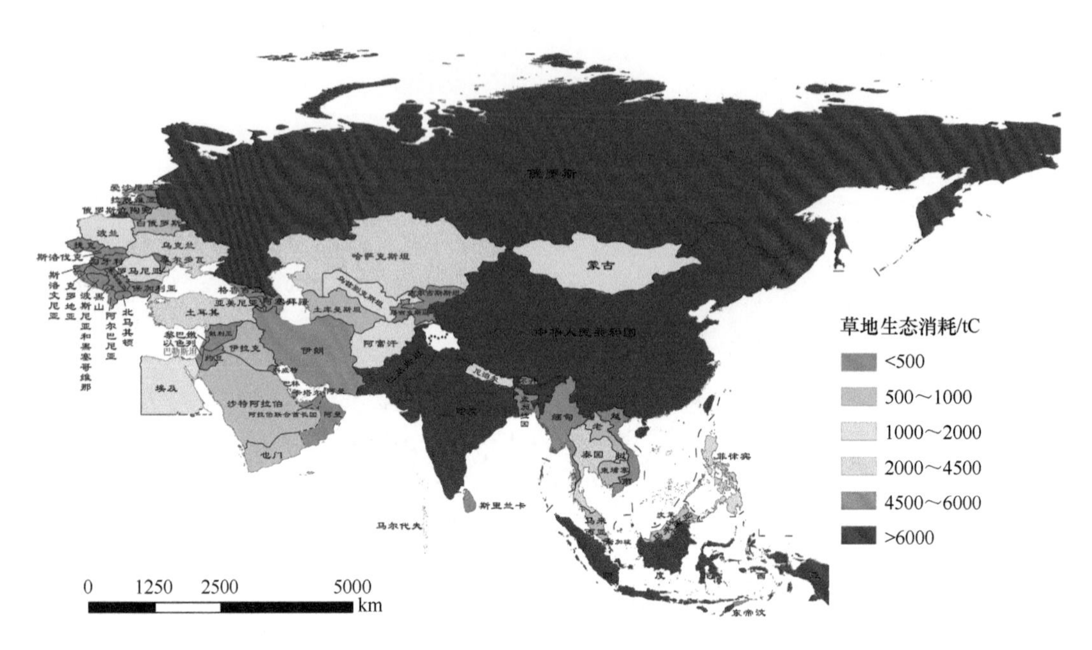

图 8-98　2050 年区域竞争情景下共建国家草地生态消耗空间分布

2. 中巴经济走廊

2030 年，区域竞争情景下，巴基斯坦的信德省、俾路支省与伊斯兰堡首都区生态消耗增长较为明显，超过 7%；北部地区生态消耗下降较显著，中国新疆部分地区生态消耗变化不明显（图 8-99）。

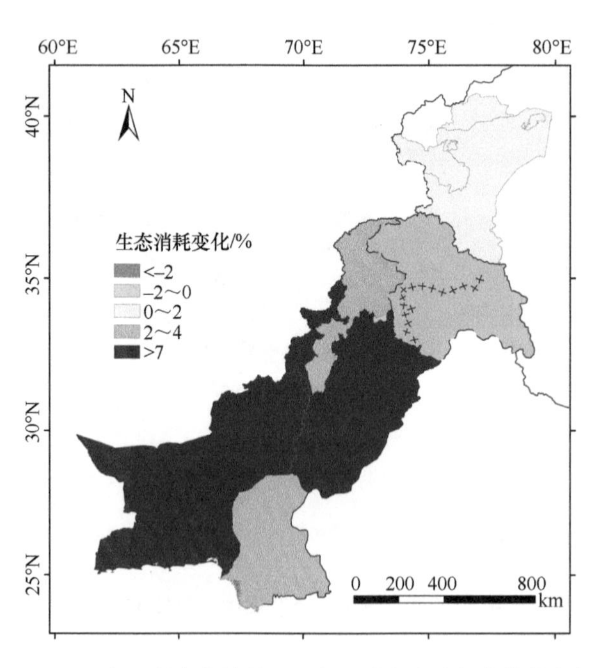

图 8-99　2030 年区域竞争情景下研究区域生态消耗变化的空间分布

3. 孟加拉国

2020～2030 年，区域竞争情景下，生态消耗增速显著加快的县主要为达卡县、纳拉扬甘杰县、加济布尔县、库尔纳县，其中 26 个县的生态消耗将轻度增加，10 个县的生态消耗将显著增加，以农业生产消耗为主（图 8-100）。

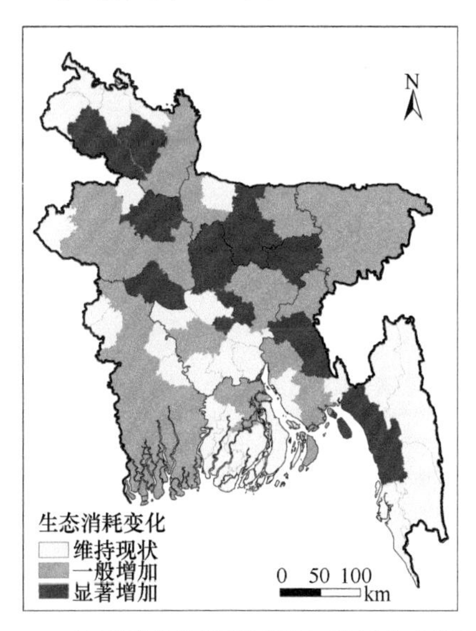

图 8-100 2020～2030 年区域竞争情景下孟加拉国生态消耗变化的空间分布

4. 老挝

2020～2030 年，区域竞争情景下，老挝的沙湾拿吉、沙拉湾与阿速坡等省生态消耗明显增加，增幅超过 20%；而万象市、华潘省生态消耗增长不高于 15%（图 8-101）。

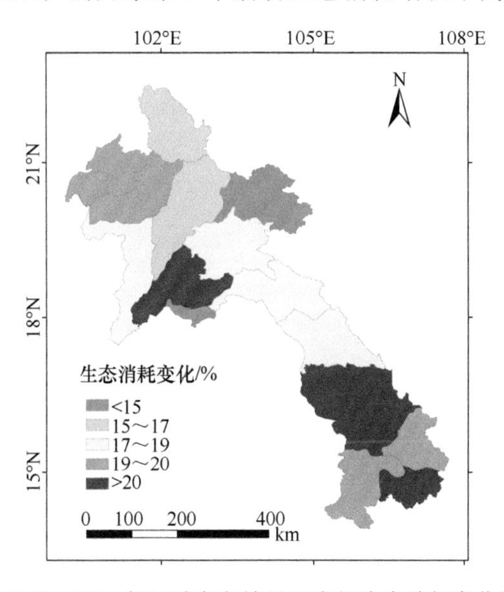

图 8-101 2020～2030 年区域竞争情景下老挝生态消耗变化的空间分布

5. 越南

2020～2030 年，区域竞争情景下，除莱州省、庆和省等省份生态消耗有所下降外，其余大部分地区生态消耗均有所增长，其中金瓯省、薄辽省等省份生态消耗增长较多，大于 4%（图 8-102）。

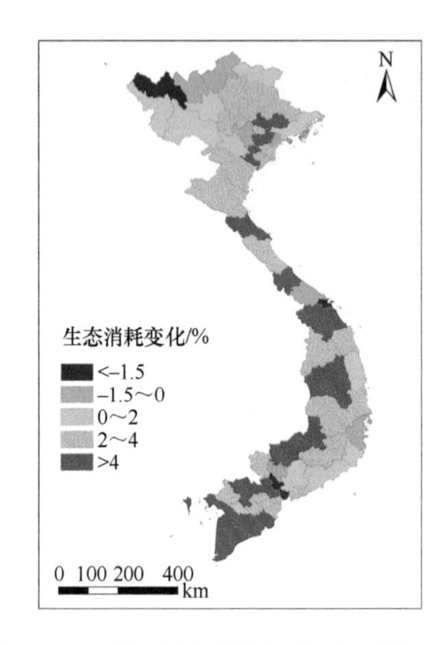

图 8-102　2020～2030 年区域竞争情景下越南生态消耗变化的空间分布

6. 尼泊尔

2020～2030 年，除堪钱布尔县与加德满都市生态消耗降低以外，其余区县生态消耗均呈不同程度增加趋势。其中，中部的塔纳胡、帕罗帕及南部的科塘、博杰布尔与伊拉姆等县的生态消耗显著增加，增速超过 25%；其余大部分区县生态消耗增速介于 10%～20%，北部高山区的西北部区县生态消耗轻微增加，不超过 5%（图 8-103）。

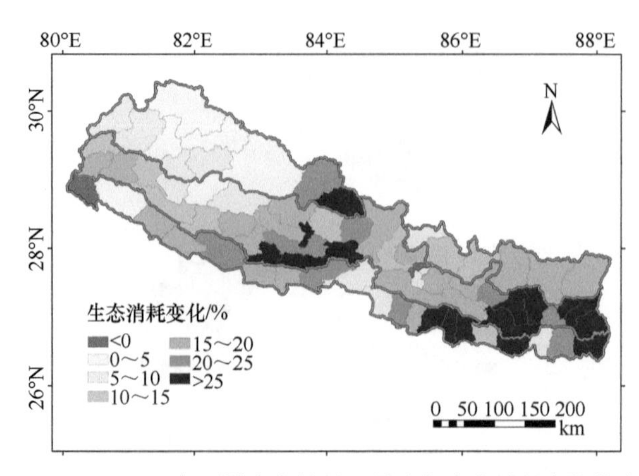

图 8-103　2020～2030 年区域竞争情景下尼泊尔生态消耗变化的空间分布

7. 哈萨克斯坦

2020～2030 年，区域竞争情景下，除卡拉干达州和阿拉木图州生态消耗有所下降外，其余地区生态消耗均有所增长，其中阿特劳州和北哈萨克斯坦州生态消耗增长较多，大于 2%（图 8-104）。

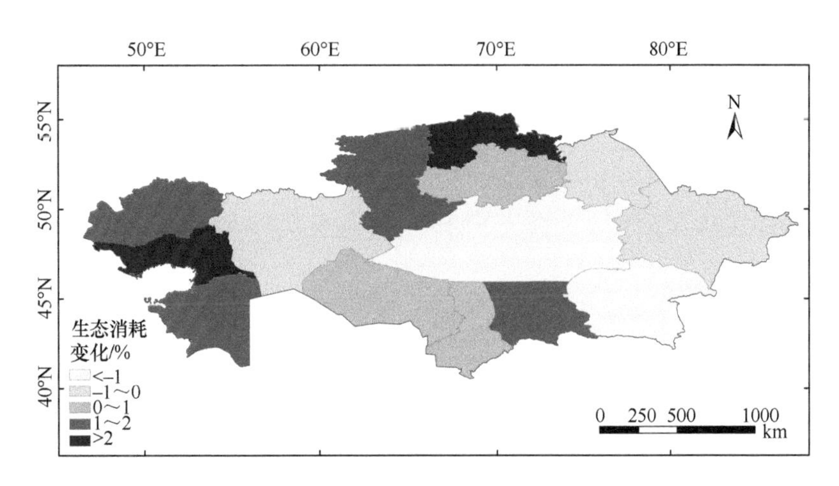

图 8-104　2020～2030 年区域竞争情景下哈萨克斯坦生态消耗变化的空间分布

8. 乌兹别克斯坦

2020～2030 年，乌兹别克斯坦各省份生态消耗整体变化在 39%左右。纳曼干州和费尔干纳州生态消耗变化最大，增幅超过 39.4%。卡拉卡尔帕克斯坦自治共和国、花拉子模州、吉扎克州、卡什卡达里亚州和苏尔汉河州生态消耗变化相对较小，增幅低于 38.5%（图 8-105）。

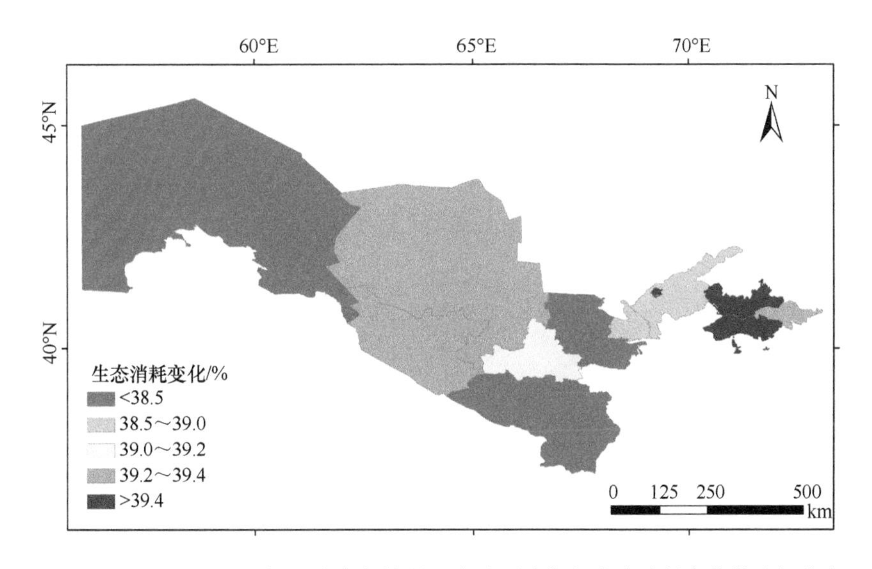

图 8-105　2020～2030 年区域竞争情景下乌兹别克斯坦生态消耗变化的空间分布

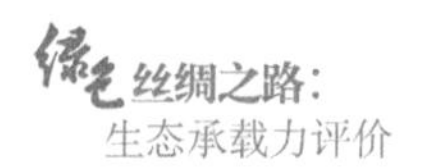

8.3 生态承载力变化情景

8.3.1 绿色发展情景

1. 绿色丝绸之路全域

1）农田生态承载状态

中国、蒙古国、中亚及西亚部分国家处于严重超载状态；俄罗斯、哈萨克斯坦、马来西亚、印度尼西亚与东欧大部分国家处于富富有余与盈余状态；印度与尼泊尔均处于平衡有余状态。2040 年绿色发展情景下哈萨克斯坦呈现超载状态（图 8-106～图 8-108）。

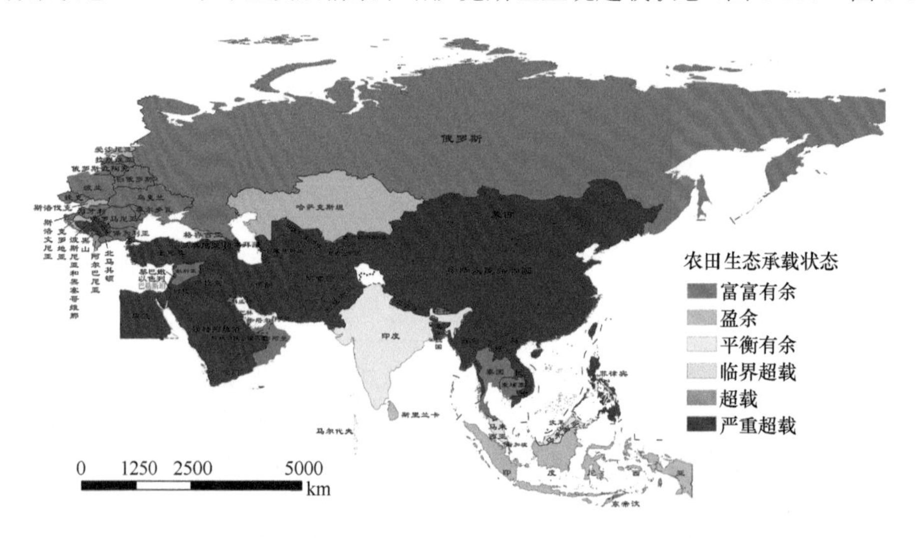

图 8-106　2030 年绿色发展情景下共建国家农田生态承载状态空间分布

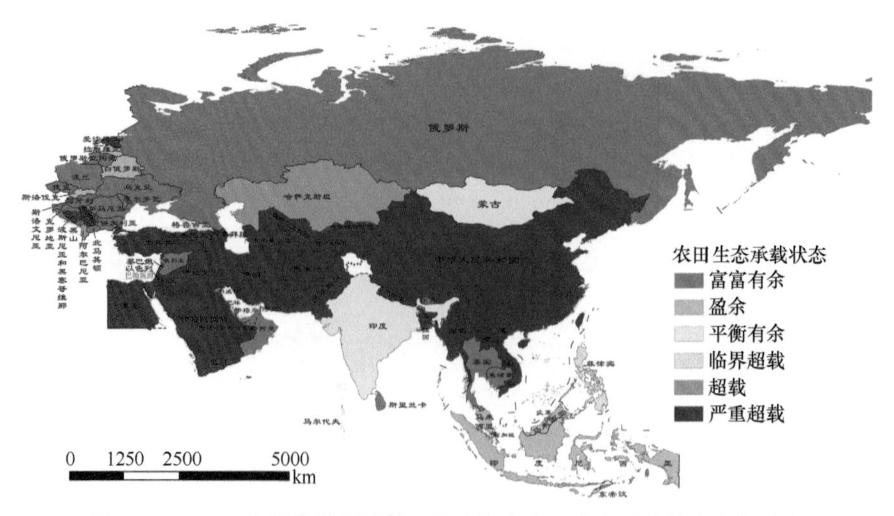

图 8-107　2040 年绿色发展情景下共建国家农田生态承载状态空间分布

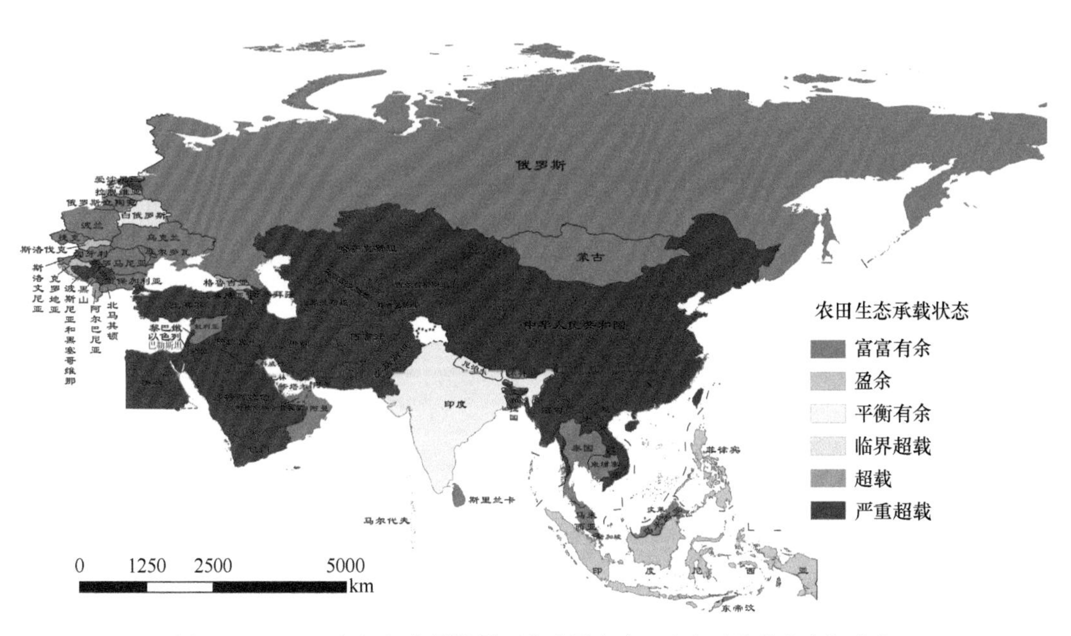

图 8-108　2050 年绿色发展情景下共建国家农田生态承载状态空间分布

2）森林生态承载状态

中国森林生态承载状态为严重超载，而蒙古国一直保持富富有余的状态。俄罗斯在 2030 年保持盈余状态，其他时段均为富富有余状态。2030～2040 年缅甸维持严重超载状态，2050 年承载状态有所减轻，转为临界超载（图 8-109～图 8-111）。

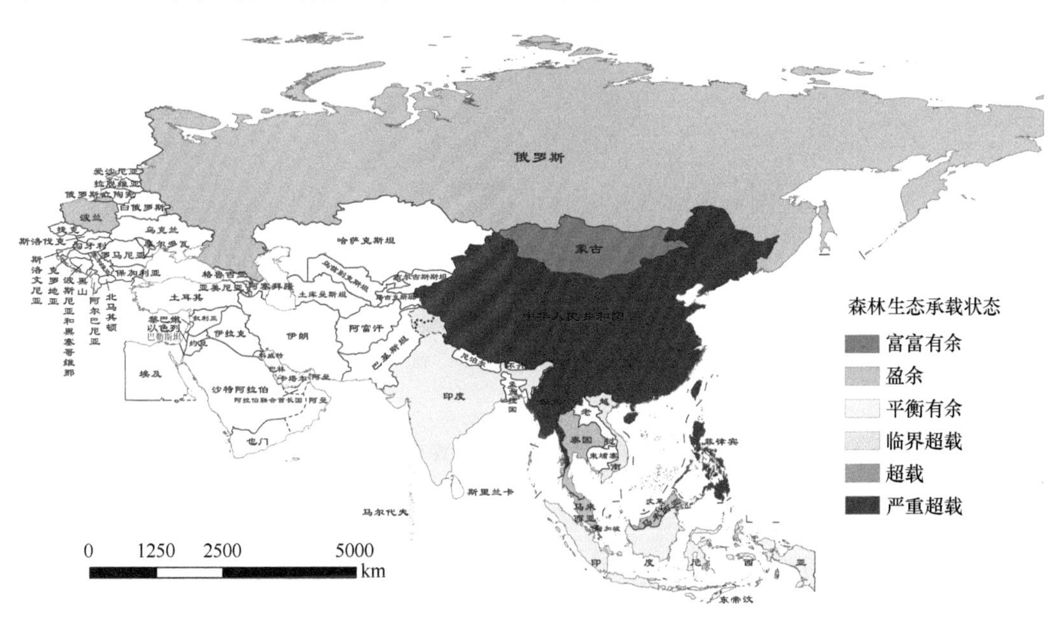

图 8-109　2030 年绿色发展情景下共建国家森林生态承载状态空间分布

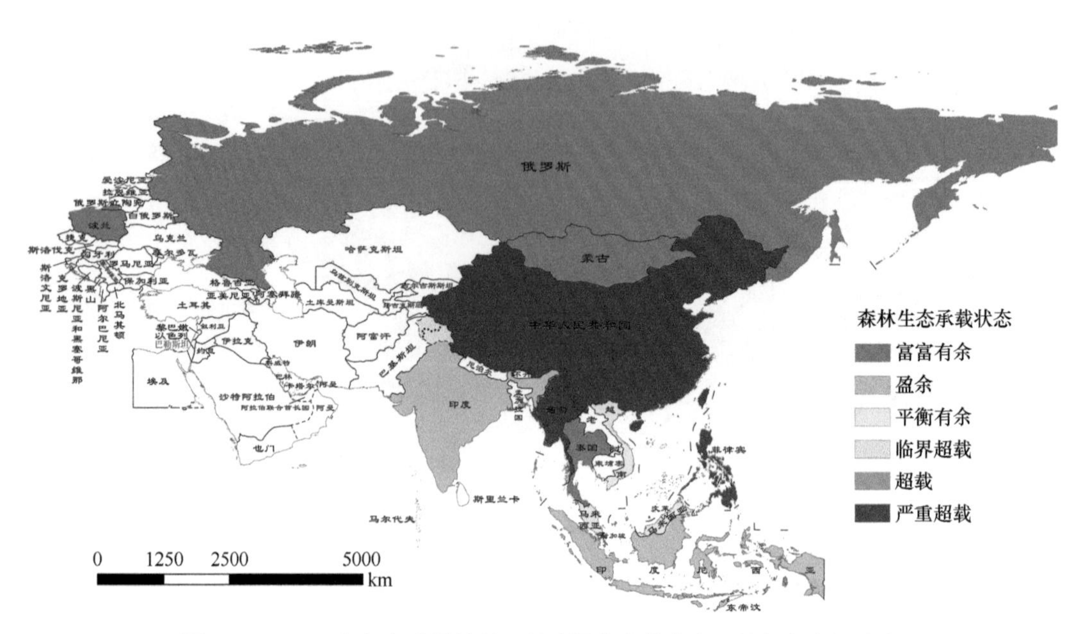

图 8-110　2040 年绿色发展情景下共建国家森林生态承载状态空间分布

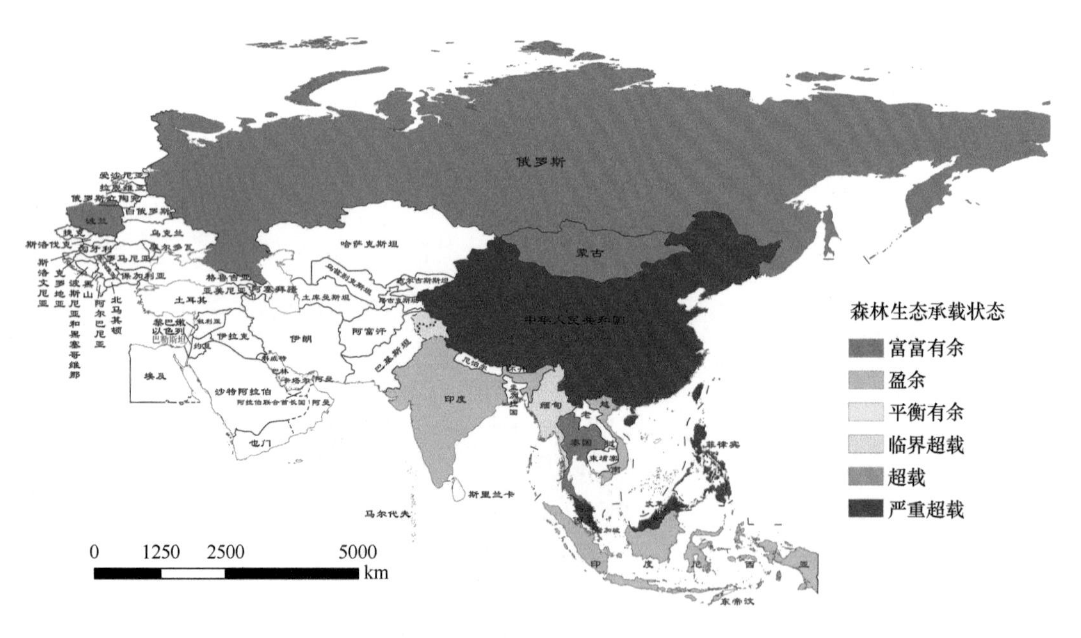

图 8-111　2050 年绿色发展情景下共建国家森林生态承载状态空间分布

3）草地生态承载状态

中国、印度尼西亚、西亚地区以及欧洲大部分国家，一直为严重超载，而俄罗斯与哈萨克斯坦草地生态承载状态一直保持为富富有余。蒙古国与泰国草地生态承载状态虽然有所加重，但未达临界超载。2030～2040 年，老挝的草地生态承载状态由超载变为严重超载，蒙古国由富富有余状态变为盈余状态；2040～2050 年，泰国由平衡有余状态加

重为临界超载状态（图 8-112～图 8-114）。

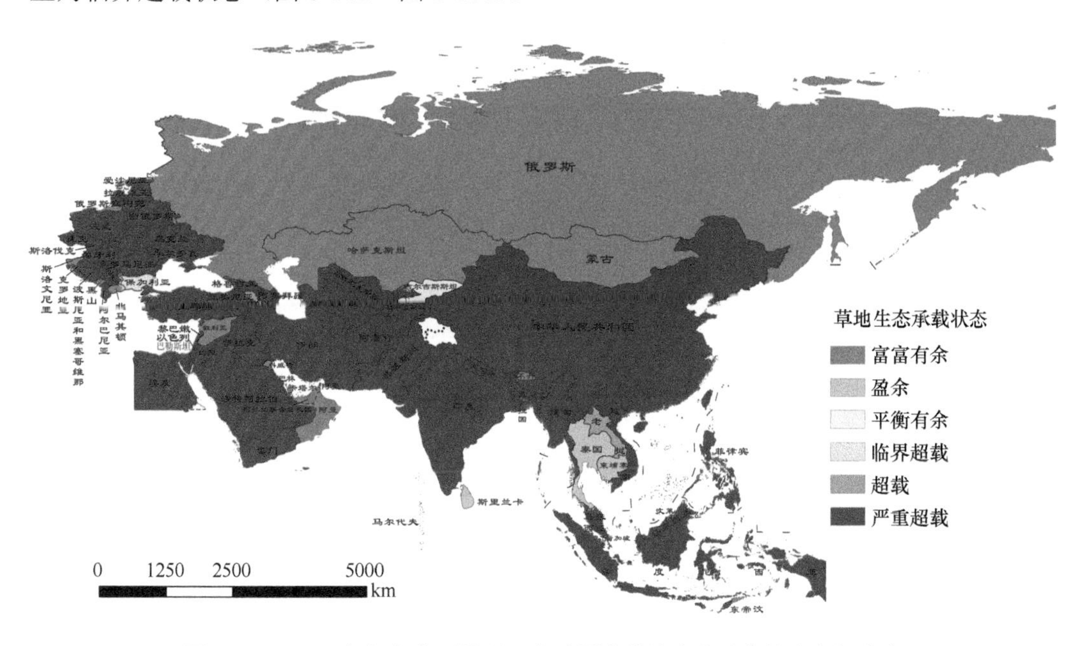

图 8-112　2030 年绿色发展情景下共建国家草地生态承载状态空间分布

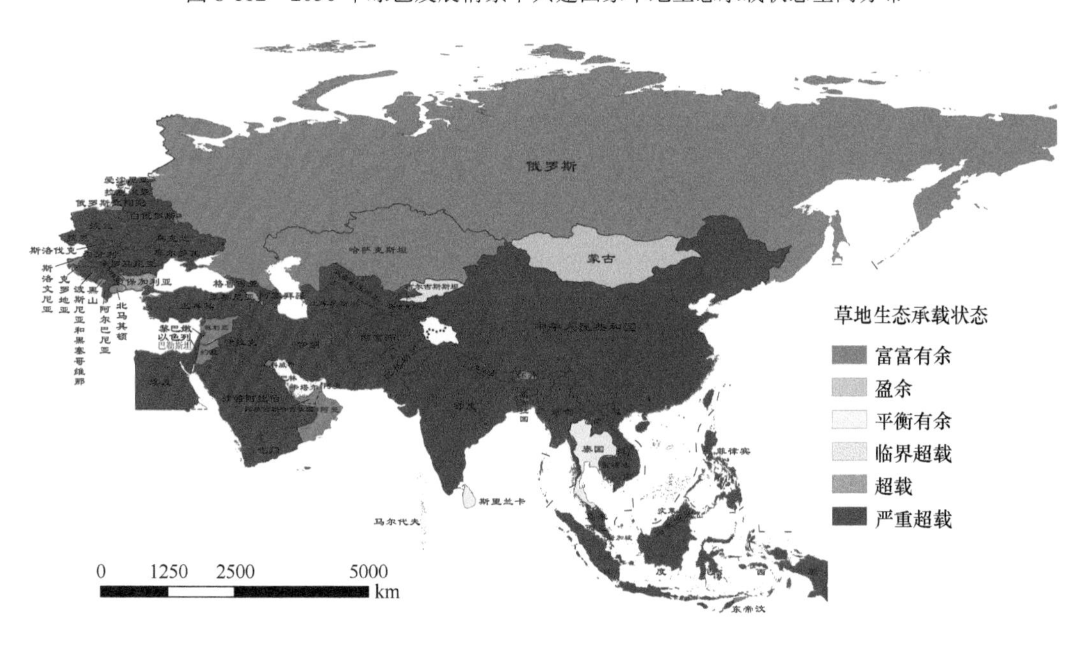

图 8-113　2040 年绿色发展情景下共建国家草地生态承载状态空间分布

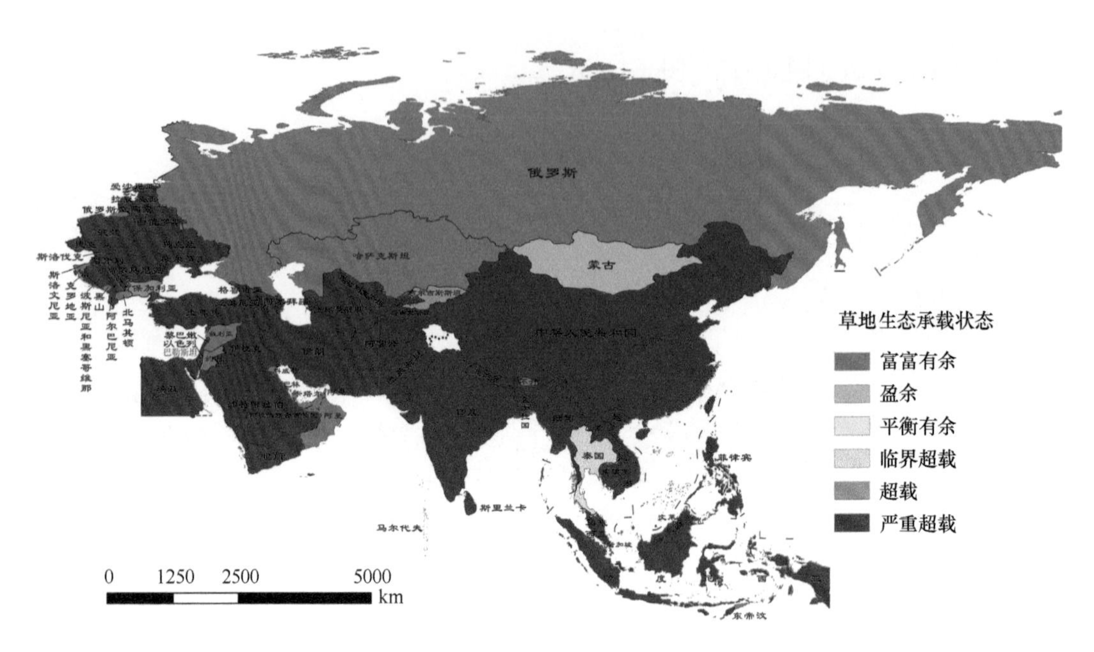

图 8-114　2050 年绿色发展情景下共建国家草地生态承载状态空间分布

2. 中巴经济走廊

2030 年，绿色发展情景下，巴基斯坦的信德省、俾路支省与伊斯兰堡首都区等处于超载与严重超载状态；联邦直辖部落地区处于盈余状态；中国新疆各区处于盈余与富富有余状态。巴基斯坦除北部地区生态承载状态有所减轻外，其余省份承载状态均呈不同程度加重，特别是信德省明显加重；中国新疆各区生态承载状态轻度与明显减轻（图 8-115）。

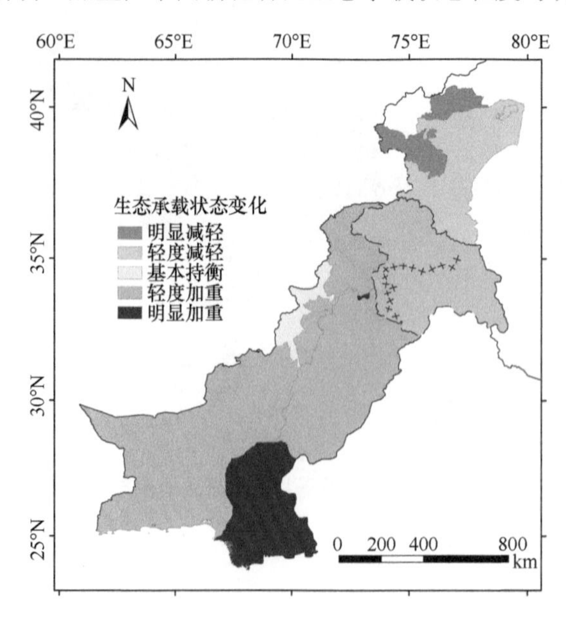

图 8-115　2030 年绿色发展情景下研究区域生态承载状态变化的空间分布

3. 孟加拉国

2030 年，绿色发展情景下，孟加拉国吉大港区、库尔纳区等地区 15 个县域生态承载状态明显减轻；南部大部分县域生态承载状态轻度减轻；拉杰沙希区与达卡区等地区 6 个县域生态承载状态明显加重（图 8-116）。

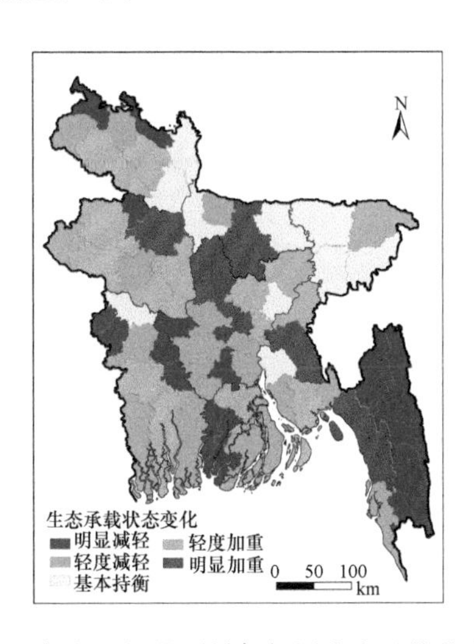

图 8-116　2030 年绿色发展情景下孟加拉国生态承载状态变化的空间分布

4. 老挝

2030 年，绿色发展情景下，塞公省与阿速坡省处于富富有余状态，博胶省与丰沙里省等处于盈余状态；沙湾拿吉省处于严重超载状态；川圹省处于平衡有余状态，其余省份处于临界超载与超载状态。北部大部分地区生态承载状态有所减轻，特别是丰沙里省与华潘省明显减轻；沙湾拿吉省与沙拉湾省生态承载状态明显加重（图 8-117）。

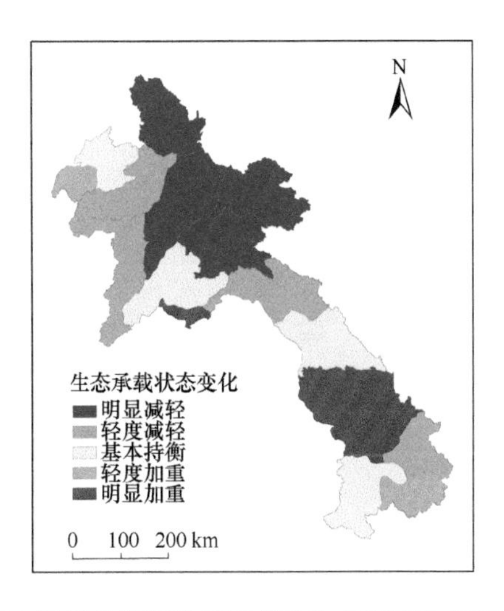

图 8-117　2030 年绿色发展情景下老挝生态承载状态变化的空间分布

5. 越南

2030年，绿色发展情景下，越南各省生态超载较为严重，特别是清化省、河内市等处于严重超载状态；莱州省、奠边省等处于富富有余状态，东南部的隆安省、安江省生态承载状态有所减轻，分别为临界超载与超载状态。越南各省生态承载压力增加较为严重，特别是同奈省、平阳省与河内市较为明显；西部山区各省基本持衡，比如平定省、富安省等；中部地区的嘉莱省、多乐省轻度加重（图8-118）。

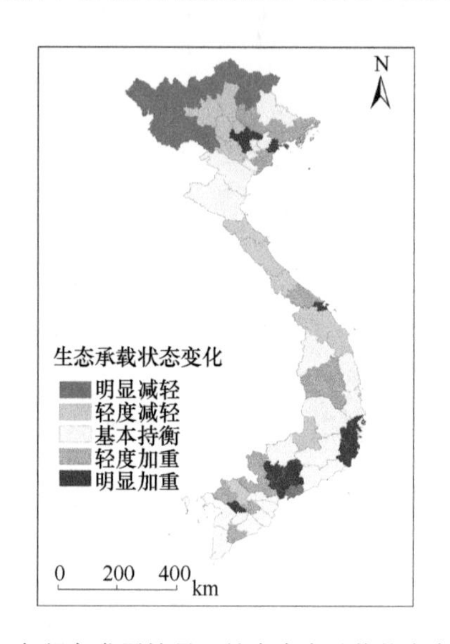

图8-118　2030年绿色发展情景下越南生态承载状态变化的空间分布

6. 尼泊尔

从目前资源开发限度来看，2030年绿色发展情景下，超过75%的区县生态承载状态为盈余，其中16%的区县为富富有余状态；而中部与东南部的塔纳胡县、加德满都市等处于严重超载状态（图8-119）。

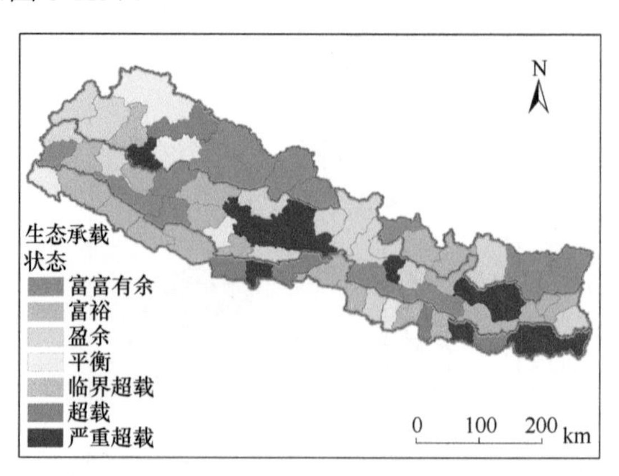

图8-119　2030年绿色发展情景下尼泊尔生态承载状态空间分布

7. 哈萨克斯坦

2030 年，绿色发展情景下，东南部的阿拉木图州与江布尔州承载状态有所减轻，分别为超载与平衡有余状态；西哈萨克斯坦州、阿特劳州、阿克托别州等基本持衡；中部地区如北哈萨克斯坦州、阿克莫拉州和卡拉干达州略有加重（图 8-120）。

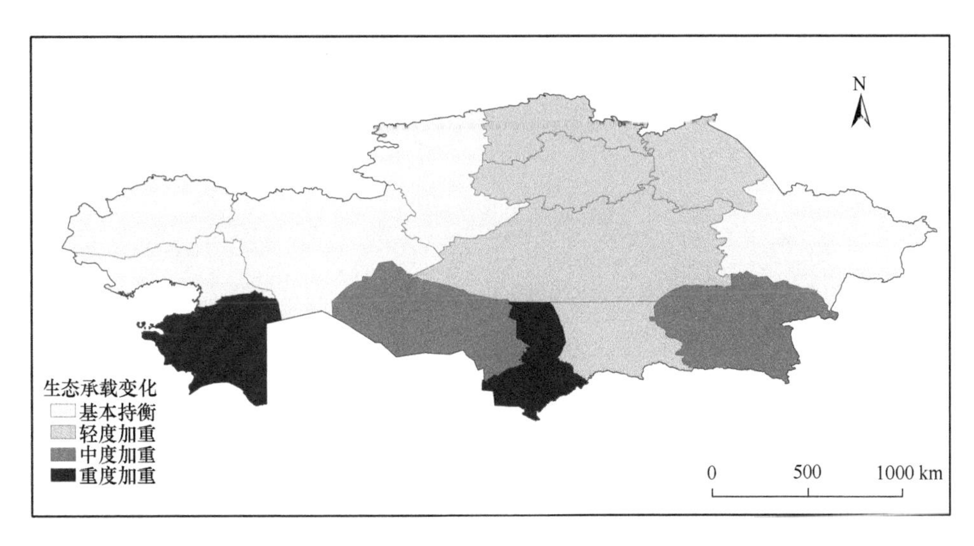

图 8-120　2030 年绿色发展情景下哈萨克斯坦生态承载状态变化的空间分布

8. 乌兹别克斯坦

从目前资源开发限度来看，2030 年，绿色发展情景下，布哈拉州将处于严重超载状态；花拉子模州处于超载状态。中西部地区的纳沃伊州、塔什干市、塔什干州、苏尔汉河州等处于富富有余与平衡有余状态（图 8-121）。

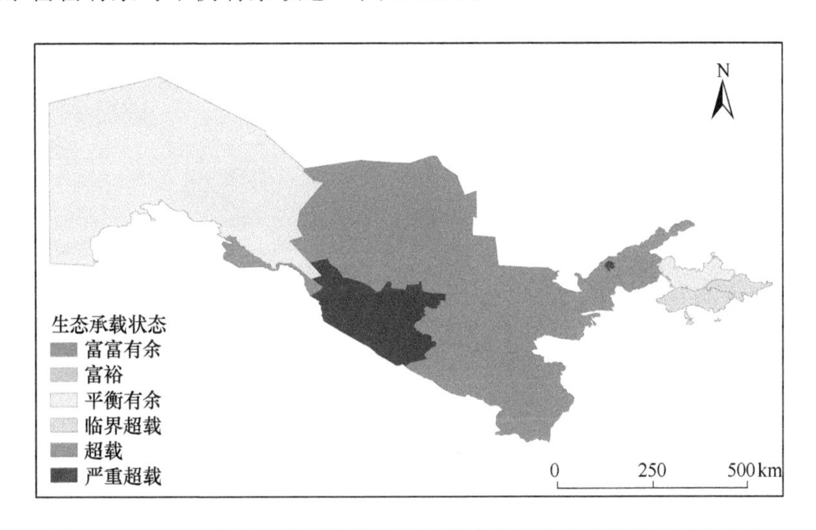

图 8-121　2030 年绿色发展情景下乌兹别克斯坦生态承载状态空间分布

8.3.2 基准情景

1. 绿色丝绸之路全域

1）农田生态承载状态

2030～2050 年，中国、蒙古国，以及中亚和西亚部分国家处于严重超载状态；印度与尼泊尔均处于平衡有余状态（图 8-122～图 8-124）。

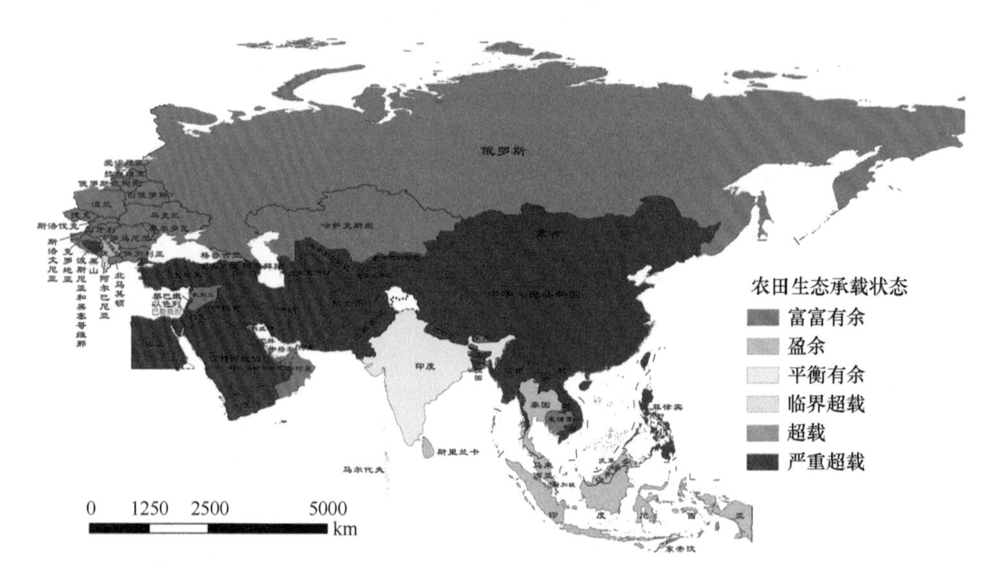

图 8-122 2030 年基准情景下共建国家农田生态承载状态空间分布

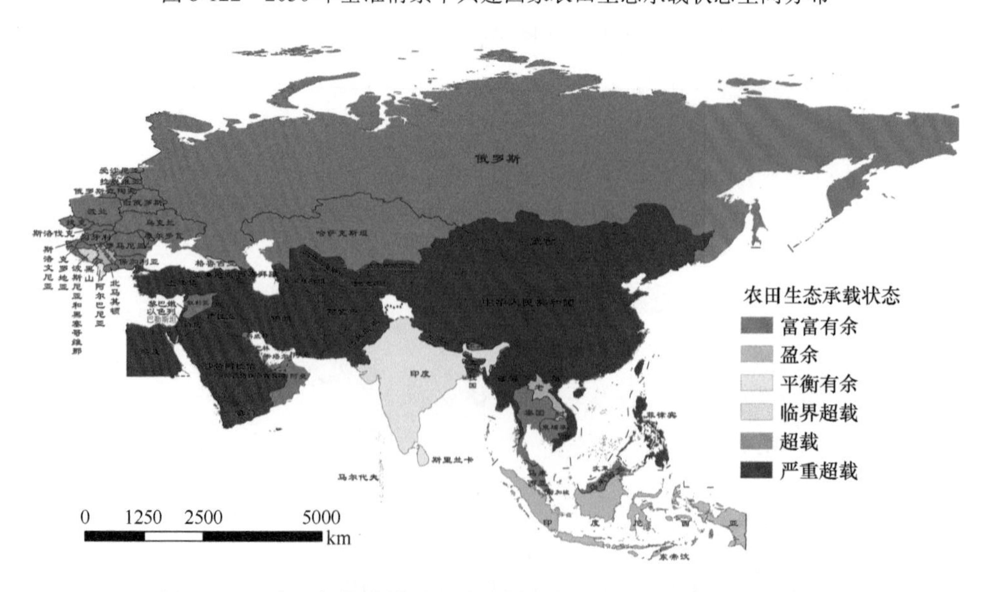

图 8-123 2040 年基准情景下共建国家农田生态承载状态空间分布

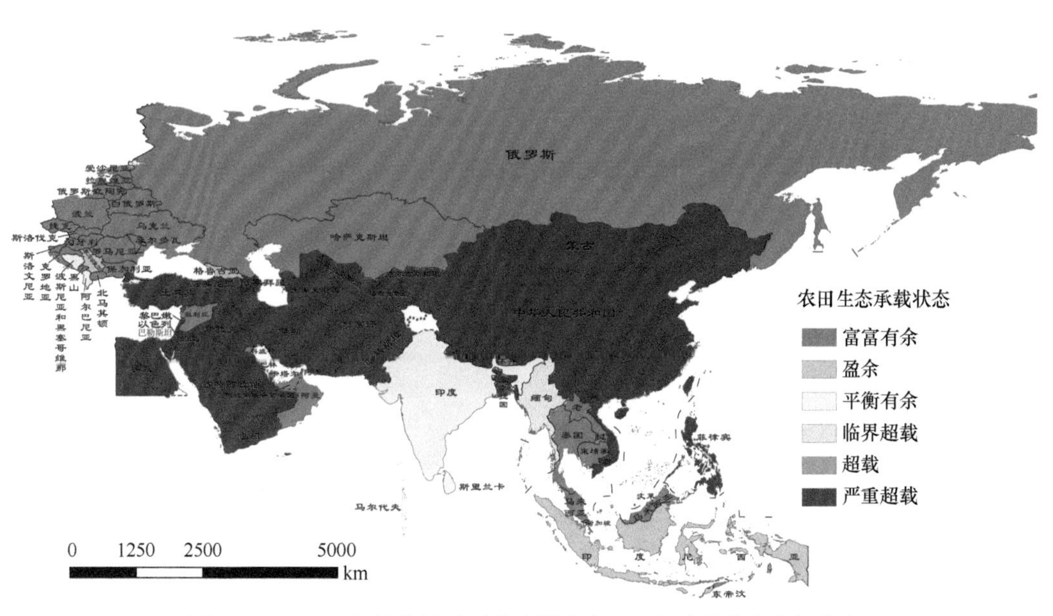

图 8-124　2050 年基准情景下共建国家农田生态承载状态空间分布

2）森林生态承载状态

中国森林生态承载状态为严重超载，而蒙古国和泰国一直保持富富有余的状态。俄罗斯在 2030～2050 年一直为富富有余状态，2030～2040 年缅甸维持严重超载状态，2050 年承载状态有所减轻，总体上 2050 年全域森林生态承载状态呈现不同程度的加重趋势（图 8-125～图 8-127）。

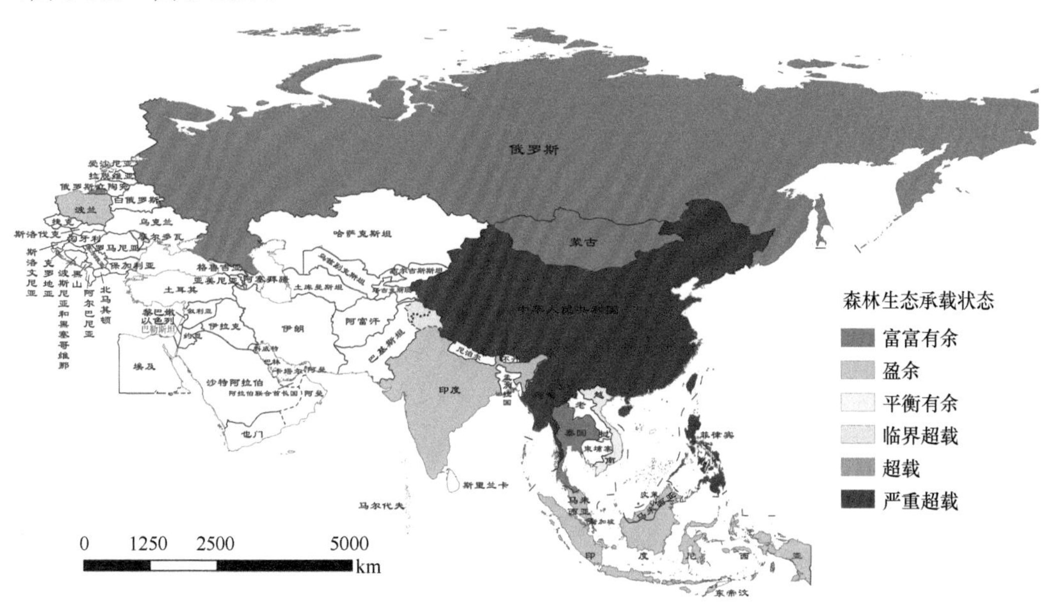

图 8-125　2030 年基准情景下共建国家森林生态承载状态空间分布

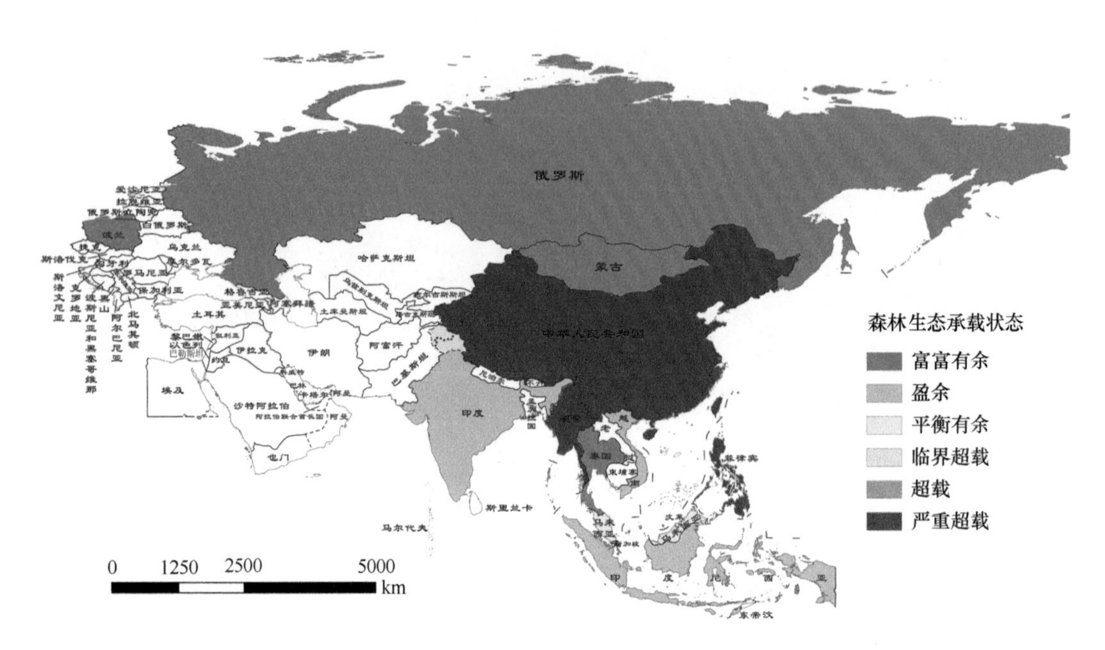

图 8-126　2040 年基准情景下共建国家森林生态承载状态空间分布

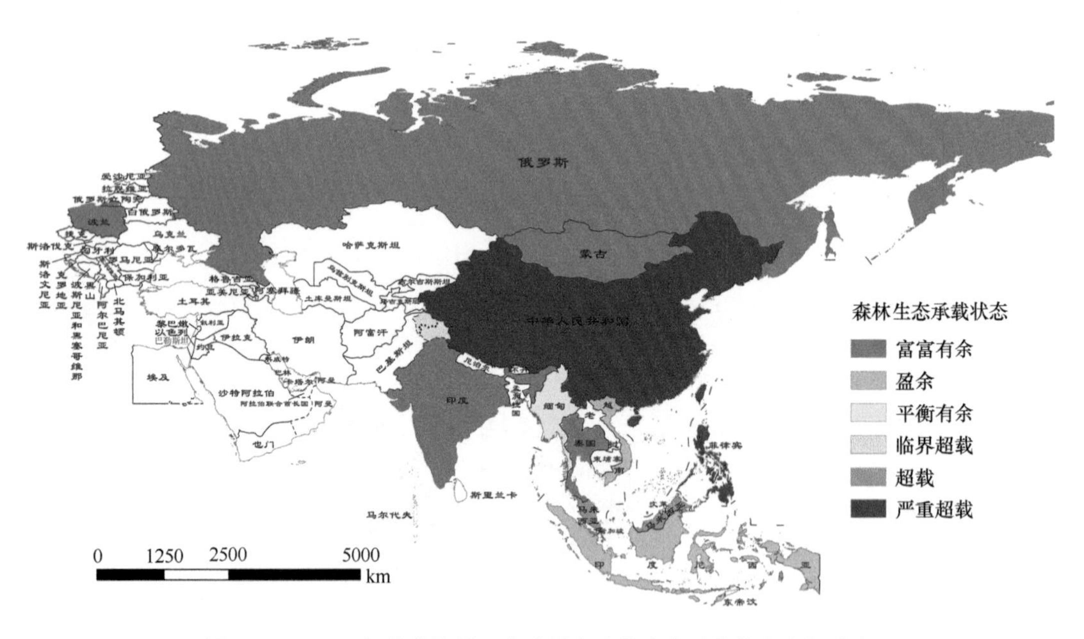

图 8-127　2050 年基准情景下共建国家森林生态承载状态空间分布

3）草地生态承载状态

中国、印度尼西亚，以及西亚和欧洲大部分国家，草地生态承载状态一直为严重超载，而俄罗斯与哈萨克斯坦一直保持富富有余。柬埔寨草地生态承载状态虽然有所加重，但未达临界超载（图 8-128～图 8-130）。

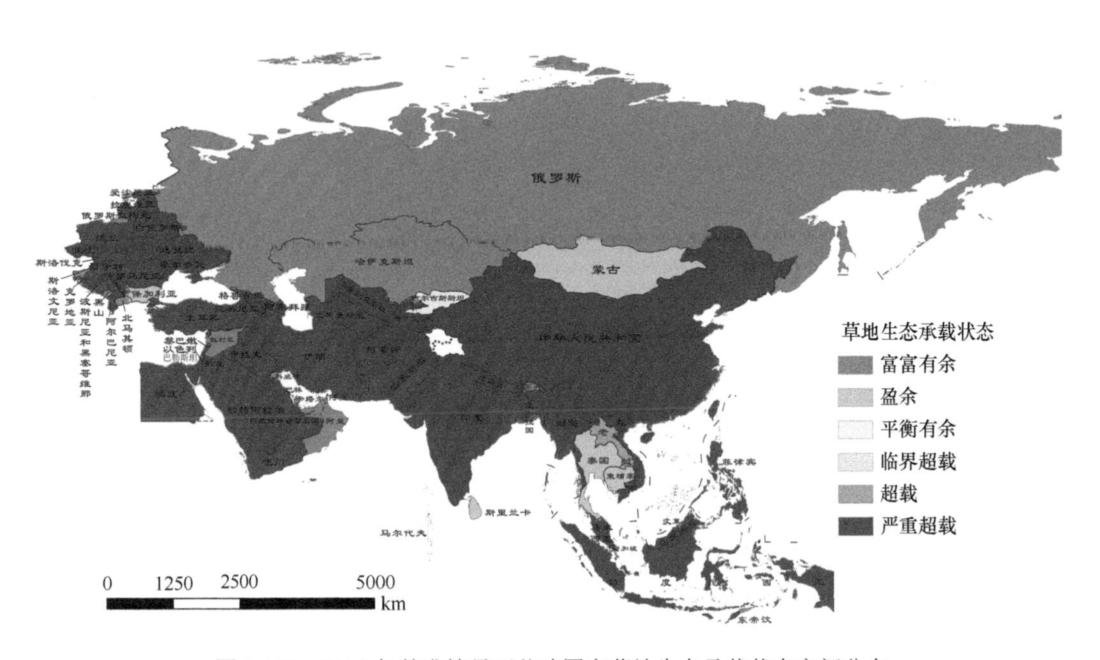

图 8-128　2030 年基准情景下共建国家草地生态承载状态空间分布

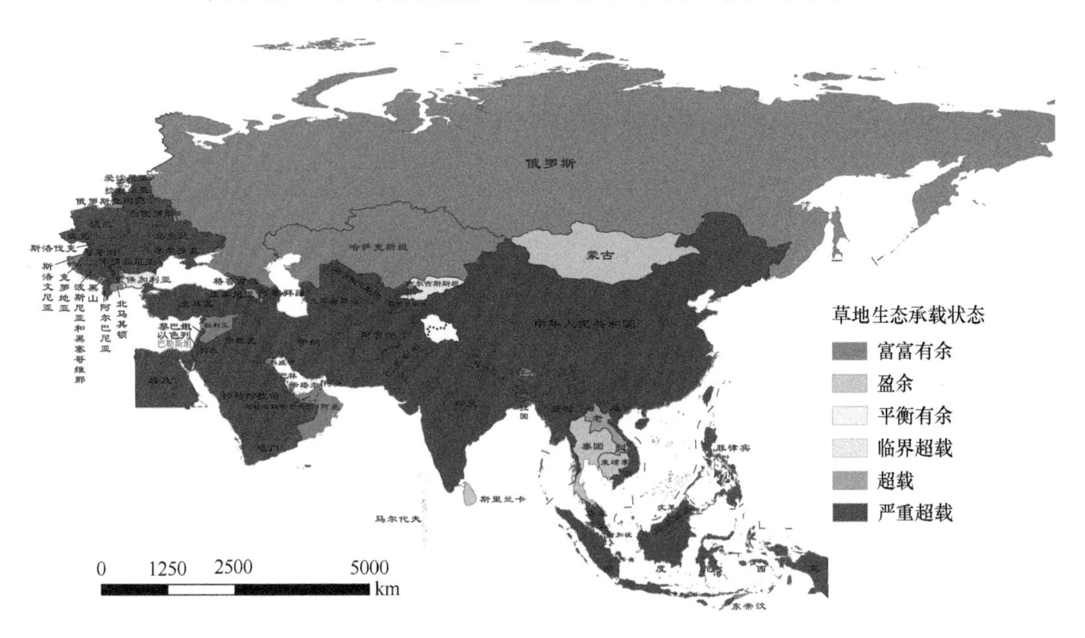

图 8-129　2040 年基准情景下共建国家草地生态承载状态空间分布

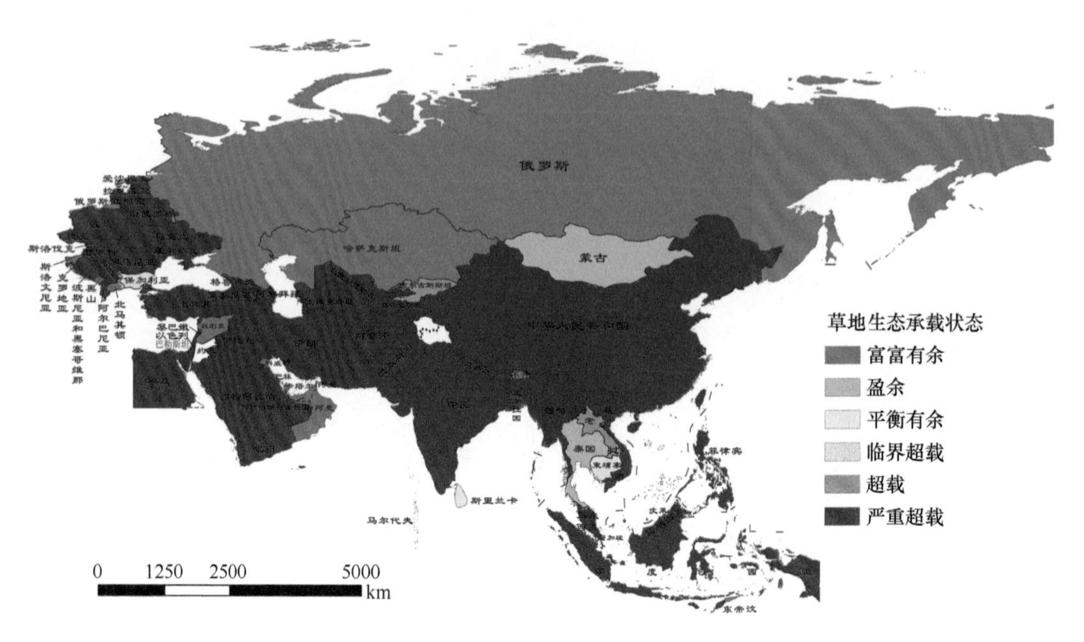

图 8-130　2050 年基准情景下共建国家草地生态承载状态空间分布

2. 中巴经济走廊

2030 年，基准情景下，巴基斯坦各省生态超载较为严重，信德省、俾路支省与伊斯兰堡首都区等处于超载与重超载状态，特别是信德省明显加重；联邦直辖部落地区处于盈余状态；西北边境省处于临界超载状态；中国新疆各区处于盈余与富富有余状态。除巴基斯坦北部地区生态承载状态有所减轻外，其余省份承载状态均不同程度加重，中国新疆各区生态承载状态轻度加重（图 8-131）。

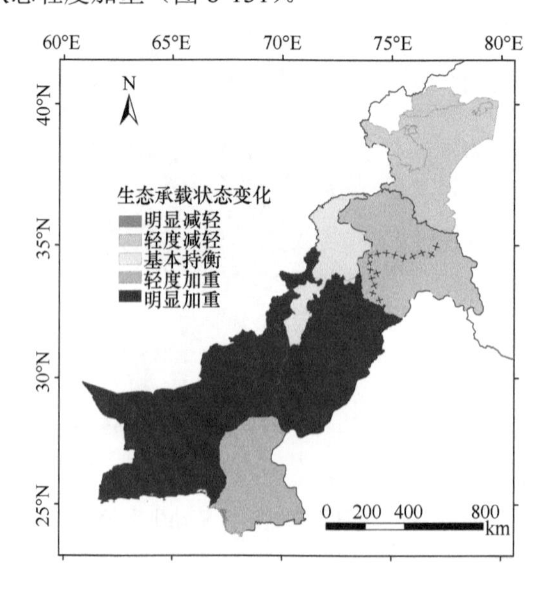

图 8-131　2030 年基准情景下研究区域生态承载状态变化的空间分布

3. 孟加拉国

2030 年，基准情景下，孟加拉国吉大港专区、库尔纳专区等地区 6 个县域生态承载状态明显减轻；博里萨尔专区大部分县域生态承载状态轻度减轻；拉杰沙希专区与达卡专区等地区 9 个县域生态承载状态明显加重（图 8-132）。

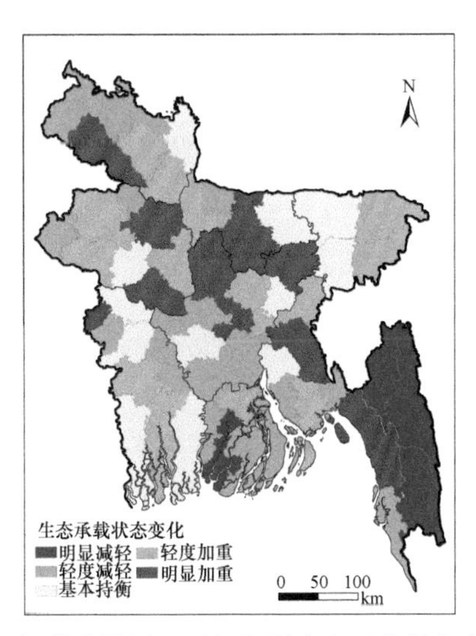

图 8-132　2030 年基准情景下孟加拉国生态承载状态变化的空间分布

4. 老挝

2030 年，基准情景下，老挝北部大部分地区生态承载状态有所减轻，特别是丰沙里省与华潘省明显减轻；琅南塔省、甘蒙省与塞公省等省份基本持衡；沙湾拿吉省与沙拉湾省生态承载状态明显加重（图 8-133）。

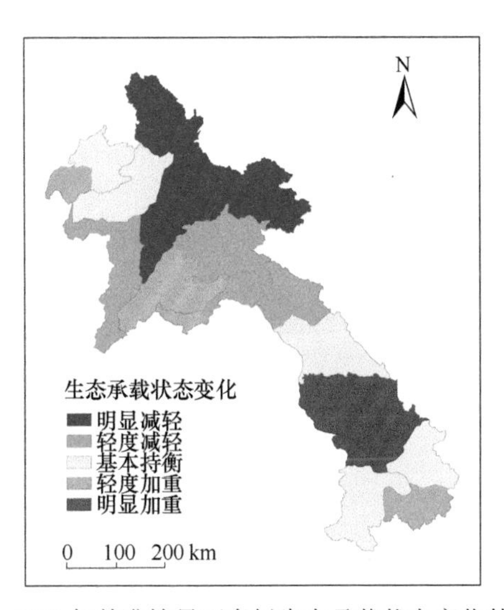

图 8-133　2030 年基准情景下老挝生态承载状态变化的空间分布

5. 越南

2030 年，基准情景下，越南各省生态超载较为严重，特别是清化省、河内市等处于超载状态；莱州省、奠边省等处于富富有余状态。各省生态承载压力增加较为严重，特别是同奈省、平阳省与河内市较为明显；西部山区各省基本持衡，比如平定省、富安省等；中部地区的嘉莱省、多乐省轻度加重（图 8-134）。

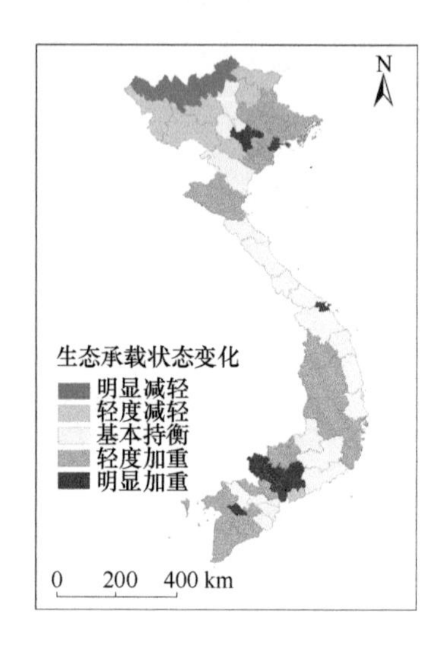

图 8-134　2030 年基准情景下越南的生态承载状态变化的空间分布

6. 尼泊尔

从目前资源开发限度来看，2030 年基准情景下，尼泊尔 75 个区县中，超过 60%的区县尚未超载，其中，苏尔凯德、玛囊与拉苏瓦等县富富有余；中部与东南部区县生态承载状态较严重，特莱平原区大部分区县处于超载与严重超载状态（图 8-135）。

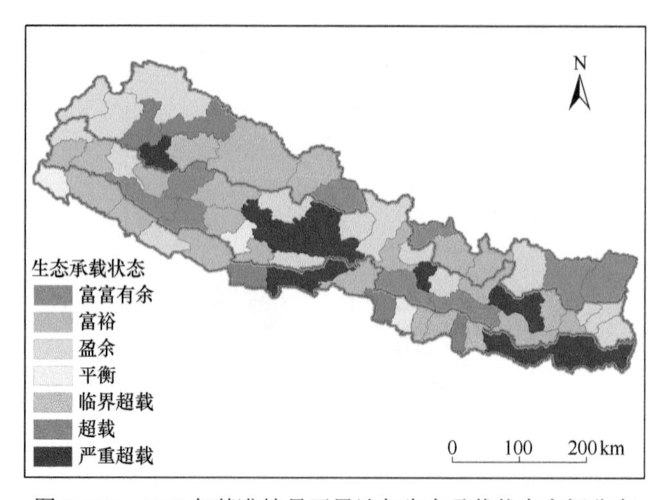

图 8-135　2030 年基准情景下尼泊尔生态承载状态空间分布

7. 哈萨克斯坦

2030 年，基准情景下，哈萨克斯坦南部省份生态承载压力增加较为严重，特别是曼格斯套州与南哈萨克斯坦州等省份呈中、重度加重趋势；大部分省份如西哈萨克斯坦州、阿特劳州、阿克托别州等基本持衡；中部地区如北哈萨克斯坦州、阿克莫拉州和卡拉干达州轻度加重（图 8-136）。

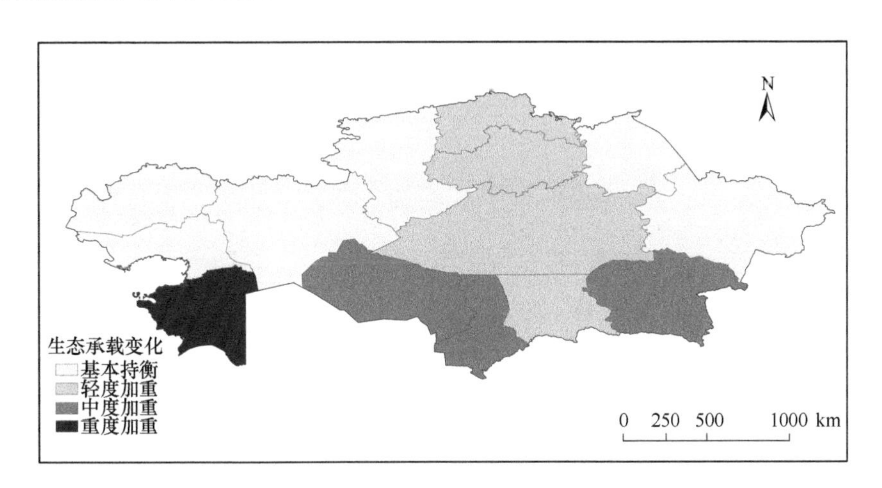

图 8-136　2030 年基准情景下哈萨克斯坦生态承载状态变化的空间分布

8. 乌兹别克斯坦

从目前资源开发限度来看，2030 年，基准情景下，布哈拉州与花拉子模州严重超载；中部地区的纳沃伊州、塔什干市、塔什干州、苏尔汉河州等地区富富有余；撒马尔罕州为富富有余；纳曼干州面临临界超载的问题（图 8-137）。

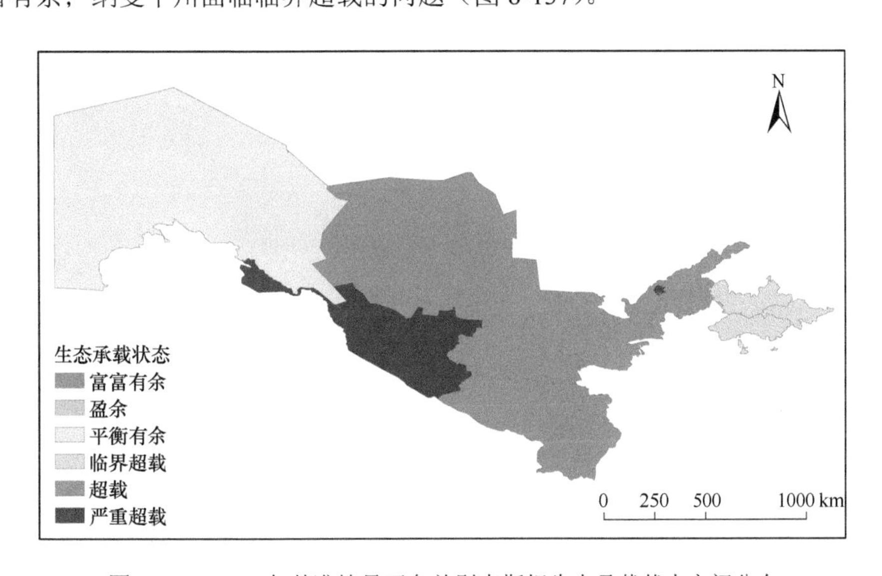

图 8-137　2030 年基准情景下乌兹别克斯坦生态承载状态空间分布

8.3.3 区域竞争情景

1. 绿色丝绸之路全域

1）农田生态承载状态

区域竞争情景下，缅甸、泰国与老挝农田生态承载状态减轻，而中国、巴基斯坦、沙特阿拉伯等国一直维持严重超载状态（图 8-138～图 8-140）。

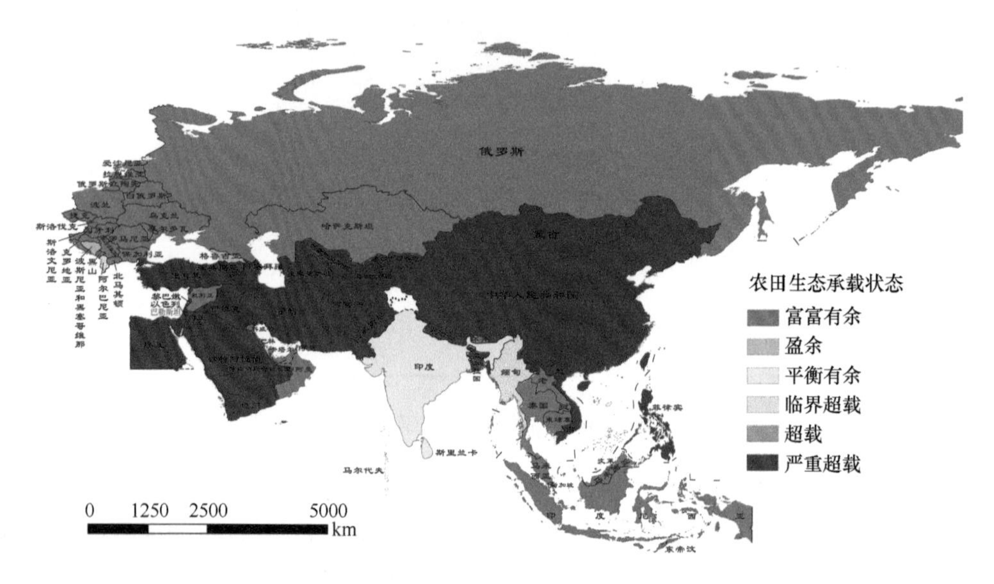

图 8-138　2030 年区域竞争情景下共建国家农田生态承载状态空间分布

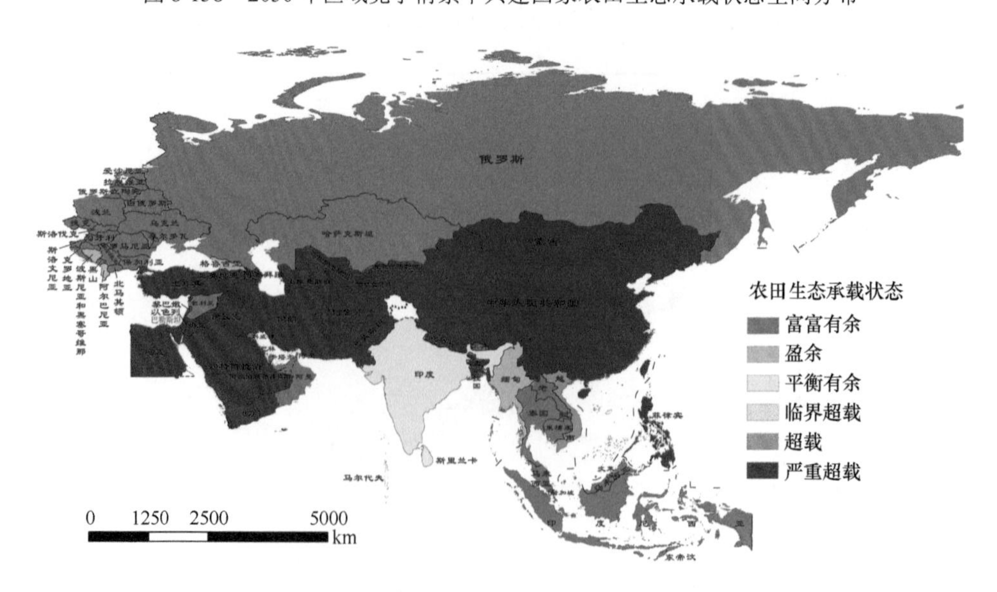

图 8-139　2040 年区域竞争情景下共建国家农田生态承载状态空间分布

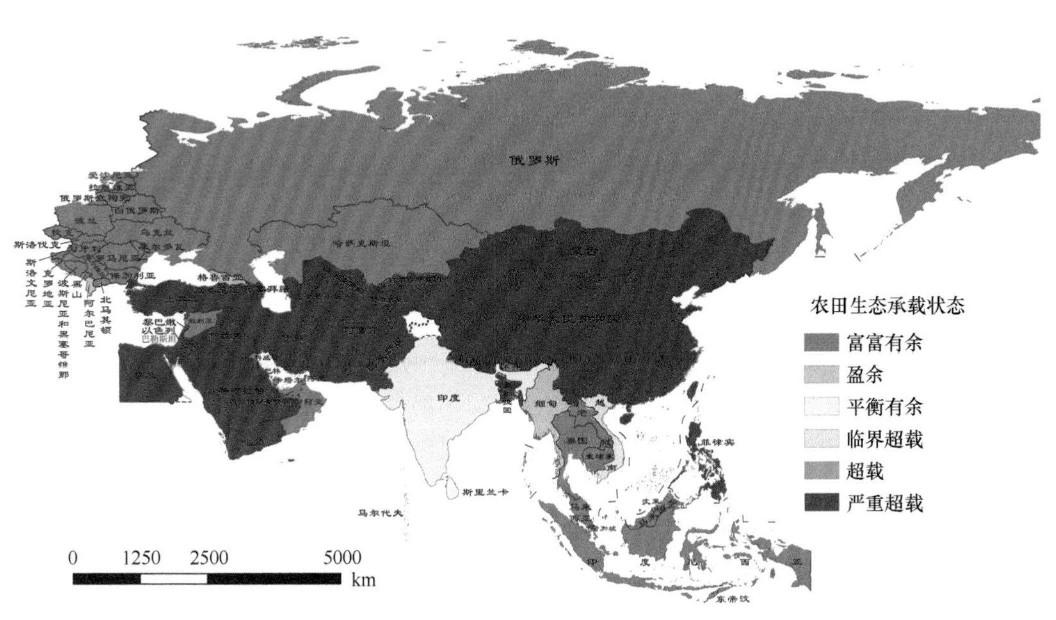

图 8-140　2050 年区域竞争情景下共建国家农田生态承载状态空间分布

2）森林生态承载状态

区域竞争情景下，中国森林生态承载状态均为严重超载，而蒙古国和泰国一直保持富富有余状态；俄罗斯在不同时段均为富富有余状态；马来西亚 2050 年森林生态承载状态出现不同程度的加重（图 8-141～图 8-143）。

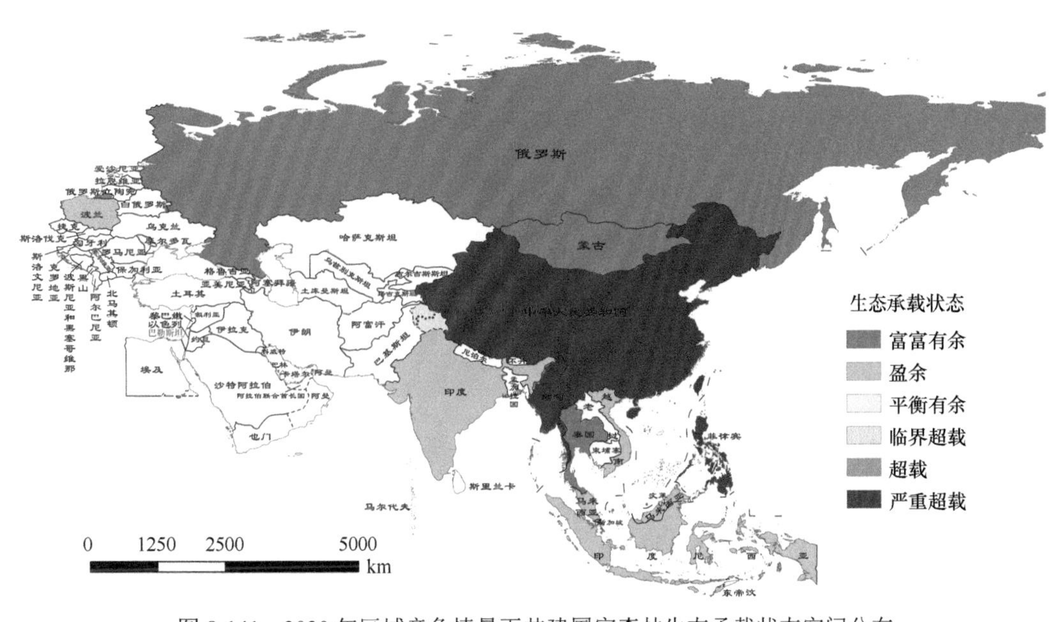

图 8-141　2030 年区域竞争情景下共建国家森林生态承载状态空间分布

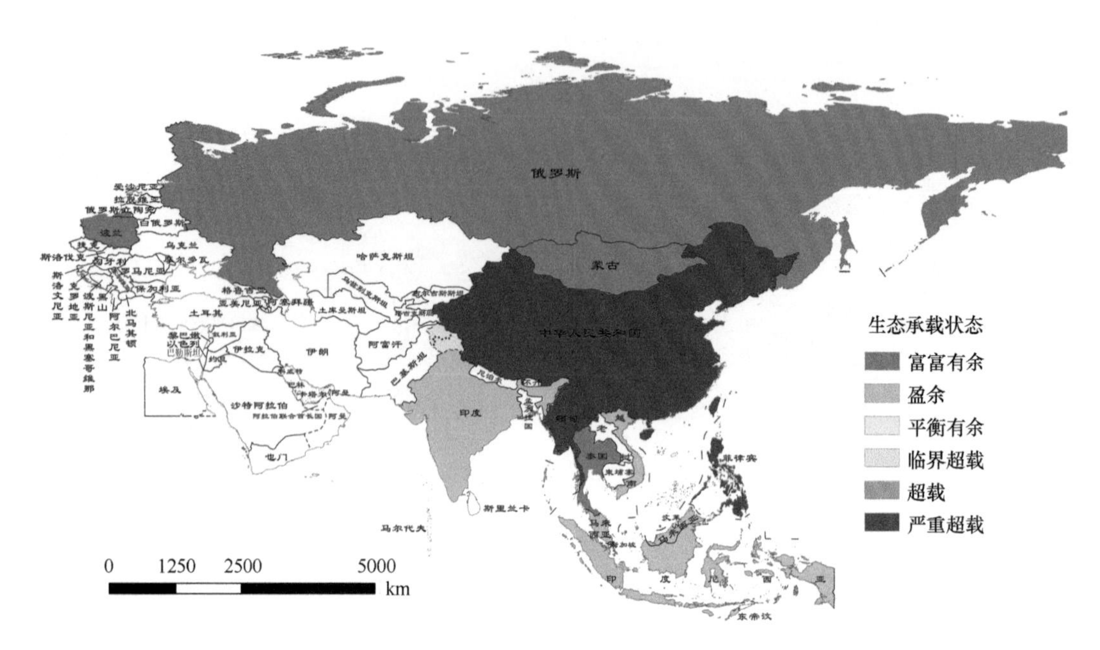

图 8-142 2040 年区域竞争情景下共建国家森林生态承载状态空间分布

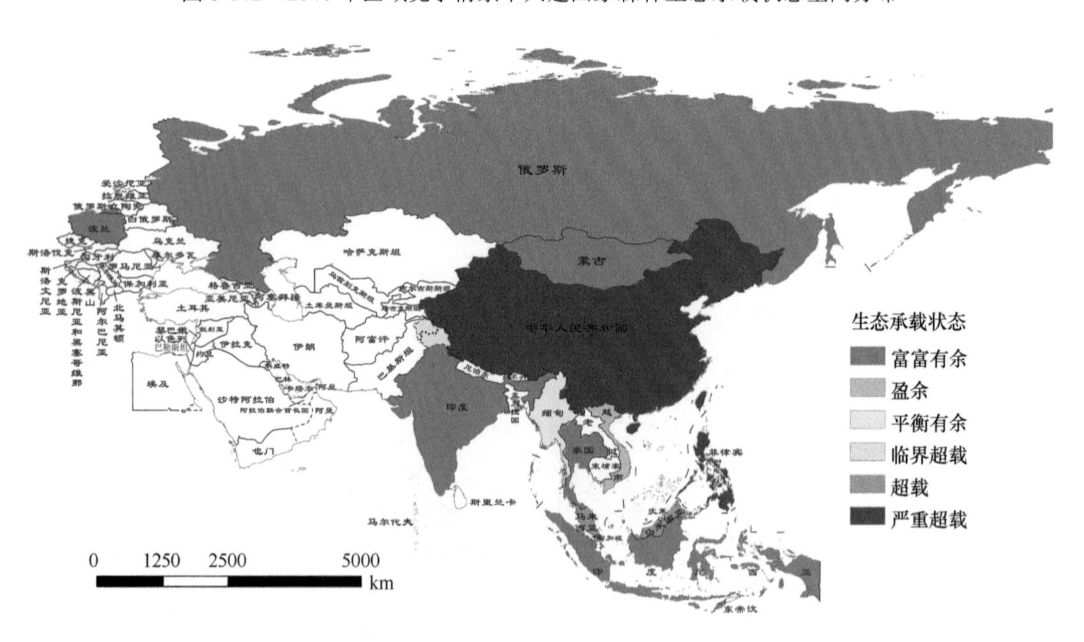

图 8-143 2050 年区域竞争情景下共建国家森林生态承载状态空间分布

3）草地生态承载状态

区域竞争情景下，中国、印度尼西亚，以及西亚和欧洲大部分国家，草地生态承载状态一直为严重超载，而俄罗斯与哈萨克斯坦一直保持富富有余。蒙古国与泰国草地生态承载状态虽然有所加重，但未达临界超载。2040～2050 年，老挝变为严重超载（图 8-144～图 8-146）。

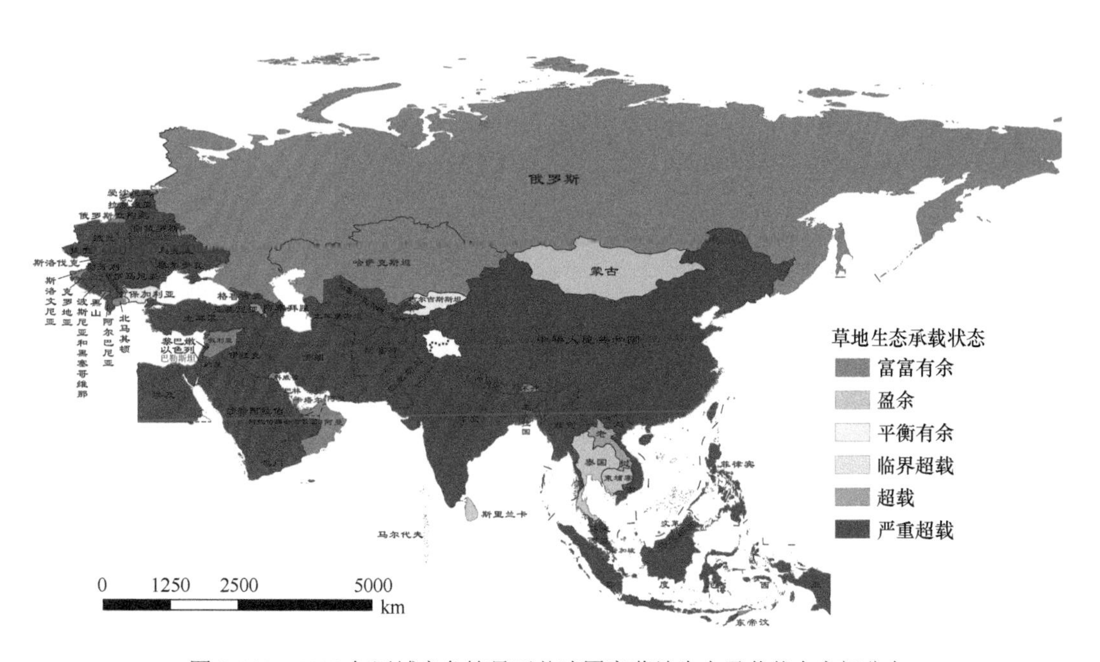

图 8-144　2030 年区域竞争情景下共建国家草地生态承载状态空间分布

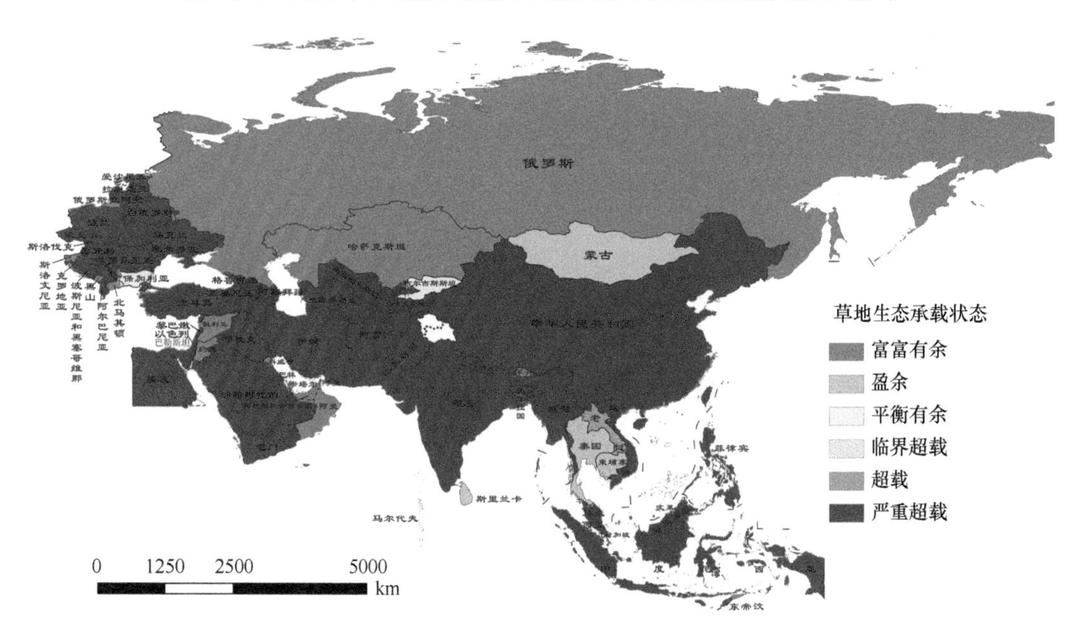

图 8-145　2040 年区域竞争情景下共建国家草地生态承载状态空间分布

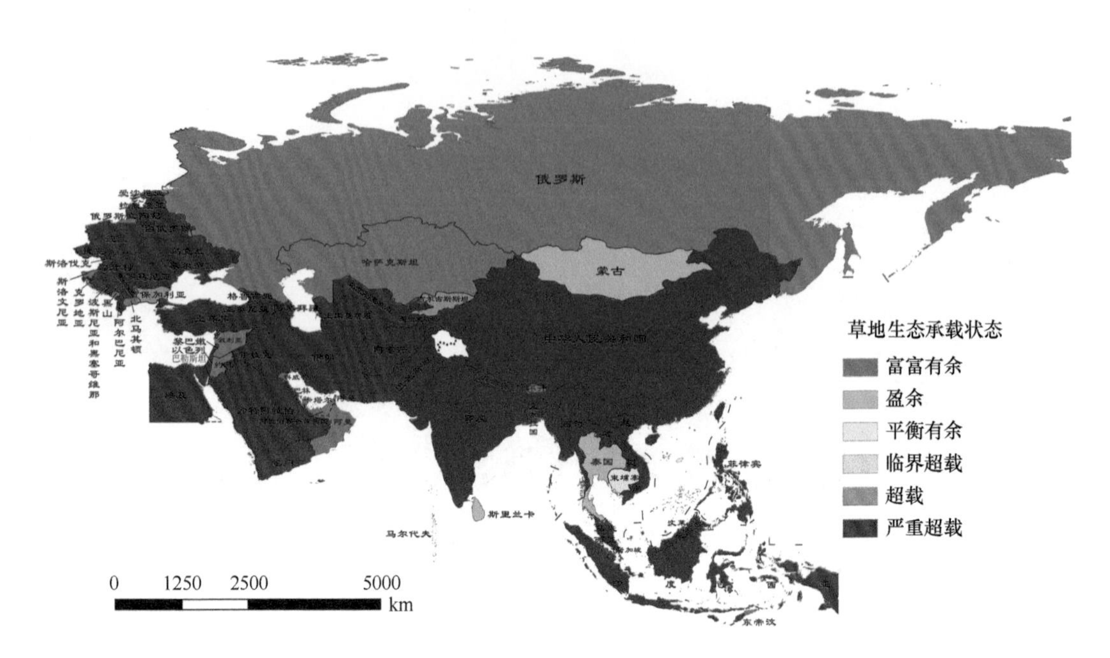

图 8-146 2050 年区域竞争情景下共建国家草地生态承载状态空间分布

2. 中巴经济走廊

2030 年，区域竞争情景下，巴基斯坦除北部地区生态承载状态明显减轻外，其余省份承载状态均不同程度加重，特别是信德省与俾路支省明显加重；北部的中国新疆各区生态承载状态轻度加重（图 8-147）。

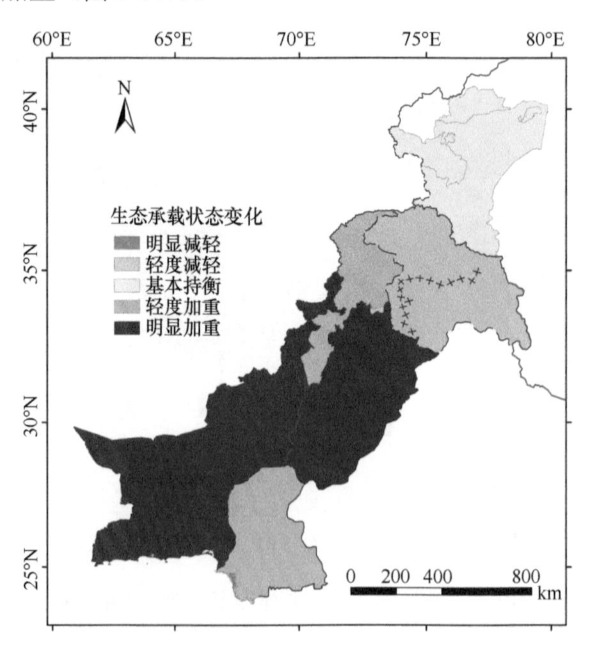

图 8-147 2030 年区域竞争情景下研究区域生态承载状态变化空间分布

3. 孟加拉国

2030 年，区域竞争情景下，孟加拉国生态承载状态明显加重，其中吉大港专区、库尔纳专区等地区 10 个县域生态承载状态明显减轻；博里萨尔专区大部分县域生态承载状态轻度减轻；拉杰沙希专区与达卡专区等地 17 个县域生态承载状态明显加重（图 8-148）。

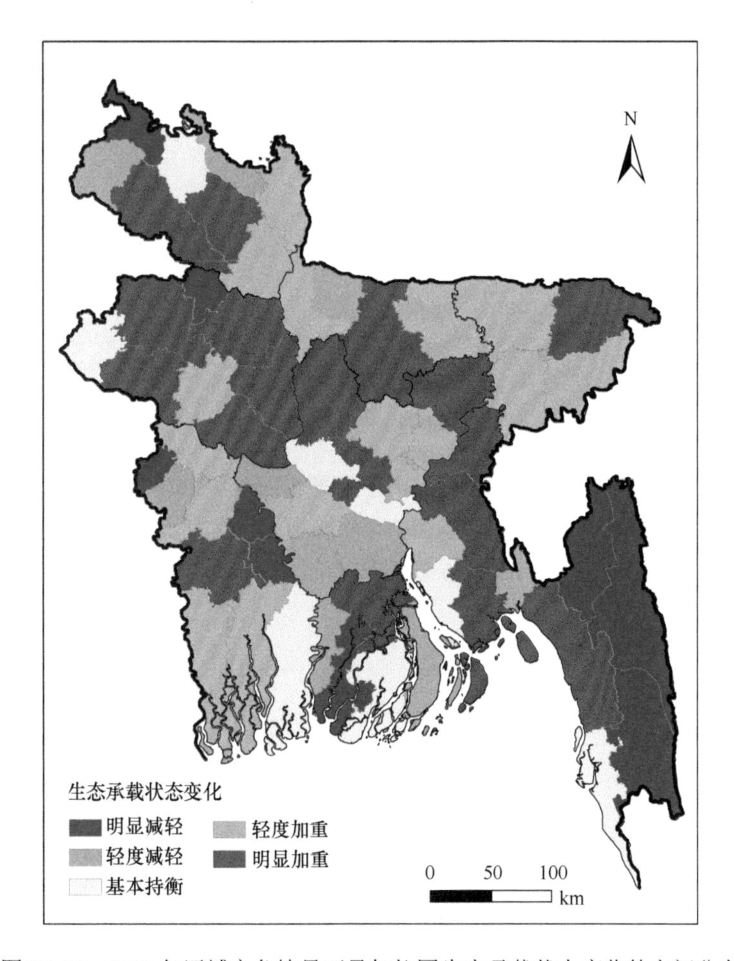

图 8-148　2030 年区域竞争情景下孟加拉国生态承载状态变化的空间分布

4. 老挝

2030 年，区域竞争情景下，老挝各省份生态承载状态较为严重，博胶省、阿速坡省与塞公省处于富富有余状态，丰沙里省处于富裕状态；川圹省、乌多姆塞省等处于平衡有余状态，沙湾拿吉省、万象省与万象市等处于超载与严重超载状态。老挝北部丰沙里省与华潘省生态承载状态轻度减轻，中部大部分省份基本持衡；万象省、沙湾拿吉省与沙拉湾省等生态承载状态明显加重（图 8-149）。

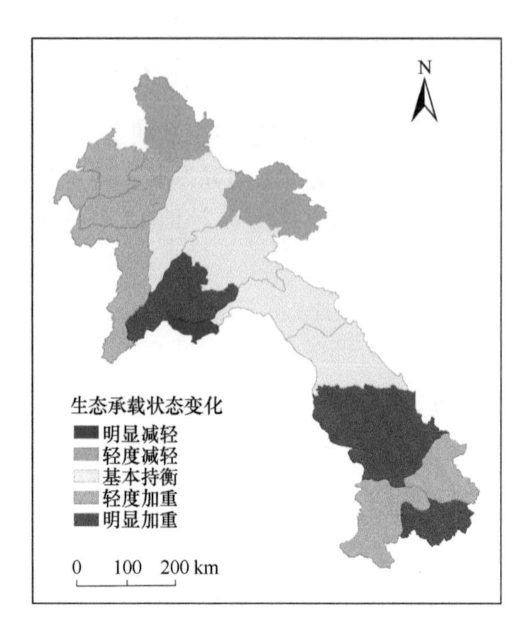

图 8-149　2030 年区域竞争情景下老挝生态承载状态变化的空间分布

5. 越南

2030 年，区域竞争情景下，越南各省生态承载压力增加较为严重，特别是同奈省、平阳省与河内市明显加重；西部山区各省基本持衡，比如平定省、富安省等；中部地区的嘉莱省、多乐省轻度加重；中部与东南部金瓯省、薄辽省等省份生态承载状态明显加重（图 8-150）。

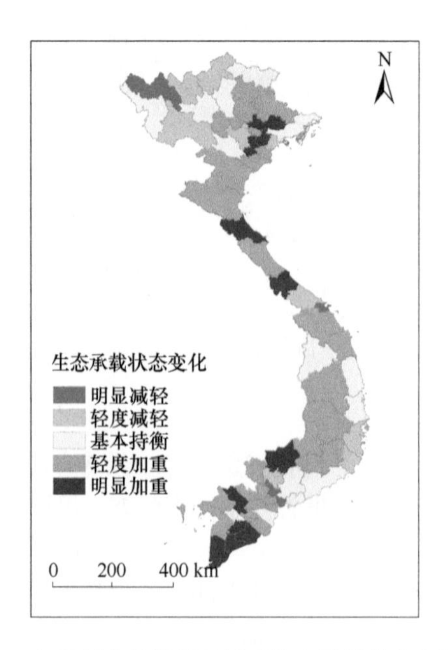

图 8-150　2030 年区域竞争情景下越南生态承载状态变化的空间分布

6. 尼泊尔

从目前资源开发限度来看，2030 年区域竞争情景下，超过 30%的区县生态承载压力较重，特莱平原区大部分区县严重超载，中部与东南部呈超载状态的区县相对其他情景有所增多（图 8-151）。

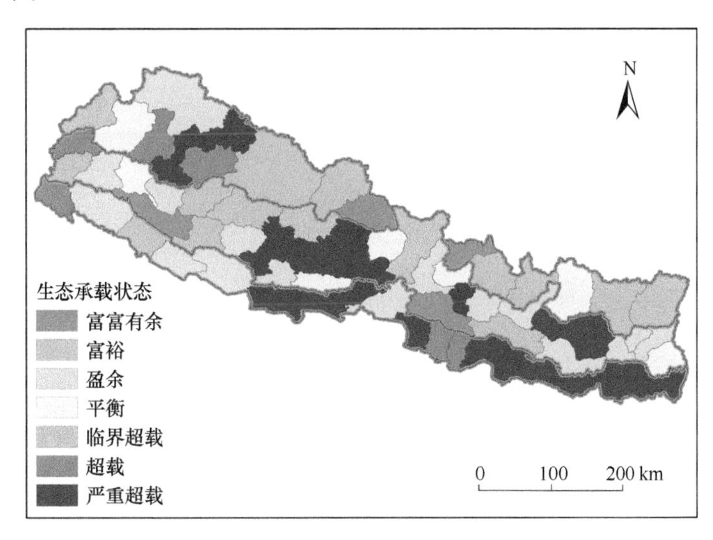

图 8-151　2030 年区域竞争情景下尼泊尔生态承载状态空间分布

7. 哈萨克斯坦

2030 年，区域竞争情景下，哈萨克斯坦南部省份生态承载压力增加较为严重，特别是曼格斯套州与南哈萨克斯坦州增加较为明显；大部分省份如西哈萨克斯坦州、阿特劳州、阿克托别州等基本持衡；北哈萨克斯坦州、阿克莫拉州、卡拉干达州、巴甫洛达尔州和东哈萨克斯坦州呈现轻度加重状态（图 8-152）。

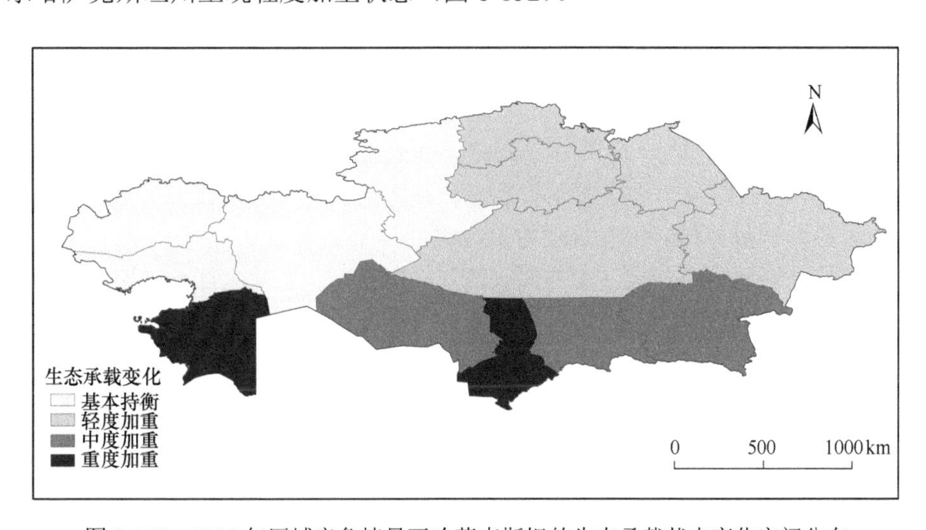

图 8-152　2030 年区域竞争情景下哈萨克斯坦的生态承载状态变化空间分布

8. 乌兹别克斯坦

从目前资源开发限度来看，2030 年，区域竞争情景下，布哈拉州将处于严重超载状态；撒马尔罕州生态承载状态为盈余；费尔干纳州和卡拉卡尔帕克斯坦自治共和国生态承载压力均比其余情景严重，分别处于临界超载和超载状态（图 8-153）。

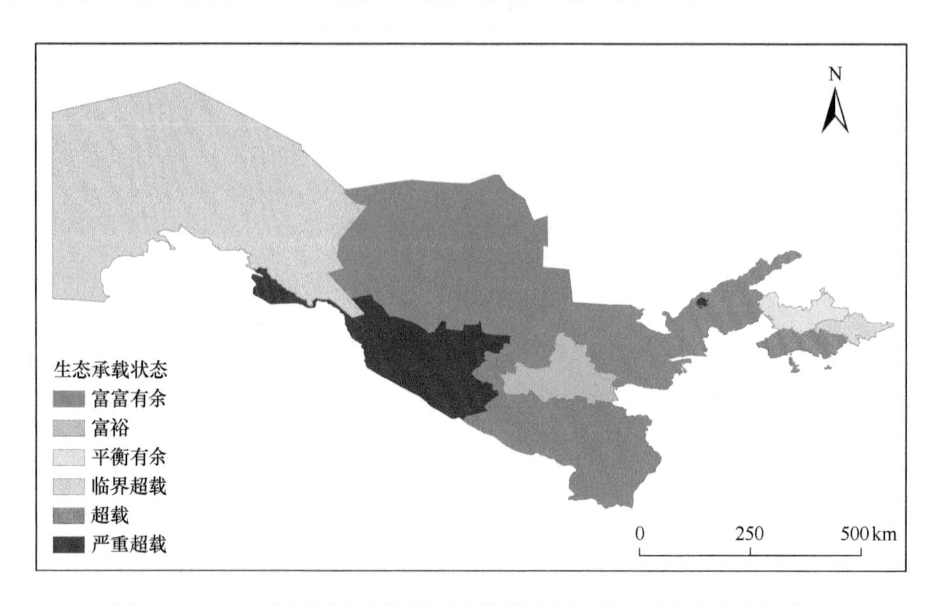

图 8-153　2030 年区域竞争情景下乌兹别克斯坦生态承载状态空间分布

8.4　谐适策略与提升路径

8.4.1　谐适策略

1. 绿色丝绸之路全域

根据“短板效应”，取国别农田、森林、草地生态承载指数的最高值作为该国综合生态承载指数，由此划分不同生态承载状态；并依据生态承载指数最高值所对应的生态系统类型，作为该国主要的生态承载力限制类型。

2030 年，三种情景下中国、蒙古国、西亚、南亚以及东欧大部分国家均为严重超载状态，俄罗斯、哈萨克斯坦与泰国等国一直保持富富有余或盈余状态。2030～2040 年，绿色发展情景下哈萨克斯坦综合生态承载状态加重，由盈余变为超载状态，泰国由盈余变为平衡有余状态，蒙古国由严重超载状态减轻为平衡有余状态；其余情景下中国、南亚、西亚与东欧大部分国家基本维持严重超载状态不变。2040～2050 年，绿色发展情景下，哈萨克斯坦的综合生态承载状态持续加重，呈现严重超载状态，蒙古国综合生态承载状态进一步减轻为盈余状态，泰国则由盈余变为临界超载状态，其余情景下各国生态

承载状态基本维持不变。

2. 中巴经济走廊

巴基斯坦生态环境较为脆弱，主要生态问题包括森林覆盖面积低、土壤侵蚀与退化、生态多样性受损等。受威胁生物种类相对较多，陆地保护区面积比例为 10.8%，高于白俄罗斯和哈萨克斯坦。巴基斯坦的森林面积少，由于严重的森林砍伐，加之巴基斯坦大部分的干旱或半干旱地区森林生长缓慢，森林面积减少了 30%以上，当前原始森林覆盖率仅为 2%～5%。

水资源是限制巴基斯坦生态承载力的重要因素。巴基斯坦属于热带气候，气温普遍较高，而降水比较稀少，年降水量少于 250mm 的地区占全国总面积的四分之三以上。印度河流经巴基斯坦，印度河径流季节变化大，为了调节水量，巴基斯坦修建了大量水利工程，以满足农业灌溉的需求。近几年来的研究表明，气候变化将加剧巴基斯坦的水资源短缺，水资源短缺和用水需求的增加将加剧各经济部门之间的用水竞争从而制约区域经济发展。

巴基斯坦资源分布较为不均衡，煤炭资源储量较为丰富，油气资源相对贫瘠，长期以来的能源短缺严重制约了本国经济的稳定增长，也无法保证居民的电力需求；一次能源供应与需求缺口较大，原油和精炼油供应高度依赖进口。因此，一方面，应鼓励国内油气公司加快油气勘探开发进程，以缓解能源短缺问题，降低进口依赖度；另一方面，应加强国际能源与贸易合作，为巴基斯坦实现工业化、现代化创造条件。

3. 孟加拉国

农田生态承载关键问题：①干旱、洪涝水蚀和盐碱化导致的土壤肥力丧失、地下水位急剧下降等农田土地退化现象是农田生态系统面临的主要问题。②农田生产粮食的能力也已经处于不稳定状态，并且可能会进一步下降。极端灾害导致农作物减产甚至绝收损失，稻米将减产 30%。2017 年 8 月，罕见的大型南亚季风洪水袭击了孟加拉国，约 468 万 hm^2 农田被淹，大面积水稻遭殃。③河岸侵蚀造成耕地减少，每年损失耕地 6000hm^2。2019 年 5 月，飓风“法尼”致孟加拉国沿海地区 6.3 万 hm^2 土地和 1.36 万人受灾，受灾作物主要为水稻、玉米、蔬菜、黄麻和槟榔等。2050 年，洪水和海平面上升淹没面积约占孟加拉国总面积的 11.9%，主要分布在西南部库尔纳专区、巴里萨尔专区。这些都将影响孟加拉国粮食安全、生计、经济增长和农田生态系统的长期可持续性。

森林生态承载关键问题：持续的森林退化和损失阻碍了孟加拉国森林的可持续发展前景。由于过度农业开发、火灾和放牧等因素，孟加拉国森林资源无论在面积还是质量上都在持续减少。根据《2015 年全球森林资源评估报告》，1990～2015 年，孟加拉国原始林地从 1494 万 hm^2 减少到 1429 万 hm^2，每年损失 2.6 万 hm^2 原始林地。

生物多样性受到威胁：孟加拉国渔业部门为大约 120 万全职和 1200 万兼职渔民和工人提供就业。尽管渔业生产呈指数增长，但孟加拉国的本地鱼类多样性正处于危险之中。孟加拉国拥有约 710km 长的海岸线、3.7 万 km^2 的孟加拉湾大陆架，在孟加拉湾漫长的沿海和海洋管辖范围内，生物和非生物自然资源丰富。沿海动物共有453种鸟类、42种哺乳动物、35种爬行动物、8种两栖动物、301种软体动物、50多种商业上重要的甲壳类动物，以及76种来自河口的鱼类。

水资源污染严重：一是达卡专区、吉大港专区、库尔纳专区等部分大城市和工业区受生活污水、工业污水、农药等影响，水资源污染严重，旱季时达卡专区周边水资源部分指标已低于生活用水标准；二是南部沿海地区海水倒灌严重；三是受地质影响，孟加拉国半数以上地区水资源砷含量超标，南部部分专区80%以上地区砷污染严重，另外部分地区铁、锰、硼、钡、铀含量超标。

4. 老挝

1）森林生态系统存在的主要问题

2018年，老挝农村人口占比约65%。近5年，农村人口年均增长率2.4%。农村地区经济状况普遍落后，而人口增长越来越快，从而导致城乡差距、贫富差距越来越大。同时，老挝人均占有耕地面积逐渐减少，贫困农民继而通过砍伐森林开展耕作种植，使得森林资源破坏愈演愈烈、屡禁不止。

老挝是内陆国，基础设施相对落后，近年在大范围建设开发基础设施，工业开发、采矿、修筑大坝、修建道路等皆成为森林砍伐的理由，这些都是森林覆盖面积减少的原因，特别是沙拉湾省、色贡省。自20世纪90年代以来，老挝一直在推动水电投资，希望成为“东南亚电池”，计划通过对外输出水电以摘掉“最不发达国家”的帽子，而大坝建设是重要环节。老挝境内湄公河流域规划的140座大坝中有三分之一已经完工，还有三分之一在建设之中。这些大坝带来巨大风险，破坏森林与河流生态，阻碍湄公河流域的鱼类洄游。

老挝森林资源开发依靠森工企业，林业资源型地区前期的基础设施建设责任主要由当地大型森工企业承担。然而，政府投入相对不足，林业资源型地区的营林、木材加工、采伐等林业经营管理基础设施较差，林业人才缺乏，资金短缺。需要对林业相关产业的技术进行升级，简化生产的流程，提升工作的效率，减少对森林资源的利用。

2）农田生态系统存在的主要问题

老挝的地理条件适宜农作物的生长，稻谷在全国各地每年均可种植两季，有些地区还可以种三季。但是，由于资金、技术和劳动力缺乏，目前大部分地区只种一季。水资源分布不均，同时，农业管理、技术人才短缺，良种、化肥、农药等辅助生产资料供应不足，农业生产科技含量低，农民缺乏科学种植意识和技术，导致较低的生产力水平，单位面积产量在东南亚国家中最低，水稻亩产仅是中国的1/5。

老挝大部分地区农业发展尚处在刀耕火种阶段，管理效率粗放低下，传统农业生产方式，导致了土壤贫瘠退化。在农业种植中，生产者缺乏相应的农业知识和环保意识以及传统农业生产技术的落后，在借助化肥和农药的过程中没能掌握恰当科学的方法，直接导致耕地土壤的污染，一些化学物质的残留直接破坏了土壤的结构，化肥和农药的残

留通过土壤渗透到地下，对地下水源造成了污染。例如，欧洲许多国家明令禁止的百草枯和阿特拉津除草剂，在老挝北部沙耶武里省南部被广泛使用。另外，大量单一经济作物种植，也造成耕地土壤流失和退化。

由于老挝政府缺乏对外国在当地进行农业投资的有效监督，土地种植用途被大规模转变，破坏了野生动物的迁徙通道并使其栖息地破碎化，危及生物多样性及生态系统安全。

老挝由于水利基础设施投入不足，极易受到气候变化和极端天气的影响，农业抵抗自然灾害能力较弱，农业产量易受到自然灾害的影响，约70%的乡村易发生旱灾，30%的乡村和地区易遭受洪涝灾害的威胁，南部农田面临的最大威胁是干旱问题，而中部地区易遭受洪涝灾害。此外，老挝的农田还饱受病虫害困扰。

5. 越南

越南以经济利益为导向的片面开放致使一些国家的落后产能转移到越南，对生态环境造成了危害，而公民的生态保护意识又普遍比较缺乏，加之科技产量不足、过度依赖粗放的传统农业生产方式等，这些因素相互叠加，共同导致越南生态环境方面出现了很多问题，包括国际落后产能大量落户越南、生态污染屡禁不止、工业生产过程中污染物的无序排放、自然资源的过度开发和粗放型农业的生产方式等。

越南森林面积1340万hm^2，森林木材总储量达6.57亿m^3，约占全国土地面积的34%。森林资源中，80%以上为天然林，面积764.7万hm^2，其余为人工林，其中经济林69万hm^2，竹40亿根。越南木材和林产品的重要出口市场有美国、日本、中国、欧盟和韩国，约占全国木材及林产品出口总额的89%。伐木是天然林面积持续减少、原生林和次生林风险增加、森林质量不断下降的最主要原因，特别是非法森林开采，96%发生在天然林区。森林火灾和林地被占用也是森林退化的主要驱动因素。

越南是世界上19个最大的农业生产国之一，并计划到2030年跻身全球15个最大的农业出口国之列。尽管在过去十年中，农业的价值翻了一番，但其在GDP中的份额平均每年下降0.3%。尽管是农业国，越南的农业科技产业仍落后于其他国家。由于旱灾、土地盐碱化、市场需求不稳定等，农业生产机械化不高，农产品只能自给自足，无法通过出口贸易推动经济发展。相比之下，鉴于大量小农户，越南的农业科技公司和项目仍然有限。

6. 尼泊尔

森林是尼泊尔最主要的生态系统类型，林业对尼泊尔农村发展十分重要。自1990年以来，森林资源下降趋势明显。主要原因包括日益增长的人口和牲畜向森林施加的压力，随意放牧，为获取薪材和饲料而进行的过度采伐和修剪，以及森林火灾、非法采伐等，森林工业面临原材料日益短缺的严峻现实。此外，旅游业带来了人口密度的增加、过度依赖木材作为燃料和建筑原材料以及为了饲养牲畜而在山坡上过度放牧导致的山区表层土壤流失，进一步加剧了森林资源的枯竭。

尼泊尔生物多样性丰富，但由于过度开发及外来物种入侵、环境污染、人与动物之间的冲突，其也面临生物多样性减少的威胁。此外，其还面临气候变化和极端气候事件的影响。尼泊尔社区森林使用者小组自产生以来，对解决环境、经济、社会和政治问题发挥了积极作用。尼泊尔森林资源的破坏和退化已严重影响到林产品及服务的提供，随着经济社会等外部环境的进一步变化，林业存在的问题和面临的挑战逐渐显现，如治理能力不足、资源管理不合理，导致森林资源的过度利用、开发无序；社区成员参与性不高，利益分配不合理；经营收益不高而运行成本高。

自然灾害严重影响尼泊尔的农田生态系统和粮食生产，近60%区域面临粮食短缺危机，粮食缺口超过20万t。同时，尼泊尔农业还面临着改良土壤、防治水土流失、防治山体滑坡、减少杀虫剂的使用等问题。

7. 哈萨克斯坦

受地形、气温和降水等因素影响，哈萨克斯坦生态系统类型自北向南依次为森林草原、草原、半荒漠草原、荒漠草原及高山地区。生态基础本底脆弱，降水稀少、气候干旱、沙漠戈壁广布，生态环境状况对水分、温度、地形等自然条件的依赖极强。2000年以来哈萨克斯坦耕地、草地面积有所减少，耕地减少速率高于草地。此外，哈萨克斯坦约66%的土地在逐步沙漠化，天然牧场（包括半荒漠区）逐渐退化，限制了草地生态系统供给。哈萨克斯坦草地分布广泛但耕地面积较小，居民对耕地的依赖性大于草地，因而农田生态系统服务消耗性使用受到的影响较大，而草地生态系统则相对较小。

从人口与社会经济发展方面来看，哈萨克斯坦人口分布与经济发展水平区域差异较大，哈萨克斯坦综合城市化高值以及人口集中区主要分布于西部低地的石油开采区、中部的工业区——卡拉干达州和东北部的巴甫洛达尔州，该区域矿物资源（石油和煤气储量）很丰富，是油气开发与重工业发展的重点区域；城市化低值主要分布于哈萨克斯坦南部和部分北部区域，以农业经济为特点。然而，油气资源开采相对活跃的区域面临着高强度的碳排放量，给当地生态环境造成较大压力。

对于干旱地区而言，水资源是影响其城市化发展的重要因素。近几年来的研究表明，气候变化将加剧哈萨克斯坦和整个中亚地区的水资源短缺，水资源短缺和用水需求的增加将加剧各经济部门之间在国家和地区层面的用水竞争从而影响区域经济发展。因此，哈萨克斯坦应尽快采取可持续发展战略，促进生态环境与区域经济协调发展。

8. 乌兹别克斯坦

2030年，三种情景下乌兹别克斯坦约50%省份的生态承载状态为盈余，西南部的布哈拉州与花拉子模州为超载或严重超载；东部盆地省份处于临界超载状态，中部的大部分省份则处于富富有余状态。绿色发展情景下，4个省份林农草生态系统呈超载状态，9个呈盈余状态；花拉子模州承载状态有所减轻。基准情景下，5个省份林农草生态系统呈超载状态，8个呈盈余状态。区域竞争情景下，4个省份林农草生态系统呈超载状态，西北部省份承载状态加重为临界超载。未来情景下森林与草地生态系统面积减少与

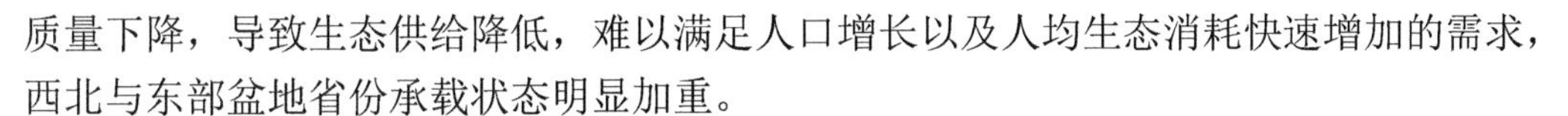
质量下降，导致生态供给降低，难以满足人口增长以及人均生态消耗快速增加的需求，西北与东部盆地省份承载状态明显加重。

乌兹别克斯坦属于水资源极其匮乏的国家。人均水资源量仅为 702m^3（联合国标准为 1700m^3），约 87%的领土严重缺水，水已成为制约该区域经济和社会发展的核心因素；大量的农业灌溉渗水、生活废水也对地表水造成了严重污染，从而导致可利用的水资源越来越少。此外，乌兹别克斯坦是中亚中部的“双内陆国家”，生态环境较为脆弱。冬季寒冷，雨雪不断；夏季炎热，干燥无雨。山区年降水量 460～910 mm，而平原仅 90～580 mm。主要河流阿姆河和锡尔河等均为跨国界的内流河。中、西部荒漠广布，克孜勒库姆沙漠、乌斯秋尔特高原荒漠，以及形成于原咸海海底的卡拉库姆沙漠三大荒漠形成一体，近年来，荒漠面积不断扩大。

8.4.2 提升路径

1. 绿色丝绸之路全域

2030 年，三种情景下，蒙古国、哈萨克斯坦、土耳其与沙特阿拉伯等国家主要生态承载限制类型均为农田，中国主要生态承载限制类型仅绿色发展情景下为森林，其余情景下均为草地。2030～2040 年，绿色发展情景下中国与缅甸主要生态承载限制类型由森林变为草地，因为该情景下森林恢复促使森林面积增加，而草地面积与生产力降低导致畜牧业承载压力逐渐加重；其余情景基本维持不变。2040～2050 年，各国生态承载力主要限制类型变化较大，绿色发展情景下俄罗斯的主要生态承载限制类型由森林变为农田，而区域竞争情景下为草地；区域竞争情景下草地是绿色丝绸之路 80%以上共建国家的主要生态承载限制类型，哈萨克斯坦、土耳其与老挝等国家主要生态承载限制类型均转变为草地，与该情景下高动物比例和高食物浪费率的不健康饮食习惯有关。

2. 中巴经济走廊

中巴两国于 2013 年正式启动中巴经济走廊（CPEC）建设，并形成以瓜达尔港、基础设施、能源贸易、产业合作为主要内容的 CPEC 合作框架。中巴经济走廊连接位于中国西部和贯穿巴基斯坦南北的公路和铁路主干道，将从新疆的喀什一直通至巴基斯坦的西南港口城市瓜达尔港，全长 3000km，是一条包括公路、铁路、油气和光缆通道在内的贸易走廊，也是绿色丝绸之路的重要组成部分。中巴经济走廊对中巴的积极影响主要表现在推动两国经济贸易、使中国进口中东石油的路径缩短，铁路和公路的修建促进巴基斯坦平原地区资源的开发，拉动巴基斯坦沿线经济的发展，给巴基斯坦的沿海港口城市带来了发展契机。

巴基斯坦和中国通过中巴经济走廊的能源合作，在缓解巴基斯坦能源短缺方面发挥了重要作用。据报道，中国将在瓜达尔建造处理能力 4.5 万桶/日的炼油厂，主要为往返于中国西部和瓜达尔港的运输卡车提供成品油，这是中巴经济走廊相关项目。两国政府初步制定了修建中方喀什到巴方西南港口瓜达尔港的公路、铁路、油气管道及光缆覆盖

“四位一体”通道的远景规划。中巴两国将在沿线建设交通运输和电力设施，预计总工程费将达到 450 亿美元，计划于 2030 年完工。在中巴经济走廊建设的第一阶段，中国投资了很多项目，包括瓜达尔港的能源、基础设施和开发。目前，在中巴经济走廊建设的第二阶段，中巴双方将重点关注建立经济特区、发展社会部门，特别是扶贫、农业、水利灌溉、教育和人力资源开发等达成广泛共识的领域，进一步推进两国的经济贸易发展与资源流动。

3. 孟加拉国

到 2050 年，绿色发展情景下，孟加拉国的达卡-吉大港沿线将有 5 个县出现生态承载超载的现象，是整体人口增长以及其他区域人口向这些区域流动而形成的区域性生态超载压力。如何缓解区域性生态超载压力，孟加拉国需要考虑如下几个方面。

（1）需要提高农田的土地利用效率，选育耐旱、耐盐、高产品种，最大限度利用有限土地来解决日益增长人口的粮食需求。根据孟加拉国 2100 年三角洲计划，孟加拉国水稻研究所科学家已经研发出能种植在易受水淹平原的耐盐性水稻。需要恢复退化的农田，包括受干旱和洪水影响的农田。

（2）未来应更多地注意保护与管理天然林，防治天然林退化。通过严格执法和参与式管理来增加森林覆盖率，保护生物多样性；优化薪柴、木材和竹子的消费，在吉大港山区将未分级国家森林里耕种的土地实行退耕，通过政策指令和奖励措施搬迁并重新安置相关人员；强化保护区管理，将林区相关人员纳入保护区管理体系，促进生态旅游活动。

（3）定期监测不同水系统的水质和污染，以达到生态系统的最低要求。以保护地管理为抓手，着重恢复生态多样性，同时增进对孟加拉国不同内陆水域物种多样性的了解。培育孟加拉湾蓝色经济，在联合国可持续发展目标下保护和可持续利用海洋。

4. 老挝

老挝天然林分布广泛，然而森林资源储量的急剧下降以及生态环境的失衡使得老挝政府与社会认识到传统的粗放式发展难以维系，必须对森林资源进行保护性开发，从而实现森林资源的可持续利用并实现老挝的生态平衡。因此，需要加强原始森林的保护，对原始森林实施严格的禁止性开发政策，确保其自然生态调节功能的恢复与发展。此外，合理调节采伐与更新的速度，确保采伐与培育处于一个动态均衡的状态。最后，建设保护地网络进行全方位监测和反馈，与周边国家合作开展联合保护，如中老跨境生物多样性保护区域。

老挝农业资源丰富，具有较大的发展潜力。老挝要发展现代农业，应定位于从本国实际情况出发，结合他国农业发展经验，利用本国丰富的自然资源，发挥比较优势，树立可持续发展的农业发展目标。同时，开展间种套作技术，因地制宜开展橡胶、甘蔗、水果、茶叶、咖啡等特色经济作物种植，发展水稻、玉米、木薯、香蕉等作物的种植和水产、畜牧养殖及深加工行业，形成良性循环产业链，发展具有东南亚地区特色的有机农业绿色经营。另外，老挝政府应当加强行政体制监督，完善相关法律制度，严惩破坏

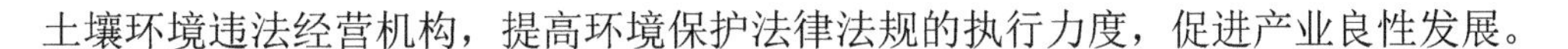

土壤环境违法经营机构，提高环境保护法律法规的执行力度，促进产业良性发展。

5. 越南

从生态供给角度来看，2020 年，农业、水产养殖和林业部门对越南 GDP 的贡献率为 13.5%，低于服务业的 33.5%和工业部门的 53%。至 2030 年，越南森林、农田、草地生态系统的生物生产供给能力有所增加，中部、北部地区基本处于持衡或增长状态，南部地区降低较明显。从生态消耗角度来看，越南生态系统服务消耗呈现持续增长趋势，农田生态系统服务消耗占比逐年下降，其他生态系统服务消耗占比逐年上升。

依据 2021～2030 年、2050 年越南林业发展战略，充分发挥热带森林资源的潜力和优势，努力成为具有现代工业的森林生产、加工和贸易中心之一，改善生计、发展与森林资源有关的绿色经济。坚持可持续森林管理，长期保护自然资源和生物多样性。对森林破坏严重的地区，需要完善保护相关政策法规，禁伐天然林、扩大保护林面积，提高森林覆盖率，提高森林资源管理能力，落实保护与开发平衡的可持续发展即绿色发展情景。具体的解决方案，根据 2017 年《林业法》审查和完善林业政策体系；改革机制和政策，以动员多样化的资源促进总体林业发展，同时与在森林资源丰富的、特别困难的地区、少数民族地区的实现可持续的减贫工作相结合；加强森林保护与发展的法律教育，提高人们的森林保护意识。

科学技术是提高产品产能和质量同时改善农民生活的关键，越南更重要的是发展高附加值农产品的生产价值链，同时促进合作社与企业的联系，鼓励技术转让和向农业合作社提供优惠贷款。努力将生物技术、自动化、机械化技术和信息技术视为实施可持续农业实践和提高生产力的基础。农业科技或能成为越南绿色经济发展的关键助力。

6. 尼泊尔

从生态供给角度来看，至 2030 年，基准情景与区域竞争情景下中部山区以及特莱平原区生态供给减少较显著，可能与该地区农业开发与森林砍伐导致的农田与森林生态系统质量降低有关。对生态供给将减少的区域，需要加强生态系统管理、增加碳汇，减缓气候变化影响，保护珍稀野生动物、维护生物多样性等，需要将生态保护和经济发展结合起来，重视森林资源的保护、可再生能源的开发与利用、野生动植物的保护等。基于自然的解决方案，提高森林的经营利用效率，完善和建立森林可持续经营管理制度，确保森林得到有序和合理利用。

从生态消耗角度来看，尼泊尔生态系统服务总消耗和人均消耗均呈现持续增长趋势，特别是依赖农田和草地的谷物、油料与油、薯类、糖类与糖消耗量持续增加，薪材消耗有所减少。至 2030 年，尼泊尔人口不断增多、经济持续增长，特别是位于中部山区、特莱平原区的政治与经济发达的区县，其因人口集中、生态消耗水平增长较快，而面临更为严重的承载压力。因此，需要通过平衡国内各省区直接的生态产品供给模式，并通过促进进出口贸易平衡完善国内供给缺口，以及鼓励转变消费模式等措施，达到缓解特莱平原区等地生态承载压力并保持其他地区处于盈余状态的目标。

7. 哈萨克斯坦

从生态供给角度来看，至 2030 年，哈萨克斯坦北部地区森林、农田、草地生态系统的生态供给能力有所增加，中部地区基本处于持衡状态，南部地区降低较明显。对生态供给将减少的区域，需要加强生态系统管理、增加碳汇，减缓气候变化影响；对草地广布的中部与南部地区，需要通过防沙治沙、荒漠化治理遏制草地进一步沙化，实施减畜、草畜平衡等措施，促进天然草地的恢复。同时，提高水资源利用效率，加大农业基础设施的投入，推进种植、养殖、农产品加工、生物质能、农林废弃物循环利用的农业循环经济产业链；加强技术创新与投入，降低工业排放，提升资源的循环利用效率。

从生态消耗角度来看，哈萨克斯坦生态系统服务消耗呈现持续增长趋势，农田生态系统服务消耗占比逐年下降，其他生态系统服务消耗占比逐年上升。国家在进行结构调整时要充分考虑这一变化，要逐步改变以往只重视农业生产的观念，从过去一味地追求农业生产转变为农林牧渔业综合生产，根据居民消耗偏好增加林产品、畜产品、水产品的供应量；与此同时，相应增加森林、水域、城市休憩活动场所数量，满足居民日益增长的消耗需求。至 2030 年，哈萨克斯坦人口不断增多、经济持续增长，因而消耗量必然大幅度增加，在合理利用生态系统服务的同时，可适度加大国内外区域间交流合作，促进各类产品的流通，缩小区域间产品供给间的差异，实现各类生态系统服务平衡，以达到缓解南部市州的生态承载压力并保持其他地区处于盈余状态的目标。

8. 乌兹别克斯坦

针对未来情景下森林与草地生态系统面积减少，而农田生态系统面积迅速增加的问题，乌兹别克斯坦在未来土地开发与利用进程中，应加强森林与草地的保护与管理措施，进一步开展造林、保护天然林、加强退化草地修复以及天然草原保护和草畜平衡等措施。同时，宜提升农业生产效率，减少加工、运输过程中的粮食损失以及食物浪费率，调整国民高动物比例的饮食结构。

乌兹别克斯坦水资源较为缺乏，生态系统较脆弱，因此未来应以保护型发展为主。第一，绿色丝绸之路建设可以发挥乌兹别克斯坦棉花产量高、油气资源丰富的地区优势，而针对水资源短缺地区，应该优先考虑基础设施建设的投资，修复、完善和发展公用水利设施，加强供水设施的建设和输水设施的维护；在投资时，选择节水、水污染排放量少的项目。第二，对于生态敏感区，应慎重选择项目，规避风险。乌兹别克斯坦咸海周边地区尤其是卡拉卡尔帕克斯坦自治共和国，受咸海盐沙暴的严重影响，是生态高敏感区，在该地区投资时要严格控制污染，对于不可避免所产生的污染，要充分利用可行技术进行治理和防范。第三，应加强对不同地区之间资源合理利用的协调规划与宏观统筹安排，如协调好跨区域水资源保护与分配问题；通过贸易手段平衡好省份间农林产品分配，缓解西北与东部盆地省份的承载压力。